Python for DevOps
學習精準有效的自動化

Python for DevOps
Learn Ruthlessly Effective Automation

Noah Gift, Kennedy Behrman,

Alfredo Deza, and Grig Gheorghiu　著

盧建成　譯

O'REILLY®

目錄

前言

有一次，Noah 在海邊，一陣浪打到他身上，將他拉到更深的海裡，並且奪走他的呼吸。就在他恢復呼吸時，另一個浪又打到他身上。海浪消耗了他剩餘的大部分體力，並且將他拉入更深的海裡。就當他恢復呼吸，另一個浪還未到達時，他發現越是與浪和海掙搏，就消耗越多的體力。他不禁懷疑是否就此被海洋吞噬。他無法呼吸，而且身體疼痛。他被溺水嚇壞了。瀕臨死亡讓他更能專注於一件事，那就是保存他的體力，並且善用海浪，而不是與之為敵。

在一間並未實踐 DevOps 的新創公司就如同那天在那個沙灘所遭遇的情境一般。正式環境上的各種危機持續不間斷地上演著；所有操作都是手動的，告警成日地追逐著你，直到你的健康遭受迫害。唯一能協助你逃離這樣的死亡螺旋的方法就只有 DevOps 而已。

一件一件地做著對的事情直到一切清晰可見。首先，設置你的建置主機，開始測試你的程式碼，並且自動化手動的任務。著手一些可以重複至其他任務的工作，將這些首要之務做得正確，並且確保它被自動化。

一個在新創團隊或者任何公司常見的陷阱是找尋所謂的超級英雄。我們需要一個系統效能工程師，因為他們能夠解決效能的問題。我們需要首席營收官，因為他們能夠解決所有銷售的問題。我們需要 DevOps 工程師，因為它們能夠解決部署的流程。

在某一間公司，Noah 有一個延遲超過一年的專案，並且該網路應用程式已經用多種語言重寫了三次。這次的釋出僅需要系統效能工程師來完成。接著，我記得只有一位不知該說是勇敢還是愚鈍的工程師提到：「什麼是系統效能工程師？」系統效能工程師是能夠讓所有東西大規模地運行而無虞。他明白在那個時候，他們需要一位超級英雄來拯救他們。超級英雄雇用症候群是在新產品或新創團隊中，用來撥亂反正的最好方法。但是，沒有任何一位工程師會救得了公司，除非他們先救得了自己。

Noah 也從其他的公司聽到類似的事情:「如果我們可以只雇用資深的 Erlang 工程師」,或者是「如果我們可以只雇用讓我們產生利潤的人」,或者是「如果我們可以只雇用能教會我們財務紀律的專家」,又或者是「如果我們能夠雇用一位 Swift 研發工程師」等,這樣的雇用模式是你所在的新創團隊或者是新產品所需要的最後一件事,還是需要的是了解那些只有超級英雄才能拯救的錯事,到底錯在哪裡。

在那個需要雇用系統效能工程師的公司案例裡,它最終發現問題是不適當的技術管理。事情責付給了錯誤的人(並且在聲量上,遮蔽了真正能解決這問題的人的聲音)。藉由移除低效的執行者、聆聽能夠完整解決問題的團隊成員、去除滿滿的工作列表、一次做一件對的事、和安插質檢管理,問題便可以在不需要超級英雄下被化解。

沒有任何人可以從你所在的新創團隊拯救你;你和你的團隊必須藉由激發良好的團隊合作、建立妥善的流程,並且對於你所處的組織抱持信心。這樣的問題的解決方案並非是透過雇用新的人員,而是透過誠實面對自己所處的境遇、思考如何導致這樣的狀況、並且一次只做一件對的事,直到你構築出屬於你自己的路。沒有任何的英雄,除非那英雄是你自身。

正如同在那風暴中的海上,並且緩慢地滅頂,沒有人會來拯救你或者是公司,除非自救。你正是你所處公司所需要的超級英雄,你或許會發現你的工作夥伴也是。

有一條遠離混亂的路,而這本書可以成為你的指引。讓我們開始吧!

對於作者來說,什麼是 DevOps 呢?

在軟體產業有許多抽象的概念難以被精準的定義。雲端運算、敏捷、和大數據正是這些隨著你所講述的對象不同而有不同定義的例子。與其嚴格地定義什麼是 DevOps,讓我們使用一些簡短的描述,呈現 DevOps 被實踐時的樣子:

- 開發團隊與維運團隊雙向的協作
- 維運任務的處理時間介於分鐘到小時之間,而非天到週之間。
- 開發者的充分參與;否則將回到開發與維運之間的對抗。
- 維運人員需要開發的技能,至少有 Bash 和 Python。
- 開發人員需要維運的技術,責任並非中止於完成程式碼的撰寫,而是包括著部署系統至正式環境以及監控。

- 自動化、自動化、自動化：你無法在沒有開發技能前提下，進行精確的自動化，並且你也無法在沒有維運的技能下，正確地進行自動化。

- 理想上，有自助服務提供給開發者，至少就部署而言。

- 可以透過 CI/CD 的流水線完成。

- GitOps。

- 開發與維運在任何方面上的雙向交流（比方說，工具、知識等）。

- 在設計、實作與部署裡，保持協作。就如同自動化，它無法在沒有分工合作下被成功地完成。

- 如果事情未被自動化，那麼它就會壞掉。

- 文化上，階層 < 流程。

- 微服務 > 單體服務。

- 持續部署系統正是軟體團隊的核心與靈魂。

- 沒有超級英雄。

- 持續交付是個必要選項，而非可選項。

如何使用本書

這本書以任意順序閱讀都是十分有幫助的。你可以隨意翻閱至感興趣的章節，並且應該能夠找到可以應用到實際工作中有用的事情。如果你是一位有經驗的 Python 程式設計師，你或許會想要大致看過第一章。同樣地，如果你對於實戰的故事、案例研究和專訪感興趣，你也許想從第十六章開始閱讀。

概念性主題

這本書的內容被分成七個概念性主題。第一群為 Python 基礎，它包括了對於語言和訊息自動化、命令列工具、和檔案系統自動化的簡潔介紹。

接著是維運，它囊括了有用的 Linux 工具、套件管理、建置系統、監控與控制工具、和自動化測試。這些全都是成為稱職的 DevOps 實踐者的必要主題。

雲端技術則是下個主題,這將會有雲端運算、基礎設施即程式碼、Kubernetes、和無伺服器架構的章節。目前圍繞在軟體產業的一個危機是缺乏有足夠雲端技術經驗的人才。精通本章將能為你的薪資和職涯帶來立竿見影的額外好處。

緊接著的是資料主題。機器學習維運和資料工程均有從 DevOps 角度的相關探討。本書將利用一個從頭至尾的完整機器學習專案,帶你遍歷建置、部署和基於使用 Flask、Sklean、Docker 和 Kubernetes 的機器學習模型維運。

最後一個主題是第十六章的案例探討、專訪和關於 DevOps 的戰爭故事。本章節適合作為你床前閱讀的內容。

Python 基礎

- 第一章,以 Python 實踐 DevOps 的必需知識
- 第二章,檔案與檔案系統操作自動化
- 第三章,使用命令列

維運

- 第四章,有用的 Linux 工具
- 第五章,套件管理
- 第六章,持續整合與持續部署
- 第七章,監控與日誌收集
- 第八章,運用 pytest 於 DevOps

雲端技術基礎

- 第九章,雲端運算
- 第十章,基礎設施即程式碼
- 第十一章,容器技術:Docker 和 Docker Compose
- 第十二章,容器調度:Kubernetes
- 第十三章,無伺服器技術

資料
- 第十四章，MLOps 和機器學習工程
- 第十五章，資料工程

案例研究
- 第十六章，DevOps 戰爭故事與訪談

本書編排慣例

以下為本書使用的編排規則：

斜體字（*Italic*）
　　表示新名詞、超連結、電子郵件位址、檔名以及副檔名。中文以楷體表示。

定寬字（`Constant width`）
　　用於程式原始碼，以及篇幅中參照到的程式元素，如變數、函式名稱、資料庫、資料型態、環境變數、程式碼語句以及關鍵字等。

定寬粗體字（`Constant width bold`）
　　代表使用者輸入的指令或文字。

定寬斜體字（`Constant width italic`）
　　代表需要配合使用者提供的變數，或者是使用者環境來更換的文字。

　這個圖示代表提示或建議。

　這個圖示代表一般的說明。

　這個圖示代表警告或注意。

使用程式碼範例

補充資料（程式碼範例、練習等）可以在 *https://pythondevops.com* 取得並下載。你也可以從 Pragmatic AI Labs 的 Youtube 頻道（*https://oreil.ly/QIYte*）觀看本書中關於 DevOps 內容的程式碼。

如果你對於作者或者是在使用程式範例上有什麼技術的問題，請 email 至：*technical@pythondevops.com*。

本書的目的是協助你完成工作。一般來說，你可以在自己的程式或文件中使用本書的程式碼而不需要聯繫出版社取得許可，除非你更動了程式的重要部分。舉例來說，為了撰寫程式，而使用本書中數段程式碼，不需要取得授權，但是將 O'Reilly 書籍的範例製成光碟來銷售或散佈，就絕對需要我們的授權。引用這本書的內容與範例程式碼來回答問題不需要取得許可。在你的產品文件中加入本書大量的程式碼需要取得許可。

如果你在引用它們時能標明出處，我們會非常感激（但不強制要求）。在指出出處時，內容通常包括標題、作者、出版社與國際標準書號。例如：「*Python for DevOps* by Noah Gift, Kennedy Behrman, Alfredo Deza, and Grig Gheorghiu. (O'Reilly). Copyright 2020 Noah Gift, Kennedy Behrman, Alfredo Deza, Grig Gheorghiu, 978-1-492-05769-7.」。

如果你覺得自己使用範例程式的程度超出上述的允許範圍，歡迎隨時與我們聯繫：*permissions@oreilly.com*。

致謝

作為開始，作者群想要首先感謝兩位主要的技術審閱者：

Wes Novack 是一位架構師和專精於公雲系統和網路規模的 SaaS 應用程式。他在 AWS 與 GCP 上，設計、建置和管理複雜，但同時能保持基礎設施的高可用、持續交付流水線以及能夠快速為大量且多樣的微服務生態系統進行釋出的系統。Wes 廣泛使用程式語言、框架和工具，來定義基礎設施即程式碼、驅動自動化和去除工程上的苦差事。他發聲於技術社群，提供師徒制協助、工作坊以及會議演講，同時也是 Pluralsight 影音課程的作者。Wes 是一位 CALMS（Culture、Automation、Lean、Measurement 和 Sharing）of DevOps 的提倡者。你可以透過 Twitter @WesleyTech 找到他，或者是參訪他個人的部落格（*https://wesnovack.com*）。

Brad Andersen 是一位軟體工程師和架構師。他已經提供專業的軟體設計與開發長達 30 年。他致力於變革與創新;他在大型企業到新創公司,擔任過領袖到開發的各式角色。Brad 目前正在加州大學柏克萊校區就讀碩士學位。你可以在 Brad 的 LinkedIn(*https://www.linkedin.com/in/andersen-bradley*)找到更多有關他的資訊。

我們也想感謝 Jeremy Yabrow 和 Colin B. Erdman 提供許多點子和反饋。

Noah

我想謝謝本書的共同作者:Grig、Kennedy 和 Alfredo。與如此高效的團隊合作是如此地讓人難以置信。

Kennedy

謝謝我的共同作者,很高興能與你們一起工作。也謝謝來自家人的理解與耐心。

Alfredo

在 2010 年(本書創作的九年前)我剛開始了我第一個軟體工程的工作。當時,我業已 31 歲,沒有任何大學文憑,也沒有任何工程的經驗。那樣的工作代表的就是接受縮水的薪資,以及沒有健康保險。憑藉著堅忍不拔的決心,我學會了很多的東西、遇見了許多優秀的人,並且成為專家。在奮鬥的過程中,我絕不可能在沒有那些為我打開機會大門,並且指引我前往對的方向的貴人幫忙下,獨自達成。

謝謝 Chris Benson,他發現了我對學習的渴望,以及對於機會的渴求。

謝謝 Alejandro Cadavid,他了解我能夠修復其他人不想修復的錯誤。你幫助我獲得一份工作,即便當時沒有任何人(包括我自己)認同我是有用的人。

Carlos Coll 帶我進入程式設計的世界,並且沒有讓我中途放棄,即使是在我要求他放棄我的時候。學習程式設計改變了我的生活。Carlos 耐心地督促我學習,並且將我第一個程式推進了正式環境。

致 Joni Benton,相信我,並且幫助我獲得第一個全職的工作。

多虧了一位鼓舞人心的老闆 Jonathan LaCour,他不斷地幫助我變得更好。您的建議對我而言,一直都是無價之寶。

Noah，感謝您的友誼和指導，這對我來說是巨大的動力來源。我總是享受著與你共事的機會，就像那一次我們一起從無到有重新建置基礎設施。當我還不了解 Python 就是改變生活時，您的耐心和指導總是能帶來幫忙。

最後，想對我的家人獻上最大的感謝之意。我的妻子（Claudia）從未質疑過我的學習與精進的能力，當我花費時間於此書的撰寫時，她慷慨地給予我足夠的時間與體諒。我的孩子們（Efrain、Ignacio 和 Alana），我愛你們！

Grig

謝謝所有開源軟體的創造者，沒有你們，我們的工作將會充滿著諸多不便與匱乏。也謝謝透過部落格免費分享自己的知識的所有人。最後，我也希望對本書的共同作者獻上謝意。這真是一個美好的歷程。

譯者序

總算有機會能為一同追求 DevOps 的同伴們，獻上一本落地實踐的工具書！

本書不管對於已經在路上的 DevOps 實踐者，或者是正要步上實踐之路的新朋友，都提供了相當完整的協助。技術相關的叢書大都專注在單一工具的解釋和深入，但本書透過專注於 Python 的運用，進而提供了一個工具鍊上端到端的相關知識。這對於想要打造屬於自己組織適用的流水線、基礎設施、MLOps、或者是監測等面向上，提供了一個絕佳的起點。另外也希望透過引領實踐的過程，將 DevOps 在技術工具上的必要元素，包括建置主機、自動流水線、測試、與基礎設施即程式碼等概念與它的重要性連接，讓讀者在獲得技術的同時，也能了解它背後被需要的理由。本書最後有關 DevOps 的戰爭和專訪，更進一步揭露了 DevOps 在組織中實踐所帶來的好處。更發人深省的是關於組織文化的議題與各領域人物在技術展望的看法與經驗，對於「習於做」的工程人員來說，這正是一個開始了解 DevOps 實踐過程中，所需在意的「軟」面向。

不管是 Agile 或者是 Lean，DevOps 融合了兩者的方法成為一個更完整的知識體。它有不可否認的技術起源，但所帶來的影響卻是全面的，進而帶來業務體的改變。希望能藉由文字的力量為知識的傳遞和數位轉型所必需的基礎知識，盡上一點綿薄之力。

—盧建成

持續於企業中推廣軟體工程的實踐原則，並且歷練新產品開發、需求定義、軟體設計到交付等種種議題。活躍於各社群，並且成為台灣首位 EXIN DevOps、VeriSM、Lean IT 系列講書與鳳凰項目等沙盤的教練。對於運用軟體工程的力量，為企業轉型挹注能量充滿熱情，也矢志成為學術和產業之間的橋梁，並且建立更好的知識交流與成長的空間和平台。

## 第一章

以 Python 實踐 DevOps 的必需知識

DevOps 作為軟體開發與 IT 維運的融合,在過去的十年中,已經成為一個熱門的領域。介於軟體開發、部署、維護和品質保證之間的傳統藩籬已經被打破,因此促成了更多跨域整合的團隊。Python 在傳統 IT 維運與 DevOps 領域上,已經成為一個熱門的語言,主要是由於它結合了彈性、強而有力的功能而且易於使用。

Python 程式語言在 1990 年初期公開發布,用於系統管理。它在這個領域獲得了重要的成功,也受到廣泛地採用。Python 是一個通用的程式語言,可以應用於每個領域。視覺特效與電影產業也都擁抱這樣的技術,最近更成為了資料科學與機器學習的實踐語言。從航空到生物資訊,它已被跨領域地採用。Python 有廣泛的工具庫可以滿足使用者廣泛的需求。學習 Python 完整的標準函式庫(隨著安裝 Python 所含括的功能)是一個令人生畏的任務,學習所有讓 Python 生態系充滿活力的第三方套件會是一個十分艱難的任務。好消息是你並不需要完成這些任務,你只需要藉由學會一小部分的 Python,便可以變成一位強大的 DevOps 實踐者。

本章我們利用自己過去數十年在 Python DevOps 的經驗,來教會你僅需要的語言要素。它們構成你實踐 DevOps 所需要的必備工具箱。當你已經有了這些核心的概念,你便可以增加更多複雜的工具,而你將會在稍後的章節看見它們。

安裝並且運行 Python

如果你想測試這個概述中的程式碼，你需要安裝 Python 3.7 或是更新的版本（這本書正在撰寫時的最新釋出版本為 3.8.0），並且使用 shell。在 macOS X、Windows 和大多數的 Linux 散佈的版本上，你能夠啟動一個終端應用，來存取 shell。為了查看你現在所使用的 Python 版本，請鍵入 python --version：

```
$ python --version
Python 3.8.0
```

Python 的安裝工具可以從 Python.org 網站（*https://www.python.org/downloads*）直接下載。或者是，你可以使用套件管理工具，如 Apt、RPM、MacPorts、Homebrew、Chocolatey 或許多其他工具。

Python Shell

最簡單執行 Python 的方式是使用內建的互動式直譯器。只要在 shell 鍵入 python，你就可以以互動式的方式運行 Python 的程式語句。鍵入 exit()，便可以離開 shell。

```
$ python
Python 3.8.0 (default, Sep 23 2018, 09:47:03)
[Clang 9.0.0 (clang-900.0.38)] on darwin
Type "help", "copyright", "credits" or "license" for more information.
>>> 1 + 2
3
>>> exit()
```

Python 腳本

Python 程式碼是透過具有 *.py* 副檔名的檔案來執行。

```
# This is my first Python script
print('Hello world!')
```

在檔案中儲存上述程式碼，並且命名為 *hello.py*。為了呼叫這個腳本，在 shell 中，運行 python 加上腳本檔名：

```
$ python hello.py
Hello world!
```

Python 腳本是大多數用於正式環境的 Python 程式碼的運行方式。

IPython

除了內建互動式 shell 之外，還有數個第三方的互動式 shell 可以運行 Python 程式碼。最受歡迎的工具其中之一就是 IPython（*https://ipython.org*）。IPython 提供內省（*introspection*，動態取得物件資訊的能力）、語法標註、特殊神奇指令（我們在稍後章節將會觸及這個主題）和更多其他讓使用者樂於探索 Python 的功能。為了安裝 IPython，使用 Python 套件管理工具，`pip`：

```
$ pip install ipython
```

運行的方式類似於之前介紹的運行內建互動式 shell：

```
$ ipython
Python 3.8.0 (default, Sep 23 2018, 09:47:03)
Type 'copyright', 'credits' or 'license' for more information
IPython 7.5.0 -- An enhanced Interactive Python. Type '?' for help.
In [1]: print('Hello')
Hello

In [2]: exit()
```

Jupyter Notebook

Jupyter 專案是由 IPython 專案中獨立出來，它允許說明文件包含了純文字、程式碼和視覺化圖形。這些文件在結合程式碼、結果輸出和格式化的文字敘述後，是十分強而有效的工具。Jupyter 使得說明文件與程式碼可以一起被交付。因此廣受歡迎，尤其是在資料科學世界。下面描述了如何安裝和運行 Jupyter notebook：

```
$ pip install jupyter
$ jupyter notebook
```

這個指令會開啟瀏覽器分頁，該分頁會以當下使用者所在目錄，作為工作目錄。你可以以這個工作目錄為起點，開啟目前專案內已存在的 notebook 或是建立一個新的 notebook。

程序式程式設計（Procedural Programming）

如果你一直在程式設計的領域，你大概聽過物件導向程式設計和函式程式設計。它們代表著構建程式的不同語言架構規範。最基本的規範之一便是程序式程式設計，它是作為學習程式設計的一個好的起點。**程序式程式設計是電腦指令循序執行的程式撰寫方式：**

```
>>> i = 3
>>> j = i +1
>>> i + j
7
```

如你在這個範例中所見，有三個語句（statement），循序地從第一行執行至最後一行。
每個語句會基於之前語句的執行後狀態，而被執行。以這個例子來說，第一個語句指派
數值 3 給變數 i。第二個語句則是使用上個敘述的變數值，指派了一個數值給 j。而第
三個語句則是將這兩個變數加總起來。

先不用急著了解這些語句的細節；重點是它們循序地被執行，而且是基於先前語句所建
構出來的環境狀態。

變數

變數代表著被指派到某個數值的一個名稱。以先前的範例來說，變數便是 i 和 j。在
Python 中的變數可以指派新的數值：

```
>>> dog_name = 'spot'
>>> dog_name
'spot'
>>> dog_name = 'rex'
>>> dog_name
'rex'
>>> dog_name = 't-' + dog_name
>>> dog_name
't-rex'
>>>
```

Python 變數採用動態型別（dynamic typing）。實務上來說，這代表它們可以使用不同的
型別或類別的數值，重新進行指派：

```
>>> big = 'large'
>>> big
'large'
>>> big = 1000*1000
>>> big
1000000
>>> big = {}
>>> big
{}
>>>
```

上述例子，相同的變數被設定為字串、數值和字典。

基礎數學運算

基礎數學運算，如加法、減法、乘法和除法都可以透過內建的數學運算子來進行運算：

```
>>> 1 + 1
2
>>> 3 - 4
-1
>>> 2*5
10
>>> 2/3
0.6666666666666666
```

注意到，// 符號代表整數除法。符號 ** 代表指數，而 % 則代表模數運算子：

```
>>> 5/2
2.5
>>> 5//2
2
>>> 3**2
9
>>> 5%2
1
```

註解

註解是會被 Python 直譯器忽略的純文字。它對於建立程式碼的說明文件十分有用，而且可以被某些服務用來作為獨立的文件。單行註解以 # 作為開頭。單行註解可以從一行的行頭開始，也能在行內的任何位置開始。任何以 # 作為開頭的描述均為註解的一部分，直到換新行：

```
# 這是單行註解
1 + 1 # 這是接續在語句後的註解
```

多行註解則是用 """ 或 ''' 包覆起來：

```
"""
這是區塊註解
可以接受多行註解
"""

'''
這也是區塊註解
'''
```

內建函式

函式代表著群組成為一個單元的語句。你可以利用函式名稱加上括號，來呼叫函式。如果函式需要引數（argument），引數則會置於括號中。Python 有許多內建的函式。print 和 range 是其中兩個最常被使用的函式。

Print

print 函式產生程式使用者可以觀看的輸出。它與之前所提及的互動式環境較不相關，但它卻是撰寫 Python 腳本時，一個很基本的工具。在前一個案例中，print 的引數在腳本執行時，作為輸出而被顯示出來：

```
# 這是我的第一支 Python 腳本
print("Hello world!")

$ python hello.py
Hello world!
```

print 可以被用作檢閱變數值，或者是為程式的狀態提供反饋。一般來說，print 輸出至標準輸出串流，因此可以在 shell 中被看見。

Range

雖然 range 是內建的函式，但是它在技術上，完全不是一個函式，而是代表一個數值序列的型別。當呼叫 range() 的建構子時，一個代表數值序列的物件會被回傳。range 函式最多可以接受三個引數。如果只有一個引數被指定，則返回 0 到該引數的數值序列，但不包括該引數的數值。如果第二個引數也被指定，它代表著數值序列的起始值，而不再是以 0 為起始。第三個引數則是被使用來指定步伐的大小，預設為 1。

```
>>> range(10)
range(0, 10)
>>> list(range(10))
[0, 1, 2, 3, 4, 5, 6, 7, 8, 9]
>>> list(range(5, 10))
[5, 6, 7, 8, 9]
>>> list(range(5, 10, 3))
[5, 8]
>>>
```

range 占用著一小塊記憶體空間，即便是超大的數值序列，也只有存著起始值、停止值和步伐大小。在沒有效能限制情況下，range 可以迭代地產生很長的數值序列。

執行控制

Python 有許多構造來控制語句執行的流程。你可以將你需要的語句群組起來，如同一個程式碼區塊一起執行。這些區塊可以藉由使用 for 和 while 迴圈被多次執行，或者藉由 if 語句、while 迴圈或者是 try-except 區塊，僅在某種條件下才被執行。使用這些構造是善用程式語言能力的第一步。不同的語言有不同的規範來劃分程式區塊。許多語言都有著相似於 C 語言的語法（一個用於撰寫 Unix 且非常影響力的語言）在一組語句前後，使用大括號來定義程式區塊。Python 則使用縮排來指明一個區塊。語句藉由縮排被群組成區塊，作為一個執行的單元。

 Python 直譯器並不限制使用 tab 鍵或者是空白鍵來進行縮排，只要你保持縮排的規則一致即可。然而，根據 Python 風格指南（PEP-8, *https://oreil.ly/b5yU4*）建議採用四個空白鍵空間來進行縮排。

if/elif/else

if/elif/else 語句是在程式碼中區隔不同條件分支的常見方式。在 if 語句後的程式區塊會在該語句被評估為 True 時，被執行：

```
>>> i = 45
>>> if i == 45:
...     print('i is 45')
...
...
i is 45
>>>
```

這裡我們使用到了 == 運算子，它會評估比較的項目是否相等，如果相等，則傳回 True，如果不相同，則傳回 False。這個程式區塊可以有選擇性地接著一個 elif 或者是 else 語句，並且伴隨著另一個程式區塊。在 elif 語句的例子中，這個程式區塊只會在 elif 語句被評估為 True 的時候執行：

```
>>> i = 35
>>> if i == 45:
...     print('i is 45')
... elif i == 35:
...     print('i is 35')
...
...
i is 35
>>>
```

多個 elif 可以一起被循環地接續添加到程式中。如果你熟悉其他語言中的 switch 語句,這樣的撰寫方式就等同模擬從多個選擇項中,進行選擇的行為。在程式的最後加入 else 語句,它所屬的程式區塊將會在其他條件均未被評估為 True 時,執行:

```
>>> i = 0
>>> if i == 45:
...     print('i is 45')
... elif i == 35:
...     print('i is 35')
... elif i > 10:
...     print('i is greater than 10')
... elif i%3 == 0:
...     print('i is a multiple of 3')
... else:
...     print('I don't know much about i...')
...
...
i is a multiple of 3
>>>
```

你可以巢化 if 語句,也就是說,建立一個程式區塊包含一個 if 語句,該語句僅會在外層的 if 語句被評估為 True 時,執行:

```
>>> cat = 'spot'
>>> if 's' in cat:
...     print("Found an 's' in a cat")
...     if cat == 'Sheba':
...         print("I found Sheba")
...     else:
...         print("Some other cat")
... else:
...     print(" a cat without 's'")
...
...
Found an 's' in a cat
Some other cat
>>>
```

for 迴圈

for 迴圈能夠重複執行一個語句區塊(程式區塊),且區塊內的程式語句會依照它撰寫的順序,依序地被執行。當你正在反覆執行這個程式序列時,迴圈區塊內的物件,可以在這個區塊內被存取。迴圈最常見的使用範例就是透過遍歷一個數值範圍內的每個數值,來重複執行一個任務數次:

```
>>> for i in range(10):
...     x = i*2
...     print(x)
...
...
0
2
4
6
8
10
12
14
16
18
>>>
```

在這個範例中，迴圈內的程式區塊如下：

```
...     x = i*2
...     print(x)
```

我們反覆執行了這個程式區塊 10 次，基於 0-9 的數值序列，依序指派給變數 i。for 可以被用來遍歷 Python 中的任何型態的序列。你將會在本章的稍後內容，看到這樣的使用方式。

continue

continue 語句用於略過迴圈中剩餘的程式語句，跳至待遍歷序列中的下個項目：

```
>>> for i in range(6):
...     if i == 3:
...         continue
...     print(i)
...
...
0
1
2
4
5
>>>
```

while 迴圈

while 迴圈會反覆執行區塊內的程式，只要條件式被評估為 True：

```
>>> count = 0
>>> while count < 3:
...     print(f"The count is {count}")
...     count += 1
...
...
The count is 0
The count is 1
The count is 2
>>>
```

定義你的迴圈如何結束是非常重要的事情。否則，你的程式將會卡在迴圈內，直到程式執行失敗為止。一種作法是定義你的條件式，使得它最終會被評估為 False。另一種替代方案是基於巢化的條件式，使用 break 語句跳脫迴圈：

```
>>> count = 0
>>> while True:
...     print(f"The count is {count}")
...     if count > 5:
...         break
...     count += 1
...
...
The count is 0
The count is 1
The count is 2
The count is 3
The count is 4
The count is 5
The count is 6
>>>
```

事件處理

例外是一種錯誤型態，在你未進行任何處理（捕捉）的情況下，該錯誤會導致你的程式崩潰。藉由 try-except 區塊來捕捉這些例外，能讓你的程式繼續運行。藉由內縮那些可能引致例外的程式區塊、使用 try 語句在這些內縮的程式區塊之前與 except 在這區塊之後、並且接著一個當錯誤發生時會執行的程式區塊，來建立這個例外處理的區塊：

```
>>> thinkers = ['Plato', 'PlayDo', 'Gumby']
>>> while True:
...     try:
...         thinker = thinkers.pop()
...         print(thinker)
...     except IndexError as e:
...         print("We tried to pop too many thinkers")
...         print(e)
...         break
...
...
...
Gumby
PlayDo
Plato
We tried to pop too many thinkers
pop from empty list
>>>
```

有許多內建的例外，如，IOError、KeyError 和 ImportError。許多第三方的套件也定義了它們自己的例外類別。這些類別指出了某些嚴重的錯誤，使得你能夠在確信該錯誤並不會導致程式致命的錯誤情況下，僅僅只是將這例外捕捉起來。你可以明確地指出哪些例外，你會進行捕捉。理想上，你應該明確地捕捉例外錯誤（在我們的例子中，例外類別為 IndexError）。

內建物件

在這個概述中，我們並不會介紹 OOP。然而，Python 有相當多的內建類別。

什麼是物件

在物件導向程式設計中，資料或狀態和功能會匯聚在一起。用來知道何時正在使用物件的基本原則是**類別實例化**（從類別建立物件）與**點號語法**（用於存取物件的屬性與方法的語法）。

一個類別定義了屬性和方法，供它所屬的物件使用。想像一下車子模型的工程圖。這個類別能被實例化來建立一個實例，這個實例或者是物件便是基於那些工程圖所建立出來的車子。

```
>>> # 為別緻的汽車定義一個類別
>>> class FancyCar():
...     pass
```

```
...
>>> type(FancyCar)
<class 'type'>
>>> # 實例化一個別緻的汽車物件
>>> my_car = FancyCar()
>>> type(my_car)
<class '__main__.FancyCar'>
```

目前，你還不需要擔心如何建立屬於你自己的類別。只要了解每一個物件都是一個類別的實例就好了。

物件方法與屬性

物件將資料儲存在屬性中。這些屬性是附屬於物件或者是物件類別的變數。物件將功能定義在物件方法（為同屬某一類別的所有物件定義的方法）和類別方法（附屬於類別的方法，並且供這個類別的所有物件使用）裡，這些都將以函式的方式附屬於物件。

 在 Python 的文件裡，附屬於物件和類別的函式被認為是方法。

這些函式能夠存取物件的屬性，並且可以修改和使用這些物件資料。為了呼叫物件方法或者是存取物件的屬性，我們使用點號語法：

```
>>> # 為想定義的別緻汽車定義一個類別
>>> class FancyCar():
...     # 增加一個類別變數
...     wheels = 4
...     # 增加一個方法
...     def driveFast(self):
...         print("Driving so fast")
...
...
...
>>> # 實例化一台別緻汽車
>>> my_car = FancyCar()
>>> # 存取類別屬性
>>> my_car.wheels
4
>>> # 呼叫方法
>>> my_car.driveFast()
Driving so fast
>>>
```

在這裡，我們的 FancyCar 類別定義了一個 driveFast 方法和一個 wheels 屬性。當你實例化一個稱為 my_car 的 FancyCar 實例時，你可以使用點號語法來存取屬性，以及呼叫方法。

序列（Sequence）

序列是內建型別的一個家族，包含了 *list*、*tuple*、*range*、*string* 和 *binary* 型別。序列代表著一群有序且有限的項目集合。

操作序列的方法

有許多操作適用於所有類型的序列。我們在這裡會涵蓋一些最常用的操作。

你可以使用 in 和 not in 操作來測試一個項目是否存在於一個序列中：

```
>>> 2 in [1,2,3]
True
>>> 'a' not in 'cat'
False
>>> 10 in range(12)
True
>>> 10 not in range(2, 4)
True
```

你可以透過索引值來引用序列的內容。為了存取位於某個索引值的項目，使用方形括號並且指定索引值作為引數。第一個項目的索引值為 0，第二個為 1，依此類推，直到數值比項目總數少 1：

```
>>> my_sequence = 'Bill Cheatham'
>>> my_sequence[0]
'B'
>>> my_sequence[2]
'l'
>>> my_sequence[12]
'm'
```

使用負值，索引查找可以從序列的尾部開始，而不是從頭開始。最後一個項目的索引值為 -1，倒數第二個項目為 -2，依此類推：

```
>>> my_sequence = "Bill Cheatham"
>>> my_sequence[-1]
'm'
>>> my_sequence[-2]
```

```
'a'
>>> my_sequence[-13]
'B'
```

透過 index 方法取得序列中項目的索引值。預設上，它會傳回第一個符合項目的索引值，但可以藉由可選的引數來指定項目搜尋的範圍：

```
>>> my_sequence = "Bill Cheatham"
>>> my_sequence.index('C')
5
>>> my_sequence.index('a')
8
>>> my_sequence.index('a',9, 12)
11
>>> my_sequence[11]
'a'
>>>
```

你可以透過切片，從一個序列中取得一個新的序列。一個分片是藉由呼叫一個序列帶著含有可選的 start、stop 與 step 引數的括號取得：

```
my_sequence[start:stop:step]
```

start 為新序列的第一個項目在原序列中的索引值，stop 為新序列的最後一個項目在原序列中的下一個項目索引值，step 則代表項目之間的索引值距離。這些引數全部都是可選的，而且在被忽略情況下，可以被預設值所取代。這個語句會產生原序列的一份複本。預設 start 為 0， stop 為序列的長度，而 step 則為 1。請注意，如果 step 未被指定，則相應的：也可以被忽略：

```
>>> my_sequence = ['a', 'b', 'c', 'd', 'e', 'f', 'g']
>>> my_sequence[2:5]
['c', 'd', 'e']
>>> my_sequence[:5]
['a', 'b', 'c', 'd', 'e']
>>> my_sequence[3:]
['d', 'e', 'f', 'g']
>>>
```

負數可以被使用於向後索引：

```
>>> my_sequence[-6:]
['b', 'c', 'd', 'e', 'f', 'g']
>>> my_sequence[3:-1]
['d', 'e', 'f']
>>>
```

序列提供許多用於獲取資訊和內容的操作。len 傳回序列的長度，min 傳回序列中最小的項目，max 傳回序列中最大的項目，而 count 則傳回特定項目的數量。min 和 max 只有當序列中的項目為可相互比較的情況下有用。請記住，這些操作均適用於任何的序列型別：

```
>>> my_sequence = [0, 1, 2, 0, 1, 2, 3, 0, 1, 2, 3, 4]
>>> len(my_sequence)
12
>>> min(my_sequence)
0
>>> max(my_sequence)
4
>>> my_sequence.count(1)
3
>>>
```

串列（List）

串列是最常用的 Python 資料結構之一，它代表一個以任何型別項目組成的有序集合。方形括號是使用串列的語法。

函式 list() 被使用來創建空的串列或者是基於另一個有限項目的迭代物件（比方說另一個序列）：

```
>>> list()
[]
>>> list(range(10))
[0, 1, 2, 3, 4, 5, 6, 7, 8, 9]
>>> list("Henry Miller")
['H', 'e', 'n', 'r', 'y', ' ', 'M', 'i', 'l', 'l', 'e', 'r']
>>>
```

透過直接使用方形括號來創建串列是最常見的方式。在這種情況下，串列中的項目需要被明確地列舉。請記得，串列中的項目可以是任何型別：

```
>>> empty = []
>>> empty
[]
>>> nine = [0, 1, 2, 3, 4, 5, 6, 7, 8, 9]
>>> nine
[0, 1, 2, 3, 4, 5, 6, 7, 8, 9]
>>> mixed = [0, 'a', empty, 'WheelHoss']
>>> mixed
[0, 'a', [], 'WheelHoss']
>>>
```

從執行效率來看，最有效率新增一個新項目到串列的方法是 append（附加）到串列的末端。一個較沒效率的方法是 insert（插入）。它允許你插入一個項目到指定的索引位置上：

```
>>> pies = ['cherry', 'apple']
>>> pies
['cherry', 'apple']
>>> pies.append('rhubarb')
>>> pies
['cherry', 'apple', 'rhubarb']
>>> pies.insert(1, 'cream')
>>> pies
['cherry', 'cream', 'apple', 'rhubarb']
>>>
```

可以透過 extend 方法，將一個串列的內容增加到另一個串列中：

```
>>> pies
['cherry', 'cream', 'apple', 'rhubarb']
>>> desserts = ['cookies', 'paste']
>>> desserts
['cookies', 'paste']
>>> desserts.extend(pies)
>>> desserts
['cookies', 'paste', 'cherry', 'cream', 'apple', 'rhubarb']
>>>
```

用於移除串列的最後一個項目，並且傳回它所代表的值，最有效且常見的方式是 pop。也可以透過傳入索引值作為這個方法的引數，便會移除該索引所參照的項目，並且傳回該項目。這個技巧是較沒有效率的，因為它會使得串列需要更新索引值：

```
>>> pies
['cherry', 'cream', 'apple', 'rhubarb']
>>> pies.pop()
'rhubarb'
>>> pies
['cherry', 'cream', 'apple']
>>> pies.pop(1)
'cream'
>>> pies
['cherry', 'apple']
```

也有一個 remove 的方法，該方法會移除第一個符合條件的項目。

```
>>> pies.remove('apple')
>>> pies
['cherry']
>>>
```

Python 中最強而有力且最常被使用的功能之一，就是串列綜合表達式（list comprehension），它能讓你在單行中，使用 for 迴圈的功能。讓我們看一個簡單的例子，該例子會建立一個遍歷數字 0-9，並且進行平方，然後添加至串列的 for 迴圈：

```
>>> squares = []
>>> for i in range(10):
...     squared = i*i
...     squares.append(squared)
...
...
>>> squares
[0, 1, 4, 9, 16, 25, 36, 49, 64, 81]
>>>
```

為了使用串列綜合表達式來取代上述的作法，我們進行以下的修改：

```
>>> squares = [i*i for i in range(10)]
>>> squares
[0, 1, 4, 9, 16, 25, 36, 49, 64, 81]
>>>
```

注意到，迴圈內的平方運算，最先被描述，接著才是 for 語句。你也可以增加條件式到串列綜合表達式裡，以便過濾結果：

```
>>> squares = [i*i for i in range(10) if i%2==0]
>>> squares
[0, 4, 16, 36, 64]
>>>
```

其他關於串列綜合表達式的技巧，包括了巢化和使用多個變數，但在這邊所介紹的是最為常見也最直接的使用方式。

字串（String）

字串型別是一個由雙引號所包圍的有順序性的字元集合。從 Python 3 開始，字串預設使用 *UTF-8* 編碼。你可以透過字串的建構子方法（str()），或者是直接使用引號包覆文字，來建立字串：

```
>>> str()
''
>>> "some new string!"
'some new string!'
>>> 'or with single quotes'
'or with single quotes'
```

字串建構子可以使用其他物件來建立字串：

```
>>> my_list = list()
>>> str(my_list)
'[]'
```

你可以使用前後各三個雙引號包覆文字內容，來建立多行字串：

```
>>> multi_line = """This is a
... multi-line string,
... which includes linebreaks.
... """
>>> print(multi_line)
This is a
multi-line string,
which includes linebreaks.
>>>
```

除了所有序列型別通用的使用方法之外，字串還有許多專屬於它的不同使用方法。

在使用者輸入的文字前後出現空白字元，是相對常見的情況。如果某個使用者輸入 " yes "，而不是 "yes"，你通常會希望將上述兩種情況，視為相同情況。Python 字串正好有一個方法來處理這樣的情況，叫做 strip。它會將字串前後的空白字元去除後傳回。也有僅將字串左邊或者是右邊的空白字元去除的方法：

```
>>> input = "  I want more  "
>>> input.strip()
'I want more'
>>> input.rstrip()
'  I want more'
>>> input.lstrip()
'I want more  '
```

另一方面來說，如果你想要增加留白（padding）到字串中，你可以使用 ljust 或者是 rjust 方法。可以使用預設的空白字元作為留白，或者是傳入一個字元作為引數，當作留白的字元：

```
>>> output = 'Barry'
>>> output.ljust(10)
'Barry     '
>>> output.rjust(10, '*')
'*****Barry'
```

有些時候，你想要拆解字串成為一個子字串的串列。或許你想要將一個句子轉變成一個字的串列，或者是一個由逗點分隔開來的單字字串。split 方法會將一個字串分割開來，變成一個字串的串列。預設上，它使用空格作為分割字串的依據。這個方法提供了一個可選的字元引數，用於指定 split 如何分割字串：

```
>>> text = "Mary had a little lamb"
>>> text.split()
['Mary', 'had', 'a', 'little', 'lamb']
>>> url = "gt.motomomo.io/v2/api/asset/143"
>>> url.split('/')
['gt.motomomo.io', 'v2', 'api', 'asset', '143']
```

你可以很容易地從一個字串的序列，來創建一個新的字串，並且將它們組合成單一的字串。這個方法插入一個字串作為分隔，介在序列的每個字串中間：

```
>>> items = ['cow', 'milk', 'bread', 'butter']
>>> " and ".join(items)
'cow and milk and bread and butter'
```

改變文字的大小寫是很常見的情況，無論是為了進行比較，或者是顯示給使用者。Python 的字串提供了幾個方法，來讓這些處理變得簡單：

```
>>> name = "bill monroe"
>>> name.capitalize()
'Bill monroe'
>>> name.upper()
'BILL MONROE'
>>> name.title()
'Bill Monroe'
>>> name.swapcase()
'BILL MONROE'
>>> name = "BILL MONROE"
>>> name.lower()
'bill monroe'
```

Python 也內建提供了一些方法來解析字串的內容，無論是確認字串的大小寫，或者是檢查字串是否為數字。這邊僅列出一些最常用的方法：

```
>>> "William".startswith('W')
True
>>> "William".startswith('Bill')
False
>>> "Molly".endswith('olly')
True
>>> "abc123".isalnum()
True
```

```
>>> "abc123".isalpha()
False
>>> "abc".isalnum()
True
>>> "123".isnumeric()
True
>>> "Sandy".istitle()
True
>>> "Sandy".islower()
False
>>> "SANDY".isupper()
True
```

你可以在執行時期，插入內容到一個字串內，並且控制它的格式。透過程式可以在字串中，使用變數所帶的值，或者是其他運算出來的內容。這樣的方式可以用在使用者操作程式的提示文字上，以及用來編寫軟體日誌。

在 Python 中，字串格式設置的較傳統做法是源自於 C 語言的 printf 函式。你可以使用取模運算子 %，來將格式化後的值插入字串中。這個技術使用 string % values 的格式來定義，當中的 values 可以是單一的非 tuple 值或者是多個數值所組成的 tuple。字串（string）本身需要為每個值指定轉換指示符（conversion specifier）。最簡短的轉換說明使用 % 開頭，並且接著一個字元，用來說明哪種型別會被插入：

```
>>> "%s + %s = %s" % (1, 2, "Three")
'1 + 2 = Three'
>>>
```

其他類型的格式引數也使用轉換指示符來指定。舉例來說，你可以控制會被顯示出來的浮點數（%f）位數：

```
>>> "%.3f" % 1.234567
'1.235'
```

數年來，這種字串格式化的機制一直是 Python 的主流用法，而且你也可以在過往的程式中發現它的蹤跡。這樣的方法提供了一些令人信服的功能，比方說，與其他語言使用相通語法，但同時，它也有些隱藏的麻煩。尤其由於使用一個序列來保存所有引數，時有所見關於顯示 tuple 和 dict 物件的錯誤。我們建議採用新的格式化作法，比如說字串的 format 方法、樣板字串和 f-strings，來避免這些錯誤並且增加程式碼的簡單性與可讀性。

Python 3 藉由字串的 **format** 方法，引入一種新的字串格式化方式。這個格式化的方式也已經向前支援至 Python 2。這個方法在字串中使用大括號來指明需要被置換的地方，而不是像之前那樣基於取模運算的舊式格式化的轉換指示符方式。這些待插入的值變成字串方法 **format** 的引數。引數的順序即為目標字串中，它們被置入的順序：

```
>>> '{} comes before {}'.format('first', 'second')
'first comes before second'
>>>
```

你可以在大括號中，指定索引值，來使得插入值的順序，不是按照引數的順序。你也可以藉由使用相同的索引值，在多個地方重複插入相同的值：

```
>>> '{1} comes after {0}, but {1} comes before {2}'.format('first',
                                                           'second',
                                                           'third')
'second comes after first, but second comes before third'
>>>
```

一個更強大的功能是插入值可以被指定名稱：

```
>>> '''{country} is an island.
... {country} is off of the coast of
... {continent} in the {ocean}'''.format(ocean='Indian Ocean',
                                          continent='Africa',
                                          country='Madagascar')
'Madagascar is an island.
Madagascar is off of the coast of
Africa in the Indian Ocean'
```

以下的範例是透過 **dict** 所提供的鍵值對，替換已經設定好名稱的插入值：

```
>>> values = {'first': 'Bill', 'last': 'Bailey'}
>>> "Won't you come home {first} {last}?".format(**values)
"Won't you come home Bill Bailey?"
```

你也可以指定格式規範引數。這裡的範例是使用 > 和 < 來作為左邊與右邊的補白。在第二個例子，我們指定一個字元來作為補白之用：

```
>>> text = "|{0:>22}||{0:<22}|"
>>> text.format('O','O')
'|                     O||O                     |'
>>> text = "|{0:<>22}||{0:><22}|"
>>> text.format('O','O')
'|<<<<<<<<<<<<<<<<<<<<<O||O>>>>>>>>>>>>>>>>>>>>>|'
```

格式規範是基於 format specification mini-language（*https://oreil.ly/ZOFJg*）。我們也使用語言的另一種格式化方式，稱為 *f-strings*。

Python 的 f-string 使用相同的格式化語言，作為格式化的方法，但提供一個更為直接且直覺的機制來使用它們。f-strings 使用 *f* 或 *F* 前置在第一個引號之前。如同之前所述的格式化字串的方式，f-strings 使用大括號來標定需要置換的欄位。然而，在 f-string 中，置換欄位的內容是一種表達式。這意味著它可以參照目前執行範圍內的變數或者是進行運算：

```
>>> a = 1
>>> b = 2
>>> f"a is {a}, b is {b}. Adding them results in {a + b}"
'a is 1, b is 2. Adding them results in 3'
```

如同格式化字串一樣，f-strings 中的格式規範被描述在大括號之內，值表達式之後並且以：作為起始：

```
>>> count = 43
>>> f"|{count:5d}"
'|   43'
```

值表達式可以包含巢狀表達式，該巢狀表達式可以參照變數，並且作為建構外層表達式之用：

```
>>> padding = 10
>>> f"|{count:{padding}d}"
'|        43'
```

 我們高度建議使用 f-strings 作為你字串格式化的首選方案。它結合了 specification mini-language 的威力和簡單直覺的語法。

Template 提供了一個簡單明瞭的字串替換機制。這個內建的方法適用如支持多國語言的任務，這類任務中，有許多必要的簡易單字替換。這些單字使用 $ 作為替換字元，並且可以使用大括號包裹起來。緊接著 $ 的字元，則是用來指定需要進行內容替換部分的識別字。當這個字串樣板的 substitute 方法被執行時，將使用這些識別字來指派要替換的值。

無論何時執行 Python，內建的型別和函式都是可以被直接使用的，但要
取用來自更寬廣的 Python 生態系統內的功能時，你需要使用 import 語
句。這個方法讓你能夠從標準的 Python 函式庫或第三方服務，添加功能
到你的環境中。你可以透過使用 from 關鍵字，來選擇性地匯入套件中部
分功能：

```
>>> from string import Template
>>> greeting = Template("$hello Mark Anthony")
>>> greeting.substitute(hello="Bonjour")
'Bonjour Mark Anthony'
>>> greeting.substitute(hello="Zdravstvuyte")
'Zdravstvuyte Mark Anthony'
>>> greeting.substitute(hello="Nǐn hǎo")
'Nǐn hǎo Mark Anthony'
```

字典（dict）

除了串列與字串之外，字典可能是最常被使用的 Python 內建類別。一個字典就是鍵值
對的集合。透過鍵來搜索任何特定的值都是十分高效且迅速的。鍵可以是字串、數字、
客製的物件或任何其他不可修改（nonmutable）的型別。

一個可以修改（*mutable*）的物件指的是該物件所持的內容可以被直接
更動。串列是主要的例子；串列的內容可以直接被改變，而串列的本體
（identity）則不需要有任何的更動。字串則是不可修改的。每次對既有
的字串內容進行變更時，都會創建新的字串。

字典由大括號內含逗號分隔的鍵值對所構成。鍵值對則依序由鍵、冒號和值所組成。

你可以透過使用 dict() 建構子來建立字典物件。如果沒有帶入任何引數，建構子則會創
建出一個空的字典。建構子也可以帶入一個鍵值對序列當作引數：

```
>>> map = dict()
>>> type(map)
<class 'dict'>
>>> map
{}
>>> kv_list = [['key-1', 'value-1'], ['key-2', 'value-2']]
>>> dict(kv_list)
{'key-1': 'value-1', 'key-2': 'value-2'}
```

你也可以直接使用大括號建立字典：

```
>>> map = {'key-1': 'value-1', 'key-2': 'value-2'}
>>> map
{'key-1': 'value-1', 'key-2': 'value-2'}
```

你可以使用方形括號和鍵名（key）來存取字典內的對應值：

```
>>> map['key-1']
'value-1'
>>> map['key-2']
'value-2'
```

你可以使用相同的語法來設定一個值。如果該鍵並未存在於字典中，它則會以新增進入字典中。如果該鍵存在於字典中，所對應的值會被修改為新的值：

```
>>> map
{'key-1': 'value-1', 'key-2': 'value-2'}
>>> map['key-3'] = 'value-3'
>>> map
{'key-1': 'value-1', 'key-2': 'value-2', 'key-3': 'value-3'}
>>> map['key-1'] = 13
>>> map
{'key-1': 13, 'key-2': 'value-2', 'key-3': 'value-3'}
```

如果你試圖存取並未定義於字典內的鍵，將會丟出 KeyError 例外：

```
>>> map['key-4']
Traceback (most recent call last):
  File "<input>", line 1, in <module>
    map['key-4']
KeyError: 'key-4'
```

你可以利用之前介紹序列時，看過的語法來檢查鍵是否存在於字典中。以字典的例子來說，它確認了鍵是否存在：

```
>>> if 'key-4' in map:
...     print(map['key-4'])
... else:
...     print('key-4 not there')
...
...
key-4 not there
```

一個更為直覺的方式是使用 get() 方法。如果你沒有在某個字典內定義某個鍵，但有定義預設值的話，它會傳回預設值，若沒有定義預設值，它會傳回 None：

```
>>> map.get('key-4', 'default-value')
'default-value'
```

使用 del 從字典中移除某個鍵值對：

```
>>> del(map['key-1'])
>>> map
{'key-2': 'value-2', 'key-3': 'value-3'}
```

keys() 方法會傳回包含所有鍵的 dict_keys 物件。values() 方法會傳回 dict_values 物件，而 items() 方法則傳回鍵值對。這個方法很適合用於遍歷字典內的所有內容：

```
>>> map.keys()
dict_keys(['key-1', 'key-2'])
>>> map.values()
dict_values(['value-1', 'value-2'])
>>> for key, value in map.items():
...     print(f"{key}: {value}")
...
...
key-1: value-1
key-2: value-2
```

類似於串列綜合表達式，字典綜合表達式是一個一行式的語句，該語句會遍歷序列後傳回一個字典物件：

```
>>> letters = 'abcde'
>>> # mapping individual letters to their upper-case representations
>>> cap_map = {x: x.upper() for x in letters}
>>> cap_map['b']
'B'
```

函式

已經看過一些 Python 的內建函式。現在來撰寫屬於自己的函式。請記得函式是一種用來封裝程式碼的機制。你可以不用透過複製自己的程式碼在多個不同的地方，重複執行相同的行為。程式碼將變得更有組織性、可測性更高，以及易於維護和理解。

函式解析

函式定義的首行是由 def 開頭，接著是函式名稱、被括號包裹起來的函式參數和：。函式其餘的部分則是縮排的程式區塊：

```
def < 函式名稱 >(< 參數 >):
    < 程式區塊 >
```

縮排開頭的多行註解語法是用來描述函式的說明，包括函式的用途、參數的作用與預期的回傳值。這些說明對於之後的使用者是很重要的參考。提供函式的說明是程式設計最佳實務作法，也是最建議的做法：

```
>>> def my_function():
...     ''' 這是說明字串
...
...     說明字串用來描述函式的用途、
...     參數的作用
...     和預期的回傳值
...     '''
```

函式引數定義在函式名稱後的括號裡面，它們可以設計成按順序的方式被指定，也可以設計成使用關鍵字的方式被指定。按順序的指定方式會使用引數定義的順序來指派傳入的數值：

```
>>> def positioned(first, second):
...     """ 按照順序指派數值 """
...     print(f"first: {first}")
...     print(f"second: {second}")
...
...
>>> positioned(1, 2)
first: 1
second: 2
>>>
```

採用關鍵字的方式來定義引數，需為每個引數指派預設值：

```
>>> def keywords(first=1, second=2):
...     ''' 已指派預設值 '''
...     print(f"first: {first}")
...     print(f"second: {second}")
...
...
```

當呼叫函式而未送入任何值時，函式會使用預設值。在呼叫函數時，可以直接使用關鍵字的名稱進行指派，而不需要考慮使用的順序：

```
>>> keywords(0)
first: 0
second: 2
>>> keywords(3,4)
first: 3
second: 4
>>> keywords(second='one', first='two')
first: two
second: one
```

當使用關鍵字作為參數時，所有接續的參數都必須以關鍵字的形式來定義。函式的傳回值是利用 return 來進行定義的。如果在函式中沒有設定，函式會傳為 None 作為傳回值：

```
>>> def no_return():
...     '''No return defined'''
...     pass
...
>>> result = no_return()
>>> print(result)
None
>>> def return_one():
...     '''Returns 1'''
...     return 1
...
>>> result = return_one()
>>> print(result)
1
```

函式即物件

函式即是一種物件，它們可以被傳遞並且儲存在資料結構裡。你可以定義兩個函數並且把它們存進串列裡，藉由遍歷這個串列，逐一地呼叫它們：

```
>>> def double(input):
...     ''' 將輸入值乘以 2'''
...     return input*2
...
>>> double
<function double at 0x107d34ae8>
>>> type(double)
<class 'function'>
>>> def triple(input):
```

```
...       '''Triple input'''
...       return input*3
...
>>> functions = [double, triple]
>>> for function in functions:
...       print(function(3))
...
...
6
9
```

匿名函式

當你需要創建一個簡便且僅在該處使用的函式時，可以透過 lambda 來定義一個不需要命名（匿名）的函式。一般來說，只有需要傳遞一個小型的函式作為另一個函式的引數時，會使用這種作法。在下述的例子裡，定義了一個由串列組成的串列，並且對它進行排序。預設的排序方式會利用每一個子串列的第一個值作為排序比較的基準：

```
>>> items = [[0, 'a', 2], [5, 'b', 0], [2, 'c', 1]]
>>> sorted(items)
[[0, 'a', 2], [2, 'c', 1], [5, 'b', 0]]
```

為了改採其他方式進行排序而不是使用子串列的第一個值作為比較基準，可以定義一個方法傳回子串列的第二個值，並且將它指派給排序函式的 key 參數：

```
>>> def second(item):
...       '''return second entry'''
...       return item[1]
...
>>> sorted(items, key=second)
[[0, 'a', 2], [5, 'b', 0], [2, 'c', 1]]
```

透過 lambda 關鍵字，你可以完成上述同樣的事情，而不需要使用完整的函式定義結構。lambda 的格式為關鍵字 lambda 後，接著參數的名稱，然後是冒號，最後是傳回值：

```
lambda <PARAM>: <RETURN EXPRESSION>
```

使用 lambda 作為排序的方法，第一個例子是使用子串列的第二個值，而第二個例子則是用第三個值：

```
>>> sorted(items, key=lambda item: item[1])
[[0, 'a', 2], [5, 'b', 0], [2, 'c', 1]]
>>> sorted(items, key=lambda item: item[2])
[[5, 'b', 0], [2, 'c', 1], [0, 'a', 2]]
```

務必謹慎在一般情況下使用 lambda 方式定義函式。因為當使用 lambda 在一般函式定義的情況下時，會使得程式碼不容易進行說明文件的撰寫，也容易造成閱讀上的困惑。

使用正規表達式

總是一直會有比對字串是否匹配某個樣式的需求。可能會需要在日誌檔中找尋某個識別字，也可能是檢查使用者的輸入，又或者是無數其他類似的字串比對需求。在先前的介紹中，你已經知道一些簡單的樣式比對的方法，比方說透過序列的 in 操作或者是字串的 .endswith 和 .startswith 方法。為了能夠進行更複雜的比對，你需要一個更強大的工具。正規表達式（常稱為 regex）正是這個強大的工具，它利用字元所構成的字串來定義比對的樣式。Python 中的 re 套件提供了類似 Perl 的正規表達式操作。re 模組使用反斜線（\）標出比對時的特殊字元。為了避免與一般字串中的跳脫序列產生混淆，當想要定義正規表達式的樣式時，建議使用原始字串（raw string）的方式來撰寫。原始字串即是在字串的第一個引號前加上 r。

Python 字串有數個跳脫序列。最常見的有換行 \n 和 tab \t。

搜尋

假設你有個字串裡面是電子郵件上的附件接收者列表，而你想要了解誰在列表裡面：

```
In [1]: cc_list = '''Ezra Koenig <ekoenig@vpwk.com>,
   ...: Rostam Batmanglij <rostam@vpwk.com>,
   ...: Chris Tomson <ctomson@vpwk.com,
   ...: Bobbi Baio <bbaio@vpwk.com'''
```

如果你想要知道某個名字是否包含在這串文字裡，可以使用 in 這個序列語法來進行查找：

```
In [2]: 'Rostam' in cc_list
Out[2]: True
```

你可以使用 re.search 函式來得到相似的結果，如果有匹配的結果，該函式會傳回 re.Match 物件：

```
In [3]: import re

In [4]: re.search(r'Rostam', cc_list)
Out[4]: <re.Match object; span=(32, 38), match='Rostam'>
```

你可以利用這樣的搜尋當作條件式，進行成員組成的檢查：

```
>>> if re.search(r'Rostam', cc_list):
...     print('Found Rostam')
...
...
Found Rostam
```

字元集

到目前為止，re 還沒表現出它可以做到比 in 運算子還多的事。然而，可以試著思考一下，如果你想要找尋一個文字串內的某個人，但卻記不清他的名字是 *Bobbi* 還是 *Robby*？

透過正規表達式，你可以使用一組字元，該組內的任何一個字元可以做為該字元組所在位置的字元。這個字元群組就稱為字元集。在正規表達式中，使用方括號來包含這些用來比對的字元。下面的例子代表比對的字串，首字可以為 *B* 或 *R*，接著是 *obb*，然後末字可以為 *i* 或 *y*：

```
In [5]: re.search(r'[RB]obb[yi]',cc_list)
Out[5]: <re.Match object; span=(101, 106), match='Bobbi'>
```

可以在字元集內列出每個需要比對的字元，或者是使用範圍。*A-Z* 代表所有這個範圍內的大寫字母；*0-9* 則代表包括 0 到 9 的所有數字：

```
In [6]: re.search(r'Chr[a-z][a-z]', cc_list)
Out [6]: <re.Match object; span=(69, 74), match='Chris'>
```

在正規表達式中，使用 + 來代表前面的字元可以在比對過程中，出現一次到多次。定義在比對字元後，大括號內的數字代表該比對字元於目標搜尋字串中出現的次數：

```
In [7]: re.search(r'[A-Za-z]+', cc_list)
Out [7]: <re.Match object; span=(0, 4), match='Ezra'>
In [8]: re.search(r'[A-Za-z]{6}', cc_list)
Out [8]: <re.Match object; span=(5, 11), match='Koenig'>
```

使用字元集和其他的字元進行組合，可以建立一個直接用來比對電子郵件地址的正規表達式。. 是一個通配符（wildcard），可以用來作為匹配任意的字元。如果要比對 . 字元，則必須加上反斜線進行跳脫：

```
In [9]: re.search(r'[A-Za-z]+@[a-z]+\.[a-z]+', cc_list)
Out[9]: <re.Match object; span=(13, 29), match='ekoenig@vpwk.com'>
```

這個範例僅僅只是一個使用字元集的示範,並沒有表現出實際應用於檢索電子郵件的完整正規表達式。

字元類

除了字元集以外,Python re 提供了字元類。這些是預設計好的字元集。一些常用的字元集如 \w 代表 [a-zA-Z0-9_],而 \d 代表 [0-9]。你可以使用 + 修飾字來比對多個字元:

```
>>> re.search(r'\w+', cc_list)
<re.Match object; span=(0, 4), match='Ezra'>
```

你可以將方才我們用來檢索電子郵件的規則用 \w 進行替換:

```
>>> re.search(r'\w+\@\w+\.\w+', cc_list)
<re.Match object; span=(13, 29), match='ekoenig@vpwk.com'>
```

Group

你可以使用括號來定義一個匹配結果的 group。這些 group 可以透過數值,直接從匹配物件中取得,並且是按照它們出現的順序進行編號。編號零則代表完整的匹配字串:

```
>>> re.search(r'(\w+)\@(\w+)\.(\w+)', cc_list)
<re.Match object; span=(13, 29), match='ekoenig@vpwk.com'>
>>> matched = re.search(r'(\w+)\@(\w+)\.(\w+)', cc_list)
>>> matched.group(0)
'ekoenig@vpwk.com'
>>> matched.group(1)
'ekoenig'
>>> matched.group(2)
'vpwk'
>>> matched.group(3)
'com'
```

Named Group

可以透過 ?P<NAME> 來為 group 命名。接著,你便可以透過這個名稱來存取這個 group 而不是使用編號:

```
>>> matched = re.search(r'(?P<name>\w+)\@(?P<SLD>\w+)\.(?P<TLD>\w+)', cc_list)
>>> matched.group('name')
'ekoenig'
>>> print(f'''name: {matched.group("name")}
... Secondary Level Domain: {matched.group("SLD")}
... Top Level Domain: {matched.group("TLD")}''')
```

```
name: ekoenig
Secondary Level Domain: vpwk
Top Level Domain: com
```

Find All

直到目前為止，我們已經示範了傳回第一個匹配的結果。我們也可以使用 findall 來傳回一個代表所有匹配結果的字串序列：

```
>>> matched = re.findall(r'\w+\@\w+\.\w+', cc_list)
>>> matched
['ekoenig@vpwk.com', 'rostam@vpwk.com', 'ctomson@vpwk.com', 'cbaio@vpwk.com']
>>> matched = re.findall(r'(\w+)\@(\w+)\.(\w+)', cc_list)
>>> matched
[('ekoenig', 'vpwk', 'com'), ('rostam', 'vpwk', 'com'),
 ('ctomson', 'vpwk', 'com'), ('cbaio', 'vpwk', 'com')]
>>> names = [x[0] for x in matched]
>>> names
['ekoenig', 'rostam', 'ctomson', 'cbaio']
```

Find 迭代器（Iterator）

當處理大量文字（比方說，日誌）時，一部分一部分的處理是相當實用的作法。你可以透過 finditer 來產生迭代器物件。這個物件每找尋到一個匹配的文字，便會停下來將結果送給 next 函式供使用者取用，接著再繼續處理後續的文字並且找到下一個匹配的結果。利用這樣的方式，便可以逐一地處理每一個匹配的結果，而不需要透過獨佔資源的方式，一次性地處理所有的文字：

```
>>> matched = re.finditer(r'\w+\@\w+\.\w+', cc_list)
>>> matched
<callable_iterator object at 0x108e68748>
>>> next(matched)
<re.Match object; span=(13, 29), match='ekoenig@vpwk.com'>
>>> next(matched)
<re.Match object; span=(51, 66), match='rostam@vpwk.com'>
>>> next(matched)
<re.Match object; span=(83, 99), match='ctomson@vpwk.com'>
```

迭代器物件（matched）也可以被使用在 for 迴圈內：

```
>>> matched = re.finditer("(?P<name>\w+)\@(?P<SLD>\w+)\.(?P<TLD>\w+)", cc_list)
>>> for m in matched:
...     print(m.groupdict())
...
```

```
...
{'name': 'ekoenig', 'SLD': 'vpwk', 'TLD': 'com'}
{'name': 'rostam', 'SLD': 'vpwk', 'TLD': 'com'}
{'name': 'ctomson', 'SLD': 'vpwk', 'TLD': 'com'}
{'name': 'cbaio', 'SLD': 'vpwk', 'TLD': 'com'}
```

置換

除了搜尋與比對，正規表達式也可以用來置換字串的部分或全部的文字：

```
>>> re.sub("\d", "#", "The passcode you entered was  09876")
'The passcode you entered was  #####'
>>> users = re.sub("(?P<name>\w+)\@(?P<SLD>\w+)\.(?P<TLD>\w+)",
                   "\g<TLD>.\g<SLD>.\g<name>", cc_list)
>>> print(users)
Ezra Koenig <com.vpwk.ekoenig>,
Rostam Batmanglij <com.vpwk.rostam>,
Chris Tomson <com.vpwk.ctomson,
Chris Baio <com.vpwk.cbaio
```

編譯

到目前為止，所有的範例都是直接使用 re 模組。這樣的作法在許多情況下都是適用的，但如果要進行同一個比對許多次時，可以藉由編譯正規表達式成為一個物件來重複使用，而不需要在每次請求時重新編譯，進而維持比對效能：

```
>>> regex = re.compile(r'\w+\@\w+\.\w+')
>>> regex.search(cc_list)
<re.Match object; span=(13, 29), match='ekoenig@vpwk.com'>
```

正規表達式仍有許多除了我們所介紹以外的功能。已經有許多的書籍介紹了它們的用法，現在你只需要對於那些最常見的基本用法有所了解即可。

惰性求值（Lazy Evaluation）

惰性求值的概念是不想要在使用計算結果之前，對於所有資料進行處理，尤其當需要處理的資料十分大量的時候。在 range 已經看過這樣的用法，它所占用的記憶體資源都是相同的，即便代表的是一大群的數字。

生成器

你可以如使用 range 物件一般，使用生成器。生成器會在請求的資料範圍內執行某種運算，並且停止在每次呼叫後的狀態。這意味著你可以儲存某些需要用來計算輸出結果的變數，而且這些變數在每次的呼叫過程中都會被使用到。

為了實作生成器函式，我們必須使用 yield 關鍵字而非使用 return。當每次生成器被呼叫時，它會傳回由 yield 所標註的值，並且停止在當下的狀態直到下次被呼叫。我們馬上就來實作一個會進行簡單計數的生成器：

```
>>> def count():
...     n = 0
...     while True:
...         n += 1
...         yield n
...
...
>>> counter = count()
>>> counter
<generator object count at 0x10e8509a8>
>>> next(counter)
1
>>> next(counter)
2
>>> next(counter)
3
```

值得注意的是生成器維持著它的狀態，因此變數 n 在每次生成器被呼叫時，儲存著前次呼叫時運算後的值。現在就來實作一個費伯納西數列生成器：

```
>>> def fib():
...     first = 0
...     last = 1
...     while True:
...         first, last = last, first + last
...         yield first
...
>>> f = fib()
>>> next(f)
1
>>> next(f)
1
>>> next(f)
2
>>> next(f)
3
```

我們也可以在 for 迴圈內,重複使用生成器來印出費伯納西數列:

```
>>> f = fib()
>>> for x in f:
...     print(x)
...     if x > 12:
...         break
...
1
1
2
3
5
8
13
```

生成器表達式(Generator Comprehension)

我們可以藉由生成器表達式來建立單行生成器。單行生成器是透過類似串列表達式一樣的方式來建立,但使用的是括號而非方括號:

```
>>> list_o_nums = [x for x in range(100)]
>>> gen_o_nums = (x for x in range(100))
>>> list_o_nums
[0, 1, 2, 3, ...  97, 98, 99]
>>> gen_o_nums
<generator object <genexpr> at 0x10ea14408>
```

即使是如此小型的範例,還是可以透過使用 sys.getsizeof(此方法會以位元組為單位,回傳物件的大小)方法觀察到記憶體使用量的差異:

```
>>> import sys
>>> sys.getsizeof(list_o_nums)
912
>>> sys.getsizeof(gen_o_nums)
120
```

更多 IPython 的功能

我們在本章的開頭已經看過一些 IPython 的功能。現在來看看一些更進階的,比方說,在 IPython 中執行 shell 指令並且使用神奇功能。

使用 IPython 執行 Unix 指令

你可以使用 IPython 來執行 shell 指令。這正是使用 IPython 來執行 DevOps 任務最讓人信服的理由之一。我們就來看一個非常簡單的例子，IPython 將 ! 字元置於指令 ls 之前，來指明該指令為 shell 指令：

```
In [3]: var_ls = !ls -l
In [4]: type(var_ls)
Out[4]: IPython.utils.text.SList
```

指令執行的結果會以 IPython.utils.text.SList 型態指派給變數 var_ls。SList 將 shell 指令轉換成由 fields、grep 和 sort 三個主要方法組成的物件。這邊有操作 Unix df 指令的例子。 sort 方法能夠處理 Unix 指令產生的空白間隔，並且利用第三個大小資訊的欄位進行排序：

```
In [6]: df = !df
In [7]: df.sort(3, nums = True)
```

接著了解 SList 與 .grep。這裡的範例是找尋安裝在 /usr/bin 資料夾下名稱含有 kill 的指令：

```
In [10]: ls = !ls -l /usr/bin
In [11]: ls.grep("kill")
Out[11]:
['-rwxr-xr-x   1 root    wheel     1621 Aug 20  2018 kill.d',
 '-rwxr-xr-x   1 root    wheel    23984 Mar 20 23:10 killall',
 '-rwxr-xr-x   1 root    wheel    30512 Mar 20 23:10 pkill']
```

這裡的重點是 IPython 提供了一個理想的環境來改造簡單的 shell 腳本。

使用 IPython 神奇指令

如果你習慣使用 IPython，你應該也就習慣使用它內建的神奇指令。這些神奇指令基本上就是一些實用功能的使用捷徑。神奇指令是用 %% 開頭。下面的範例是在 IPython 中撰寫內嵌的 Bash 腳本。請注意到這裡的範例只是一個簡單的指令，但其實也可以是一個完整的 Bash 腳本：

```
In [13]: %%bash
    ...: uname -a
    ...:
    ...:
Darwin nogibjj.local 18.5.0 Darwin Kernel Version 18.5.0: Mon Mar ...
```

%%writefile 是一個相當便捷的指令，它可以即時地透過 IPython 執行正在撰寫的 Python
或 Bash 腳本，讓我們知道結果：

```
In [16]: %%writefile print_time.py
   ...: #!/usr/bin/env python
   ...: import datetime
   ...: print(datetime.datetime.now().time())
   ...:
   ...:
   ...:
Writing print_time.py

In [17]: cat print_time.py
#!/usr/bin/env python
import datetime
print(datetime.datetime.now().time())

In [18]: !python print_time.py
19:06:00.594914
```

另一個非常有用的指令是 **%who**，它會顯示記憶體中有那些物件。當你長時間處在一個終
端機內進行操作時，這是一個相當便利的功能讓你知道目前記憶體的配置狀況：

```
In [20]: %who
df      ls      var_ls
```

練習

- 實作一個需要一個人名作為引數進行呼叫的 Python 函式。呼叫後，此函式會印出這
  個人名。

- 實作一個函式，該函式會辨別傳入的字串是否為大寫還是小寫，並且將結果印出來。

- 實作一個串列表達式，該表達式會將單字 *smogtether* 的每一個字元轉換成大寫並且
  儲存在串列內。

- 撰寫一個生成器並且會交替重複回傳 *Even* 和 *Odd*。

## 第二章

檔案與檔案系統操作自動化

Python 最具威力的特色之一就是它處理文字與檔案的能力。在 DevOps 的世界裡,無論是搜尋應用程式的日誌或者是派發組態檔案,都免不了持續地對檔案內的文字進行解析、搜索與更動。檔案是用來保存當前資料、程式與組態設定的工具;它們記錄著日誌資料以供查詢,也作為控制的媒介來描述需要進行控制的細節。透過 Python,你可以藉由重複利用的程式碼來創建、讀取和修改檔案與內容。將這些任務自動化的確是現代化 DevOps 有別於傳統系統管理的特點之一。你可以使用程式碼來進行一連串的操作,而不是透過一個需要手動執行的指令操作手冊。這樣的作法能減少操作上的疏失。如果你能夠有自信在每次執行系統時都採用相同的方式,你將能對整個操作流程更了解也更有自信。

讀取與寫入檔案

你可以利用 open 函式來建立一個關聯於檔案的物件,並且透過它來讀寫檔案。這個函式需要兩個引數,一個是代表檔案的位置,而另一個則是存取的模式(模式引數是可選的,預設為讀取)。除此之外,如果是文字或者是二進位檔案,可以使用模式來標明是要進行讀取或者是寫入。你可以基於模式 r 來開啟一個文字檔,並且取讀它的內容。這個檔案的物件提供一個 read 方法,來將檔案內容以字串的方式讀取出來:

```
In [1]: file_path = 'bookofdreams.txt'
In [2]: open_file = open(file_path, 'r')
In [3]: text = open_file.read()
In [4]: len(text)
Out[4]: 476909

In [5]: text[56]
Out[5]: 's'
```

```
In [6]: open_file
Out[6]: <_io.TextIOWrapper name='bookofdreams.txt' mode='r' encoding='UTF-8'>

In [7]: open_file.close()
```

 在使用完檔案後，隨手關閉檔案是很好的習慣。Python 會在離開該檔案的執行範圍後，進行關閉來釋出資源。然而在釋出資源前，該資源都會被持續佔用，並且禁止其他程序對該檔案進行存取。

你也可以透過 readlines 方法來讀取檔案。該方法會利用檔案內的換行符號來將內容分割，並且傳回一個字串的串列。每一個字串都代表一行原始的內容：

```
In [8]: open_file = open(file_path, 'r')
In [9]: text = open_file.readlines()
In [10]: len(text)
Out[10]: 8796

In [11]: text[100]
Out[11]: 'science, when it admits the possibility of occasional hallucinations\n'

In [12]: open_file.close()
```

一個較為便利的開啟檔案方式是利用 with 語句。透過這個用法，使用者不需要再顯式地關閉檔案，取而代之的是 Python 會在結束程式執行區塊時，自動地將檔案關閉並且釋放資源：

```
In [13]: with open(file_path, 'r') as open_file:
   ...:      text = open_file.readlines()
   ...:

In [14]: text[101]
Out[14]: 'in the sane and healthy, also admits, of course, the existence of\n'

In [15]: open_file.closed
Out[15]: True
```

不同的作業系統會採用不同的斷行脫逸字元。以 Unix 系統來說，使用的是 \n；而 Windows 系統則是使用 \r\n。當開始檔案時，Python 會自動將這些脫逸字元統一轉換為 \n。如果你正開啟一個二進制的檔案，如 .jpeg 影像檔，卻用純文字的方式開啟，很可能就會因為這樣的轉換機制，進而使得檔案毀損。然而，當你讀取二進制檔案時，你可以藉由在模式引數後附加 b，來避免這樣的狀況發生：

```
In [15]: file_path = 'bookofdreamsghos00lang.pdf'
In [16]: with open(file_path, 'rb') as open_file:
    ...:         btext = open_file.read()
    ...:

In [17]: btext[0]
Out[17]: 37

In [18]: btext[:25]
Out[18]: b'%PDF-1.5\n%\xec\xf5\xf2\xe1\xe4\xef\xe3\xf5\xed\xe5\xee\xf4\n18'
```

加上這個字元到模式引數中，便不再對開啟檔案的斷行進行額外的轉換處理。

當要寫入檔案時，可以藉由引數 w 來使用寫入模式。direnv 是用來自動設定開發環境的工具。透過設置 *.envrc* 來定義環境變數與應用程式的執行環境；當你切換到有 *.envrc* 的資料夾時，direnv 會基於這個檔案來完成相關的設定。你可以利用 Python 並且採用寫入的旗標來開啟檔案，並在這個檔案中，將 STAGE 設為 PROD，以及將 TABLE_ID 設為 token-storage-1234：

```
In [19]: text = '''export STAGE=PROD
    ...: export TABLE_ID=token-storage-1234'''

In [20]: with open('.envrc', 'w') as opened_file:
    ...:         opened_file.write(text)
    ...:

In [21]: !cat .envrc
export STAGE=PROD
export TABLE_ID=token-storage-1234
```

 請注意！函式庫 pathlib 的 write 方法會覆寫已經存在的檔案。

open 函式在開啟檔案不存在時，會建立檔案，而當開啟檔案已存在時，則會採取覆寫的動作。如果希望開啟原來存在的檔案，並且將新增內容接續在檔案後頭，則需要使用附加旗標 a。這個旗標會使得新增的內容接續於檔案末尾，並且維持原先的內容不變。如果正在寫入非純文字的內容（比方說 *.jpeg*），並且採用旗標 w 或 a，將很可能導致檔案的毀損。這個毀損發生的原因很可能是 Python 在寫入文字資料時，將斷行字元轉換為合於該運行環境的斷行字元。為了能夠寫入二進制的資料，你可以使用旗標 wb 或 ab，來確保檔案的安全。

第三章會深入 pathlib。針對檔案讀取與寫入，有兩個有用且便利的函式。pathlib 會隱藏對檔案物件的操作細節，並且完成使用者的請求。以下範例是用來從檔案中讀取純文字：

```
In [35]: import pathlib

In [36]: path = pathlib.Path(
            "/Users/kbehrman/projects/autoscaler/check_pending.py")

In [37]: path.read_text()
```

如果要讀取二進制資料，可以使用 path.read_bytes 方法。

當想要覆寫檔案或者建立新檔案時，有一些方法可以用來寫入純文字內容或者是二進制內容：

```
In [38]: path = pathlib.Path("/Users/kbehrman/sp.config")

In [39]: path.write_text("LOG:DEBUG")
Out[39]: 9

In [40]: path = pathlib.Path("/Users/kbehrman/sp")
Out[41]: 8
```

針對非結構化的純文字內容，透過使用檔案物件所提供的 read 和 write 函式通常就足夠了，但如果需要面對更為複雜的資料呢？ Javascript Object Notation（JSON）作為儲存簡單的結構化資料格式，被廣泛地使用在現代化的網路服務上。這種格式採用了兩種資料結構，一種是相似於 Python 字典（dict）的鍵值對映射，另一種則是相似於 Python 串列（list）的物件串列。在資料型態的支援上則提供了數值、字串、布林值和空值。AWS Identity and Access Management（IAM）網路服務讓使用者可以控制 AWS 上的資源存取的權限。這個服務便利用了 JSON 來定義存取原則，以下為該原則的範例：

```
{
    "Version": "2012-10-17",
    "Statement": {
        "Effect": "Allow",
        "Action": "service-prefix:action-name",
        "Resource": "*",
        "Condition": {
            "DateGreaterThan": {"aws:CurrentTime": "2017-07-01T00:00:00Z"},
            "DateLessThan": {"aws:CurrentTime": "2017-12-31T23:59:59Z"}
        }
    }
}
```

你能夠使用標準的檔案物件讀寫方法存取這類檔案的內容：

```
In [8]: with open('service-policy.json', 'r') as opened_file:
   ...:     policy = opened_file.readlines()
   ...:
   ...:
```

取決於採用的讀取方法，讀取出來的結果可能是單一字串或者是一個字串的串列，但都無法立即地被使用：

```
In [9]: print(policy)
['{\n',
 '    "Version": "2012-10-17",
\n',
 '    "Statement": {\n',
 '        "Effect": "Allow",
\n',
 '        "Action": "service-prefix:action-name",
\n',
 '        "Resource": "*",
\n',
 '        "Condition": {\n',
 '            "DateGreaterThan": {"aws:CurrentTime": "2017-07-01T00:00:00Z"},
\n',
 '            "DateLessThan": {"aws:CurrentTime": "2017-12-31T23:59:59Z"}\n',
 '        }\n',
 '    }\n',
 '}\n']
```

我們必須將讀出的字串進行解析，並且將它們恢復成原來的資料結構與型別，這將是個大工程。一個更好的做法是使用 json 函式模組：

```
In [10]: import json

In [11]: with open('service-policy.json', 'r') as opened_file:
   ...:     policy = json.load(opened_file)
   ...:
   ...:
   ...:
```

這個模組會解析 JSON 格式的資料，並且使用相應的 Python 資料結構將資料封裝後傳回：

```
In [13]: from pprint import pprint

In [14]: pprint(policy)
{'Statement': {'Action': 'service-prefix:action-name',
               'Condition': {'DateGreaterThan':
```

```
                          {'aws:CurrentTime': '2017-07-01T00:00:00Z'},
                      'DateLessThan':
                          {'aws:CurrentTime': '2017-12-31T23:59:59Z'}},
            'Effect': 'Allow',
            'Resource': '*'},
  'Version': '2012-10-17'}
```

 pprint 函式模組能自動地把 Python 物件轉換成適合傾印出來的格式。輸出的內容將更容易被閱讀,同時也是一個用於檢視巢狀資料結構的便利方式。

現在,你可以基於檔案的原始結構來使用這些資料。用以下的例子來說明如何更動存取原則來管理 S3 資源:

```
In [15]: policy['Statement']['Resource'] = 'S3'

In [16]: pprint(policy)
{'Statement': {'Action': 'service-prefix:action-name',
               'Condition': {'DateGreaterThan':
                                {'aws:CurrentTime': '2017-07-01T00:00:00Z'},
                            'DateLessThan':
                                {'aws:CurrentTime': '2017-12-31T23:59:59Z'}},
               'Effect': 'Allow',
               'Resource': 'S3'},
  'Version': '2012-10-17'}
```

你可以利用 **json.dump** 方法將 Python 的字典內容輸出成 JSON 檔案:

```
In [17]: with open('service-policy.json', 'w') as opened_file:
    ...:     policy = json.dump(policy, opened_file)
    ...:
    ...:
    ...:
```

另一種常用於組態檔案的語言是 *YAML*(YAML 並不是一種標記語言)。它是 JSON 的擴展集,但透過使用類似於 Python 的空格寫法,使得本身的格式更為精巧。

Ansible 是一種用來處理軟體組態、管理和部署的自動化工具。Ansible 使用一種名為 *playbook* 的檔案來定義需要自動化的動作,而 playbook 便是使用 YAML 格式:

```
---
- hosts: webservers
  vars:
    http_port: 80
```

```
    max_clients: 200
  remote_user: root
  tasks:
  - name: ensure apache is at the latest version
    yum:
      name: httpd
      state: latest
...
```

最常用來解析 YAML 檔案的函式庫就是 PyYAML。它並不是 Python 的標準函式庫，因此你必須透過 pip 來自行安裝：

```
$ pip install PyYAML
```

安裝完成後，便可以使用 PyYAML 來匯入與匯出 YAML 資料：

```
In [18]: import yaml

In [19]: with open('verify-apache.yml', 'r') as opened_file:
    ...:     verify_apache = yaml.safe_load(opened_file)
    ...:
```

資料以熟悉的 Python 資料結構載入（一個含有字典的串列）：

```
In [20]: pprint(verify_apache)
[{'handlers': [{'name': 'restart apache',
                'service': {'name': 'httpd', 'state': 'restarted'}}],
  'hosts': 'webservers',
  'remote_user': 'root',
  'tasks': [{'name': 'ensure apache is at the latest version',
             'yum': {'name': 'httpd', 'state': 'latest'}},
            {'name': 'write the apache config file',
             'notify': ['restart apache'],
             'template': {'dest': '/etc/httpd.conf', 'src': '/srv/httpd.j2'}},
            {'name': 'ensure apache is running',
             'service': {'name': 'httpd', 'state': 'started'}}],
  'vars': {'http_port': 80, 'max_clients': 200}}]
```

你也可以將 Python 資料以 YAML 的格式進行儲存：

```
In [22]: with open('verify-apache.yml', 'w') as opened_file:
    ...:     yaml.dump(verify_apache, opened_file)
    ...:
    ...:
    ...:
```

另一種被廣泛用來表示結構性資料的語言是可擴展性標記語言（XML）。這種語言是由階層式的標籤元素所組成。過去有很多網站使用 XML 作為資料傳輸的格式，舉例來說，如簡易資訊聚合（Real Simple Syndication，RSS）。使用者利用 RSS 來追蹤以及獲得網站更新的訊息，另外，也可以使用它來追蹤來自不同處的文章刊登消息。Python 提供 xml 的函式庫來處理 XML 文件，它將 XML 文件中的階層式結構映射成一個樹狀的資料結構。樹的節點便是標記元素，而元素之間的父子關係則用來代表文件中元素的階層結構，最頂層的父節點便是整份文件的根節點。以下是解析 RSS 文件並且取得根節點的範例：

```
In [1]: import xml.etree.ElementTree as ET
In [2]: tree = ET.parse('http_feeds.feedburner.com_oreilly_radar_atom.xml')

In [3]: root = tree.getroot()

In [4]: root
Out[4]: <Element '{http://www.w3.org/2005/Atom}feed' at 0x11292c958>
```

你可以藉由迴圈從樹的頂端一路往下，遍尋所有的子節點：

```
In [5]: for child in root:
   ...:     print(child.tag, child.attrib)
   ...:
{http://www.w3.org/2005/Atom}title {}
{http://www.w3.org/2005/Atom}id {}
{http://www.w3.org/2005/Atom}updated {}
{http://www.w3.org/2005/Atom}subtitle {}
{http://www.w3.org/2005/Atom}link {'href': 'https://www.oreilly.com'}
{http://www.w3.org/2005/Atom}link {'rel': 'hub',
                                   'href': 'http://pubsubhubbub.appspot.com/'}
{http://www.w3.org/2003/01/geo/wgs84_pos#}long {}
{http://rssnamespace.org/feedburner/ext/1.0}emailServiceId {}
...
```

XML 提供了**命名空間**（利用標籤劃分資料群組）的功能。XML 使用定義於大括號內的命名空間作為標籤，加在子標籤前。如果你了解階層結構，便可以基於它們的關係鏈搜尋元素。另外，也可以提供一個定義了所有命名空間的字典，便於之後的查找：

```
In [108]: ns = {'default':'http://www.w3.org/2005/Atom'}
In [106]: authors = root.findall("default:entry/default:author/default:name", ns)

In [107]: for author in authors:
     ...:     print(author.text)
     ...:
Nat Torkington
VM Brasseur
```

```
Adam Jacob
Roger Magoulas
Pete Skomoroch
Adrian Cockcroft
Ben Lorica
Nat Torkington
Alison McCauley
Tiffani Bell
Arun Gupta
```

試算表是使用逗號作為分隔（CSV）來存放資料。你可以使用屬於自己的方式對這類資料進行處理，也可以使用 Python 的 csv 模組以更簡便的方式來讀取這些資料：

```
In [16]: import csv
In [17]: file_path = '/Users/kbehrman/Downloads/registered_user_count_ytd.csv'

In [18]: with open(file_path, newline='') as csv_file:
   ...:     off_reader = csv.reader(csv_file, delimiter=',')
   ...:     for _ in range(5):
   ...:         print(next(off_reader))
   ...:
['Date', 'PreviousUserCount', 'UserCountTotal', 'UserCountDay']
['2014-01-02', '61', '5336', '5275']
['2014-01-03', '42', '5378', '5336']
['2014-01-04', '26', '5404', '5378']
['2014-01-05', '65', '5469', '5404']
```

csv reader 物件透過迭代的方式逐行地讀取 .csv 資料，以便讓開發者可一次處理一行資料。透過這樣的方式來處理資料，在面對 .csv 的大檔案時特別有用，因為我們並不希望一次性地讀入大量資料到記憶體中。當然，你可能需要針對多筆資料的數個欄位進行運算，且剛好檔案也不是太大時，還是可以一次性地將所有資料載入記憶體中。

Pandas 是資料科學領域中重要的套件。它提供了近似於試算表一樣強而有力的資料儲存結構（pandas.DataFrame）。如果你所要進行統計分析的資料結構就如同表格一般，或者是你想要逐行逐列進行資料處理時，那麼 DataFrame 正是你需要的工具。由於它是第三方所提供的套件，因此需要透過 pip 安裝才能使用。在使用上，可以透過多種方式將資料匯入 DataFrame，但一個最常見的方式便是透過 .csv 檔案：

```
In [54]: import pandas as pd

In [55]: df = pd.read_csv('sample-data.csv')

In [56]: type(df)
Out[56]: pandas.core.frame.DataFrame
```

可以透過 head 方法來檢視 DataFrame 的首列資訊：

```
In [57]: df.head(3)
Out[57]:
   Attributes      open       high        low      close      volume
0     Symbols         F          F          F          F           F
1        date       NaN        NaN        NaN        NaN         NaN
2  2018-01-02   11.3007    11.4271    11.2827    11.4271    20773320
```

另外，可以透過 describe 方法來取得資料的統計資訊：

```
In [58]: df.describe()
Out[58]:
        Attributes      open      high      low     close      volume
count          357       356       356      356       356         356
unique         357       290       288      297       288         356
top     2018-10-18    10.402    8.3363     10.2    9.8111    36298597
freq             1         5         4        3         4           1
```

當然也可以透過中括號與欄位的名稱取得單欄的所有資訊：

```
In [59]: df['close']
Out[59]:
0             F
1           NaN
2       11.4271
3       11.5174
4       11.7159
         ...
352        9.83
353        9.78
354        9.71
355        9.74
356        9.52
Name: close, Length: 357, dtype: object
```

Pandas 還有許多用於分析與處理表格資料的方法，並且也有許多介紹用法的書籍。如果你需要進行資料分析，它無疑是個值得被關注的工具。

使用正規表達式搜尋字串

Apache HTTP 伺服器是相當普遍被用來作為網頁伺服器的開源工具。它可以透過組態設定日誌檔的格式。通用日誌格式（Common Log Format，CLF）是一種廣泛被使用的格式。有許多不同的日誌分析工具都支援這種日誌格式。以下為此種日誌的格式：

```
<IP Address> <Client Id> <User Id> <Time> <Request> <Status> <Size>
```

下面是基於這個格式的內容範例：

```
127.0.0.1 - swills [13/Nov/2019:14:43:30 -0800] "GET /assets/234 HTTP/1.0" 200 2326
```

第一章介紹了正規表達式與 Python 的 re 模組，所以讓我們試著使用這些工具從通用日誌格式中擷取資訊。建構正規表達式的一個小訣竅是一部分一部分地建構表達式。透過這種方式可以讓你逐步建構部分的表達式，而不用陷在為完整的表達式進行複雜的除錯任務中。你可以透過特定的群組名稱來建立一個可以取出 IP 位址資訊的正規表達式：

```
In [1]: line = '127.0.0.1 - rj [13/Nov/2019:14:43:30 -0800] "GET HTTP/1.0" 200'

In [2]: re.search(r'(?P<IP>\d+\.\d+\.\d+\.\d+)', line)
Out[2]: <re.Match object; span=(0, 9), match='127.0.0.1'>

In [3]: m = re.search(r'(?P<IP>\d+\.\d+\.\d+\.\d+)', line)

In [4]: m.group('IP')
Out[4]: '127.0.0.1'
```

你也可以建立一個正規表達式來取得時間：

```
In [5]: r = r'\[(?P<Time>\d\d/\w{3}/\d{4}:\d{2}:\d{2}:\d{2})\]'

In [6]: m = re.search(r, line)

In [7]: m.group('Time')
Out[7]: '13/Nov/2019:14:43:30'
```

當然也可以如下面範例一般，擷取出多個元素，包含 IP、使用者、時間和請求方法：

```
In [8]:  r = r'(?P<IP>\d+\.\d+\.\d+\.\d+)'

In [9]: r += r' - (?P<User>\w+) '

In [10]: r += r'\[(?P<Time>\d\d/\w{3}/\d{4}:\d{2}:\d{2}:\d{2})\]'

In [11]: r += r' (?P<Request>".+")'

In [12]:  m = re.search(r, line)

In [13]: m.group('IP')
Out[13]: '127.0.0.1'

In [14]: m.group('User')
Out[14]: 'rj'

In [15]: m.group('Time')
```

```
Out[15]: '13/Nov/2019:14:43:30'

In [16]: m.group('Request')
Out[16]: '"GET HTTP/1.0"'
```

針對日誌單行進行解析是個有趣的試驗,但卻不是特別的有用。然而,你也可以利用這個正規表達式作為基礎,設計一個可以從完整的日誌中取出所需資訊的表達式。舉個例子來說,我們想要搜尋 2019 年 11 月 8 日送出 GET 請求的 IP 位址。利用先前的表達式,基於這個需求進行如下的修改:

```
In [62]: r = r'(?P<IP>\d+\.\d+\.\d+\.\d+)'
In [63]: r += r'- (?P<User>\w+)'
In [64]: r += r'\[(?P<Time>08/Nov/\d{4}:\d{2}:\d{2}:\d{2} [-+]\d{4})\]'
In [65]: r += r' (?P<Request>"GET .+")'
```

使用 finditer 方法來處理日誌,並且將匹配內容中的 IP 位址傾印出來:

```
In [66]: matched = re.finditer(r, access_log)

In [67]: for m in matched:
    ...:     print(m.group('IP'))
    ...:
127.0.0.1
342.3.2.33
```

基於各式各樣的純文字資訊與正規表達式可以完成許多的任務。如果你並未因這樣複雜的工作感到畏縮,你將會發現它們是處理純文字資訊最有效的工具之一。

處理大型檔案

很多時候需要對非常大的檔案進行處理。如果檔案內的資料可以被逐行處理,那麼使用 Python 來處理這個任務將相當簡單。不採用在此之前所介紹的方法,一次性地載入整個檔案到記憶體中,你可以一次讀取一行資料並且進行處理,然後再取出下一筆資料。已經讀取的資料將會被 Python 的垃圾回收器(garbage collector)自動地從記憶體中移除,釋回到記憶體中。

 Python 可以自動地配置並且釋放記憶體。垃圾回收器(garbage collector)是處理這個任務的其中一個工具。雖然很少需要手動地處理垃圾回收,但 Python 仍提供了 gc 套件來讓開發者可以直接進行控制。

當讀取一個從不同作業系統所創建的檔案時，不同的作業系統使用不同的斷行字元是件麻煩的事。Windows 所創建的檔案斷行時，除了 \n 字元外，會額外添加 \r 字元。然而這個額外的字元在 Linux 作業系統上，僅會被視為一個普通的文字。如果你有一個大型的檔案，而你想要基於目前的作業系統轉換斷行字元時，可以開啟一個檔案並且逐行地讀出，再寫入另一個新檔案，Python 會自動地處理這個斷行的字元：

```
In [23]: with open('big-data.txt', 'r') as source_file:
    ...:     with open('big-data-corrected.txt', 'w') as target_file:
    ...:         for line in source_file:
    ...:             target_file.write(line)
    ...:
```

值得一提的是，你可以巢化 with 語句，一次開啟兩個檔案，然後透過迴圈逐行讀取來源檔案。你也可以定義一個生成器來處理檔案的讀取，尤其是需要解析多個檔案，並且逐行讀取資料的時候：

```
In [46]: def line_reader(file_path):
    ...:     with open(file_path, 'r') as source_file:
    ...:         for line in source_file:
    ...:             yield line
    ...:

In [47]: reader = line_reader('big-data.txt')

In [48]: with open('big-data-corrected.txt', 'w') as target_file:
    ...:     for line in reader:
    ...:         target_file.write(line)
    ...:
```

當無法使用斷行字元作為分割資料的工具時，比方說大型的二進制檔案，你可以透過檔案物件的 read 方法傳入一次需讀取的位元數量來逐塊讀取資料。在檔案讀取完畢時，read 方法將會回傳空的字串：

```
In [27]: with open('bb141548a754113e.jpg', 'rb') as source_file:
    ...:     while True:
    ...:         chunk = source_file.read(1024)
    ...:         if chunk:
    ...:             process_data(chunk)
    ...:         else:
    ...:             break
    ...:
```

加密文本

常會有機會需要對文字資訊進行加密，來確保安全性。除了 Python 內建的 hashlib 套件外，另一個常用的第三方套件是 cyptography。就讓我們來看看如何使用這兩個套件。

使用 Hashlib 進行雜湊處理

為了安全，使用者的密碼必須先進行加密再儲存。一個常見的作法是將密碼進行單向的加密，再轉換成位元串，這種方法是非常難以透過逆向工程，而進行破解的。用來進行這種單向加密的方法稱為*雜湊函式*（*hash function*）。除了使得密碼變得難以解讀外，雜湊函式還能保證透過網路進行傳輸的資料不被修改。你可以將整個文件進行雜湊處理，並且將結果伴隨著文件一起送出。接收者可以透過相同的方式對整個文件進行雜湊處理，並且比較兩者的雜湊結果，進而確保內容。hashlib 提供了數種加密演算法，包括 *SHA1*、*SHA224*、*SHA384*、*SHA512*，和結合 RSA 的 *MD5*。下面的範例展示了如何使用 MD5 演算法對密碼進行雜湊處理：

```
In [62]: import hashlib

In [63]: secret = "This is the password or document text"

In [64]: bsecret = secret.encode()

In [65]: m = hashlib.md5()

In [66]: m.update(bsecret)

In [67]: m.digest()
Out[67]: b' \xf5\x06\xe6\xfc\x1c\xbe\x86\xddj\x96C\x10\x0f5E'
```

值得注意的是如果密碼或文件為字串型態時，需要先使用 encode 方法，將其轉換為二進制的字串。

使用 Cryptography 進行加密

cryptography 是使用 Python 處理加密問題時，相當受到歡迎的工具。因為它是一個第三方的套件，所以你必須先透過 pip 來進行安裝。**對稱密鑰加密**（*symmetric key encryption*）是一個基於共享密鑰的加密演算法，這種方式的加密演算法包括了進階加密標準（Advanced Encryption Standard, AES）、Blowfish、資料加密標準（Data Encryption Standard, DES）、Serpent 和 Twofish。共享密鑰就如同一個用於加密與解密的密碼一般。相較於非對稱金鑰加密（*asymmetric key encryption*，稍後會介紹）來說，對於一個加密檔案而言,加密與解密兩方需要共享一把密鑰是這個加密方法的缺點。然而,對稱密鑰加密的執行速度較快且加密的概念也較為直接,因此相當適合用於加密大型的檔案。Fernet 是受歡迎的 AES 演算法的一個實作版本。首先需要先產生一把密鑰:

```
In [1]: from cryptography.fernet import Fernet

In [2]: key = Fernet.generate_key()

In [3]: key
Out[3]: b'q-fEOs2JIRINDR8toMG7zhQvVhvf5BRPx3mj5Atk5B8='
```

因為我們需要使用這把密鑰進行解密,所以需要安全地將密鑰儲存好。需要謹記在心的是任何取得這把密鑰的用戶,都可以將檔案進行解密。因此,如果使用檔案來存放該密鑰,請使用二進制的資料型態。密鑰產生完畢後,接著便是使用 Fernet 物件對資料進行加密:

```
In [4]: f = Fernet(key)

In [5]: message = b"Secrets go here"


In [6]: encrypted = f.encrypt(message)

In [7]: encrypted
Out[7]: b'gAAAAABdPyg4 ... plhkpVkC8ezOHaOLIA=='
```

只要使用相同密鑰建立的 Fernet 物件,便可以對資料進行解密:

```
In [1]: f = Fernet(key)

In [2]: f.decrypt(encrypted)
Out[2]: b'Secrets go here'
```

非對稱金鑰加密使用一組成對的密鑰,一把為公鑰,而另一把則為私鑰。公鑰可以被任意地分享,然而私鑰則僅由一個用戶持有。若想要把已經基於公鑰進行加密的資料進行解密,唯一的方式就是透過私鑰。在區域網路與跨網際網路情境下,這種加密方式常用來對傳遞的資訊進行保密。一個非常受到歡迎的非對稱金鑰演算法是 Rivest-Shamir-Adleman(RSA),這個演算法被廣泛地用於跨網路的通訊。cryptography 函式庫提供了建立公鑰與私鑰對的功能:

```
In [1]: from cryptography.hazmat.backends import default_backend

In [2]: from cryptography.hazmat.primitives.asymmetric import rsa
```

```
In [3]: private_key = rsa.generate_private_key(public_exponent=65537,
                                               key_size=4096,
                                               backend=default_backend())

In [4]: private_key
Out[4]: <cryptography.hazmat.backends.openssl.rsa._RSAPrivateKey at 0x10d377c18>

In [5]: public_key = private_key.public_key

In [6]: public_key = private_key.public_key()

In [7]: public_key
Out[7]: <cryptography.hazmat.backends.openssl.rsa._RSAPublicKey at 0x10da642b0>
```

透過公鑰進行加密:

```
In [8]: message = b"More secrets go here"

In [9]: from cryptography.hazmat.primitives.asymmetric import padding
In [11]: from cryptography.hazmat.primitives import hashes

In [12]: encrypted = public_key.encrypt(message,
    ...:     padding.OAEP(mgf=padding.MGF1(algorithm=hashes.SHA256()),
    ...:     algorithm=hashes.SHA256(),
    ...:     label=None))
```

利用私鑰對訊息進行解密:

```
In [13]: decrypted = private_key.decrypt(encrypted,
    ...:     padding.OAEP(mgf=padding.MGF1(algorithm=hashes.SHA256()),
    ...:     algorithm=hashes.SHA256(),
    ...:     label=None))

In [14]: decrypted
Out[14]: b'More secrets go here'
```

os 模組

os 函式模組是 Python 最常被使用的函式模組之一。這個模組處理了許多低階的作業系統調用,並且試著在多種作業系統上提供統一的調用介面,這對於讓程式能同時運行在 Windows 與 Unix 系統上,是非常重要的功能。它也提供了一些與作業系統相依的功能 (針對 Windows 提供 os.O_TEXT 的功能,針對 Linux 則提供了 os.O_CLOEXEC 的功能), 這些功能是無法跨平台被使用。除非確信應用程式並不需要具備跨平台的可攜性,否則不要使用這些平台相依的功能才是明智之舉。範例 2-1 列出了 os 模組中,最有用的一些方法。

範例 2-1　更多 os 模組提供的方法

```
In [1]: os.listdir('.') ❶
Out[1]: ['__init__.py', 'os_path_example.py']

In [2]: os.rename('_crud_handler', 'crud_handler') ❷

In [3]: os.chmod('my_script.py', 0o777) ❸

In [4]: os.mkdir('/tmp/holding') ❹

In [5]: os.makedirs('/Users/kbehrman/tmp/scripts/devops') ❺

In [6]: os.remove('my_script.py') ❻

In [7]: os.rmdir('/tmp/holding') ❼

In [8]: os.removedirs('/Users/kbehrman/tmp/scripts/devops') ❽

In [9]: os.stat('crud_handler') ❾
Out[9]: os.stat_result(st_mode=16877,
                       st_ino=4359290300,
                       st_dev=16777220,
                       st_nlink=18,
                       st_uid=501,
                       st_gid=20,
                       st_size=576,
                       st_atime=1544115987,
                       st_mtime=1541955837,
                       st_ctime=1567266289)
```

❶ 列出目錄中所含的內容。

❷ 更改目錄或檔案的名稱。

❸ 更改檔案或目錄的權限設定。

❹ 建立目錄。

❺ 依照目錄的路徑,遞迴地依序建立目錄。

❻ 刪除檔案。

❼ 刪除單一目錄。

❽ 刪除目錄樹。刪除的動作會從葉目錄開始，循著樹狀結構往上，直到碰到第一個含有檔案的目錄便會停止。

❾ 取得檔案或者是目錄的資訊。這些資訊包括了 st_mode（代表檔案的型態和權限設定），和 st_atime（代表這個檔案或目錄最後被存取的時間）。

使用 os.path 管理檔案與資料夾

在 Python，你可以使用字串（二進制或者是其他格式）來代表路徑。os.path 模組提供了非常多路徑相關的方法，讓路徑的建立與操作如同使用字串物件一般。稍前有提到 os 模組試著提供跨平台的能力，而 os.path 也具備同樣的特色。這個模組會基於目前的作業系統（在 Unix 系統上，使用斜線區隔目錄，而在 Windows 上，則使用反斜線區隔目錄），對路徑進行解析。應用程式可以恣意地採用其中一種格式來建立目錄，都適用於所運行的作業系統。便於分割與合併路徑的功能可能是 os.path 最常被使用的功能。用於分割路徑的三種方法分別是 split、basename 和 dirname：

```
In [1]: import os

In [2]: cur_dir = os.getcwd()  ❶

In [3]: cur_dir
Out[3]: '/Users/kbehrman/Google-Drive/projects/python-devops/samples/chapter4'

In [4]: os.path.split(cur_dir)  ❷
Out[4]: ('/Users/kbehrman/Google-Drive/projects/python-devops/samples',
         'chapter4')

In [5]: os.path.dirname(cur_dir)  ❸
Out[5]: '/Users/kbehrman/Google-Drive/projects/python-devops/samples'

In [6]: os.path.basename(cur_dir)  ❹
Out[6]: 'chapter4'
```

❶ 取得目前的工作目錄。

❷ os.path.split 從父目錄路徑中將葉層級的路徑分割出來。

❸ os.path.dirname 回傳父目錄的路徑。

❹ os.path.basename 回傳葉節點的名稱。

你可以很簡單地利用 os.path.dirname 往上遍歷目錄樹：

```
In [7]: while os.path.basename(cur_dir):
   ...:       cur_dir = os.path.dirname(cur_dir)
   ...:       print(cur_dir)
   ...:
/Users/kbehrman/projects/python-devops/samples
/Users/kbehrman/projects/python-devops
/Users/kbehrman/projects
/Users/kbehrman
/Users
/
```

使用檔案來記錄程式運行時的組態設定是很常見的實作方式；這類的檔案在 Unix 系統中，習慣上會以 . 起始，以 *rc* 結尾。Vim 組態檔的名稱為 *.vimrc*，Bash 組態檔的名稱為 *.bashrc*，這兩個都是相當常見的例子。你可以將這些檔案存放在不同的位置，常見的作法是程式會定義查找組態檔位置的順序。舉個例子來說，工具會先檢查環境變數是否有定義需要取用的 *rc* 檔，如果沒有定義，則會檢查當前的工作目錄，最後則是使用者的家目錄。在範例 2-2 中，我們試著依據上述的規則找尋 *rc* 檔。我們使用 Python 執行時自動設定好的檔案變數，這個變數是利用相對於目前的工作目錄所組成的相對路徑，而非絕對路徑或者完整路徑。Python 與 Unix 系統一樣，並不會自動地將路徑展開，所以我們必須在使用該資訊建置路徑來檢查 *rc* 檔之前，先進行展開。近似於前述，Python 沒有自動地展開記錄著路徑的環境變數，所以我們必須顯性地展開這些變數。

範例 2-2 find_rc 方法

```
def find_rc(rc_name=".examplerc"):

    # 檢查環境變數
    var_name = "EXAMPLERC_DIR"
    if var_name in os.environ: ❶
        var_path = os.path.join(f"${var_name}", rc_name) ❷
        config_path = os.path.expandvars(var_path) ❸
        print(f"Checking {config_path}")
        if os.path.exists(config_path): ❹
            return config_path

    # 檢查目前的工作目錄
    config_path = os.path.join(os.getcwd(), rc_name) ❺
    print(f"Checking {config_path}")
    if os.path.exists(config_path):
        return config_path
```

```
# 檢查使用者的家目錄
home_dir = os.path.expanduser("~/")  ❻
config_path = os.path.join(home_dir, rc_name)
print(f"Checking {config_path}")
if os.path.exists(config_path):
    return config_path

# 檢查目前檔案所在的目錄
file_path = os.path.abspath(__file__)  ❼
parent_path = os.path.dirname(file_path)  ❽
config_path = os.path.join(parent_path, rc_name)
print(f"Checking {config_path}")
if os.path.exists(config_path):
    return config_path

print(f"File {rc_name} has not been found")
```

❶ 檢查環境變數是否存在於目前的運行環境中。

❷ 使用 join 與環境變數來建構路徑。建構的路徑會看起來像 $EXAMPLERC_DIR/.examplerc。

❸ 展開環境變數所定義的路徑。

❹ 檢查檔案是否存在。

❺ 藉由取得目前的工作目錄來建構路徑。

❻ 使用 expanduser 函式取得使用者家目錄的路徑。

❼ 展開存放 *file* 的相對目錄路徑成為絕對路徑。

❽ 使用 dirname 取得存放目前檔案的目錄路徑。

path 子模組也提供了查詢路徑資訊的功能。你可以判斷該路徑是一個檔案、一個目錄、一個連結或者是一個掛載點。你也可以取得該路徑所代表的物件大小，或者是最後的存取或修改時間。在範例 2-3 中，我們使用 path 由上往下遍歷整個目錄樹，並且列出各目錄裡面所有檔案的大小和最後存取時間。

範例 2-3　*os_path_walk.py*

```
#!/usr/bin/env python

import fire
import os
```

```python
def walk_path(parent_path):
    print(f"Checking: {parent_path}")
    childs = os.listdir(parent_path)  ❶

    for child in childs:
        child_path = os.path.join(parent_path, child)  ❷
        if os.path.isfile(child_path):  ❸
            last_access = os.path.getatime(child_path)  ❹
            size = os.path.getsize(child_path)  ❺
            print(f"File: {child_path}")
            print(f"\tlast accessed: {last_access}")
            print(f"\tsize: {size}")
        elif os.path.isdir(child_path):  ❻
            walk_path(child_path)  ❼

if __name__ == '__main__':
    fire.Fire()
```

❶ os.listdir 傳回目錄的內容。

❷ 基於父目錄建立完整的路徑。

❸ 檢查該路徑是否代表一個檔案。

❹ 取得檔案的最後存取時間。

❺ 取得檔案的大小。

❻ 檢查該路徑是否代表一個目錄。

❼ 基於目前的目錄往下遍歷目錄樹。

可以藉由上述的實作來分辨大檔案或者是從未被存取過的檔案,接著列出相關訊息、移動或者是刪除它們。

使用 os.walk 遍歷資料夾

os 模組提供了一個相當便利的功能來遍歷整個目錄樹,這個功能叫做 os.walk。這個函式傳回一個生成器,可以在每次迭代呼叫中傳回一個 tuple。每個 tuple 包括了當前的目錄、目錄列表和檔案列表。在範例 2-4 中,我們使用 os.walk 重新改寫 walk_path 函式,而不是如範例 2-3 的實作方式。藉由這個範例,會發現基於 os.walk,我們不再需要測試該路徑是否為檔案,或者是遞迴地呼叫相同函式來遍歷每個子目錄。

範例 2-4　重新實作 *walk_path*

```python
def walk_path(parent_path):
    for parent_path, directories, files in os.walk(parent_path):
        print(f"Checking: {parent_path}")
        for file_name in files:
            file_path = os.path.join(parent_path, file_name)
            last_access = os.path.getatime(file_path)
            size = os.path.getsize(file_path)
            print(f"File: {file_path}")
            print(f"\tlast accessed: {last_access}")
            print(f"\tsize: {size}")
```

使用 Pathlib 的路徑即物件

pathlib 函式庫使用物件來表示路徑而非使用字串。在範例 2-5 中，我們使用 pathlib 而不是 os.path，來重新實作範例 2-2。

範例 2-5　重新實作 *find_rc*

```python
def find_rc(rc_name=".examplerc"):

    # 檢查環境變數
    var_name = "EXAMPLERC_DIR"
    example_dir = os.environ.get(var_name)     ❶
    if example_dir:
        dir_path = pathlib.Path(example_dir)       ❷
        config_path = dir_path / rc_name           ❸
        print(f"Checking {config_path}")
        if config_path.exists():                   ❹
            return config_path.as_postix()         ❺

    # 檢查目前的工作目錄
    config_path = pathlib.Path.cwd() / rc_name     ❻
    print(f"Checking {config_path}")
    if config_path.exists():
        return config_path.as_postix()

    # 檢查使用者的家目錄
    config_path = pathlib.Path.home() / rc_name    ❼
    print(f"Checking {config_path}")
    if config_path.exists():
        return config_path.as_postix()

    # 檢查目前檔案所在的目錄
```

```
file_path = pathlib.Path(__file__).resolve() ❽
parent_path = file_path.parent ❾
config_path = parent_path / rc_name
print(f"Checking {config_path}")
if config_path.exists():
    return config_path.as_postix()

print(f"File {rc_name} has not been found")
```

❶ 從這個程式碼中，可以發現 pathlib 並沒有將環境變數展開成為完整路徑。取而代之的是我們從 os.environ 得到完整的路徑。

❷ 這會創造出適於當前作業系統的 pathlib.Path 物件。

❸ 你可以透過在父路徑後面加上斜線與字串來創建新的 pathlib.Path 物件。

❹ pathlib.Path 物件本身提供 exists 方法。

❺ 呼叫 as_postix 將路徑以字串的型態傳回。你可以基於實際的實作需求傳回 pathlib.Path 物件。

❻ 類別方法（pathlib.Path.cwd）會傳回當前工作目錄的 pathlib.Path 物件。這個物件可以立即地藉由與字串 rc_name 進行合併後，建立 config_path 物件。

❼ 類別方法（pathlib.Path.home）會傳回使用者家目錄的 pathlib.Path 物件。

❽ 基於存於 _file_ 的相對路徑，建立 pathlib.Path 物件，並且呼叫物件本身的 resolve 方法來取得絕對路徑。

❾ 這會直接傳回當前物件的父 pathlib.Path 物件。

## 第三章

使用命令列

命令列是實際工作中最能發揮效用的工具。雖然有許多強而有力的圖形化介面工具，但是命令列工具仍然是 DevOps 工作的原點。因此，在運用 Python 來完成 DevOps 工作時，如何利用 Python 與 shell 環境互動，以及建立 Python 的命令列工具都是相當必要的兩件事。

使用 Shell

Python 提供了與系統和 shell 進行互動的工具，包括了 sys、os 和 subprocess 函式模組，而這些工具都是極為基礎且必要，因此務必熟悉它們。

使用 sys 模組與直譯器溝通

sys 提供了存取與 Python 直譯器極為相關的變數與方法。

 有兩種主要解析所讀取的位元組方式。第一種是 *little endian*，這種方法會依序將位元組由低位元填至高位元；另一種方式叫做 *big endian*，這種方法認為第一個位元有較高重要性，因此會擺放最高位元，然後依序擺放資料到低位元。

你可以藉由 sys.byteorder 屬性來查看基於目前運行環境的架構，系統是採用何種位元組順序：

```
In [1]: import sys

In [2]: sys.byteorder
Out[2]: 'little'
```

你可以使用 `sys.getsizeof` 來查詢 Python 物件的大小。這個方法在使用記憶體有限的系統上，十分有用：

```
In [3]: sys.getsizeof(1)
Out[3]: 28
```

假設你希望在不同的作業系統上執行不同的操作，可以透過 `sys.platform` 的資訊，來做進一步地客製：

```
In [5]: sys.platform
Out[5]: 'darwin'
```

一種更常見的情況是，我們想要使用某一種與程式語言相關的功能或模組，但這些功能或模組僅在某個 Python 的特定版本才提供。這時候，可以透過 `sys.version_info` 來取得 Python 的版本訊息，以便用來控制實作的行為。以下的範例，我們針對 Python 版本 3.7、版本小於 3.7 和版本低於 3，印出不同的訊息：

```
if sys.version_info.major < 3:
    print("You need to update your Python version")
elif sys.version_info.minor < 7:
    print("You are not running the latest version of Python")
else:
    print("All is good.")
```

本章稍後在實作命令列工具時，將有更多有關 `sys` 的使用介紹。

使用 os 模組操作作業系統

在第二章，看過了如何使用 os 處理檔案系統。除了這個功能外，它也提供了一組完整且多樣的變數和函式，來使用作業系統的功能。在範例 3-1，展示了部分關於操作作業系統的方式。

範例 3-1　os 函式模組的操作

```
In [1]: import os

In [2]: os.getcwd() ❶
Out[2]: '/Users/kbehrman/Google-Drive/projects/python-devops'

In [3]: os.chdir('/tmp') ❷

In [4]: os.getcwd()
Out[4]: '/private/tmp'
```

```
In [5]: os.environ.get('LOGLEVEL') ❸

In [6]: os.environ['LOGLEVEL'] = 'DEBUG' ❹

In [7]: os.environ.get('LOGLEVEL')
Out[7]: 'DEBUG'

In [8]: os.getlogin() ❺
Out[8]: 'kbehrman'
```

❶ 取得當前的工作目錄。

❷ 改變當前的工作目錄。

❸ os.environ 保存了所有當 os 函式模組載入時會進行設定的環境變數。

❹ 對環境變數進行設置，且這個設置在基於這個程式碼所分支的子進程中仍然有效。

❺ 運行當前進程的終端機環境的使用者。

os 函式模組最常被用來取得環境變數的設定。開發者藉由這些環境變數的設定，對日誌和 secret（如 API key）進行適當的設置。

使用 subprocess 模組產生進程

有許多情況下，你必須在 Python 的程式碼中執行外部的指令或應用程式，這些應用程式可能是內建的 shell 指令、Bash 腳本、或者是任何以命令列方式運行的應用程式。我們會分出新的**進程**（應用程式的實例），來執行這些應用程式。當希望分出新的進程來執行這些應用程式時，subprocess 正是最好的選擇。可以使用 subprocess 來執行偏好的 shell 指令和應用程式，並且在 Python 中取得執行的結果。在大多數的使用情節中，你應該使用 subprocess.run 來產生進程：

```
In [1]: cp = subprocess.run(['ls','-l'],
                            capture_output=True,
                            universal_newlines=True)

In [2]: cp.stdout
Out[2]: 'total 96
        -rw-r--r--  1 kbehrman   staff      0 Apr 12 08:48 __init__.py
        drwxr-xr-x  5 kbehrman   staff    160 Aug 18 15:47 __pycache__
        -rw-r--r--  1 kbehrman   staff    123 Aug 13 12:13 always_say_it.py
        -rwxr-xr-x  1 kbehrman   staff   1409 Aug  8 15:36 argparse_example.py
        -rwxr-xr-x  1 kbehrman   staff    734 Aug 12 09:36 click_example.py
        -rwxr-xr-x  1 kbehrman   staff    538 Aug 13 10:41 fire_example.py
        -rw-r--r--  1 kbehrman   staff     41 Aug 18 15:17 foo_plugin_a.py
```

```
-rw-r--r--  1 kbehrman  staff     41 Aug 18 15:47 foo_plugin_b.py
-rwxr-xr-x  1 kbehrman  staff    335 Aug 10 12:36 simple_click.py
-rwxr-xr-x  1 kbehrman  staff    256 Aug 13 09:21 simple_fire.py
-rwxr-xr-x  1 kbehrman  staff    509 Aug  8 10:27 simple_parse.py
-rwxr-xr-x  1 kbehrman  staff    502 Aug 18 15:11 simple_plugins.py
-rwxr-xr-x  1 kbehrman  staff    850 Aug  6 14:44 sys_argv.py
-rw-r--r--  1 kbehrman  staff    182 Aug 18 16:24 sys_example.py
```

當進程執行完畢時，subprocess.run 函式會傳回 CompletedProcess 物件。在上述的範例中，我們執行了 shell 指令 ls 並且使用 -l 來列出當前目錄中的所有內容。同時將 capture_output 參數設為 True，以便取得 stdout 和 stderr 的資訊。範例中，我們基於 cp.sdout 取得執行的結果。如果，在不存在的目錄中，執行 ls 將導致錯誤，我們可以透過 cp.stderr 來取得錯誤資訊：

```
In [3]: cp = subprocess.run(['ls','/doesnotexist'],
                            capture_output=True,
                            universal_newlines=True)

In [3]: cp.stderr
Out[3]: 'ls: /doesnotexist: No such file or directory\n'
```

為了能夠對執行錯誤有更好的處理，可以使用 check 參數來讓子進程發生錯誤時，丟出例外事件，以便透過程式進行處理：

```
In [23]: cp = subprocess.run(['ls', '/doesnotexist'],
                            capture_output=True,
                            universal_newlines=True,
                            check=True)
---------------------------------------------------------------------------
CalledProcessError                        Traceback (most recent call last)
<ipython-input-23-c0ac49c40fee> in <module>
----> 1 cp = subprocess.run(['ls', '/doesnotexist'],
                            capture_output=True,
                            universal_newlines=True,
                            check=True)

~/.pyenv/versions/3.7.0/lib/python3.7/subprocess.py ...
    466         if check and retcode:
    467             raise CalledProcessError(retcode, process.args,
--> 468                                      output=stdout, stderr=stderr)
    469     return CompletedProcess(process.args, retcode, stdout, stderr)
    470

CalledProcessError: Command '['ls', '/doesnotexist']' returned non-zero exit
```

透過這種方式，就不需要再使用 stderr 進行檢錯，而是讓子進程的執行錯誤，如同一般 Python 的例外事件一樣進行處理即可。

建立命令列工具

最簡單執行 Python 腳本的方式是透過 Python 進行呼叫。當建構 Python 腳本時，任何未經縮排巢化的程式碼均會在腳本被匯入或者是被呼叫時執行。如果正好有一個函式希望在程式碼被載入時執行，你可以在程式腳本的最外層呼叫它：

```
def say_it():
    greeting = 'Hello'
    target = 'Joe'
    message = f'{greeting} {target}'
    print(message)

say_it()
```

這個函式將會在命令列中執行該腳本時，一同被執行：

```
$ python always_say_it.py

Hello Joe
```

如同之前所介紹，當腳本被匯入時，也會觸發執行：

```
In [1]: import always_say_it
Hello Joe
```

然而這樣的使用方式僅僅適合運行邏輯十分直接的腳本實作。這個方式的最大缺點是，程式碼在模組被匯入時會直接運行，而不是等待使用者需要使用時，才進行動作。使用函式模組的開發者通常會希望能夠控制執行的時間點。你可以利用全域變數 *name*，來讓程式僅在命令列中被呼叫時才執行。這個變數代表函式模組匯入時的名稱。如果模組直接在命令列模式下被呼叫，該變數則被設為字串 *main*。通常的作法是將運行於命令列的模組進行測試後，再藉由變數 *name* 所構成的執行區塊來執行與命令列功能相關的程式碼。因此，為了讓腳本僅在命令列的環境下執行某函式，而非在匯入時自動地被執行，我們會對該函式進行測試後，將它的呼叫移入命令列執行條件檢查的區塊中：

```
def say_it():
    greeting = 'Hello'
    target = 'Joe'
    message = f'{greeting} {target}'
    print(message)
```

```
if __name__ == '__main__':
    say_it()
```

基於上述範例可以知道由於變數 __name__ 在函式被匯入時，所代表的值為該模組的路徑，而非字串 __main__，因此並不會執行。但當從命令列中直接執行時，此模組的實作將會被執行：

```
$ python say_it.py

Hello Joe
```

讓 Shell 腳本可執行化

為了不用在每次執行命令列中執行 Python 腳本時鍵入 python，可以在檔案的首行加上 #!/usr/bin/env：

```
#!/usr/bin/env python

def say_it():
    greeting = 'Hello'
    target = 'Joe'
    message = f'{greeting} {target}'
    print(message)

if __name__ == '__main__':
    say_it()
```

接著，透過命令列工具 chmod（權限設定工具）將檔案轉變為可直接執行的檔案：

```
chmod +x say_it.py`
```

現在可以直接執行該檔案，而不需要再透過呼叫 Python 來執行：

```
$ ./say_it.py

Hello Joe
```

建立命令列工具的第一步是將僅在命令列模式下會被呼叫到的功能，從程式碼中區隔出來。下一步便是取得命令列中帶入的引數。除非實作的工具只需要單純地處理一件事，否則便需要接收使用者傳入的指令，以便知道要處理什麼事。另外，一個相對於簡單處理工具的複雜命令可以透過可選的參數，設定任務的組態。值得注意的是這些命令和參

數便是提供給操作者的**使用者介面**（UI）。實作時必須考慮到易用性，而且務必提供相關的文件讓你的程式碼更加易懂。

使用 sys.argv

處理命令列指令的引數，最簡單也最基本的方式就是使用函式模組 sys 的 argv 屬性值。這個屬性正是要傳入 Python 腳本的引數串列。

在命令列模式下執行腳本時，第一個引數是腳本的名稱，接著便是要傳入的參數序列，每個參數都會以字串型態呈現：

```python
#!/usr/bin/env python
"""
Simple command-line tool using sys.argv
"""
import sys

if __name__ == '__main__':
    print(f"The first argument: '{sys.argv[0]}'")
    print(f"The second argument: '{sys.argv[1]}'")
    print(f"The third argument:  '{sys.argv[2]}'")
    print(f"The fourth argument: '{sys.argv[3]}'")
```

在命令列模式中執行上述範例，並且觀察相關引數的內容：

```
$ ./sys_argv.py --a-flag some-value 13

The first argument:  './sys_argv.py'
The second argument: '--a-flag'
The third argument:  'some-value'
The fourth argument: '13'
```

接著可以針對這些引數進行解析。請查閱範例 3-2，一窺如何進行解析。

範例 3-2 解析 sys.argv

```python
#!/usr/bin/env python
"""
Simple command-line tool using sys.argv
"""
import sys

def say_it(greeting, target):
    message = f'{greeting} {target}'
    print(message)
```

```
if __name__ == '__main__': ❶
    greeting = 'Hello' ❷
    target = 'Joe'

    if '--help' in sys.argv: ❸
        help_message = f"Usage: {sys.argv[0]} --name <NAME> --greeting <GREETING>"
        print(help_message)
        sys.exit() ❹

    if '--name' in sys.argv:
        # 取得 name 參數的索引位置
        name_index = sys.argv.index('--name') + 1 ❺
        if name_index < len(sys.argv): ❻
            name = sys.argv[name_index]

    if '--greeting' in sys.argv:
        # 取得 greeting 參數的索引位置
        greeting_index = sys.argv.index('--greeting') + 1
        if greeting_index < len(sys.argv):
            greeting = sys.argv[greeting_index]

    say_it(greeting, name) ❼
```

❶ 檢查是否由命令列模式觸發執行。

❷ 設定預設值。

❸ 檢查引數中是否包含 --help。

❹ 列印完幫助訊息後,離開程式。

❺ 取得執行參數後相關的數值位置。

❻ 確認執行參數的對應數值有被妥善傳入。

❼ 基於使用者給定的參數呼叫函式。

範例 3-2 展示了使用上述指令印出幫助訊息,以及透過執行參數使用內部的函式:

```
$ ./sys_argv.py --help
Usage: ./sys_argv.py --name <NAME> --greeting <GREETING>

$ ./sys_argv.py --name Sally --greeting Bonjour
Bonjour Sally
```

這樣的實作方式充滿著複雜性與潛在的臭蟲。範例 3-2 並沒有處理所有可能發生的狀況。如果執行參數有些錯別字或者是採用了非預期的大小寫形式，這個執行參數便會被忽略並且返回無用的訊息。如果使用者使用了不被支援的執行參數或者是提供了超過一個對應執行參數的數值，這樣的錯誤也會被忽略。開發者應該要知道基於 argv 實作方式，但除非在明確的狀況下，請不要使用這種實作方法。幸運的是有若干個套件提供開發者來設計實作命令列工具，這些套件提供了框架來支援開發者設計運行在 shell 的使用者介面。有三個受到歡迎的解決方案，分別是 *argparse*、*click* 和 *python-fire*。這三個套件都提供相關方法來協助設計需要的引數、可選的執行參數以及用來顯示幫助文件的工具。argparse 是 Python 的標準套件，而另外兩個則是第三方提供的套件，因此需要透過 pip 進行安裝。

使用 argparse

argparse 將許多解析引數的細瑣工作抽象化。利用這個套件，你可以詳細地設計命令列工具的使用者介面，包括了定義指令與可執行參數，以及相關的幫助訊息。開發者可以將指令與可執行參數指定到解析器物件上。接著解析器物件會解析引數，你便可以直接使用這些結果來呼叫相關的程式碼。你可以藉由使用 ArgumentParser 物件來建構使用者介面，這個物件會協助你解析使用者的輸入：

```
if __name__ == '__main__':
    parser = argparse.ArgumentParser(description='Maritime control')
```

藉由使用 add_argument 方法，可以新增與出現位置相依的指令和可選的執行參數到解析器上（請見範例 3-3）。方法中的第一個引數是新增至命令列工具的引數名稱（指令或執行參數）。如果名稱由破折號開頭，這個引數會被視為可選的執行參數；否則就是與位置相依的指令。解析器會基於增添的命令列工具引數與輸入內容建構一個解析物件，所增添的引數將會成為該物件的屬性，提供開發者存取使用者的輸入。範例 3-3 是一個簡單的程式，它會印出使用者所輸入的內容並且展示 argparse 的基本用法。

範例 3-3　*simple_parse.py*

```
#!/usr/bin/env python
"""
Command-line tool using argparse
"""
import argparse


if __name__ == '__main__':
    parser = argparse.ArgumentParser(description='Echo your input') ❶
```

```
parser.add_argument('message',              ❷
                    help='Message to echo')

parser.add_argument('--twice', '-t',        ❸
                    help='Do it twice',
                    action='store_true')     ❹

args = parser.parse_args()  ❺

print(args.message)      ❻
if args.twice:
    print(args.message)
```

❶ 建構解析器物件與它的說明文件訊息。

❷ 新增與位置相依的指令和它相對應的幫助訊息。

❸ 新增可選的執行參數。

❹ 以布林值的方式儲存該執行參數的輸入。

❺ 使用解析器解析命令列工具的輸入內容。

❻ 透過名稱存取引數內容。可執行參數開頭的破折號已經自動被移除。

若執行命令列工具並且指定 **--twice** 執行參數，輸入的訊息將會被印出兩次：

```
$ ./simple_parse.py hello --twice
hello
hello
```

argparse 自動地將開發者所提供的幫助訊息與工具描述，綁定到工具上：

```
$ ./simple_parse.py  --help
usage: simple_parse.py [-h] [--twice] message

Echo your input

positional arguments:
  message        Message to echo

optional arguments:
  -h, --help  show this help message and exit
  --twice, -t  Do it twice
```

許多命令列工具都採用巢狀階層結構來對不同的指令功能進行分組。以 git 為例，git stash 為最高層別的指令，其下還有數個不同的指令，比方說 git stash pop。透過 argparse，你可以在主要的解析器下創建子解析器來處理子指令。藉由子解析器，便可以建構階層式的指令功能。範例 3-4，我們實作了一個用於海事的應用程式，這個應用程式有兩組不同的指令，一組用於船隻，而另一個則用於水手。因此，將會有兩個子解析器會被構建在主解析器下，分別處理各自的指令內容。

範例 3-4　*argparse_example.py*

```python
#!/usr/bin/env python
"""
Command-line tool using argparse
"""
import argparse

def sail():
    ship_name = 'Your ship'
    print(f"{ship_name} is setting sail")

def list_ships():
    ships = ['John B', 'Yankee Clipper', 'Pequod']
    print(f"Ships: {','.join(ships)}")

def greet(greeting, name):
    message = f'{greeting} {name}'
    print(message)

if __name__ == '__main__':
    parser = argparse.ArgumentParser(description='Maritime control')  ❶

    parser.add_argument('--twice', '-t',       ❷
                        help='Do it twice',
                        action='store_true')

    subparsers = parser.add_subparsers(dest='func')  ❸

    ship_parser =  subparsers.add_parser('ships',    ❹
                                        help='Ship related commands')
    ship_parser.add_argument('command',  ❺
                            choices=['list', 'sail'])

    sailor_parser = subparsers.add_parser('sailors',  ❻
                                        help='Talk to a sailor')
    sailor_parser.add_argument('name',  ❼
                            help='Sailors name')
```

```
sailor_parser.add_argument('--greeting', '-g',
                           help='Greeting',
                           default='Ahoy there')

args = parser.parse_args()
if args.func == 'sailors': ❽
    greet(args.greeting, args.name)
elif args.command == 'list':
    list_ships()
else:
    sail()
```

❶ 建立最頂層的解析器。

❷ 增添最頂層的引數,該引數會與屬於它的子指令一起被使用。

❸ 建立一個子解析器的存放物件。dest 屬性值是用來判斷哪個子解析器正被使用。

❹ 為 *ships* 新增子解析器。

❺ 為 *ships* 子解析器新增指令。choices 參數為可使用的指令選項列表。

❻ 為 *sailors* 新增子解析器。

❼ 為 *sailors* 子解析器添加位置相依的指令。

❽ 透過 func 確認哪個子解析器正被使用。

範例 3-4 有一個最上層的可選執行參數(twice)與兩個子解析器。每一個子解析器有各自的指令和執行參數。argparse 自動地建立階層式的幫助訊息並且可以透過 --help 顯示這些訊息。最上層的幫助訊息將會包含子解析器與 twice 執行參數的說明:

```
$ ./argparse_example.py --help
usage: argparse_example.py [-h] [--twice] {ships,sailors} ...

Maritime control

positional arguments:
  {ships,sailors}
    ships         Ship related commands
    sailors       Talk to a sailor

optional arguments:
  -h, --help      show this help message and exit
  --twice, -t     Do it twice
```

你也可以更深入每個子指令（子解析器）的內容，只要在各個子指令後加上可選執行參數 help：

```
$ ./argparse_example.py ships --help
usage: argparse_example.py ships [-h] {list,sail}

positional arguments:
  {list,sail}

optional arguments:
  -h, --help   show this help message and exit
```

如你所見，argparse 為命令列工具提供了許多的操作。你可以設計多層的操作介面，每個介面都有各自的說明文件與選項，以便針對你的命令列工具提供更好的操作體驗。為了要達到這個目標，你將有許多工作需要處理。讓我們看看一些其他更簡單的選擇。

使用 click

click 套件最初是被設計用來與網路服務框架 flask 一同協作。click 利用 Python 的函式裝飾器（*function decorator*）將命令列工具的介面交互邏輯直接綁定於實作的函式中，這樣的實作方式與 argparse 完全不同。

函式裝飾器（Function Decorator）

Python 裝飾器是一種特殊的函式語法，該語法是為了那些會接收其他函式作為引數的函式而設計的。因為 Python 的函式也是物件的一種，所以任何的函式都能將函式作為一個引數傳入。裝飾器語法便提供了一種簡潔容易的方式來處理函式傳入，並且進行額外處理的實作。裝飾器的基本格式如下：

```
In [2]: def some_decorator(wrapped_function):
   ...:     def wrapper():
   ...:         print('Do something before calling wrapped function')
   ...:         wrapped_function()
   ...:         print('Do something after calling wrapped function')
   ...:     return wrapper
   ...:
```

你可以定義一個函式並且將它作為引數傳入上述的函式中：

```
In [3]: def foobat():
   ...:     print('foobat')
```

```
    ...:

In [4]: f = some_decorator(foobat)

In [5]: f()
Do something before calling wrapped function
foobat
Do something after calling wrapped function
```

裝飾器語法透過將 @decorator_name 附加於需要被再處理的函式上,簡化上述的
實作方式。以下便是基於 some_decorator 函式,使用裝飾器語法的範例:

```
In [6]: @some_decorator
    ...: def batfoo():
    ...:     print('batfoo')
    ...:

In [7]: batfoo()
Do something before calling wrapped function
batfoo
Do something after calling wrapped function
```

現在便可以直接呼叫被裝飾的函式,而不是呼叫裝飾函式。在 Python 的標準函
式庫(staticMethod、classMethod)與第三方的套件如 Flask 和 Click 都有作為
裝飾器之用的的內建函式。

這意味著直接地將執行參數與選項結合到會透出讓使用者使用的函式參數上。你可以
在函式前,使用 click 的 command 與 option 函式作為裝飾器,來建立一個簡單的命令列
工具:

```python
#!/usr/bin/env python
"""
Simple Click example
"""
import click

@click.command()
@click.option('--greeting', default='Hiya', help='How do you want to greet?')
@click.option('--name', default='Tammy', help='Who do you want to greet?')
def greet(greeting, name):
    print(f"{greeting} {name}")

if __name__ == '__main__':
    greet()
```

click.command 用於標註一個函式將供作命令列工具之用。click.option 可以用來為命令列工具新增引數,它會自動將引數連結到函式中同名稱的參數(--greeting 對應到 greet,--name 對應到 name)。click 為命令列工具的實作,提供了一些額外的處理,使得我們在程式入口點的區塊內呼叫函式 greet 時,只需要直接呼叫被裝飾過函式的原始名稱即可。

這些裝飾器處理了命令列工具的輸入引數,並且自動產生了相關的幫助訊息:

```
$ ./simple_click.py --greeting Privet --name Peggy
Privet Peggy

$ ./simple_click.py --help
Usage: simple_click.py [OPTIONS]

Options:
  --greeting TEXT  How do you want to greet?
  --name TEXT      Who do you want to greet?
  --help           Show this message and exit.
```

可以發現透過 click 建立命令列工具,所需要的額外程式碼少於使用 argparse。因此,你可以專注在命令列工具本身功能的開發,而不是在使用者介面上。

現在就讓我們來看看更為複雜的例子—集狀指令。click.group 可以用來建立代表某個群組指令的函式,進而建立集狀指令結構。在範例 3-5 中,我們利用 click 來巢化指令,構建一個與範例 3-4 非常相似的使用者介面。

範例 3-5 *click_example.py*

```
#!/usr/bin/env python
"""
基於 click 實作的命令列工具
"""
import click


@click.group() ❶
def cli(): ❷
    pass


@click.group(help='Ship related commands') ❸
def ships():
    pass


cli.add_command(ships) ❹
```

```
@ships.command(help='Sail a ship') ❺
def sail():
    ship_name = 'Your ship'
    print(f"{ship_name} is setting sail")

@ships.command(help='List all of the ships')
def list_ships():
    ships = ['John B', 'Yankee Clipper', 'Pequod']
    print(f"Ships: {','.join(ships)}")

@cli.command(help='Talk to a sailor')  ❻
@click.option('--greeting', default='Ahoy there', help='Greeting for sailor')
@click.argument('name')
def sailors(greeting, name):
    message = f'{greeting} {name}'
    print(message)

if __name__ == '__main__':
    cli()  ❼
```

❶ 建立最上層的群組，以便讓子群組與指令能夠建立於下。

❷ 建立一個代表最上層群組的函式。`click.group` 方法會將該函式轉變成一個群組。

❸ 為 ships 相關指令建立一個群組。

❹ 將 ships 群組作為一個指令添加至最上層的群組中。注意到 cli 函式現在已經是一個群組，並且有 add_command 方法。

❺ 新增一個指令到 ships 群組。可以注意到的是現在使用的是 `ships.command`，而不是 `click.command`。

❻ 新增指令到 cli 群組。

❼ 呼叫最上層的群組。

自動產生的最上層幫助訊息如下：

```
./click_example.py --help
Usage: click_example.py [OPTIONS] COMMAND [ARGS]...

Options:
  --help  Show this message and exit.

Commands:
  sailors  Talk to a sailor
  ships    Ship related commands
```

進一步看看子群組的幫助訊息：

```
$ ./click_example.py ships --help
Usage: click_example.py ships [OPTIONS] COMMAND [ARGS]...

  Ship related commands

Options:
  --help  Show this message and exit.

Commands:
  list-ships  List all of the ships
  sail        Sail a ship
```

透過比較範例 3-4 和範例 3-5，你可以發現 click 和 argparse 有些不同。click 無疑地只需要較少的實作，將近是範例 3-4 的一半。與使用者介面相關的程式碼散佈在整個程式中，尤為重要的是建立的函式都獨立運作為一個群組。如果需要實作的工具，不論在程式碼與介面都較為複雜時，開發者必須盡可能的分離每個不同的功能。為了達到這個目標，便需要讓程式功能的每一個部分都更易於被測試和除錯。在這樣的情況下，或許使用 argparse 來將使用者介面和實作分離開來，會是更好的選擇。

定義類別

類別的定義起始於關鍵字 class，接著為類別的名稱和括號：

```
In [1]: class MyClass():
```

相關的屬性和方法則被實作在它之下的程式縮排區塊內。類別內所有方法的第一個參數都是代表該類別物件的參考。習慣上，使用 self 來定義它：

```
In [1]: class MyClass():
   ...:     def some_method(self):
   ...:         print(f"Say hi to {self}")
   ...:

In [2]: myObject = MyClass()

In [3]: myObject.some_method()
Say hi to <__main__.MyClass object at 0x1056f4160>
```

每一個類別都有一個 *init* 方法。當類別被實體化時，該方法會被呼叫。當類別的初始方法未被定義時，則會使用預設來自 Python 基礎物件類別的初始方法：

```
In [4]: MyClass.__init__
Out[4]: <slot wrapper '__init__' of 'object' objects>
```

一般來說，會定義一個物件屬性在 *init* 方法中。

```
In [5]: class MyOtherClass():
   ...:     def __init__(self, name):
   ...:         self.name = name
   ...:

In [6]: myOtherObject = MyOtherClass('Sammy')

In [7]: myOtherObject.name
Out[7]: 'Sammy'
```

fire

現在，讓我們進一步探索如何在最少的使用者介面實作下，提供命令列工具相同的操作體驗。fire 套件使用內省（ introspection）機制，基於程式的實作自動產生使用者介面。如果想要把一個函式暴露至命令列模式下，作為命令列工具之用，你可以呼叫 fire.Fire，並將該函式作為一個引數傳入：

```
#!/usr/bin/env python
"""
簡單的 fire 範例
"""
import fire

def greet(greeting='Hiya', name='Tammy'):
    print(f"{greeting} {name}")

if __name__ == '__main__':
    fire.Fire(greet)
```

接著，fire 會基於方法的名稱和引數，建立相關的使用者介面：

```
$ ./simple_fire.py --help

NAME
    simple_fire.py

SYNOPSIS
    simple_fire.py <flags>
```

```
FLAGS
    --greeting=GREETING
    --name=NAME
```

在簡單的使用情節下，你可以單純地呼叫 fire 且不需要帶入額外的引數，便可以自動地
將多個方法轉換為命令列工具：

```
#!/usr/bin/env python
"""
簡單的 fire 範例
"""
import fire

def greet(greeting='Hiya', name='Tammy'):
    print(f"{greeting} {name}")

def goodbye(goodbye='Bye', name='Tammy'):
    print(f"{goodbye} {name}")

if __name__ == '__main__':
    fire.Fire()
```

fire 自動地基於每一個函式建立對應的指令和說明文件：

```
$ ./simple_fire.py --help
INFO: Showing help with the command 'simple_fire.py -- --help'.

NAME
    simple_fire.py

SYNOPSIS
    simple_fire.py GROUP | COMMAND

GROUPS
    GROUP is one of the following:

     fire
       The Python fire module.

COMMANDS
    COMMAND is one of the following:

     greet

     goodbye
(END)
```

當需要試著了解他人的程式碼或者是進行除錯時，這樣的功能將十分方便。只需要一行額外的程式碼，便可以透過命令列模式與每個函式進行交互操作。fire 所提供的機制是十分強大的，它利用程式的結構來決定使用者介面，相較於 argparse 與 click，它與程式本身的功能實作有著更緊密的結合。基於 fire 提供巢狀的指令介面，開發者需要依照想要透出於命令列模式的指令結構定義類別。來看看範例 3-6 是如何實作巢狀指令的。

範例 3-6 fire_example.py

```python
#!/usr/bin/env python
"""
Command-line tool using fire
"""
import fire

class Ships():  ❶
    def sail(self):
        ship_name = 'Your ship'
        print(f"{ship_name} is setting sail")

    def list(self):
        ships = ['John B', 'Yankee Clipper', 'Pequod']
        print(f"Ships: {','.join(ships)}")

def sailors(greeting, name):  ❷
    message = f'{greeting} {name}'
    print(message)

class Cli():  ❸

    def __init__(self):
        self.sailors = sailors
        self.ships = Ships()

if __name__ == '__main__':
    fire.Fire(Cli)  ❹
```

❶ 為 ships 指令定義類別。

❷ sailors 並無子指令，所以直接使用函式進行實作即可。

❸ 建立一個類別作為最上層的群組，並且將 sailors 函式與 Ships 類別以屬性的方式加入。

❹ 基於最上層類別，呼叫 fire.Fire。

基於最上層群組自動產生的說明文件，將 Ships 視為一個群組而將 sailors 當作一個指令：

```
$ ./fire_example.py

NAME
    fire_example.py

SYNOPSIS
    fire_example.py GROUP | COMMAND

GROUPS
    GROUP is one of the following:

     ships

COMMANDS
    COMMAND is one of the following:

     sailors
(END)
```

ships 群組說明文件所列出的指令，則與 Ships 類別內的方法一一對應：

```
$ ./fire_example.py ships --help
INFO: Showing help with the command 'fire_example.py ships -- --help'.

NAME
    fire_example.py ships

SYNOPSIS
    fire_example.py ships COMMAND

COMMANDS
    COMMAND is one of the following:

     list

     sail
(END)
```

sailors 函式的參數則轉變為位置相依的引數：

```
$ ./fire_example.py sailors --help
INFO: Showing help with the command 'fire_example.py sailors -- --help'.

NAME
```

```
        fire_example.py sailors

    SYNOPSIS
        fire_example.py sailors GREETING NAME

    POSITIONAL ARGUMENTS
        GREETING
        NAME

    NOTES
        You can also use flags syntax for POSITIONAL ARGUMENTS
(END)
```

現在可以按照預期的設計來呼叫指令與子指令：

```
$ ./fire_example.py ships sail
Your ship is setting sail
$ ./fire_example.py ships list
Ships: John B,Yankee Clipper,Pequod
$ ./fire_example.py sailors Hiya Karl
Hiya Karl
```

fire 另一個讓人覺得雀躍的功能是易於進入交互操作的模式。藉由使用 --interactive
執行參數，fire 會基於程式腳本中的函式和物件，啟動 IPython shell：

```
$ ./fire_example.py sailors Hiya Karl -- --interactive
Hiya Karl
Fire is starting a Python REPL with the following objects:
Modules: fire
Objects: Cli, Ships, component, fire_example.py, result, sailors, self, trace

Python 3.7.0 (default, Sep 23 2018, 09:47:03)
Type 'copyright', 'credits' or 'license' for more information
IPython 7.5.0 -- An enhanced Interactive Python. Type '?' for help.
 --------------------------------------------------------------------------
In [1]: sailors
Out[1]: <function __main__.sailors(greeting, name)>

In [2]: sailors('hello', 'fred')
hello fred
```

上述的例子中，我們在交互操作的模式中運行實作的海事應用程式。藉由結合基於 fire
而易於將物件透出的特性，這樣的交互操作模式成為一個用於除錯與探索新程式碼的良
好工具。

你已經探索了各種不同建構命令列工具的函式庫，從非常需要繁瑣實作的 argparse，到只需要些許對應實作的 click，到最後近乎不需要額外介面實作的 fire。那麼到底要選擇哪一個工具作為實作命令列工具的函式庫呢？在大多數的情況下，建議使用 click。它在提供實作上的控制與簡化細節實作兩者上有比較好的平衡。在比較複雜的使用者介面情況下，使用 argparse 則是作為分離介面實作與功能實作較好的選擇。除此之外，如果你需要快速地探索並沒有任何指令介面實作的程式碼時，fire 將會是你最好的選擇。

實作外掛

當已經完成應用程式對應的指令介面實作後，你可能會開始考慮一個外掛系統，以便讓使用者可以按照他們的需要增強原始應用程式的功能。外掛系統普遍地被使用在各類的應用程式上，從大型的應用程式如 Autodesk Maya 到小型的網路服務框架如 Flask。你可以實作一個工具用於遍尋檔案系統，並且允許使用者提供外掛來處理他們自己的內容。外掛系統最關鍵的部分在於發現可使用的外掛。應用程式需要能夠知道有哪些外掛可以載入並且執行。在範例 3-7 中，實作了一個簡單的應用程式，該程式會探尋可用的外掛並且運行它們。這個應用程式使用了一個使用者預先定義的前綴字來搜尋、載入與運行外掛。

範例 3-7　*simple_plugins.py*

```python
#!/usr/bin/env python
import fire
import pkgutil
import importlib

def find_and_run_plugins(plugin_prefix):
    plugins = {}

    # 探索並且載入外掛
    print(f"Discovering plugins with prefix: {plugin_prefix}")
    for _, name, _ in pkgutil.iter_modules():     ❶
        if name.startswith(plugin_prefix):        ❷
            module = importlib.import_module(name) ❸
            plugins[name] = module

    # 執行外掛
    for name, module in plugins.items():
        print(f"Running plugin {name}")
        module.run()     ❹

if __name__ == '__main__':
    fire.Fire()
```

❶ pkgutil.iter_modules 傳回在目前 sys.path 裡，所有可取得的模組。

❷ 檢查模組是否有預期的外掛前綴字。

❸ 使用 importlib 將模組載入，並且存入字典中，供稍後之用。

❹ 呼叫外掛所實作的方法。

為範例 3-7 實作簡單的外掛，外掛名稱將會遵循定義的前綴字，並且實作名稱為 run 的方法。假定實作兩個 Python 檔案各自有如下不同的 run 方法，並且檔案的前綴名稱均為 foo_pluging：

```python
def run():
    print("Running plugin A")

def run():
    print("Running plugin B")
```

現在，可以透過我們的外掛應用程式來找尋並且執行上述的實作：

```
$ ./simple_plugins.py find_and_run_plugins foo_plugin
Running plugin foo_plugin_a
Running plugin A
Running plugin foo_plugin_b
Running plugin B
```

你可以擴展上述簡單的例子，來打造屬於自己應用程式的外掛系統。

案例研究：
強化 Python，打造高效且有用的命令列工具

如今是撰寫程式碼十分美好的時代，只需要一些程式碼便能夠完成許多任務。僅僅只要一個函式便能夠實現難以置信的功能。得助於 GPUs、機器學習、雲端技術和 Python，相當容易便能打造一個增強版的命令列工具。可以想像一下將你的實作從一個基本的內燃機引擎升級到噴射機引擎等級。這樣的升級的基本配方是什麼呢？就是在命令列工具執行過程中，放入一個函式、些許的強效邏輯實作，和最後加上一個裝飾器。

撰寫並且維護一個傳統的圖形使用者介面（不管是運行在網站上或者是桌上系統）。在最好的情況下，都像極了西西弗斯式的任務一般。一開始都是源自於良好的善意，但很快地就會耗盡自己的心力與時間，最後只陷在滿懷著為什麼認為成為一個程式設計師是個好點子的疑問中。為什麼要運行一個源於 1970 年代技術的關聯式資料庫網路服務設

置自動化工具到你的 Python 程式碼中？即便是配備著後置油箱易於爆炸的老福特車—Pinto 所運用的技術都要比你的網路服務框架來得新穎。我們必須找出一個更好的方法來逃出生天。

答案相當簡單：停止撰寫網路應用程式，轉而實作如被噴射引擎加持過的命令列工具。在接下來章節裡，所討論到的增強命令列工具相較於用最少程式碼實作，將更專注在如何快速地得到結果。這些工具能夠完成比如像機器學習、讓你的程式執行速度快兩千倍、而且更好的是能輸出彩色的結果。

以下將是一些會用來打造解決方案的工具：

- Click 框架

- Python CUDA 框架

- Numba 框架

- Scikit-learn 機器學習框架

使用 Numba Just-in-Time（JIT）編譯器

Python 的執行效能低落眾所皆知，主要因為它是腳本語言。一個用來解決這個窘境的方式是使用 Numba Just-in-Time（JIT）編譯器。就讓我們來看看相關的程式碼實作：

首先，使用一個量測函式運行效率的裝飾器，來了解函式執行期間的狀況：

```
def timing(f):
    @wraps(f)
    def wrap(*args, **kw):
        ts = time()
        result = f(*args, **kw)
        te = time()
        print(f"fun: {f.__name__}, args: [{args}, {kw}] took: {te-ts} sec")
        return result
    return wrap
```

接著，添加 numba.jit 裝飾器與關鍵字 nopython，並且將此關鍵字設為 True。這樣的設定會確保程式碼是透過 JIT 執行而不是一般的 Python。

```
@timing
@numba.jit(nopython=True)
def expmean_jit(rea):
    """Perform multiple mean calculations"""
```

```
        val = rea.mean() ** 2
        return val
```

透過命令列工具可以查看 jit 版本與一般版本的運行狀況：

```
$ python nuclearcli.py jit-test
Running NO JIT
func:'expmean' args:[(array([[1.0000e+00, 4.2080e+05, 2350e+05, ...,
                              1.0543e+06, 1.0485e+06, 1.0444e+06],
        [2.0000e+00, 5.4240e+05, 5.4670e+05, ...,
              1.5158e+06, 1.5199e+06, 1.5253e+06],
        [3.0000e+00, 7.0900e+04, 7.1200e+04, ...,
              1.1380e+05, 1.1350e+05, 1.1330e+05],
        ...,
        [1.5277e+04, 9.8900e+04, 9.8100e+04, ...,
              2.1980e+05, 2.2000e+05, 2.2040e+05],
        [1.5280e+04, 8.6700e+04, 8.7500e+04, ...,
              1.9070e+05, 1.9230e+05, 1.9360e+05],
        [1.5281e+04, 2.5350e+05, 2.5400e+05, ..., 7.8360e+05, 7.7950e+05,
        7.7420e+05]], dtype=float32),), {}] took: 0.0007 sec
$ python nuclearcli.py jit-test --jit
Running with JIT
func:'expmean_jit' args:[(array([[1.0000e+00, 4.2080e+05, 4.2350e+05, ...,
                                  0543e+06, 1.0485e+06, 1.0444e+06],
        [2.0000e+00, 5.4240e+05, 5.4670e+05, ..., 1.5158e+06, 1.5199e+06,
          1.5253e+06],
        [3.0000e+00, 7.0900e+04, 7.1200e+04, ..., 1.1380e+05, 1.1350e+05,
          1.1330e+05],
        ...,
        [1.5277e+04, 9.8900e+04, 9.8100e+04, ..., 2.1980e+05, 2.2000e+05,
          2.2040e+05],
        [1.5280e+04, 8.6700e+04, 8.7500e+04, ..., 1.9070e+05, 1.9230e+05,
          1.9360e+05],
        [1.5281e+04, 2.5350e+05, 2.5400e+05, ..., 7.8360e+05, 7.7950e+05,
@click.option('--jit/--no-jit', default=False)
        7.7420e+05]], dtype=float32),), {}] took: 0.2180 sec
```

要如何完成上述的操作呢？只需要幾行程式碼便能完成這種操作情節：

```
@cli.command()
def jit_test(jit):
    rea = real_estate_array()
    if jit:
        click.echo(click.style('Running with JIT', fg='green'))
        expmean_jit(rea)
    else:
        click.echo(click.style('Running NO JIT', fg='red'))
        expmean(rea)
```

在一些情況下，JIT 版本的指令運行效率要快上千倍，但終究得要基於評測作為判斷依據。另一個要注意到的要項是這行：

```
click.echo(click.style('Running with JIT', fg='green'))
```

這個語法能夠將結果以具有色彩的方式輸出，這對於打造複雜工具的時候，非常有用。

利用 CUDA Python 使用 GPU

另一種強化程式碼實作的方式是直接運行在 GPU 上。這個範例需要執行在能夠運行 CUDA 的主機上。以下是相關的實作：

```python
@cli.command()
def cuda_operation():
    """Performs Vectorized Operations on GPU"""

    x = real_estate_array()
    y = real_estate_array()

    print("Moving calculations to GPU memory")
    x_device = cuda.to_device(x)
    y_device = cuda.to_device(y)
    out_device = cuda.device_array(
        shape=(x_device.shape[0],x_device.shape[1]), dtype=np.float32)
    print(x_device)
    print(x_device.shape)
    print(x_device.dtype)

    print("Calculating on GPU")
    add_ufunc(x_device,y_device, out=out_device)

    out_host = out_device.copy_to_host()
    print(f"Calculations from GPU {out_host}")
```

值得被指出來的是 Numpy 陣列先被移入 GPU 內，接著在 GPU 上運行向量化函式。運算完畢後，資料再從 GPU 中移出。取決於運算的內容，基於 GPU 可以對程式碼運行的效能帶來極大的提升。以下顯示命令列工具的運算結果：

```
$ python nuclearcli.py cuda-operation
Moving calculations to GPU memory
<numba.cuda.cudadrv.devicearray.DeviceNDArray object at 0x7f01bf6ccac8>
(10015, 259)
float32
Calculating on GPU
Calculations from GPU [
```

```
[2.0000e+00 8.4160e+05 8.4700e+05 ... 2.1086e+06 2.0970e+06 2.0888e+06]
[4.0000e+00 1.0848e+06 1.0934e+06 ... 3.0316e+06 3.0398e+06 3.0506e+06]
[6.0000e+00 1.4180e+05 1.4240e+05 ... 2.2760e+05 2.2700e+05 2.2660e+05]
...
[3.0554e+04 1.9780e+05 1.9620e+05 ... 4.3960e+05 4.4000e+05 4.4080e+05]
[3.0560e+04 1.7340e+05 1.7500e+05 ... 3.8140e+05 3.8460e+05 3.8720e+05]
[3.0562e+04 5.0700e+05 5.0800e+05 ... 1.5672e+06 1.5590e+06 1.5484e+06]
]
```

使用 Numba 實現真正多核多執行緒的 Python

一個 Python 常見的效能問題是缺乏真正的多執行緒所帶來的執行效能提升。這個問題也可以藉由 Numba 來解決。以下是一些基本的實作範例：

```python
@timing
@numba.jit(parallel=True)
def add_sum_threaded(rea):
    """Use all the cores"""

    x,_ = rea.shape
    total = 0
    for _ in numba.prange(x):
        total += rea.sum()
        print(total)


@timing
def add_sum(rea):
    """traditional for loop"""

    x,_ = rea.shape
    total = 0
    for _ in numba.prange(x):
        total += rea.sum()
        print(total)


@cli.command()
@click.option('--threads/--no-jit', default=False)
def thread_test(threads):
    rea = real_estate_array()
    if threads:
        click.echo(click.style('Running with multicore threads', fg='green'))
        add_sum_threaded(rea)
    else:
        click.echo(click.style('Running NO THREADS', fg='red'))
        add_sum(rea)
```

有平行運算能力的版本與普通版本之間的差異在於使用了 @numba.jit(parallel=True) 和 numba.prange 在每一次迴圈運算時產生執行緒。可以從圖 3-1 中發現,當採用平行運算功能時,所有的 CPU 均被佔滿,反之,則僅有單核 CPU 被使用到。

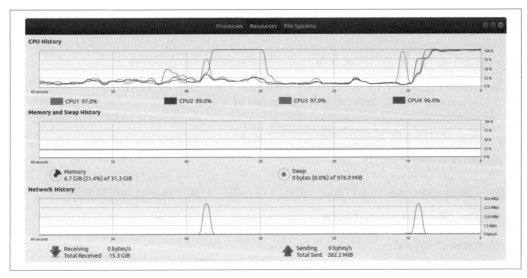

圖 3-1　所有 CPU 核心均在使用中

```
$ python nuclearcli.py thread-test
$ python nuclearcli.py thread-test --threads
```

KMeans 分群

另一個強而有力的事情便是使用命令列工具完成機器學習。下述的範例,僅僅使用了數行程式碼便實作了一個 KMeans 分群函式。這個函式會將 Pandas DataFrame 內的資料分為三群:

```python
def kmeans_cluster_housing(clusters=3):
    """Kmeans cluster a dataframe"""
    url = "https://raw.githubusercontent.com/noahgift/\
          socialpowernba/master/data/nba_2017_att_val_elo_win_housing.csv"
    val_housing_win_df =pd.read_csv(url)
    numerical_df =(
        val_housing_win_df.loc[:,["TOTAL_ATTENDANCE_MILLIONS", "ELO",
        "VALUE_MILLIONS", "MEDIAN_HOME_PRICE_COUNTY_MILLIONS"]]
    )
    # 對資料進行縮放
    scaler = MinMaxScaler()
```

```
    scaler.fit(numerical_df)
    scaler.transform(numerical_df)
    # 對資料進行分群
    k_means = KMeans(n_clusters=clusters)
    kmeans = k_means.fit(scaler.transform(numerical_df))
    val_housing_win_df['cluster'] = kmeans.labels_
    return val_housing_win_df
```

藉由 click，分群的數量可以透過傳入命令列工具的引數來進行改變：

```
@cli.command()
@click.option("--num", default=3, help="number of clusters")
def cluster(num):
    df = kmeans_cluster_housing(clusters=num)
    click.echo("Clustered DataFrame")
    click.echo(df.head())
```

下面是分群後的 Pandas DataFrame，表格內有一欄用來儲存被指派的群組資訊：

```
$ python -W nuclearcli.py cluster

Clustered DataFrame
              TEAM  GMS   ...        COUNTY   cluster
0    Chicago Bulls   41   ...          Cook         0
1  Dallas Mavericks  41   ...        Dallas         0
2  Sacramento Kings  41   ...     Sacremento        1
3       Miami Heat   41   ...    Miami-Dade         0
4  Toronto Raptors   41   ...   York-County         0

[5 rows x 12 columns]


$ python -W nuclearcli.py cluster --num 2

Clustered DataFrame
              TEAM  GMS   ...        COUNTY   cluster
0    Chicago Bulls   41   ...          Cook         1
1  Dallas Mavericks  41   ...        Dallas         1
2  Sacramento Kings  41   ...     Sacremento        0
3       Miami Heat   41   ...    Miami-Dade         1
4  Toronto Raptors   41   ...   York-County         1

[5 rows x 12 columns]
```

練習

- 使用 sys 實作一個腳本，該腳本僅會在命令列模式下，印出操作資訊。

- 使用 click 打造一個命令列工具，該工具會需要一個 name 引數來作為輸入，當 name 所代表的值並不是以 p 開頭時，將印出該值。

- 在命令列模式中，使用 fire 操作已經實作在某個 Python 腳本的方法。

## 第四章

有用的 Linux 工具

當 Alfredo 剛開始他的第一份工作時，命令列模式和它的工具是讓 Alfredo 著迷於 Linux 伺服器的主要理由之一。他第一份工作的任務之一便是作為中型公司的一個系統管理員，處理所有與 Linux 有關的事情。這個小小的 IT 部門專注於 Windows 伺服器與 Windows 桌上型的作業系統，他們打從心裡的排斥使用命令列模式。有一次，IT 經理告訴 Alfredo，他了解圖形化使用者介面、安裝工具、以及可以解決問題的常見工具。此外，他不是一名程式設計師，如果沒有圖形介面，他就用不了那些工具。

Alfredo 以約聘的方式進入這家公司，協助處理公司裡為數不多的 Linux 伺服器。在那時，Subversion（SVN）在版本管理領域上，正受到歡迎（*https://subversion.apache.org*）。開發者都依賴著那台 SVN 主機來上傳程式碼。這台版控主機並未使用由兩台網域控制器（*domain controller*）構成的集中式身分認證主機，它使用的是以純文字為基礎的認證系統，該系統會將每個使用者對應到一個雜湊值上，該雜湊值代表著使用者的密碼。這意味著使用者帳號並不需要對應到網域控管的帳號上，而且密碼也可以是任何的值。常會有工程師要求重設密碼，這時便需要有人利用雜湊運算的結果編輯相關的純文字檔案。一位專案經理要求 Alfredo 將 SVN 的認證機制與網域控管的認證機制（Microsoft Active Directory）整合。Alfredo 的第一個疑問是為什麼 IT 部門還未完成這個功能的整合？"他們表示這是無法整合的。但 *Alfredo 知道，這是一個謊言，因為 SVN 能夠與 Active Directory 整合*"。

他從未使用過像 Active Directory 的認證服務，也不了解 SVN，但他仍決定要完成這個整合。Alfredo 開始研讀 SVN 與 Active Directory，對 SVN 運行的虛擬主機進行修補，並且試圖完成認證機制的整合。他最終完成了整合，並且成功地運用到正式環境當中。這樣的成功所帶來的影響是很大的。他取得了相當獨特的知識，並且已經準備就緒來負責這個系統的維運。IT 經理與部門的其他同仁也對此感到開心。Alfredo 試著分享這個獨特的知識給其他的同事,但總是得到一些藉口,比方說:"沒有時間"、"太忙"、"有其他更重要的事"、以及"或許其他時候再說吧!比方說下週?"

對於技術工作者的一個簡單的描述便是:**知識工作者**。好奇心與永無終止的知識追尋將會持續地讓你和工作的環境變得更好。千萬別讓你的同儕(或者是整個 IT 部門,就如同 Alfredo 的例子)成為你改善系統的阻礙。如果能夠學習些新知,別遲疑!就去學吧!最糟的狀況頂多是學到的知識使用的機會不多而已,但從另一個角度來看,它卻可能讓你變得更為專業。

Linux 的確有桌面版本的環境,但它真正的威力來自於了解並且運用它的命令列工具,而且最終能依照需要擴充它。當面對問題而沒有適當的工具時,有經驗的 DevOps 工程師會打造屬於自己的工具。能夠構想出把核心的工具整合在一起並且創造出新的解決方案是十分強大的,這最終讓任務能夠高效地被完成,而不用借助安裝任何現成的軟體。

本章將會介紹一些常見的 shell 使用方式,並且包含一些有用的 Python 指令,這些指令將能強化與伺服器互動的能力。我們會發現創造別名(alias)和單行小程式是極為有趣的事,而且有時這些小工具將十分有用,以致於最終變成了外掛或者是獨立運行的軟體。

磁碟工具

有數種不同的工具可以使用來取得系統上磁碟的資訊。大多數工具的功能都有些重疊之處,而有些工具則提供了交互模式來處理磁碟操作,比方說 fdisk 和 parted。

掌握磁碟工具是非常**重要**的事情,這不僅包括了取得磁碟的資訊和處理分割,也包含了精確地量測磁碟的效能。效能尤其是難以如預期般被達成的任務之一。"如何量測一個磁碟的效能?"這個問題的最好解答是一端看當時的狀況與目標,因為有些特定的量測數據是十分難以取得的。

量測效能

如果我們必須在一個隔離的主機中進行操作,這台主機既無法存取網路,而且我們也沒有任何控制權,因此也無法安裝任何套件時,我們會使用 dd(該工具可以在所有主流的 Linux 發佈版本中取得)幫助我們取得一些系統的資訊。如果可能的話,搭配 iostat 一起使用,以便分開對硬碟直接操作的指令與取得量測報告的指令。

正如一位經驗豐富的效能工程師曾經說過,這取決於你要量測什麼與如何量測?舉例來說,dd 是單執行緒的工具,而且有它的限制,比方說,它無法進行多次的隨機讀取;它量測的是吞吐量而非每秒能夠進行的輸入與輸出操作次數(IOPS)。你正在量測什麼呢?吞吐量還是 IOPS?

 請對這些範例抱持警覺!不要盲目的照著範例操作,它們會摧毀你正在操作的系統,並且請在操作前,確認磁碟上的資料是可以被刪除的。

這是一個簡單的單行程式,這個程式將會使用 dd 針對這個新的磁碟(此範例為 */dev/sdc*)取得一些數據:

```
$ dd if=/dev/zero of=/dev/sdc count=10 bs=100M
10+0 records in
10+0 records out
1048576000 bytes (1.0 GB, 1000 MiB) copied, 1.01127 s, 1.0 GB/s
```

它以 1 GB/s 的速率,寫入 10 筆大小為 100 MB 的資料。這個數據代表磁碟的吞吐量。一個簡單透過 dd 取得 IOPS 的方法是使用 iostat。在這個範例中,iostat 監測著正在使用 dd 進行量測的磁碟,另外使用了 -d 執行參數來指定磁碟位置,以及報告刷新的間隔時間:

```
$ iostat -d /dev/sdc 1

Device            tps    kB_read/s    kB_wrtn/s    kB_read    kB_wrtn
sdc            6813.00         0.00   1498640.00          0    1498640

Device            tps    kB_read/s    kB_wrtn/s    kB_read    kB_wrtn
sdc            6711.00         0.00   1476420.00          0    1476420
```

iostat 會每秒重複運行一次,直到 Ctrl-C 被觸發後才會停止。輸出表格中的第二欄代表著 tps,指的是每秒交易次數,它便是 IOPS。一個更好的視覺化呈現是在每次運行時,將終端機所顯示的內容清除,以避免重複執行指令產生結果帶來的混亂感:

```
$ while true; do clear && iostat -d /dev/sdc && sleep 1; done
```

使用 fio 進行更精確的測試

如果 dd 和 iostat 無法滿足需求,最常被使用來進行效能測試的工具是 fio。它能夠幫助釐清磁碟在讀取側重或者是寫入側重的情況下的效能狀況(甚至是在讀與取各佔不同比例的情況下)。

fio 的輸出結果是相當細瑣的。下面的範例僅從中擷取出有關 IOPS 的資訊，包括了讀與寫兩種操作：

```
$ fio --name=sdc-performance --filename=/dev/sdc --ioengine=libaio \
  --iodepth=1 --rw=randrw --bs=32k --direct=0 --size=64m
sdc-performance: (g=0): rw=randwrite, bs=(R) 32.0KiB-32.0KiB,
(W) 32.0KiB-32.0KiB, (T) 32.0KiB-32.0KiB, ioengine=libaio, iodepth=1
fio-3.1
Starting 1 process

sdc-performance: (groupid=0, jobs=1): err= 0: pid=2879:
  read: IOPS=1753, BW=54.8MiB/s (57.4MB/s)(31.1MiB/567msec)
...
  iops        : min= 1718, max= 1718, avg=1718.00, stdev= 0.00, samples=1
 write: IOPS=1858, BW=58.1MiB/s (60.9MB/s)(32.9MiB/567msec)
...
  iops        : min= 1824, max= 1824, avg=1824.00, stdev= 0.00, samples=1
```

在這個範例中使用到的執行參數包括了將此次量測工作命名為 sdc-performance，指定測試的磁碟 */dev/sdc*（會需要超級使用者的權限），使用 Linux 原生的非堵塞式的 I/O 函式庫，設定 iodepth 為 1（一次送出的連續 I/O 請求次數），採用緩衝 I/O（可以設置為 1 來使用非緩衝 I/O），以及定義隨機讀寫的緩衝區塊大小為 32 KB，檔案大小為 64 MB。相當冗長的指令呀！

fio 有許多額外的選項能夠幫助我們在大多數的情況下，精確地量測 IOPS。舉例來說，它可以一次跨許多磁碟裝置進行測試，進行 I/O 預熱，甚至是設定 I/O 的閥值，以便針對那些有既知限制的狀況進行測試。最後，指令中的許多選項還可以被撰寫到 INI 格式的檔案裡，以便測試任務能夠被更好地腳本化。

分割

我們傾向使用 fdisk 的交互模式來建立分割，但在一些情況下，fdisk 是無法處理的，比方說極大的分割區（2TB 或者更大）。在這些情況下，你應該使用 parted。

以下是一個快速展示如何透過 fdisk 交互模式建立主分割區的範例。使用者採用預設的起始值和磁區大小為 4GB 的設定值，接著按下 w 送出變更的請求，將這些設定寫入磁碟：

```
$ sudo fdisk /dev/sds

Command (m for help): n
Partition type:
```

```
    p   primary (0 primary, 0 extended, 4 free)
    e   extended
Select (default p): p
Partition number (1-4, default 1):
First sector (2048-22527999, default 2048):
Using default value 2048
Last sector, +sectors or +size{K,M,G} (2048-22527999, default 22527999): +4G
Partition 1 of type Linux and of size 4 GiB is set

Command (m for help): w
The partition table has been altered!

Calling ioctl() to re-read partition table.
Syncing disks.
```

parted 提供不同的介面完成相同的任務：

```
$ sudo parted /dev/sdaa
GNU Parted 3.1
Using /dev/sdaa
Welcome to GNU Parted! Type 'help' to view a list of commands.
(parted) mklabel
New disk label type? gpt
(parted) mkpart
Partition name?  []?
File system type?  [ext2]?
Start? 0
End? 40%
```

最後使用 q 離開交互模式。你可以不採用任何交互式訊息操作，而是透過數個指令以程式撰寫的方式在命令列模式建立分割，完成相同的結果：

```
$ parted --script /dev/sdaa mklabel gpt
$ parted --script /dev/sdaa mkpart primary 1 40%
$ parted --script /dev/sdaa print
Disk /dev/sdaa: 11.5GB
Sector size (logical/physical): 512B/512B
Partition Table: gpt
Disk Flags:

Number  Start   End     Size    File system  Name    Flags
 1      1049kB  4614MB  4613MB
```

取得特定的磁碟裝置資訊

有時候會希望取得磁碟裝置的特定資訊，這時候 lsblk 或 blkid 將是十分適用的工具。因為 fdisk 非常需要超級使用者的權限。以下是 fdisk 列出 /dev/sda 相關的訊息：

```
$ fdisk -l /dev/sda
fdisk: cannot open /dev/sda: Permission denied

$ sudo fdisk -l /dev/sda

Disk /dev/sda: 42.9 GB, 42949672960 bytes, 83886080 sectors
Units = sectors of 1 * 512 = 512 bytes
Sector size (logical/physical): 512 bytes / 512 bytes
I/O size (minimum/optimal): 512 bytes / 512 bytes
Disk label type: dos
Disk identifier: 0x0009d9ce

   Device Boot      Start         End      Blocks   Id  System
/dev/sda1   *        2048    83886079    41942016   83  Linux
```

blkid 也需要超級使用者的權限：

```
$ blkid /dev/sda

$ sudo blkid /dev/sda
/dev/sda: PTTYPE="dos"
```

lsblk 允許在沒有較高的權限下取得資訊，儘管如此，它仍然提供了一樣有用資訊：

```
$ lsblk /dev/sda
NAME   MAJ:MIN RM SIZE RO TYPE MOUNTPOINT
sda      8:0    0  40G  0 disk
└─sda1   8:1    0  40G  0 part /
$ sudo lsblk /dev/sda
NAME   MAJ:MIN RM SIZE RO TYPE MOUNTPOINT
sda      8:0    0  40G  0 disk
└─sda1   8:1    0  40G  0 part /
```

採用執行參數 -p 來進行更低階的磁碟訊息探測，這個指令將能夠非常徹底地蒐集磁碟的資訊，並且提供更足夠的磁碟資訊：

```
$ blkid -p /dev/sda1
UUID="8e4622c4-1066-4ea8-ab6c-9a19f626755c" TYPE="xfs" USAGE="filesystem"
PART_ENTRY_SCHEME="dos" PART_ENTRY_TYPE="0x83" PART_ENTRY_FLAGS="0x80"
PART_ENTRY_NUMBER="1" PART_ENTRY_OFFSET="2048" PART_ENTRY_SIZE="83884032"
```

lsblk 預設提供了一些磁碟的屬性資訊：

```
$ lsblk -P /dev/nvme0n1p1
NAME="nvme0n1p1" MAJ:MIN="259:1" RM="0" SIZE="512M" RO="0" TYPE="part"
```

你也可以指定特定的執行參數來取得特定的資訊：

```
lsblk -P -o SIZE /dev/nvme0n1p1
SIZE="512M"
```

透過這種方式來存取磁碟屬性，將會簡化腳本的撰寫，甚至是減輕利用 Python 實作的負擔。

網路工具

因為越來越多的主機需要連接在一起，網路工具持續地被改善。本節將介紹許多工具，包括了相當有用的單行程式，如 Secure Shell（SSH）穿透，但有一些工具則涉及提供測試網路效能的詳細資訊，如 Apache Bench Tool。

SSH 穿透（Tunneling）

你是否曾經試著連接遠端主機上的 HTTP 服務，但遠端主機除了透過 SSH 外，無法被外部存取？當 HTTP 服務已經開始運行，但尚未對外公開時，便會出現這樣的情況。上次遇到這樣的狀況是啟用了 RabbitMQ（*https://www.rabbitmq.com*）的外掛管理，該管理服務的存取連接埠設置在 15672。這個服務有很好的理由不需要對外公開。因為它很少被使用，而且也可以透過 SSH 穿透的功能進行存取。

透過建立 SSH 連線到遠端的主機，然後再將遠端主機的連接埠（以我的例子來說是 15672）轉送至連線主機的本地連接埠上。這台遠端主機有著特別設定的 SSH 連接埠，因此會讓設定指令稍微複雜了些。來看看這指令的樣子：

```
$ ssh -L 9998:localhost:15672 -p 2223 adeza@prod1.rabbitmq.ceph.internal -N
```

共有三個執行參數、三個數值、以及兩個位址。讓我們細細解析這個指令，以便瞭解這其中的原理。-L 執行參數用來啟用轉送功能，並且將本地端的連接埠（9998）與遠端連接埠（15672）進行綁定。下一個 -p 執行參數指定遠端主機上客製的 SSH 連接埠為 2223，接著是使用者帳號與遠端主機的位址。最後執行參數 -N 的意思是不會讓我們登入遠端的 shell 並且進行轉送。

如果成功執行，這個指令會看起來像卡住了。此時，你將可以造訪 *http://localhost:9998/*，並且看到這個遠端 RabbitMQ 的登入頁面。有一個相當有用的執行參數是 -f，它會讓指令於背景執行。如果這個連線並不是暫時性的，使用這個參數可以讓終端機的畫面保持乾淨，以便讓你繼續其他的工作。

使用 Apache Benchmark（ab）為 HTTP 服務進行評測

我們很喜歡對主機進行壓力測試，以便確保它能夠正確地處理負載，尤其是在將主機推入正式環境之前。有些時候，甚至會試著觸發一些只會在十分有壓力的負載下，才會發生的特殊競爭條件。Apache Benchmark 工具（命令列模式下的指令為 ab）就是那些能讓你快速使用一些執行參數便能進行測試的小工具之一。

下面這個指令可以對運行 Nginx 的主機發送一次 100 個請求，共 10,000 個請求的任務。

```
$ ab -c 100 -n 10000 http://localhost/
```

這個測試處理方式相當粗暴，但是這僅針對本地主機，而且請求也只是 HTTP GET。ab 提供的輸出內容十分詳盡，內容如下（為了讓書籍內容更為簡潔，僅擷取部分的輸出）：

```
Benchmarking localhost (be patient)
...
Completed 10000 requests
Finished 10000 requests

Server Software:        nginx/1.15.9
Server Hostname:        localhost
Server Port:            80

Document Path:          /
Document Length:        612 bytes

Concurrency Level:      100
Time taken for tests:   0.624 seconds
Complete requests:      10000
Failed requests:        0
Total transferred:      8540000 bytes
HTML transferred:       6120000 bytes
Requests per second:    16015.37 [#/sec] (mean)
Time per request:       6.244 [ms] (mean)
Time per request:       0.062 [ms] (mean, across all concurrent requests)
Transfer rate:          13356.57 [Kbytes/sec] received

Connection Times (ms)
```

```
              min   mean[+/-sd] median    max
Connect:        0     3   0.6       3       5
Processing:     0     4   0.8       3       8
Waiting:        0     3   0.8       3       6
Total:          0     6   1.0       6       9
```

這類的資訊和呈現的方式是相當全面的。匆匆一瞥便能夠快速地知道主機錯失了多少連線（從 Failes requests 欄位）和主機大概的狀況。這裡只示範了 GET 請求，但 ab 能夠讓你使用其他的 HTTP 請求，比方說 POST，甚至是 HEAD 請求。你在利用這類工具進行測試時，需要抱持著警覺，因為它很容易便能使得主機過載。下面是基於正式環境下的 HTTP 服務進行的測試，有著更為真實的數值（為了讓書籍內容更為簡潔，僅擷取部分的輸出）：

```
...
Benchmarking prod1.ceph.internal (be patient)

Server Software:        nginx
Server Hostname:        prod1.ceph.internal
Server Port:            443
SSL/TLS Protocol:       TLSv1.2,ECDHE-RSA-AES256-GCM-SHA384,2048,256
Server Temp Key:        ECDH P-256 256 bits
TLS Server Name:        prod1.ceph.internal

Complete requests:      200
Failed requests:        0
Total transferred:      212600 bytes
HTML transferred:       175000 bytes
Requests per second:    83.94 [#/sec] (mean)
Time per request:       1191.324 [ms] (mean)
Time per request:       11.913 [ms] (mean, across all concurrent requests)
Transfer rate:          87.14 [Kbytes/sec] received
....
```

範例中的數值看起來與之前不太一樣，它是基於 SSL 進行服務的測試，而且 ab 列出了協定的型別。每秒有 83 個請求，我們認為它能夠有更好的效能表現，但它只是一個用於產生 JSON 的 API 主機，而且一次的請求基本上，並不會產生太大的負載，因為資料已經被產生出來了。

使用 molotov 進行負載測試

Molotov（*https://molotov.readthedocs.io*）是一個針對負載測試的有趣專案。它所提供的功能中，有些相似於 Apache Benchmark 的功能，但由於它是一個基於 Python 的專案，另外提供了利用 Python 撰寫測試情節與 asyncio 函式模組。

以下是基於 motolov 的簡單範例：

```
import molotov

@molotov.scenario(100)
async def scenario_one(session):
    async with session.get("http://localhost:5000") as resp:
        assert resp.status == 200
```

將上述範例以 *load_test.py* 儲存起來，創建一個小型的 Flask 應用程式，該應用程式會處理來自主要 URL 的 POST 與 GET 請求，並且將該應用程式檔案存為 *small.py*：

```
from flask import Flask, redirect, request

app = Flask('basic app')

@app.route('/', methods=['GET', 'POST'])
def index():
    if request.method == 'POST':
        redirect('https://www.google.com/search?q=%s' % request.args['q'])
    else:
        return '<h1>GET request from Flask!</h1>'
```

設定 FLASK_APP=small.py，並且執行 flask run，啟動 Flask 應用程式。接著使用先前建立的 *load_test.py* 執行 molotov：

```
$ molotov -v -r 100 load_test.py
**** Molotov v1.6. Happy breaking! ****
Preparing 1 worker...
OK
SUCCESSES: 100 | FAILURES: 0 WORKERS: 0
*** Bye ***
```

利用單 worker 送出一百個請求到本地端的 Flask 服務實體上。若想將這個負載測試進行擴增，以便在每次請求時進行更多的處理時，這個工具顯得更加有用。這個工具的概念很像單元測試，如 setup，teardown，甚至是回傳能夠反映某個事件的編碼。由於這個小型的 Flask 應用程式能夠處理 POST 請求，它會將請求導向 Google 搜尋，所以可以新增一個情節到 *load_test.py* 中。可以調整執行的權重，讓這次執行測試時，均使用 POST 作為請求：

```
@molotov.scenario(100)
async def scenario_post(session):
    resp = await session.post("http://localhost:5000", params={'q': 'devops'})
    redirect_status = resp.history[0].status
    error = "unexpected redirect status: %s" % redirect_status
    assert redirect_status == 301, error
```

執行這個新的測試情節一次，取得以下的資訊：

```
$ molotov -v -r 1 --processes 1 load_test.py
**** Molotov v1.6. Happy breaking! ****
Preparing 1 worker...
OK
AssertionError('unexpected redirect status: 302',)
  File ".venv/lib/python3.6/site-packages/molotov/worker.py", line 206, in step
    **scenario['kw'])
  File "load_test.py", line 12, in scenario_two
    assert redirect_status == 301, error
SUCCESSES: 0 | FAILURES: 1
*** Bye ***
```

單一的請求（對應的執行參數為 -r 1）已經足夠讓測試情節失敗，因為這個斷言（assertion）應該修正為檢查 302，而非 301。當完成狀態碼檢查的更新後，更動 POST 測試情節的權重為 80，使得其他的請求（GET）也會被送到這個 Flask 應用程式。以下是更新後的負載測試程式碼：

```
import molotov

@molotov.scenario()
async def scenario_one(session):
    async with session.get("http://localhost:5000/") as resp:
        assert resp.status == 200

@molotov.scenario(80)
async def scenario_two(session):
    resp = await session.post("http://localhost:5000", params={'q': 'devops'})
    redirect_status = resp.history[0].status
    error = "unexpected redirect status: %s" % redirect_status
    assert redirect_status == 301, error
```

執行 *load_test.py*，並且送出 10 次請求，以便將請求分配至 GET 兩次，其餘則為 POST：

```
127.0.0.1 - - [04/Sep/2019 12:10:54] "POST /?q=devops HTTP/1.1" 302 -
127.0.0.1 - - [04/Sep/2019 12:10:56] "POST /?q=devops HTTP/1.1" 302 -
127.0.0.1 - - [04/Sep/2019 12:10:57] "POST /?q=devops HTTP/1.1" 302 -
127.0.0.1 - - [04/Sep/2019 12:10:58] "GET / HTTP/1.1" 200 -
127.0.0.1 - - [04/Sep/2019 12:10:58] "POST /?q=devops HTTP/1.1" 302 -
127.0.0.1 - - [04/Sep/2019 12:10:59] "POST /?q=devops HTTP/1.1" 302 -
127.0.0.1 - - [04/Sep/2019 12:11:00] "POST /?q=devops HTTP/1.1" 302 -
127.0.0.1 - - [04/Sep/2019 12:11:01] "GET / HTTP/1.1" 200 -
127.0.0.1 - - [04/Sep/2019 12:11:01] "POST /?q=devops HTTP/1.1" 302 -
127.0.0.1 - - [04/Sep/2019 12:11:02] "POST /?q=devops HTTP/1.1" 302 -
```

如你所見，molotov 很容易便能使用 Python 進行擴增，並且能夠修改測試，以便符合更為複雜的其他需求。這些範例僅僅只是展現了這個工具一部分能完成的任務而已。

CPU 工具

有兩個重要的 CPU 工具；top 和 htop。在目前大部分的 Linux 發佈版本中，top 已經被預先安裝好了，但如果能夠安裝套件的話，htop 是更好的工具，而且相較於 top，我們比較偏好它的可客製化使用介面。有一些其他的工具也可以提供 CPU 視覺化，甚至是監控，但都沒有任何一個工具如 top 和 htop 一樣完整而且容易被取得。舉個例子來說，藉由 ps 指令完全可以取得 CPU 利用率：

```
$ ps -eo pcpu,pid,user,args | sort -r | head -10
%CPU   PID USER     COMMAND
 0.3   719 vagrant  -bash
 0.1   718 vagrant  sshd: vagrant@pts/0
 0.1   668 vagrant  /lib/systemd/systemd --user
 0.0     9 root     [rcu_bh]
 0.0    95 root     [ipv6_addrconf]
 0.0    91 root     [kworker/u4:3]
 0.0     8 root     [rcu_sched]
 0.0    89 root     [scsi_tmf_1]
```

ps 指令提供了一些定製的欄位。第一個是 pcpu，這個欄位是 CPU 的使用率，接著為 process ID、使用者，最後則是運行的指令。透過管線指令，將輸出的結果基於 CPU 使用率反向排序，因為預設的排序是由低至高，但我們想要知道的是哪些進程的 CPU 使用率是高的。最後由於指令會將所有進程的資訊都列出，所以我們利用 head 指令過濾出最高的十筆。

但這個指令相當複雜，以致於不利記憶而且也無法即時的更新資訊。即使採用別名的方式將指令收束起來，top 和 htop 仍然是較好的選擇。因為你將會知道，這兩者具有的擴增功能。

使用 htop 查看進程

htop 工具與 top（一種交互式的進程檢視器）相似，但卻能更完整地支援跨平台、提供更好的視覺化（如圖 4-1），而且使用起來相當順手。可以造訪 *https://hisham.hm/htop* 了解 htop 運行在主機上的截圖。使用 htop 主要需要注意的事項之一是所有你知道基於 top 的小技巧都不適用於 htop，所以你必須重新學習並且了解如何使用 htop。

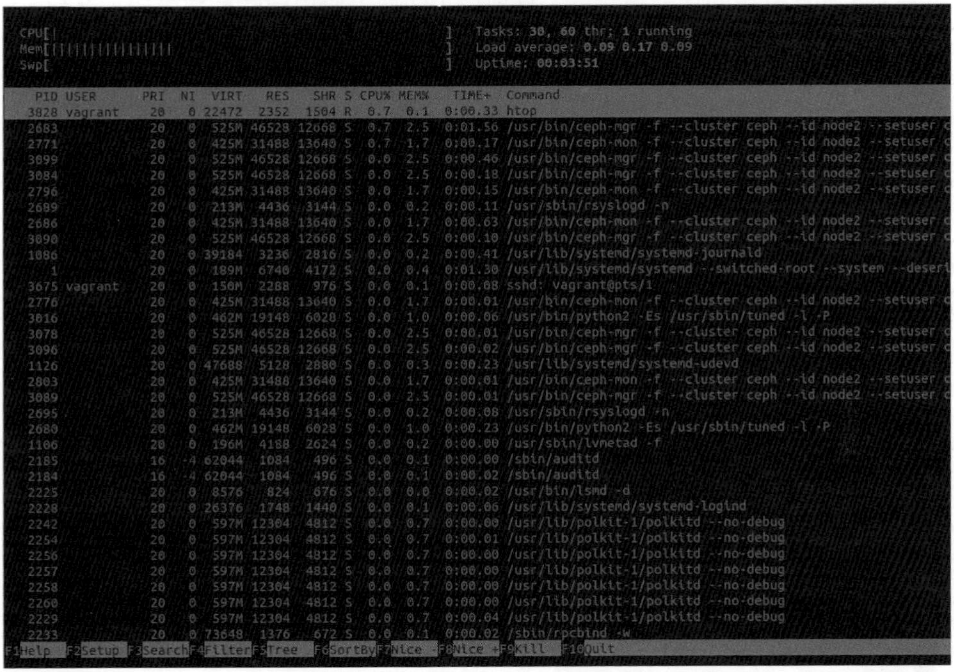

圖 4-1　htop 的執行畫面

從圖 4-1 所顯示資訊的排版展示方式立即就能發現不同。CPU、記憶體、和 Swap 被妥善地顯示在左上角，而且隨著系統狀態的改變而改變。畫面上的箭頭鍵可以將畫面往上或往下滾動，甚至是往左或往右滾動，以便檢視進程完整的指令。

如果想要刪除一個進程，將箭頭鍵移動到該進程上，或者點擊 / 觸發搜尋功能將進程篩選出來，接著點擊 k。新的選單會顯示出來，並且提供所有可以送到進程的訊號指令。舉例來說，送出 SIGTERM 而不是 SIGKILL。也可以透過「標註（*tag*）」多個進程，一次刪除多個進程。使用空白鍵點擊要被標註選取的進程，被標註的進程會被使用不同的顏色標示出來。如果想要取消標註，只需要在同一個進程上，再點擊一次空白鍵取消即可。這樣的操作方式相當的直覺好用。

htop 的一個問題就是有許多動作需要使用 F（功能）鍵，但你卻可能沒有這些鍵。舉例來說，F1 代表說明功能。替代的方式是盡可能使用相對應的快捷鍵。可以使用 h 來存取說明功能選項，使用 Shift s 替代 F2 來存取設定功能。

t（又一次！如此直覺的功能鍵設計）鍵啟用（切換）使用樹狀結構來顯示進程。最常被使用的功能大概是排序功能吧！點擊 > 將會顯示一個選單讓你選擇希望基於什麼屬性來進行排序：PID、使用者、記憶體用量、優先序，和 CPU 百分比，這些只是選單上的一些項目而已。也有一些快捷的方式來直接觸發排序（略過使用功能選單），比方說，基於記憶體用量排序（Shift i）、基於 CPU 用量排序（Shift p）和基於時間排序（Shift t）。

最後，有兩個讓人驚豔的功能是：你可以直接針對已選取的進程執行 strace 或者是 lsof，只要這些工具已經安裝好，且可供使用。如果選取的進程需要超級使用者的權限，htop 會告知這個情況。此時，你需要使用特權使用者的身分執行 htop。為了在選取的進程上執行 strace，請使用 s 鍵；如果是 lsof，請使用 l 鍵。

不論使用 strace 或者是 lsof，都可以使用 / 來搜尋或者是過濾結果。這是如此不可置信而有用的工具呀！希望有一天其他非 F 鍵的對應鍵被實作出來，雖然這些功能大多數已經有些替代對應方式可以處理了。

如果對 htop 的交互模式進行了客製，相關的更動會被存在組態檔內，而這個組態檔可以在 ~/.cong/htop/htoprc 找到。如果你針對這個檔案進行了更動，但在稍後 htop 操作中又做了組態改變，則無論原先 *htoprc* 是如何被設定的，都會被最新的更動覆寫。

操作 Bash 和 ZSH

一切都是為了客製。Bash 和 ZSH 都會搭配一個 "*dotfile*"，這個檔案的名稱由 . 開頭，而且含括了所有組態的設定，預設上它會以隱藏的方式儲存在使用者的家目錄裡。以 Bash 來說，檔名為 *.bashrc*，而 ZSH 則是 *.zshrc*。兩個 shell 都支援多層組態設定的方式，依序將設定載入，而最後則是使用者自訂的組態檔。

當 ZSH 安裝完成時，*.zshrc* 通常還未被建立。下面是這個組態檔在 CentOS 發佈版本中，最精簡的內容（為了書籍顯示方便，已經移除所有註解）：

```
$ cat /etc/skel/.zshrc
autoload -U compinit
compinit

setopt COMPLETE_IN_WORD
```

Bash 有幾個額外值得一提的項目，都不足為奇。你肯定會對正想要進行設定的其他主機上，一些原始的配置和操作極度感到厭煩。我們無法在終端機環境中沒有顏色的輔助，所以先別管 shell 能做什麼事，把色彩輔助功能打開就對了。然後不知不覺中，你會發現自己已深入了解這些配置，並且新增一些有用的別名和功能。

很快地，你就會面對文字編輯器的組態檔，而這一切在不同的主機都未被良善地設定，或者是新添入的主機都尚未設置那些有用的別名。更**難以置信**的是沒人在每台主機上開啟顏色輔助的功能。每個人總有屬於自己隨心所欲而無法傳授給他人的作法：Alfredo 使用 *Makefille*，而他的同事要不是什麼也沒做，要不就是使用腳本完成設定。有一個新的專案叫做 Dotdrop（*https://deadc0de.re/dotdrop*），有著許多功能可以讓這些 dotfile 依照工作的需要有序地被設置好，這些設置含括的功能有複製，建立捷徑，以及按照開發和其他主機環境將 *profile* 分開，當你從一台主機移動到另一台主機時，將會十分有幫助。

你可以直接使用 Dotdrop 建立一個 Python 專案。雖然可以透過 virtualenv 和 pip 進行安裝，但建議你將這個專案直接囊括在你的 dotfile 的 repository 裡。假若尚未將這些 dotfile 儲存在一個 repository 裡，建議你將這些 dotfile 以版本控管的方式保存在 repository，將更方便記錄每一次的更動。Alfredo 的 dotfile 已經公開在網路上（*https://oreil.ly/LV1AH*），而且正盡可能地保持這些檔案在最新的狀態。

先不論使用的工具是什麼，透過版本管理追蹤每一個變更，並且確保所有維護的檔案總是在最新狀態，是一個很好的策略。

客製化 Pyhton 的 Shell

你可以利用一些 helper 客製化 Python shell，並且在一個 Python 檔案裡匯入有用的模組，再把這個檔案匯出至環境變數中。我將我所有的組態檔案存放在一個叫做 *dotfiles* 的 repository 裡，並在 shell 組態檔案（在我的電腦上，組態檔案存放在 *$HOME/.zshrc*）內也進行了以下的環境變數匯出的設定：

```
export PYTHONSTARTUP=$HOME/dotfiles/pythonstartup.py
```

為了嘗試一下上述的設定，建立一個新的 Python 檔案，叫做 *pythonstartup.py*（雖然它可以使用任何其他的名稱）。檔案內容如下：

```
import types
import uuid

helpers = types.ModuleType('helpers')
helpers.uuid4 = uuid.uuid4()
```

現在開啟一個 Python shell 並且執行剛剛建立的檔案 *pythonstartup.py*：

```
$ PYTHONSTARTUP=pythonstartup.py python
Python 3.7.3 (default, Apr  3 2019, 06:39:12)
[GCC 8.3.0] on linux
Type "help", "copyright", "credits" or "license" for more information.
>>> helpers
<module 'helpers'>
>>> helpers.uuid4()
UUID('966d7dbe-7835-4ac7-bbbf-06bf33db5302')
```

這個 helpers 物件已經準備完妥。因為已經為這個物件新增了 uuid4 屬性，因此可以透過 helpers.uuid4() 來存取這個屬性。或許可以發現，所有匯入的模組與定義都可以在這個 Python shell 下取得。這會便於用來擴增對於預設 shell 有用的功能。

遞迴式通配符展開（Globbing）

遞迴式通配符展開在 ZSH 預設被啟用，但 Bash（第 4 版或者更高的版本）需要 shopt 來進行設定。遞迴式通配符展開是一個相當厲害的設置方式，它允許你使用下面的語法遍尋路徑：

```
$ ls **/*.py
```

上面這個小程式會遍尋所有的檔案和資料夾，並且列出所有以 .py 結尾的檔案。下面是如何在第四版 Bash 中啟用這個功能的方法：

```
$ shopt -s globstar
```

使用確認提示進行搜尋和替換

Vim 提供了相當好的內容搜尋和替換引擎，這個引擎會在替換之前進行提醒，確認是否替換或者是忽略。當你無法寫出很精確的正規表達式，因此想要忽略掉一些與想要目標近似的搜尋結果時，這樣的功能尤其有用。雖然我們知道正規表達式的用途，但我們盡量避免精通它們，因為運用這樣方便的功能是相當誘人的。大多數的時候，你只是想要使用簡單的搜尋和替換，而不是絞盡腦汁想出一個絕妙的正規表達式。

需要將 c 參數附在每個搜尋與替換指令後面，以便在 Vim 中啟用確認模式：

```
:%s/original term/replacement term/gc
```

上述的指令可以理解為在整個檔案中搜尋 *original term*，並且使用 *replacement term* 進行替換，但找尋到每個目標時，跳出提示，詢問使用者是否進行更改還是忽略。下面是 Vim 找尋到匹配的目標時，會顯示的訊息：

```
replace with replacement term (y/n/a/q/l/^E/^Y)?
```

這整個確認的流程看起來笨拙，但卻允許你從正規表達式與簡單的匹配與置換中，解放出來。一個快速簡便的例子是有一個 API 需要進行修正，將原本物件的屬性替換為方法的呼叫。這段程式碼利用傳回 True 或 False，來提醒是否需要超級使用者權限。下面是在一個檔案中進行實際替換行為的例子：

```
:%s/needs_root/needs_root()/gc
```

在這個例子中，困難的事情是 needs_root 散佈在註解與說明字串上，所以並不容易寫出一個正規表達式來判斷這個目標是位於註解中還是說明字串上。透過使用 c 參數，你可以逐個搜尋結果，選擇按 Y 或 N。完全不需要正規表達式。

隨著啟用遞迴式通配符展開（在第四版 Bash 中，執行 shopt -s globstar），這個強而有效的單行程式將能夠遍尋所有檔案，並且當搜尋到目標時，根據提示訊息確認是否搜尋與替換目標字串：

```
vim -c "bufdo! set eventignore-=Syntax | %s/needs_root/needs_root()/gce" **/*.py
```

上述指令相當讓人費解，但它的意思是會遍尋所有以 .py 結尾的檔案，並且將該檔案載入 Vim 中，接著執行搜尋與替換，過程中若內容匹配成功，則會跳出提示訊息，進行確認。如果並未在檔案內容中找到匹配，它就會忽略該檔案。在這個例子中，進行了 eventignore-=Syntax 的設定，否則 Vim 不會在執行時，載入語法檔案。當進行替換的任務過程中，有語法的醒目標注協助是很好的選擇。在 | 字元後的部分是關於替換指令的部分，另外我們採用了使用者確認參數與 e 參數來忽略過程中的錯誤，以便讓整個工作流程順暢，而不讓一些錯誤導致中斷。

> 還有許多其他的參數和用法可以幫助你強化替換指令。為了能夠更好地了解 Vim 的搜尋與替換功能，請查閱 :help substitute，尤其是 s_flags 的部分。

將這個複雜的單行程式轉成容易記憶的函式，這個函式含括了兩個參數（search 和 replace），以及檔案路徑：

```
vsed() {
  search=$1
  replace=$2
  shift
  shift
  vim -c "bufdo! set eventignore-=Syntax| %s/$search/$replace/gce" $*
}
```

將這個函式命名為 vsed，這是因為這個指令是由 Vim 和 sed 工具組成，這樣的命名讓它更便於記憶。在終端機的作業環境下，這樣的用法看起來更為直接，而且讓你能夠輕易而有自信地對多個檔案進行修改，因為你可以在每個更動的過程中選擇接受或拒絕：

```
$ vsed needs_root needs_root() **/*.py
```

移除暫時的 Python 檔案

Python 的 pyc 檔和用來儲存暫存檔案的資料夾 *pycache*，有時候會成了管理專案的阻礙。下面是一個簡單的單行程式，我們將它別名設為 pyclean，這個指令使用了 find 指令來移除 pyc 檔案，接著找尋 *pycache* 目錄，並且透過內建的執行參數 delete 遞迴地刪除檔案與目錄：

```
alias pyclean='find . \
    \( -type f -name "*.py[co]" -o -type d -name "__pycache__" \) -delete &&
    echo "Removed pycs and __pycache__"'
```

條列與過濾進程

列出主機上運行的進程,並且透過搜尋找到特定的進程,這是工程師每天至少遇到數次的場景。另外,也不會讓人感到驚訝的是每個人都有透過 ps 使用不同執行參數,或不同順序執行參數排列的方式(我們通常使用 aux)。如果成日如此地進行著相同的指令和參數,那麼這樣的行為就會深根於腦海,最後便很難再想到其他方式來處理。

為了在列出進程相關資訊的方法(比方說進程 ID)有個好的開始,試試下面的指令:

```
$ ps auxw
```

上述執行參數採用 *BSD* 風格(參數前不加前綴字 -),不論進程是否與終端機相依附,指令執行結果會列出所有的進程,並且包含持有該進程的使用者資訊。另外,透過使用執行參數 w,會給予輸出更多的顯示空間。

在大多數的情況下,會透過使用 grep 來對資訊進行濾除,以便取得特定的進程資訊。舉個例子來說,如果想要確認 Nginx 是否運行,你會透過管線命令將 ps 羅列出來的資訊導到 grep 中,並且使用 nginx 作為過濾資訊的關鍵字:

```
$ ps auxw | grep nginx
root      29640  1536 ?      Ss   10:11   0:00 nginx: master process
www-data  29648  5440 ?      S    10:11   0:00 nginx: worker process
alfredo   30024   924 pts/14 S+   10:12   0:00 grep nginx
```

過濾後的成效很好,但還是包含了惱人的 grep 指令。尤其當回傳的結果只有 grep 時,這樣的情況更加讓人抓狂:

```
$ ps auxw | grep apache
alfredo  31351  0.0  0.0  8856   912 pts/13  S+   10:15   0:00 grep apache
```

雖然並未找出相關於 apache 的進程,但視覺呈現出來的結果,卻很容易誤導你認為這便是你所要尋找的目標,並且讓你再次檢查結果是否就是你所想要的,因為搜尋的引數很容易讓人感到疲勞而發生誤判。一個解決這個問題的方式就是將結果透過另一個管線命令,利用 grep 將自己從結果輸出中濾除:

```
$ ps auxw | grep apache | grep -v grep
```

每次都要記住要多加一個額外的 grep 也是相當惱人的,所以採用別名將是很好的解決方案:

```
alias pg='ps aux | grep -v grep | grep $1'
```

這個新的別名指令會過濾掉第一個搜尋的 grep，最後只留下令人感興趣的結果（如果有的話）：

```
$ pg vim
alfredo   31585   77836 20624 pts/3    S+   18:39   0:00 vim /home/alfredo/.zshrc
```

Unix 時間戳記

在 Python 中，取得廣泛被使用的 Unix 時間戳記是相當簡單的事情：

```
In [1]: import time

In [2]: int(time.time())
Out[2]: 1566168361
```

但是在 shell 中，將會更加複雜一些。下面的別名指令適用於 OS X，該作業系統採用 BSD 風格的 date 工具：

```
alias timestamp='date -j -f "%a %b %d %T %Z %Y" "`date`" "+%s"'
```

使用 OS X 的工具是常讓人覺得憋屈的，它可能會讓人覺得疑惑並且永遠不會記得為什麼工具（就像這個範例中的 date）的行為完全不如自己預期。date 的 Linux 版本，有著更加簡單的方式便能達到同樣的效果：

```
alias timestamp='date "+%s"'
```

混合 Python 指令至 Bash 和 ZSH

試著將 Python 與 shell（如 ZSH 或 Bash）混合使用，對於我們而言是相當地違和於常識的作法，但這裡有些關於這樣用法的好案例，而且你幾乎能夠天天使用它。一般以經驗來說，shell 腳本的行數極限是十行；因為超過十行的腳本將會變成一個臭蟲，並且造成你的時間浪費，因為沒有相關的執行錯誤訊息能幫助你解決問題。

隨機密碼產生器

所需要的帳號和密碼隨著時間只會越來越多，這還包括了隨用即丟的帳號，你可以使用 Python 來為這些帳號產生高強度的密碼。就讓我們來打造一個實用的隨機密碼產生器，該產生器會將產生的內容輸出到剪貼簿上，以方便複製：

```
In [1]: import os

In [2]: import base64
```

```
In [3]: print(base64.b64encode(os.urandom(64)).decode('utf-8'))
gHHlGXnqnbsALbAZrGaw+LmvipTeFi3tA/9uBltNf9g2S9qTQ8hTpBYrXStp+i/o5TseeVo6wcX2A==
```

將上述的實作融合到 shell 功能中，使得該功能可以使用不同的密碼長度（這是相當實
用的，當某個網站限制密碼長度為某個固定大小），實作如下：

```
mpass() {
    if [ $1 ]; then
        length=$1
    else
        length=12
    fi
    _hash=`python3 -c "
import os,base64
exec('print(base64.b64encode(os.urandom(64))[:${length}].decode(\'utf-8\'))')
    "`
    echo $_hash | xclip -selection clipboard
    echo "new password copied to the system clipboard"
}
```

mpass 透過裁切輸出的結果，預設產出長度為 12 的密碼，然後將這輸出的內容導入
xclip，讓結果可以容易地被複製到其他地方。

> xclip 在許多發佈版本中，並不是預設被安裝的套件，所以需要先確認該
> 套件是否已經被正確地安裝。若 xclip 無法取得，也可以使用系統中任何
> 可以用來管理剪貼簿的功能。

我的模組存在嗎？

尋找某個模組是否存在，如果存在則取得該模組的路徑。這是相當有用的工具，並且可
以使用它的輸出在其他功能上：

```
try() {
    python -c "
exec('''
try:
    import ${1} as _
    print(_.__file__)
except Exception as e:
    print(e)
''')"
}
```

切換目錄到模組路徑

當正在針對函式庫與相依性進行除錯,或者正在研讀模組的程式碼時,「這個模組在哪?」是很常提及的問題。在 Python 中安裝並且發佈模組的方式相當地不直接,而且不同的 Linux 發佈版本就有不同的擺放路徑與區隔的方式。你可以藉由匯入並且 print 模組,來知道模組的路徑:

```
In [1]: import os

In [2]: print(os)
<module 'os' from '.virtualenvs/python-devops/lib/python3.6/os.py'>
```

上述的操作並不方便,如果你只是想要取得這個路徑,並且切換目錄查看該模組。下面這個函式會透過模組名稱引數,匯入模組將資訊印出來(由於操作是基於 shell,所以 return 並沒有太大的作用),接著將目錄切換到該路徑下:

```
cdp() {
    MODULE_DIRECTORY=`python -c "
exec('''
try:
    import os.path as _, ${module}
    print(_.dirname(_.realpath(${module}.__file__)))
except Exception as e:
    print(e)
''')"`
    if  [[ -d $MODULE_DIRECTORY ]]; then
        cd $MODULE_DIRECTORY
    else
        echo "Module ${1} not found or is not importable: $MODULE_DIRECTORY"
    fi
}
```

透過增加以下的實作,可以讓整個功能更加強健,以便處理套件的名稱中有破折號,但模組卻使用下底線進行替代的狀況:

```
module=$(sed 's/-/_/g' <<< $1)
```

如果輸入內容中有破折號,這個小功能可以幫我們解析它,並且成功地切換目錄到我們目標的位置下:

```
$ cdp pkg-resources
$ pwd
/usr/lib/python2.7/dist-packages/pkg_resources
```

轉換 CSV 為 JSON

Python 提供了一些內建的功能，如果你從未使用過它們，將會對這些功能感到驚訝。Python 原生提供了支援處理 JSON 檔案，以及 CSV 檔案。只需要數行程式便能將 CSV 檔案載入，並且將內容以 JSON 格式 *"dump"* 出來。下面的範例使用了 CSV 檔案（*addresses.csv*），並且利用 JSON 格式將檔案傾印至 Python shell 中，以利於查閱內容：

```
John,Doe,120 Main St.,Riverside, NJ, 08075
Jack,Jhonson,220 St. Vernardeen Av.,Phila, PA,09119
John,Howards,120 Monroe St.,Riverside, NJ,08075
Alfred, Reynolds, 271 Terrell Trace Dr., Marietta, GA, 30068
Jim, Harrison, 100 Sandy Plains Plc., Houston, TX, 77005

>>> import csv
>>> import json
>>> contents = open("addresses.csv").readlines()
>>> json.dumps(list(csv.reader(contents)))
'[["John", "Doe", "120 Main St.", "Riverside", " NJ", " 08075"],
["Jack", "Jhonson", "220 St. Vernardeen Av.", "Phila", " PA", "09119"],
["John", "Howards", "120 Monroe St.", "Riverside", " NJ", "08075"],
["Alfred", " Reynolds", " 271 Terrell Trace Dr.", " Marietta", " GA", " 30068"],
["Jim", " Harrison", " 100 Sandy Plains Plc.", " Houston", " TX", " 77005"]]'
```

將這個交互操作的轉換過程，封裝至一個函式中，使得我們可以在命令列中直接使用這個功能：

```
csv2json () {
        python3 -c "
exec('''
import csv,json
print(json.dumps(list(csv.reader(open(\'${1}\')))))
''')
"
}
```

直接在 shell 中使用這個函式，很明顯地這樣的操作要比記得所有的模組與呼叫方法要來得簡單很多：

```
$ csv2json addresses.csv
[["John", "Doe", "120 Main St.", "Riverside", " NJ", " 08075"],
["Jack", "Jhonson", "220 St. Vernardeen Av.", "Phila", " PA", "09119"],
["John", "Howards", "120 Monroe St.", "Riverside", " NJ", "08075"],
["Alfred", " Reynolds", " 271 Terrell Trace Dr.", " Marietta", " GA", " 30068"],
["Jim", " Harrison", " 100 Sandy Plains Plc.", " Houston", " TX", " 77005"]]
```

Python 單行程式（One-Liners）

一般而言，撰寫一個冗長的單行 Python 程式並不是一個好的實踐。PEP 8（*https://oreil. ly/3P_qQ*）甚至不認同使用分號將兩行程式碼進行合併（在 Python 中是可以使用分號的！）。但用於快速除錯的程式碼和呼叫除錯器則不在此限內，畢竟，它們是暫時性的實作。

除錯器

有一些程式設計師認為使用 print() 是用來對執行中的程式碼進行除錯的最佳策略。在一些情況下，這樣是不錯的方法，但大多數的情況下，我們會使用 Python 除錯器（基於 pdb 模組）或者是 ipdb（基於 IPython）。藉由建立中斷點，可以在變數與程式區塊間來回檢查。這些單行的程式語句非常重要，務必將它們牢記在心：

建立中斷點，並且觸發 Python 除錯器（pdb）：

```
import pdb;pdb.set_trace()
```

建立中斷點，並且觸發基於 IPython 的 Python 除錯器（ipdb）：

```
import ipdb;ipdb.set_trace()
```

雖然以技術上來說，IPython 並不是個除錯器（無法在執行的程式區塊中，讓執行步驟往前或往後），但下述的單行程式碼可以讓開發者在程式執行到某個步驟時啟動 IPython：

```
import IPython; IPython.embed()
```

 每個人都有自己喜好的除錯器。我們發覺 pdb 過於粗糙（沒有自動補齊，沒有語法標注），所以傾向偏好使用 ipdb。因此，如果看到其他人使用不同的除錯工具，也不用感到驚訝。最終而言，了解 pdb 是如何運用的是相當實用的，因為即便不討論除錯器這個主題，它也是個需要被精通的基礎知識。在無法控制的系統環境下，因為無法安裝任何其他的相依軟體，也只能直接使用 pdb。你或許並沒有太喜歡這個工具，所以仍然可以用你自己的方式來進行相關工作。

量測程式碼片段效能

Python 有一個模組是用來針對片段的程式進行效能量測的工具，它可以針對某段程式碼進行多次的運行，以便取得相關的評量數據。有許多的開發者樂於了解是否有什麼更有效率方式來處理迴圈或者是目錄更新，而且也有許多知識淵博的人樂於使用 timeit 模組來證明效能的狀況。

或許你大概會發現，我們是 IPython（ *https://ipython.org* ）的愛用者，而且它所提供的交互式 shell 也為 timeit 模組帶來了一個 "神奇（ *magic* ）" 而特別的功能。這個 "神奇" 功能帶著 % 前綴字，並且在 shell 中進行特別的操作。關於效能，一直有個最受歡迎的議題就是串列綜合表達式是否快於直接附加（append）項目至串列。下面的兩個範例使用 timeit 模組來確認這個議題的答案：

```
In [1]: def f(x):
   ...:     return x*x
   ...:

In [2]: %timeit for x in range(100): f(x)
100000 loops, best of 3: 20.3 us per loop
```

在標準的 Python shell（或者是直譯器）中匯入模組，然後直接進行存取。這樣的呼叫方式稍稍有別於這個例子：

```
>>> array = []
>>> def appending():
...     for i in range(100):
...         array.append(i)
...
>>> timeit.repeat("appending()", "from __main__ import appending")
[5.298534262983594, 5.32031941099558, 5.359099322988186]
>>> timeit.repeat("[i for i in range(100)]")
[2.20528243400062216, 2.1648171059787273, 2.1733458579983562]
```

這輸出的結果有些奇怪，但那是因為需要另一個模組或函式庫進行處理，而且輸出結果的易讀性並未被考量。結果上來看，串列綜合表達式的平均表現較好。下述是 IPython 上顯示的結果：

```
In [1]: def appending():
   ...:     array = []
   ...:     for i in range(100):
   ...:         array.append(i)
   ...:

In [2]: %timeit appending()
```

```
5.39 µs ± 95.1 ns per loop (mean ± std. dev. of 7 runs, 100000 loops each)

In [3]: %timeit [i for i in range(100)]
2.1 µs ± 15.2 ns per loop (mean ± std. dev. of 7 runs, 100000 loops each)
```

因為 IPython 視 `timeit` 為一個特殊的指令（注意到以 `%` 為前綴的部分），所以輸出的易讀性較好，而且也較便於讀取，另外也不需要額外的匯入，因為它已經內建於 Python shell。

strace

知道一個程式如何與作業系統進行互動是很重要的能力，尤其當應用程式剛好沒有針對感興趣的部分輸出日誌，或者是根本沒有輸出日誌。strace 的輸出相當粗糙，但如果具備一些知識基礎的話，它會搖身一變成為解決問題程式的利器。有一次，Alfredo 試圖了解為何檔案的存取被拒絕。這個檔案是透過一個捷徑來存取，而這個捷徑看起來具有所有正確的權限。那到底發生了什麼事呢？這樣的狀況很難單純透過日誌來除錯，因為只是將存取檔案的權限顯示於日誌中，通常沒有太大的用處。

strace 包含了下述兩行資訊於輸出中：

```
stat("/var/lib/ceph/osd/block.db", 0x7fd) = -1 EACCES (Permission denied)
lstat("/var/lib/ceph/osd/block.db", {st_mode=S_IFLNK|0777, st_size=22}) = 0
```

這個程式會更動父目錄的權限，而這個父目錄的存取點也是由捷徑構成，而 *block.db* 在這個範例中也是一個用於存取塊裝置（block device）的捷徑。塊裝置本身的權限設置也是正確的，那到底問題是什麼呢？原因是目錄中的捷徑設有 *sticky bit* 來避免從其他捷徑進行路徑修改，當然這也包括塊裝置。chown 工具有一個特殊的執行參數（-h 或 --no-dereference）用來指明當存取權被修改時，必須連同相關捷徑也被更新。

當沒有像 strace 這樣的工具時，這樣的除錯過程是十分艱困的（如果不是不可能的情況下）。讓我們來試試看這個情況，首先，以下面的內容，建立一個檔案叫做 *follow.py*：

```
import subprocess

subprocess.call(['ls', '-alh'])
```

匯入 subprocess 模組來進行系統呼叫。它會輸出由 ls 系統呼叫所傳回的內容。接著改用 strace 作為指令的前綴，而不是直接使用 Python 來進行呼叫，讓我們看看會顯示怎樣的內容：

```
$ strace python follow.py
```

大量的輸出結果充滿著顯示畫面，而且絕大多數還看起來十分難以理解。先不論是否能
讀懂每一行，先強迫自己看過每一行的內容。有一些內容可以很容易地被區別出來。有
許多的 read 和 fstat 呼叫，而且可以看到整個進程的系統呼叫步驟，當中也有很多針對
某些檔案的 open 和 close 的行為，另外，有一個特別的部分顯示了一些 stat 呼叫：

```
stat("/home/alfredo/go/bin/python", 0x7ff) = -1 ENOENT (No such file)
stat("/usr/local/go/bin/python", 0x7ff) = -1 ENOENT (No such file)
stat("/usr/local/bin/python", 0x7ff) = -1 ENOENT (No such file)
stat("/home/alfredo/bin/python", 0x7ff) = -1 ENOENT (No such file)
stat("/usr/local/sbin/python", 0x7ff) = -1 ENOENT (No such file)
stat("/usr/local/bin/python", 0x7ff) = -1 ENOENT (No such file)
stat("/usr/sbin/python", 0x7ff) = -1 ENOENT (No such file)
stat("/usr/bin/python", {st_mode=S_IFREG|0755, st_size=3691008, ...}) = 0
readlink("/usr/bin/python", "python2", 4096) = 7
readlink("/usr/bin/python2", "python2.7", 4096) = 9
readlink("/usr/bin/python2.7", 0x7ff, 4096) = -1 EINVAL (Invalid argument)
stat("/usr/bin/Modules/Setup", 0x7ff) = -1 ENOENT (No such file)
stat("/usr/bin/lib/python2.7/os.py", 0x7ffd) = -1 ENOENT (No such file)
stat("/usr/bin/lib/python2.7/os.pyc", 0x7ff) = -1 ENOENT (No such file)
stat("/usr/lib/python2.7/os.py", {st_mode=S_IFREG|0644, ...}) = 0
stat("/usr/bin/pybuilddir.txt", 0x7ff) = -1 ENOENT (No such file)
stat("/usr/bin/lib/python2.7/lib-dynload", 0x7ff) = -1 ENOENT (No such file)
stat("/usr/lib/python2.7/lib-dynload", {st_mode=S_IFDIR|0755, ...}) = 0
```

這個系統相當的老舊，而且從輸出可以知道 Python 是使用版本 2.7，所以它在檔案系統
中遍尋並且試著找出正確的執行檔案。它經過一些目錄後找到 */usr/bin/python*，這個檔
案是 */usr/bin/python2* 的捷徑，而這個捷徑又會連接到 */usr/bin/python2.7*。接著它呼叫了
/usr/bin/Modules/Setup，這是身為 Python 開發者也未曾聽過的執行檔案，而它主要的用
途是接續到 os 模組。

整個執行接著到了 *pybuilddir.txt* 和 *lib-dynload*。多麼複雜的歷程呀！如果沒有 strace，
我們大概不會試著去了解超過程式碼範圍的執行過程，並且了解整個流程。strace 讓這
一切變得更為簡單，這包含了所有的步驟和相關有用的資訊。

這個工具有許多執行參數，都值得我們進一步去了解。舉個例子來說，它可以將自己附
著到某個 *PID*。如果你知道某個進程的 PID，可以藉由這樣的方式來了解該進程具體執
行了哪些行為。

在那些有用的執行參數中，有個值得一提的參數就是 -f。它能夠追蹤所有由初始程式所
分支出去的子進程。在範例 Python 實作中，執行了一個 subproces 的呼叫，它用於執行
ls。如果 strace 指令多增加了執行參數 -f，那麼輸出的結果將更為豐富且有更多關於這
個呼叫的執行細節。

當在家目錄中執行 *follow.py*，且使用執行參數 -f 情況下，輸出的結果會有些不同。可以發現一些針對 dotfiles 的 lstat 和 readlink 操作（這些檔案中有些是捷徑）：

```
[pid 30127] lstat(".vimrc", {st_mode=S_IFLNK|0777, st_size=29, ...}) = 0
[pid 30127] lgetxattr(".vimrc", "security.selinux", 0x55c5a36f4720, 255)
[pid 30127] readlink(".vimrc", "/home/alfredo/dotfiles/.vimrc", 30) = 29
[pid 30127] lstat(".config", {st_mode=S_IFDIR|0700, st_size=4096, ...}) = 0
```

不僅僅只有針對這些檔案的呼叫資訊，輸出資訊也會前綴著 PID 資訊，這些資訊可以幫忙分辨哪個（子）進程正在執行些什麼任務。如果 strace 的呼叫中並未帶著執行參數 -f，則不會顯示有關 PID 的資訊。

最後，為了能夠更加仔細地分析輸出，最好是能夠將輸出結果儲存到檔案中。可以藉由執行參數 -o 來完成這個操作：

```
$ strace -o output.txt python follow.py
```

練習

- 定義什麼是 IOPS。

- 解釋吞吐量與 IOPS 之間的差異。

- 請舉出一個例子說明透過 fdisk 而不是透過 parted 建立磁區分割時，才會遇到的限制。

- 請列出三個能夠提供磁碟資訊的工具。

- SSH 穿透能做些什麼事？什麼時候它是有用的？

問題式案例研究

- 基於 molotov 工具建立一個負載測試，該測試會檢查來自某個伺服器返回的 JSON 回應是否帶著 HTTP 狀態碼 200。

## 第五章

套件管理

在實際的工作場景中，經常會發生原來實作的小工具漸漸變成實用而重要的工具，因此，我們需要分享並且發佈它們。Python 的函式庫和其他的程式碼專案需要進行打包，以便後續地發佈。如果沒有打包的工具，發佈程式碼便會變得充滿問題而且容易失敗。

一旦證明概念的階段結束後，紀錄所有的更動，公告更動的內容（舉例來說，當完成一個向後相容的更新），並且提供一個方法給使用者，以便他們能夠基於某個特定版本來繼續其他的開發。即便在大多數直接簡單的使用案例情況下，遵循一些打包的規則仍然是相當有利的事。至少，它意味著能夠紀錄更動的內容並且決定發佈的版號。

針對套件管理有幾個策略可以採用，知道其中幾個最常被使用的管理方法，能夠讓你使用最好的方式來解決問題。舉例來說，透過 Python Package Index（PyPI）的方式發佈套件，要比使用如 Debian 和 RPM 的方式將套件作為一個系統套件來發佈要來得簡單。如果一個 Python 腳本需要週期性地被執行或者是需要長時間的運行，那麼使用系統套件的方式打包，並且搭配 systemd 將是更好的選擇。

雖然 systemd 並不是一個打包的工具，但它能夠在作業系統上妥善地管理進程與啟動流程。學習如何使用 systemd 組態和打包的方法來處理進程，能夠進一步增加 Python 工具的能力。

原生的 Python 打包工具預設與一個公用套件儲存庫服務（PyPI）整合。然而 Debian 和 RPM 的套件，則需要一些額外的工作來搭建本地端的套件儲存庫。本章節將含括一些工具，這些工具能夠協助我們更容易地建立套件儲存庫，當然包括了建立一個用於替代 PyPI 的本地端儲存庫。

當發佈軟體的時候，對於不同的打包策略有完善的了解，以及對於版本管理和變更紀錄追蹤有良好的實踐方式，可以提供穩定而一致的套件使用經驗。

為什麼打包程式碼是重要的？

有幾個重要的元素使得將軟體打包起來，成為一個專案必備的功能（此事無關乎專案的大小！）。追蹤版本與變更的資訊（透過變更紀錄）是相當好的實踐，它可以為新的功能和錯誤修正提供一些說明給使用者。版本控制可以讓其他的使用者有較好的方式決定在專案中使用哪個版本的套件。

當試圖識別問題和錯誤時，對於幫助識別系統缺失的潛在原因來說，一個對於變更有精確描述的變更紀錄是個無價之寶。

對於專案進行版本管理，在變更紀錄中描述變更的內容，以及提供一個方法讓其他使用者可以透過安裝使用該專案，是需要紀律與付出心力的。然而，這對於發佈、除錯、升級、甚至是反安裝來說，帶來的好處是極為明顯的。

什麼時候或許打包並不需要？

有些時候，你沒有要將專案發佈至其他系統的需要。Ansible playbook 通常會基於網路從一台主機管理其他主機。在 Ansible 的例子中，針對 Ansible 的實作，採用版本管理與維護變更紀錄是需要的。

版本管理系統（如 Git）使得透過標籤管理這些變更變得簡單。如果一個專案需要進行打包，那麼 Git 內的標籤功能是相當實用的，因為大多數的工具能夠基於標籤（只要標籤的定義正是版本編號）來產生一個打包好的套件。

最近，為了一個大型軟體專案的安裝程式無法正常執行，經歷著漫長的除錯過程。一夕之間，所有依賴安裝程式完成部署的 Python 小工具的功能測試全都失靈了。這些安裝程式都帶有版號，而且也保持版號與版本管理系統一致，但並沒有相關的變更紀錄說明為什麼最近的變更導致原有的 API 失效。為了找到這個問題，我們必須檢查最近所有的提交內容，以便找出問題。

檢閱一些提交內容應該沒有太大的困難，但試想如果需要在超過四千個提交內容的專案內進行查閱，這會是怎樣的情況！在找尋到原因後，建立了兩個工作任務：一個是解釋臭蟲的成因，而另一個則是請求變更並且記錄變更。

打包指南

在進行打包之前，有一些事情值得一提，這會讓整個打包流程盡可能的順暢。即便現在尚未有打包專案的計畫，這些指南都能提高對整個專案的品質。

有進行版本管理的專案總是能夠為打包做好最佳的準備。

描述性版本管理

有許多方式可以針對軟體進行版本管理，但最好的方式還是去遵循一個眾所周知的方法。Python 的開發者指南（*https://oreil.ly/C3YKO*）對於可接受的版本管理方式有清楚的定義。

版本管理的框架勢必是要極有彈性的，同時也要兼顧一致性，這樣安裝工具才能有效且可以根據情況確定優先序（舉例來說，穩定的版本優於測試的版本）。在 Python 套件中最常見而且最單純的兩種不同版號格式為：`major.minor` 或 `major.minor.micro`。

基於這樣的格式，有效的版號如下：

- `0.0.1`
- `1.0`
- `2.1.1`

雖然在 Python 開發者指南中介紹了許多種不同的版號格式，但著重在最簡單的格式就好（如上述）。這樣的格式已經足夠用來打包產生套件，同時也已經符合系統與原生 Python 套件兩者的大部分準則。

一個最常被接受的格式是 `major.minor.micro`（也被使用在語意化版本規範（*https://semver.org*））：

- `major` 代表變更無法向後相容
- `minor` 代表新增功能，但仍保持向後相容
- `micro` 代表符合向後相容原則的錯誤修補

依據上述列出來的版號規則，可以推論對應用程式在 **1.0.0** 版本的依賴，卻可能在 **2.0.0** 版本不復存在。

當針對決定釋出某個版本時，依據這樣的原則，版本號碼將更容易被決定。假定目前正在開發的專案版號為 **1.0.0**，下面產出所對應的版號都是可能發生的：

- 如果此次釋出的版本無法向後相容，則版號為 **2.0.0**
- 如果此次的釋出增加了新功能，但仍然維持向後相容，則版號為 **1.1.0**
- 如果此次的釋出修復了某些問題，但仍然維持向後相容，則版號為 **1.0.1**

當一個版號的規則被遵循，則稍後釋出的內容都立即變得可被描述。雖然如果所有軟體都採用相似的原則是好的，但就是有些專案有著屬於它們自有風格且截然不同的版號規則。舉例來說，Ceph（*https://ceph.com*）專案使用下面的版號格式：major.[0|1|2].minor。

- major 代表一個重要的釋出，但不一定破壞向後相容特性。
- 0、1 或 2 順序代表開發中的版本，最終釋出的候選版本，或穩定版本。
- minor 只被用來代表錯誤修補，絕不會用來代表新增功能。

基於這個原則，**14.0.0** 代表一個開發中的版本，而 **14.2.1** 代表一個主要釋出中用於修復錯誤的穩定版本（以這個例子來說，主要釋出版本為 **14**）。

變更紀錄（changelog）

如之前已提過的內容，紀錄釋出與關於該釋出版號所代表的意義是重要的。一旦版號格式被決定，維護變更紀錄並不是太難。雖然它可能是單一檔案，但大型專案通常會將這個檔案切割為較小的檔案置放在一個資料夾中。最好的實踐方式是採用一個簡單的格式來進行維護，這樣不僅易於描述也易於維護。

下面範例是屬於一個正式釋出的 Python 工具中，實際變更紀錄的一部分：

```
1.1.3
^^^^^
22-Mar-2019

* 沒有程式碼的更動 – 為 Debian 新增打包檔案

1.1.2
^^^^^
```

13-Mar-2019

> * 嘗試了一些不同的執行工具（不僅僅只有 "python"），來確認尋找一個有用的執行工具。
> 根據偏好，這個試驗由 "python3" 開始嘗試，最後還是回退到 connection interpreter。

這個範例提供了四個重要的資訊：

1. 目前最新被釋出的版本號碼

2. 最新的釋出是否向後相容

3. 最新釋出的日期

4. 釋出所包含的變更

這個檔案並不需要以特定的某種格式來撰寫，只要保持一致而且提供有用的資訊即可。一個合適的變更紀錄會在最小人力下，提供數種方向的資訊。試圖在每次釋出時自動化產出變更紀錄是很誘人的想法，但建議你不要完全的自動化全部的流程：沒有什麼比對錯誤修補和新增功能，提供縝密思考過的完善描述來得更好的作法。

一個自動化產出的殘缺變更紀錄就是在每次釋出時，囊括版本控制中的所有提交描述。這並不是很好的實務作法，因為相同的資訊可以直接從版本管理系統中直接取得即可。

選擇策略

了解所需的發佈類型與有哪些基礎設施服務，對於決定使用哪種打包方式十分有幫助。用於擴展其他 Python 專案的純 Python 函式庫適合以 Python 套件的方式，發佈至 Python Package Index（PyPI）或本地端的儲存套件庫。

獨立運行的腳本和長時間運行的進程便很適合以系統套件的方式進行打包發佈，如 RPM 或 Debian，但終究取決於可以使用的系統與是否有可能建立（或管理）一個套件儲存庫。以長時間運行的進程情節來說，打包的過程可以含括對 systemd 的組態規則，以便建構可管理的進程。systemd 能夠妥善地處理進程的開始、停止和重新啟動，而這些功能都是無法透過原生的 Python 打包方式來達成。

一般來說，有越多的腳本和進程需要與系統互動，就越適合以系統套件或容器的方式打包。當寫的是只有 Python 的腳本，那麼習慣上用 Python 打包是正確的選擇。

對於選擇哪種打包策略並沒有硬性的要求。需要依照當時的狀況而定。為當時的環境選擇最好的發佈方式（舉例來說，在 CentOS 主機上採用 RPM）。不同的打包方式之間並不互斥，簡言之，一個專案可以同時採用不同的打包策略。

打包解決方案

在本節，會含括如何建構套件與如何提供套件儲存庫服務的細節。

為了簡化範例，先假設有一個叫做 hello-world 的專案，有如下述的目錄與檔案結構：

```
hello-world
└── hello_world
    ├── __init__.py
    └── main.py

1 directory, 2 files
```

這個專案的最外層資料夾叫做 hello-world 和一個子目錄叫做（hello_world），子目錄中有兩個檔案。依據不同的打包方式，會有不同的檔案用來打包套件。

Python 原生打包方案

到目前為止，最簡單的方式是使用原生的打包工具以及套件儲存庫（透過 PyPI）。正如其他打包策略，專案需要準備一些檔案，以便讓 setuptools 工具能夠據此建立套件。

一個簡單讓虛擬操作環境設置好的方式是新增一個不管是基於 bash 或 zsh 的別名指令，該指令會切換當前目錄到操作目錄，並且設置環境。比方說：alias sugar="source ~/.sugar/bin/activate && cd ~/src/sugar"。

接著，建立一個虛擬環境並且將它啟動：

```
$ python3 -m venv /tmp/packaging
$ source /tmp/packaging/bin/activate
```

setuptools 是建構原生 Python 套件的必需工具，它是由一些主要小工具和 helper 組成，用來建構並且發佈 Python 套件。

一旦虛擬環境啟動完畢後，會有下述的工具依賴需要處理：

setuptools

　　一組用來打包的工具集

twine

　　用來註冊與更新上傳套件的工具

執行下列指令來安裝相關工具：

```
$ pip install setuptools twine
```

 有一個簡單的方式可以知道目前安裝了哪些套件，那就是透過 IPython 執
行下面的程式碼，就可以取得 JSON 為樣式的套件列表：

```
In [1]: !pip list --format=json

[{"name": "appnope", "version": "0.1.0"},
 {"name": "astroid", "version": "2.2.5"},
 {"name": "atomicwrites", "version": "1.3.0"},
 {"name": "attrs", "version": "19.1.0"}]
```

Package file

我們必須新增一些檔案來建構原生的 Python 套件。為了讓事情簡單些，先專注在建構套
件必要的檔案。*setup.py* 是用來描述套件的內容，以便讓 setuptools 據此來建構套件。
這個設置檔案擺放在最外層的資料夾中。以這個範例來說，*setup.py* 的內容大致如下：

```python
from setuptools import setup, find_packages

setup(
    name="hello-world",
    version="0.0.1",
    author="Example Author",
    author_email="author@example.com",
    url="example.com",
    description="A hello-world example package",
    packages=find_packages(),
    classifiers=[
        "Programming Language :: Python :: 3",
        "License :: OSI Approved :: MIT License",
        "Operating System :: OS Independent",
    ],
)
```

setup.py 會 從 setuptoos 模 組 中 匯 入 兩 個 helper： 一 個 是 setup， 另 一 個 則 是 find_packages。setup 函式會需要有關套件的詳盡說明。find_packages 函式則是用來自動偵測 Python 檔案在哪的工具。此外，這個檔案也匯入了 classifiers，它從某些面向上描述套件的資訊，比方說授權資訊、支援的作業系統、和 Python 的版本。這些分類器（*classifier*）稱為 *trove* 分類器，可以從 Python Package Index（*https://pypi.org/classifiers*）找到更多有關其他分類器的詳細資訊。這些詳細的描述有助於在上傳套件到 PyPI 時，更容易地被匹配找出來。

只需要這一個額外的檔案，我們便能夠建構套件，以這個例子來說，就是一個原始碼發佈（*source distribution*）的套件。如果沒有提供 *README* 檔案，當執行這些指令時，會有警告訊息產生。為了避免這個警告訊息，請使用這個指令：touch README，來添加一個無內容的檔案在最外層的資料夾中。

現在專案資料夾的內容會看起來像這樣：

```
hello-world
├── hello_world
│   ├── __init__.py
│   └── main.py
├── README
└── setup.py

1 directory, 4 files
```

為了產生發佈原始碼的套件，執行以下指令：

```
python3 setup sdist
```

執行過程的輸出如下：

```
$ python3 setup.py sdist
running sdist
running egg_info
writing hello_world.egg-info/PKG-INFO
writing top-level names to hello_world.egg-info/top_level.txt
writing dependency_links to hello_world.egg-info/dependency_links.txt
reading manifest file 'hello_world.egg-info/SOURCES.txt'
writing manifest file 'hello_world.egg-info/SOURCES.txt'
running check
creating hello-world-0.0.1
creating hello-world-0.0.1/hello_world
creating hello-world-0.0.1/hello_world.egg-info
copying files to hello-world-0.0.1...
copying README -> hello-world-0.0.1
```

```
copying setup.py -> hello-world-0.0.1
copying hello_world/__init__.py -> hello-world-0.0.1/hello_world
copying hello_world/main.py -> hello-world-0.0.1/hello_world
Writing hello-world-0.0.1/setup.cfg
Creating tar archive
removing 'hello-world-0.0.1' (and everything under it)
```

現在，在專案資料夾的最外層，有一個新的資料夾叫做 *dist* 被產生出來；它包含了此次原始碼發佈：*hello-world-0.0.1.tar.gz*。確認一下這個資料夾的內容，可以發現它已經被更動：

```
hello-world
├── dist
│   └── hello-world-0.0.1.tar.gz
├── hello_world
│   ├── __init__.py
│   └── main.py
├── hello_world.egg-info
│   ├── dependency_links.txt
│   ├── PKG-INFO
│   ├── SOURCES.txt
│   └── top_level.txt
├── README
└── setup.py

3 directories, 9 files
```

這個新建立檔案 *tar.gz* 是一個可安裝的套件！這個套件已經可以上傳到 PyPI，以供其他使用者安裝使用。基於版本號碼規範，這個套件允許安裝工具決定要安裝哪一個版本的套件（以這個例子來說，版號為 `0.0.1`），額外傳入 `setup()` 函式的元資料（metadata），則能夠協助其他安裝工具發現此套件，並且顯示相關的套件訊息，比如說作者、描述、和版號。

Python 的安裝工具 **pip** 可以用來直接安裝 *tar.gz*。我們將檔案的路徑當作引數，來試試看安裝這個套件：

```
$ pip install dist/hello-world-0.0.1.tar.gz
Processing ./dist/hello-world-0.0.1.tar.gz
Building wheels for collected packages: hello-world
  Building wheel for hello-world (setup.py) ... done
Successfully built hello-world
Installing collected packages: hello-world
Successfully installed hello-world-0.0.1
```

Python Package Index

Python Package Index（PyPI）是一個用來擺放 Python 軟體的儲存庫，它允許使用者將自己的軟體發佈到儲存庫內，並且從這個儲存庫中進行安裝。在 Python 軟體基金會（*https://www.python.org/psf*）的贊助和捐贈的幫忙下，這個儲存庫是由社群所維護，也提供給社群使用。

 本節需要向 PyPI 的測試服務註冊。請確認你已經擁有帳號或者進行線上註冊（*https://oreil.ly/lyVVx*）。你會需要使用者帳號和密碼來上傳套件。

在範例檔案 *setup.py* 中，先暫時填入無效的 email 資訊。如果要上傳套件到儲存庫，那麼會需要更新這個 email 資訊，使得它與在 PyPI 擁有這個專案的所有者 email 一致。同時也請更新其他的欄位，比如 author，url 和 description，以便更正確地反應構建中專案的訊息。

為了確保整個發佈任務是正確的，並且避免發佈套件到正式的儲存庫，這個套件將會上傳到 PyPI 的測試用儲存庫，來進行測試。這個測試用儲存庫與正式的儲存庫並無不同，而且可以用來確認套件的正確性。

setuptools 和 *setup.py* 檔案是上傳套件到 PyPI 的傳統作法。現在有一個新的方法能夠簡化上傳的任務，這個方法是使用 twine。

在本節最開始，twine 就已經安裝於目前的虛擬環境中。接下來，我們會使用它來上傳套件到 PyPI 的測試儲存庫上。下面的指令會上傳 *tar.gz*，並且跳出對話流程來取得使用者帳號和密碼：

```
$ twine upload --repository-url https://test.pypi.org/legacy/ \
  dist/hello-world-0.0.1.tar.gz
Uploading distributions to https://test.pypi.org/legacy/
Enter your username:
Enter your password:
```

為了測試看看套件是否已經成功被建立並且上傳，我們可以試著透過 pip 來安裝套件：

```
$ python3 -m pip install --index-url https://test.pypi.org/simple/ hello-world
```

這個指令的構成看起來似乎在 URL 後面多了個空白，但這是因為 hello-world 是指令的另一個引數用來指出需要被安裝的套件名稱，而測試服務的位置本來就以 /simple/ 結尾。

對於實際的正式發佈，會需要擁有 PyPI（*https://pypi.org/account/register*）正式服務的帳號。至於上傳與驗證的方式和在測試服務上進行的方式一樣，並無差異。

較舊的打包原則可能會使用如下的指令：

```
$ python setup.py register
$ python setup.py upload
```

這些用於打包和上傳的指令或許仍然有效，也還受到 setuptools 的支援。然而，twine 提供了基於 HTTPS 的安全認證機制，並且能夠進行 gpg 的簽證。無論 python setup.py upload 無法支援上述功能與否，twine 都能支援，另外，它還提供了一個對套件測試的方式，以便在上傳套件前進行測試。

最後一項可以提出的是透過建立 Makefile，並且使用 make 來自動化地部署專案和建立文件，或許對整個發佈任務是有所幫助的。下面是建立 Makefile 的範例：

```
deploy-pypi:
    pandoc --from=markdown --to=rst README.md -o README.rst
    python setup.py check --restructuredtext --strict --metadata
    rm -rf dist
    python setup.py sdist
    twine upload dist/*
    rm -f README.rst
```

建立內部使用的套件儲存庫

在一些情況下，或許會偏好建立一個專屬於內部的 PyPI 服務。

Alfredo 曾經工作過的公司並不允許將私有開發的套件，發佈到公用服務上，所以會有建立私有 PyPI 服務的需要。建立私有儲存庫有一些注意事項，安裝工具無法同時從不同的來源存取不同的依賴元件。因此，儲存庫服務必須擁有所有依賴的元件和每個元件的所有發佈版本，否則安裝過程便會遭遇失敗。偶爾會遇到的一個情形是，當一個安裝過程中，無法在儲存庫找到需要的依賴元件，必須先將此依賴元件上傳至儲存庫，安裝過程才能正確地完成。

如果套件 *A* 存放在私有的儲存庫中，並且依賴著套件 *B* 和套件 *C*，那麼這三個套件都必須同時存在（依各自被需要的版本）於私有的儲存庫中。

私有的 PyPI 可以讓安裝的速度更快，保持套件的隱私性，而且根本上來說完成安裝設置並不難。

非常建議使用具有完整功能的 devpi 作為私有 PyPI 的解決方案。它具有如鏡像（mirroring）、暫存（staging）、複本（replication）、和與 Jenkins 整合的功能。專案（*http://doc.devpi.net*）的相關文件有更詳盡的介紹和很好的範例。

首先，建立一個叫做 pypi 的資料夾，以便可以在資料夾內建構用於存放套件的目錄結構，接著創建一個與我們範例專案相同名稱（hello-world）的子目錄。這些子目錄的名稱便是套件本身的名稱：

```
$ mkdir -p pypi/hello-world
$ tree pypi
pypi
└── hello-world

1 directory, 0 files
```

現在我們將 *tar.gz* 複製到 *hello-world* 資料夾中。現在整個目錄結構會看起來如下：

```
$ tree pypi
pypi
└── hello-world
    └── hello-world-0.0.1.tar.gz

1 directory, 1 file
```

下一個步驟是建立一個網站，並且打開自動建置索引的功能。 Python 內建的網站伺服功能已經足夠用來試驗這個範例，而且它還預設啟用自動索引功能。切換到存放 hello-world 套件的 *pypi* 目錄中，並且啟動內建的網站伺服器：

```
$ python3 -m http.server
Serving HTTP on 0.0.0.0 port 8000 (http://0.0.0.0:8000/) ...
```

在新的終端機環境下，啟動暫時的虛擬環境來測試從本地端 PyPI 服務實例安裝 hello-world 套件。下面為啟動虛擬環境，然後透過指定本地端的 URL 給 pip 安裝套件：

```
$ python3 -m venv /tmp/local-pypi
$ source /tmp/local-pypi/bin/activate
(local-pypi) $ pip install -i http://localhost:8000/ hello-world
Looking in indexes: http://localhost:8000/
Collecting hello-world
  Downloading http://localhost:8000/hello-world/hello-world-0.0.1.tar.gz
Building wheels for collected packages: hello-world
  Building wheel for hello-world (setup.py) ... done
Successfully built hello-world
```

```
Installing collected packages: hello-world
Successfully installed hello-world-0.0.1
```

基於 http.server 運行的連線請求下，會留存一些日誌說明整個安裝工具如何存取 hello-world 套件：

```
Serving HTTP on 0.0.0.0 port 8000 (http://0.0.0.0:8000/) ...
127.0.0.1 [09:58:37] "GET / HTTP/1.1" 200 -
127.0.0.1 [09:59:39] "GET /hello-world/ HTTP/1.1" 200 -
127.0.0.1 [09:59:39] "GET /hello-world/hello-world-0.0.1.tar.gz HTTP/1.1" 200
```

在正式環境的情況下，需要有更好效能的服務伺服器。 http.server 模組僅僅只是使用在這個簡單的例子中，但是這並不意味著它能夠妥善地處理同步併發的多請求以及服務擴展。

 當建構一個私有的儲存庫，而沒有使用如 devpi 的工具時，有一份用來打造私有儲存庫的規範文件，這份文件包括了針對目錄結構的標準化名稱的描述。可以從 PEP 503（*https://oreil.ly/sRcAe*）網站中找到規範文件。

Debian 打包方案

如果想要針對 Debian（或者是以 Debian 為基礎的 Ubuntu 發佈版本）來發佈專案，需要一些額外的檔案。了解這些檔案的用途和理解 Debian 打包工具如何使用這些檔案，對於建構 .deb 安裝檔和解決問題的流程將有裨益。

有些純文字檔案需要非常嚴謹的格式，而且只要這些檔案有些微的錯誤，都會導致套件無法安裝。

 本節假設打包的過程在 Debian 或以 Debian 為基礎的發佈版本，這樣的假設會讓安裝和使用需要的打包工具更加容易。

套件檔案

進行 Debian 打包需要一個 *debian* 的資料夾，並且新增數個必要的檔案。為了收斂要用哪些檔案來產生套件的範圍，我們忽略大多數可選的項目，比方說，在完成編譯前執行測試集，或者是宣告多個 Python 版本。

建立一個 *debian* 資料夾，並且存放所有需要的檔案。最後，hello-world 專案的目錄結構如下：

```
$ tree
.
├── debian
├── hello_world
│   ├── __init__.py
│   └── main.py
├── README
└── setup.py

2 directories, 4 files
```

> 值得注意的是，資料夾內仍有來自前節原生 Python 打包方法留存的 *setup.py* 和 *README* 檔案，這些檔案仍受到 Debian 工具的需要，以便產生 .deb 套件。

changelog。如果用手動的方式來完成撰寫，這會是相當複雜的任務。由於撰寫時的格式錯誤產生的打包失敗並不容易被找出來，因此，大多數的 Debian 打包流程都是依賴於 dch 工具來改善除錯的能力。

我試圖無視我先前的說法，還是試著手動地建立此檔案。最終，我浪費了許多時間，因為建置過程產生的錯誤報告相當不理想，而且也難以找出問題所在。下面的範例正是這個有問題的 *changelog* 中其中一個錯誤項目：

```
 --Alfredo Deza <alfredo@example.com> Sat, 11 May 2013 2:12:00 -0800
```

這項錯誤導致了下面的錯誤訊息：

```
parsechangelog/debian: warning: debian/changelog(17): found start of entry where
   expected more change data or trailer
```

你能指出問題的所在，並且提供解答嗎？

```
 -- Alfredo Deza <alfredo@example.com> Sat, 11 May 2013 2:12:00 -0800
```

真正的原因來自我的名字與破折號之間的**空格**。幫自己一個忙去使用 dch 吧！這個工具是由 devscripts 套件所提供：

```
$ sudo apt-get install devscripts
```

dch 命令列工具提供了許多執行參數，瀏覽並且閱讀它的文件是相當有幫助的（文件的首頁就有相當完整的資訊）。首先，我們會透過這個工具建立 changelog（第一次執行需要使用執行參數 --create，以便建立相關檔案）。在運行它之前，將你的全名和電子郵件位址匯出至環境變數中，以便在稍後工具執行時，將它們納入自動產生的檔案中：

```
$ export DEBEMAIL="alfredo@example.com"
$ export DEBFULLNAME="Alfredo Deza"
```

現在就來執行 dch 來產生 changelog：

```
$ dch --package "hello-world" --create -v "0.0.1" \
  -D stable "New upstream release"
```

新產生出來的檔案如下：

```
hello-world (0.0.1) stable; urgency=medium

  * New upstream release

 -- Alfredo Deza <alfredo@example.com>  Thu, 11 Apr 2019 20:28:08 -0400
```

Debian 的 changelog 十分特化於 Debian 打包方式。當這樣的格式不合使用時，或者需要新增修改時，可以為同一專案建立另外的 changelog。實務上，許多專案都會分開保留 Debian 專屬的 *changelog*。

control 檔案。這個檔案是用來定義套件名稱、描述套件與列出所有用來編譯與執行這個專案的依賴套件。它的格式規範也相當的嚴謹，但與 *changelog* 不同的是，它並不需要進行許多的更動。這個檔案明確指出需要使用 Python 3，而且依循 Debian 的 Python 命名規範。

從 Python 2 過渡到 Python 3 的過程中，大多數的發佈會基於 Python 3 套件的規範來進行命名：python3-{package name}。

在新增依賴套件、命名規範和簡短說明後，檔案內容如下：

```
Source: hello-world
Maintainer: Alfredo Deza <alfredo@example.com>
Section: python
Priority: optional
Build-Depends:
 debhelper (>= 11~),
```

```
    dh-python,
    python3-all
    python3-setuptools
Standards-Version: 4.3.0

Package: python3-hello-world
Architecture: all
Depends: ${misc:Depends}, ${python3:Depends}
Description: An example hello-world package built with Python 3
```

其他必須的檔案。還有一些其他的檔案用來產生 Debian 套件。這些檔案大都只有些許的內容，而且也很少被更動。

rules 是一個執行檔案，它是用來告訴 Debian 要如何產生套件；以這個例子來說，它的內容如下：

```
#!/usr/bin/make -f

export DH_VERBOSE=1

export PYBUILD_NAME=remoto

%:
    dh $@ --with python3 --buildsystem=pybuild
```

compat 會設定對應的 debhelper（另一個打包工具）相容性，建議設定為 10。如果有任何關於這個工具的錯誤訊息時，或許可以檢查是否需要設定為更高的值：

```
$ cat compat
10
```

如果並未對授權進行設定，編譯流程可能會發生失敗，而且最好的方式是明確地設定授權。此次範例使用 MIT 授權。以下是針對 *debian* 資料夾的 *copyright* 編輯後的內容：

```
Format: http://www.debian.org/doc/packaging-manuals/copyright-format/1.0
Upstream-Name: hello-world
Source: https://example.com/hello-world

Files: *
Copyright: 2019 Alfredo Deza
License: Expat

License: Expat
  Permission is hereby granted, free of charge, to any person obtaining a
  copy of this software and associated documentation files (the "Software"),
  to deal in the Software without restriction, including without limitation
```

the rights to use, copy, modify, merge, publish, distribute, sublicense,
and/or sell copies of the Software, and to permit persons to whom the
Software is furnished to do so, subject to the following conditions:
.
The above copyright notice and this permission notice shall be included in
all copies or substantial portions of the Software.
.
THE SOFTWARE IS PROVIDED "AS IS", WITHOUT WARRANTY OF ANY KIND, EXPRESS OR
IMPLIED, INCLUDING BUT NOT LIMITED TO THE WARRANTIES OF MERCHANTABILITY,
FITNESS FOR A PARTICULAR PURPOSE AND NONINFRINGEMENT. IN NO EVENT SHALL
THE AUTHORS OR COPYRIGHT HOLDERS BE LIABLE FOR ANY CLAIM, DAMAGES OR OTHER
LIABILITY, WHETHER IN AN ACTION OF CONTRACT, TORT OR OTHERWISE, ARISING
FROM, OUT OF OR IN CONNECTION WITH THE SOFTWARE OR THE USE OR OTHER
DEALINGS IN THE SOFTWARE.

最後，新增完所有新的檔案到 debian 資料夾中。hello-world 專案內容如下：

```
.
├── debian
│   ├── changelog
│   ├── compat
│   ├── control
│   ├── copyright
│   └── rules
├── hello_world
│   ├── __init__.py
│   └── main.py
├── README
└── setup.py

2 directories, 9 files
```

產生二進制檔案

使用 debuild 命令列工具來產生二進制檔案。對於現在這個範例來說，套件不會進行簽
章（簽章過程需要 GPG 金鑰），整個產生過程會基於 debuild 文件的範例，這個範例允
許略過簽章程序。腳本將會在原始程式碼的資料夾內進行執行，並且只會產出二進制
檔。這個指令基於 hello-world 專案的執行結果如下（為節錄的版本）：

```
$ debuild -i -us -uc -b
...
dpkg-deb: building package 'python3-hello-world'
in '../python3-hello-world_0.0.1_all.deb'.
...
 dpkg-genbuildinfo --build=binary
 dpkg-genchanges --build=binary >../hello-world_0.0.1_amd64.changes
```

```
dpkg-genchanges: info: binary-only upload (no source code included)
 dpkg-source -i --after-build hello-world-debian
dpkg-buildpackage: info: binary-only upload (no source code included)
Now running lintian hello-world_0.0.1_amd64.changes ...
E: hello-world changes: bad-distribution-in-changes-file stable
Finished running lintian.
```

python3-hello-world_0.0.1_all.deb 應該現在已經存在上一層資料夾內。執行過程的最後一步顯示了 lintian 呼叫的執行結果,該結果指出 *changelog* 存在一個無效的發佈版本。這樣的結果是正常的,因為我們並未指定此次發佈是針對哪個特定作業系統版本(舉例來說,Debian Buster)。也就是說,編譯的套件非常可能可以安裝至任何以 Debian 為基礎的作業系統發佈版本上,只要該作業系統提供依賴元件的支援即可(以這個範例來說,依賴元件只有 Python 3)。

Debian 套件儲存庫

有非常多的工具可以自動化建立 Debian 套件儲存庫,但了解如何建置一個 Debian 套件是非常有用的(Alfredo 甚至協助開發過一個可以同時支援自動建立 Debian 和 RPM 儲存庫的工具(*https://oreil.ly/hJMgY*))。為了接續下面的操作,請確認方才產生的套件已經存在一個已知可存取的位置:

```
$ mkdir /opt/binaries
$ cp python3-hello-world_0.0.1_all.deb /opt/binaries/
```

針對本節,需要先安裝 reprepro 工具:

```
$ sudo apt-get install reprepro
```

在系統某處建立新的資料夾並且存放要管理的套件。這個範例將使用 */opt/repo* 作為存放的位置。針對這個儲存庫會需要一個基礎的組態設置,這個組態設置描述了儲存庫的內容資訊,並且存放在檔名為 distributions 的檔案中:

```
Codename: sid
Origin: example.com
Label: example.com
Architectures: amd64 source
DscIndices: Sources Release .gz .bz2
DebIndices: Packages Release . .gz .bz2
Components: main
Suite: stable
Description: example repo for hello-world package
Contents: .gz .bz2
```

將這個組態檔案存放在 */opt/repo/conf/distributions*。並且建立另一個資料夾來作為真實儲存庫的空間：

```
$ mkdir /opt/repo/debian/sid
```

指定定義好的 *distributions* 給 reprepro 工具，以便建立儲存庫，而且儲存庫的起始資料夾為 */opt/repo/debian/sid*。最後，為這個 Debian sid 發佈位置新增剛剛產生出來的二進制發佈檔案：

```
$ reprepro --confdir /opt/repo/conf/distributions -b /opt/repo/debian/sid \
  -C main includedeb sid /opt/binaries/python3-hello-world_0.0.1_all.deb
Exporting indices...
```

這個指令會為 Debian sid 發佈位置建立一個儲存庫，而且也可以針對這個指令進行調整，以便支援不同發佈版本的作業系統，如 Ubuntu Bionic。這個調整僅僅只需要用 bionic 替換 sid。

現在，儲存庫已經建立完畢，接著就是來驗證儲存庫是否如預期運行。對於一個正式環境來說，使用 Apache 或者是 Nginx 作為服務伺服器是一個穩妥的做法，但我們只是要進行測試，所以使用 Python 的 http.server 模組即可。切換目錄到儲存庫的位置，並且啟動伺服器：

```
$ cd /opt/repo/debian/sid
$ python3 -m http.server
Serving HTTP on 0.0.0.0 port 8000 (http://0.0.0.0:8000/) ...
```

Aptitude（或稱 apt，為 Debian 套件管理工具）需要進行一些組態上的更動，以便讓工具知道這個新的儲存庫位置。只需要撰寫一行用於描述伺服器的位置與儲存庫中的元件到一個簡單的檔案上後，這個組態便能完成。建立一個檔案 *hello-world.list* 在以下的路徑，內容如下：

```
$ cat /etc/apt/sources.list.d/hello-world.list
deb [trusted=yes] http://localhost:8000/ sid main
```

[trusted=yes] 組態是用來告訴 apt 工具不用強制儲存庫內提供的套件需要經過簽章。對於有完善簽章的儲存庫並不需要這個設置。

新增完檔案後，執行 apt 指令來更新工具的資訊，使得它能認得新的位置，並且能夠找尋和安裝 hello-world 套件：

```
$ sudo apt-get update
Ign:1 http://localhost:8000 sid InRelease
Get:2 http://localhost:8000 sid Release [2,699 B]
```

```
Ign:3 http://localhost:8000 sid Release.gpg
Get:4 http://localhost:8000 sid/main amd64 Packages [381 B]
Get:5 http://localhost:8000 sid/main amd64 Contents (deb) [265 B]
Fetched 3,345 B in 1s (6,382 B/s)
Reading package lists... Done
```

搜尋 python3-hello-world 套件可以取得定義於 *distributions* 的套件描述，而這個檔案是
之前透過執行 reprepro 工具時指定的：

```
$ apt-cache search python3-hello-world
python3-hello-world - An example hello-world package built with Python 3
```

均能成功地安裝與移除套件而不產生問題：

```
$ sudo apt-get install python3-hello-world
Reading package lists... Done
Building dependency tree
Reading state information... Done
The following NEW packages will be installed:
  python3-hello-world
0 upgraded, 1 newly installed, 0 to remove and 48 not upgraded.
Need to get 2,796 B of archives.
Fetched 2,796 B in 0s (129 kB/s)
Selecting previously unselected package python3-hello-world.
(Reading database ... 242590 files and directories currently installed.)
Preparing to unpack .../python3-hello-world_0.0.1_all.deb ...
Unpacking python3-hello-world (0.0.1) ...
Setting up python3-hello-world (0.0.1) ...
$ sudo apt-get remove --purge python3-hello-world
Reading package lists... Done
Building dependency tree
Reading state information... Done
The following packages will be REMOVED:
  python3-hello-world*
0 upgraded, 0 newly installed, 1 to remove and 48 not upgraded.
After this operation, 19.5 kB disk space will be freed.
Do you want to continue? [Y/n] Y
(Reading database ... 242599 files and directories currently installed.)
Removing python3-hello-world (0.0.1) ...
```

RPM 打包方案

正如 Debian 打包方案，當要進行 RPM 打包時，仍然需要先進行原生 Python 的打包，
產生 Python 套件。這個過程也還是要借助 *setup.py* 完成。然而，與 Debian 非常不同
的是，它並不需要如 Debian 如此多的額外檔案，它僅僅需要 *spec* 檔案。如果是針對

CentOS 或者是 Fedora 作為發佈的對象，那麼 RPM（正式的名稱為 Red Hat Package Manager）套件管理工具正是我們所需要的。

spec 檔案

最簡單的 *spec*（對於這個範例來說，檔案名稱為 *hello-world.spec*）檔案並不難理解，檔案中大多數的部分都並不需要太多額外的說明，便能夠知道它的用途與目標。這個檔案甚至可以透過 setuptools 產生出來：

```
$ python3 setup.py bdist_rpm --spec-only
running bdist_rpm
running egg_info
writing hello_world.egg-info/PKG-INFO
writing dependency_links to hello_world.egg-info/dependency_links.txt
writing top-level names to hello_world.egg-info/top_level.txt
reading manifest file 'hello_world.egg-info/SOURCES.txt'
writing manifest file 'hello_world.egg-info/SOURCES.txt'
writing 'dist/hello-world.spec'
```

輸出的檔案存放在 *dist/hello-world.spec*，內容如下：

```
%define name hello-world
%define version 0.0.1
%define unmangled_version 0.0.1
%define release 1

Summary: A hello-world example pacakge
Name: %{name}
Version: %{version}
Release: %{release}
Source0: %{name}-%{unmangled_version}.tar.gz
License: MIT
Group: Development/Libraries
BuildRoot: %{_tmppath}/%{name}-%{version}-%{release}-buildroot
Prefix: %{_prefix}
BuildArch: noarch
Vendor: Example Author <author@example.com>
Url: example.com

%description
A Python3 hello-world package

%prep
%setup -n %{name}-%{unmangled_version} -n %{name}-%{unmangled_version}

%build
```

```
python3 setup.py build

%install
python3 setup.py install --single-version-externally-managed -O1 \
--root=$RPM_BUILD_ROOT --record=INSTALLED_FILES

%clean
rm -rf $RPM_BUILD_ROOT

%files -f INSTALLED_FILES
%defattr(-,root,root)
```

雖然內容看起來簡單，但卻存在一個潛在的問題：版本號碼資訊需要每次更新。這樣的過程非常類似於 Debian 的 *changelog*，需要在每次釋出版本時提供。

setuptools 對這些設置的整合性是相當具有優勢的，它允許針對這個檔案按需要進行額外的修改，並且將這個檔案複製到專案的根目錄。一些專案會使用基礎的樣板，這個樣板可以供使用者填入必要資訊，接著再利用這個樣板產生 spec 檔案，並且將這步驟作為建置過程的一環。如果需要遵循一個嚴謹的釋出流程時，這樣的步驟將十分有用。以 Ceph 專案（ *https://ceph.com* ）為例，釋出的版本號碼是基於版本管理工具（Git）的標籤功能，因此釋出腳本會透過 Makefile 將標籤訊息替換樣板內的待填資訊。值得注意的是，還有其他額外的方式來自動化這個釋出的流程。

> 使用工具產生 *spec* 檔案並不總是這樣有用，因為檔案內的某些部分有些時候為了遵循一些發佈的規則，或者是一個並不是自動產生的內容含括的依賴元件，所以必須固定某些資訊。在這樣的情況下，最好的方式是在第一次的時候，借助工具產生 *spec* 檔案，再進行修改。最後，將這個檔案當作專案的一部分保存於專案內。

產生二進制檔案

有一些不同的工具可以用來產生 RPM 的二進制檔案。特別需要介紹的是 rpmbuild 命令列工具：

```
$ sudo yum install rpm-build
```

> 命令列工具叫做 rpmbuild，但套件工具卻叫做 rpm-build，所以請確保 rpmbuild（命令列工具）可以在終端機模式下取得並且進行操作。

使用 rpmbuild 工具需要先對資料夾結構進行相關佈建，再來建立相關的二進制檔案。當資料夾佈建完畢後，將要進行打包的*來源*（*source*）檔案（透過 setuptools 產生的 *tar. gz*）存放到 *SOURCES* 資料夾中。以下是佈建完成後的完整的資料夾結構：

```
$ mkdir -p /opt/repo/centos/{SOURCES,SRPMS,SPECS,RPMS,BUILD}
$ cp dist/hello-world-0.0.1.tar.gz /opt/repo/centos/SOURCES/
$ tree /opt/repo/centos
/opt/repo/centos
├── BUILD
├── BUILDROOT
├── RPMS
├── SOURCES
│   └── hello-world-0.0.1.tar.gz
├── SPECS
└── SRPMS

6 directories, 1 file
```

預設上，這樣的資料夾結構是必須一直存在的，rpmbuild 工具需要這些資料夾作為執行用的家目錄。為了區隔這些操作的環境，使用了不同的位置（*/opt/repo/centos*）。換言之，我們透過設定 rpmbuild 來使用不同的資料夾，打包的過程會使用執行參數 -ba（將結果輸出進行縮減），最後會產生一個二進制檔案和一個用來產生二進制檔案的相關*來源*（*source*）檔案套件：

```
$ rpmbuild -ba --define "_topdir /opt/repo/centos"  dist/hello-world.spec
...
Executing(%build): /bin/sh -e /var/tmp/rpm-tmp.CmGOdp
running build
running build_py
creating build
creating build/lib
creating build/lib/hello_world
copying hello_world/main.py -> build/lib/hello_world
copying hello_world/__init__.py -> build/lib/hello_world
Executing(%install): /bin/sh -e /var/tmp/rpm-tmp.CQgOKD
+ python3 setup.py install --single-version-externally-managed \
-O1 --root=/opt/repo/centos/BUILDROOT/hello-world-0.0.1-1.x86_64
running install
writing hello_world.egg-info/PKG-INFO
writing dependency_links to hello_world.egg-info/dependency_links.txt
writing top-level names to hello_world.egg-info/top_level.txt
reading manifest file 'hello_world.egg-info/SOURCES.txt'
writing manifest file 'hello_world.egg-info/SOURCES.txt'
running install_scripts
writing list of installed files to 'INSTALLED_FILES'
```

```
Processing files: hello-world-0.0.1-1.noarch
Provides: hello-world = 0.0.1-1
Wrote: /opt/repo/centos/SRPMS/hello-world-0.0.1-1.src.rpm
Wrote: /opt/repo/centos/RPMS/noarch/hello-world-0.0.1-1.noarch.rpm
Executing(%clean): /bin/sh -e /var/tmp/rpm-tmp.gcIJgT
+ umask 022
+ cd /opt/repo/centos//BUILD
+ cd hello-world-0.0.1
+ rm -rf /opt/repo/centos/BUILDROOT/hello-world-0.0.1-1.x86_64
+ exit 0
```

資料夾 */opt/repo/centos* 會出現許多新的檔案，但我們僅對帶有 noarch RPM 檔案感興趣：

```
$ tree /opt/repo/centos/RPMS
/opt/repo/centos/RPMS
└── noarch
    └── hello-world-0.0.1-1.noarch.rpm

1 directory, 1 file
```

noarch RPM 就是可以用來安裝的 RPM 套件！這個工具也會產生其他可以一併發佈的套件（比方說在 */opt/repo/centos/SRPMS* 裡的套件）。

RPM 套件儲存庫

為了建立 RPM 的套件儲存庫，將使用 createrepo 命令列工具。它會基於指定資料夾中的二進制檔案建立套件儲存庫的詮釋資料（XML-based RPM 詮釋資料）。在本節，將會基於 noarch 二進制檔案進行服務的建立和提供：

```
$ sudo yum install createrepo
```

你可以使用產生 norach 套件的相同資料夾，或者是建立一個全新（乾淨）的資料夾。如果有其他需要，也可以創建一些新的二進制檔案。完成資料夾佈建後，將套件複製到資料夾中：

```
$ mkdir -p /var/www/repos/centos
$ cp -r /opt/repo/centos/RPMS/noarch /var/www/repos/centos
```

執行 createrepo 工具來產生詮釋資料：

```
$ createrepo -v /var/www/repos/centos/noarch
Spawning worker 0 with 1 pkgs
Worker 0: reading hello-world-0.0.1-1.noarch.rpm
Workers Finished
Saving Primary metadata
```

```
Saving file lists metadata
Saving other metadata
Generating sqlite DBs
Starting other db creation: Thu Apr 18 09:13:35 2019
Ending other db creation: Thu Apr 18 09:13:35 2019
Starting filelists db creation: Thu Apr 18 09:13:35 2019
Ending filelists db creation: Thu Apr 18 09:13:35 2019
Starting primary db creation: Thu Apr 18 09:13:35 2019
Ending primary db creation: Thu Apr 18 09:13:35 2019
Sqlite DBs complete
```

雖然並沒有提供 x86_64 的套件，但還是需要為這個新的資料夾，來執行 createrepo 操作，避免稍後要操作的 yum 命令列工具報錯：

```
$ mkdir /var/www/repos/centos/x86_64
$ createrepo -v /var/www/repos/centos/x86_64
```

我們會使用 http.server 模組來針對這個資料夾提供 HTTP 服務：

```
$ python3 -m http.server
Serving HTTP on 0.0.0.0 port 8000 (http://0.0.0.0:8000/) ...
```

為了存取這個套件儲存庫，需要為 yum 提供有關儲存庫的組態資訊（*repo 檔案*）。建立如下內容的 *etc/yum.repos.d/hello-world.repo* 檔案：

```
[hello-world]
name=hello-world example repo for noarch packages
baseurl=http://0.0.0.0:8000/$basearch
enabled=1
gpgcheck=0
type=rpm-md
priority=1

[hello-world-noarch]
name=hello-world example repo for noarch packages
baseurl=http://0.0.0.0:8000/noarch
enabled=1
gpgcheck=0
type=rpm-md
priority=1
```

注意到 gpgcheck 被設置為 0。這意思是這個儲存庫並未對任何套件進行簽章，而且 yum 也不會嘗試對這個儲存庫進行簽章驗證，來避免範例操作的錯誤。現在可以搜尋到這個範例套件了，我們來看看搜尋結果的部分描述內容：

```
$ yum --enablerepo=hello-world search hello-world
Loaded plugins: fastestmirror, priorities
Loading mirror speeds from cached hostfile
 * base: reflector.westga.edu
 * epel: mirror.vcu.edu
 * extras: mirror.steadfastnet.com
 * updates: mirror.mobap.edu
base                                                        | 3.6 kB
extras                                                      | 3.4 kB
hello- world                                               | 2.9 kB
hello-world-noarch                                         | 2.9 kB
updates                                                    | 3.4 kB
8 packages excluded due to repository priority protections
================================================================================
matched: hello-world
================================================================================
hello-world.noarch : A hello-world example pacakge
```

搜尋功能正常地運行，結果也符合預期；套件安裝也能夠順利執行：

```
$ yum --enablerepo=hello-world install hello-world
Loaded plugins: fastestmirror, priorities
Loading mirror speeds from cached hostfile
 * base: reflector.westga.edu
 * epel: mirror.vcu.edu
 * extras: mirror.steadfastnet.com
 * updates: mirror.mobap.edu
8 packages excluded due to repository priority protections
Resolving Dependencies
--> Running transaction check
---> Package hello-world.noarch 0:0.0.1-1 will be installed
--> Finished Dependency Resolution

Dependencies Resolved
Installing:
 hello-world          noarch        0.0.1-1         hello-world-noarch

Transaction Summary
Install  1 Package

Total download size: 8.1 k
Installed size: 1.3 k
Downloading packages:
hello-world-0.0.1-1.noarch.rpm                             | 8.1 kB
Running transaction check
Running transaction test
Transaction test succeeded
```

```
Running transaction
  Installing : hello-world-0.0.1-1.noarch
  Verifying  : hello-world-0.0.1-1.noarch

Installed:
  hello-world.noarch 0:0.0.1-1

Complete!
```

移除安裝應該也是能夠正常地完成：

```
$ yum remove hello-world
Loaded plugins: fastestmirror, priorities
Resolving Dependencies
--> Running transaction check
---> Package hello-world.noarch 0:0.0.1-1 will be erased
--> Finished Dependency Resolution

Dependencies Resolved
Removing:
 hello-world            noarch          0.0.1-1          @hello-world-noarch

Transaction Summary
Remove  1 Package

Installed size: 1.3 k
Is this ok [y/N]: y
Downloading packages:
Running transaction check
Running transaction test
Transaction test succeeded
Running transaction
  Erasing    : hello-world-0.0.1-1.noarch
  Verifying  : hello-world-0.0.1-1.noarch
Removed:
  hello-world.noarch 0:0.0.1-1
Complete!
```

http.server 模組會顯示一些活動紀錄，描述 yum 是如何存取 hello-world 套件：

```
[18/Apr/2019 03:37:24] "GET /x86_64/repodata/repomd.xml HTTP/1.1"
[18/Apr/2019 03:37:24] "GET /noarch/repodata/repomd.xml HTTP/1.1"
[18/Apr/2019 03:37:25] "GET /x86_64/repodata/primary.sqlite.bz2 HTTP/1.1"
[18/Apr/2019 03:37:25] "GET /noarch/repodata/primary.sqlite.bz2 HTTP/1.1"
[18/Apr/2019 03:56:49] "GET /noarch/hello-world-0.0.1-1.noarch.rpm HTTP/1.1"
```

使用 systemd 進行管理

在 Linux 中，systemd 是一套系統也是服務管理工具（也是大家熟悉的 *init system*）。它是很多作業系統發佈版本預設的初始系統，比方說 Debian 和 Red Hat。下面為 systemd 眾多功能的其中一部分：

- 易於平行化運行服務
- 針對隨需的行為提供聆聽接口（hook）和觸發器（trigger）
- 整合日誌輸出
- 能夠搭配其他單元來完成複雜的開機流程調配

systemd 在許多方面令人覺得興奮，比方說網路、DNS、以及掛載裝置。如何簡便地處理 Python 進程往往是讓人頭疼的問題；在某些情況下，會需要使用一些*像系統初始化*（*init-like*）的 Python 專案，而這些專案全都有自己的組態設定和操作的 API。透過使用 systemd 可以讓服務具有可攜性，而且也使得服務與其他元件協作更為容易，因為 systemd 廣泛地被許多作業系統支持。

> 兩個為人所知的 Python 進程處理器是 supervisord（*http://supervisord.org*）和 circus（*https://oreil.ly/adGEj*）。

不久之前，Alfredo 撰寫了一個小型的 Python HTTP API，並且需要將此服務部署至正式環境。這個專案已經從 supervisord 轉換到 circus，而且一切功能都正常運作。不幸地，由於正式環境的限制，使得需要與系統的 systemd 進行整合。這個變換的過程是困難的，因為 systemd 的機制仍相當新，但是完成後，我們便受益於能夠讓開發環境與正式環境相彷，而使得及早在開發時期就能捕捉到整合上的問題。當 API 發佈時，我們已經能夠很容易地基於 systemd 進行除錯，甚至是調整組態以便處理一些程式外的問題。（你曾經遇過因為網路問題而造成初始腳本出錯的狀況嗎？）

本節，我們會打造一個小型的 HTTP 服務，該服務需要在系統開機完成後，便開始提供服務，並且能夠在任何時候都可以進行重啟。單元組態會處理日誌的進行，並且在啟動服務前，確保特定的系統資源是可以取得的。

長時間運行的進程

需要一直被運行的進程最適合利用 systemd 來處理。思考一下 DNS 或者是郵件伺服器是如何提供服務的；這些程式都是持續運行的程式，而且它們需要一些方式來捕捉日誌或者是當組態發生改變時，進行重啟。

我們將會使用一個基於 Pecan web（*https://www.pecanpy.org*）框架的小型 HTTP API 伺服主機。

本節並不會針對 Pecan 進行特別的介紹，因此，整個範例也適用於其他框架或者是長時間運行的服務。

設置方式

選擇一個永久的專案擺放位置，並且建立 */opt/http* 資料夾，接著建立一個新的虛擬環境，並且安裝 Pecan 框架：

```
$ mkdir -p /opt/http
$ cd /opt/http
$ python3 -m venv .
$ source bin/activate
(http) $ pip install "pecan==1.3.3"
```

Pecan 提供了一些內建的 helper，可以用來為範例專案建立必要的檔案和資料夾。可以使用 Pecan 來建立一個具有基本功能的 HTTP API 專案，而且將這個專案掛載在 systemd 上。版本 **1.3.3** 的 Pecan 有兩種基礎的建置樣板選項：base 和 rest-api：

```
$ pecan create api rest-api
Creating /opt/http/api
Recursing into +package+
  Creating /opt/http/api/api
...
Copying scaffolds/rest-api/config.py_tmpl to /opt/http/api/config.py
Copying scaffolds/rest-api/setup.cfg_tmpl to /opt/http/api/setup.cfg
Copying scaffolds/rest-api/setup.py_tmpl to /opt/http/api/setup.py
```

使用一致的路徑是很重要的，因為稍後它將被用來進行 systemd 的服務組態設定。

透過納入服務專案的建構樣板，現在已經不費吹灰之力地建好一個有完整功能的專案。這個專案甚至包括了已經佈建好的 *setup.py* 檔案，隨時準備好可以打包成原生的 Python 套件。現在就讓我們來安裝這個專案，然後運行服務：

```
(http) $ python setup.py install
running install
running bdist_egg
running egg_info
creating api.egg-info
...
creating dist
creating 'dist/api-0.1-py3.6.egg' and adding 'build/bdist.linux-x86_64/egg'
removing 'build/bdist.linux-x86_64/egg' (and everything under it)
Processing api-0.1-py3.6.egg
creating /opt/http/lib/python3.6/site-packages/api-0.1-py3.6.egg
Extracting api-0.1-py3.6.egg to /opt/http/lib/python3.6/site-packages
...
Installed /opt/http/lib/python3.6/site-packages/api-0.1-py3.6.egg
Processing dependencies for api==0.1
Finished processing dependencies for api==0.1
```

pecan 命令列工具需要一個組態檔案來啟動伺服器。然而，這個組態檔案也已經在之前納入模板時一併被建立了，而且就放在最外層的資料夾中。現在就使用這個 *config.py* 來啟動伺服器：

```
(http) $ pecan serve config.py
Starting server in PID 17517
serving on 0.0.0.0:8080, view at http://127.0.0.1:8080
```

透過瀏覽器測試一下這個服務，應該會得到一個純文字的訊息。以下是透過 curl 進行請求，所傳回的結果：

```
(http) $ curl localhost:8080
Hello, World!
```

這個持續運行的進程是透過指令 pecan serve config.py 運行的，而停止它的唯一方式是透過送入 Control-C 的鍵盤中斷（KeyboardInterrupt）訊息。再次啟動的方式便是啟用虛擬環境然後再執行一次 pecan serve 指令。

systemd 單元檔案（Unit File）

與以前需要採用可執行腳本來進行初始的方式不同，systemd 採用純文字檔案的方式來進行初始。基於範例的單元檔案內容如下：

```
[Unit]
Description=hello world pecan service
After=network.target

[Service]
Type=simple
ExecStart=/opt/http/bin/pecan serve /opt/http/api/config.py
WorkingDirectory=/opt/http/api
StandardOutput=journal
StandardError=journal

[Install]
WantedBy=multi-user.target
```

將這個檔案存為 hello-world.service，它在稍後會被複製到運行的資料夾中。

確保檔案中的每個段落名稱與組態指令正確，因為所有內容都是大小寫敏感（case-sensitive）的。如果名稱與定義不一致，便會無法成功運行。讓我們進一步了解 HTTP 服務每一個段落的細節：

Unit

提供服務的描述，並且納入一個 After 指令，這個指令用來告訴 systemd 這個服務需要在網路功能正常運行後，才能夠被啟動。其他的服務或許會有更複雜的需求，不僅僅在意服務啟動，更包括了服務啟動後的行為。Condition 和 Wants 是其他也很有用的指令。

Service

本段只用於需要設定成**服務**單元。預設上 Type=simple。這樣的服務並不會產生分支進程，而且會運行於前景，以便讓 systemd 能夠處理對它們的操作。ExecStart 用來指定使用什麼指令來啟動服務。有一點非常重要的是使用絕對路徑，來避免無法找到正確檔案的狀況。

雖然並不是必要設置，我仍然設定了 WorkingDirectory，來確保進程運行的目錄空間與應用程式的位置一樣。如果稍後有任何的更新，或許會因為位於與應用程式相同的位置而產生好處。

StandardOutput 和 StandardError 兩個指令都是絕佳的功能，也是為什麼 systemd 必須提供的理由，它能夠透過 systemd 的機制來處理應用程式使用 stdout 和 stderr 所輸出的日誌。我們會進一步展示這個功能，並且說明如何來與服務互動。

Install

WantedBy 指令用來設定當單元服務被啟用後,單元服務如何進行處理佈建。multi-user.target 等同於 runlevel 3(為一般的運行等級,代表主機開機後進入終端機模式)。這個設定允許服務在啟動後由系統決定它的運行方式。一旦啟動後,將會有一個捷徑被建立在 *multi-user.target.wants* 資料夾中。

安裝單元檔案(Unit File)

這個組態檔案必須被放置在一個特定的位置,以便讓 systemd 能夠找到這個檔案並且將之載入。雖然支援多個不同存放位置,但 */etc/systemd/system* 是用於系統管理員所建置與管理的單元服務。

 確保 ExecStart 指令能夠正常地使用相關聯的路徑是很有用的步驟,使用絕對路徑很容易產生錯別字的問題。可以試著在終端機模式下執行這些指令,並且確認是否有如下的輸出:

```
$ /opt/http/bin/pecan serve /opt/http/api/config.py
Starting server in PID 20621
serving on 0.0.0.0:8080, view at http://127.0.0.1:8080
```

在確認這些指令都能正常運行後,將單元檔案命名為 hello-world.service,並且複製到下述的位置:

```
$ cp hello-world.service /etc/systemd/system/
```

一旦複製完畢,systemd 需要重新載入,以便讓新的單元服務生效:

```
$ systemctl daemon-reload
```

現在這個服務已經正式運行提供服務,並且可以被啟動與關閉。進程可以透過 status 子指令來進行確認。讓我們來看看有哪些不同的指令,可以用來與服務互動。首先,來確認一下 systemd 是否認得範例服務。以下為指令和它的輸出:

```
$ systemctl status hello-world
● hello-world.service - hello world pecan service
  Loaded: loaded (/etc/systemd/system/hello-world.service; disabled; )
  Active: inactive (dead)
```

因為服務尚未運行,所以狀態為 dead 並不令人感到驚訝。接下來將會啟動這個服務,並且再檢查一次它的狀態(curl 現在應該會回報連接埠 8080 上並無提供任何服務):

```
$ curl localhost:8080
curl: (7) Failed to connect to localhost port 8080: Connection refused
$ systemctl start hello-world
$ systemctl status hello-world
● hello-world.service - hello world pecan service
   Loaded: loaded (/etc/systemd/system/hello-world.service; disabled; )
   Active: active (running) since Tue 2019-04-23 13:44:20 EDT; 5s ago
 Main PID: 23980 (pecan)
    Tasks: 1 (limit: 4915)
   Memory: 20.1M
   CGroup: /system.slice/hello-world.service
           └─23980 /opt/http/bin/python /opt/http/bin/pecan serve config.py

Apr 23 13:44:20 huando systemd[1]: Started hello world pecan service.
```

現在服務正完整地運行中。再一次確認連接埠 8080，以便確保服務已經啟動而且能夠回應請求：

```
$ curl localhost:8080
Hello, World!
```

如果使用 systemctl stop hello-world 來停止服務，curl 將再一次回報連線失敗。

到目前為止，我們已經建立並且安裝了單元服務，透過啟動與停止服務來確認單元服務是否可以正確運行，並且檢查了 Pecan 框架是否運行在預設的連接埠上回應請求。如果希望當主機在任何時候重啟時，服務都能夠一併啟動並且運行，這部分正是 Install 段落所定義的行為。我們現在來 enable 這個服務：

```
$ systemctl enable hello-world
Created symlink hello-world.service → /etc/systemd/system/hello-world.service.
```

當主機被重啟時，這個小型的 HTTP API 服務便會啟動並且運行。

日誌處理

因為這個服務已經完成日誌相關的組態設定（所有的 stdout 和 stderr 輸出都直接導往 systemd），所以不需要再進行額外的日誌處理了，不需要再設定日誌檔案和它的循環機制，甚至是日誌如何失效。systemd 提供了一些有趣且貼心的功能，讓你能夠操作這些日誌，比方說選擇某時間區間的日誌內容，和透過進程 ID 或者是單元來過濾日誌。

用來操作單元日誌的命令列工具為 journalctl。讓人十分意外的是，處理日誌的指令並非 systemd 的子指令，而是透過另一個指令。

因為我們啟動了服務，並且透過 curl 送出了一些請求，來看看日誌上會有些怎樣的內容：

```
$ journalctl -u hello-world
-- Logs begin at Mon 2019-04-15 09:05:11 EDT, end at Tue 2019-04-23
Apr 23 13:44:20 srv1 systemd[1]: Started hello world pecan service.
Apr 23 13:44:44 srv1 pecan[23980] [INFO    ] [pecan.commands.serve] GET / 200
Apr 23 13:44:55 srv1 systemd[1]: Stopping hello world pecan service...
Apr 23 13:44:55 srv1 systemd[1]: hello-world.service: Main process exited
Apr 23 13:44:55 srv1 systemd[1]: hello-world.service: Succeeded.
Apr 23 13:44:55 srv1 systemd[1]: Stopped hello world pecan service.
```

-u 執行參數是用來指定**單元服務**（*unit*），以這個範例來說，單元服務的名稱為 hello-world，但你也可以指定一個樣式或者甚至是多個單元服務的名稱。

常見用來**查閱**日誌的方式，通常會搭配 tail 指令。具體來說，使用方式如下：

```
$ tail -f pecan-access.log
```

這個能夠完成如同 journalctl 相同事情的指令，看起來稍稍不同，但的確能發揮相同功效：

```
$ journalctl -fu hello-world
Apr 23 13:44:44 srv1 pecan[23980][INFO][pecan.commands.serve] GET / 200
Apr 23 13:44:44 srv1 pecan[23980][INFO][pecan.commands.serve] GET / 200
Apr 23 13:44:44 srv1 pecan[23980][INFO][pecan.commands.serve] GET / 200
```

 如果 systemd 套件與 pcre2 引擎同時都存在的情況下，便能夠使用 --grep 執行參數。這個參數能夠進一步的使用樣式來過濾日誌。

-f 執行參數代表著會**持續聆聽**日誌，它會從最近的幾筆日誌開始顯示，並且持續輸出日誌，正如同 tail -f。在正式環境下，日誌的數量可是相當龐大的，而錯誤的訊息可能只出現在今天。在這種情況下，可以結合使用執行參數 --since 和 --until。這兩種參數都可以接收一些不同表示方式的值：

- today

- yesterday

- "3 hours ago"

- -1h

- -15min

- -1h35min

在我們的小型範例中，journalctl 不可能找到最近 15 分鐘的日誌。輸出的內容最頂端會指出日誌的時間顯示範圍，並且將日誌內容顯示於下：

```
$ journalctl -u hello-world --since "-15min"
-- Logs begin at Mon 2019-04-15 09:05:11 EDT, end at Tue 2019-04-23
-- No entries --
```

練習

- 藉由使用 journalctl 三種不同的指令從 systemd 中得到日誌的輸出。

- 說明 WorkingDirectory 在系統單元檔案內所代表的意思。

- 為什麼變更紀錄是重要的？

- *setup.py* 的用途是什麼？

- 提出三個 Debian 和 RPM 套件的不同之處。

問題式案例研究

- 使用 devpi 來建置一個私有的 PyPI 服務，接著上傳一個 Python 套件，然後試著從這個私有的 PyPI 服務安裝上傳的套件。

## 第六章

持續整合與持續部署

作者：*Noah*

持續整合（CI）和持續交付（CD）是一種新穎軟體開發生命週期的實務作法。CI 系統從版本管理系統，如 GitHub，複製一份等待釋出的軟體程式碼，並且進行編譯，編譯的產出可以是一個二進制檔案、壓縮打包好的檔案、或者是一個 Docker 映像檔，更重要的是會進行單元或整合測試。CD 系統將 CI 系統編譯出來的產出部署至目標環境。部署至非正式環境可以進行自動化，而對於正式環境來說，通常會包含一個人工審核的步驟。更進階的系統則為持續部署平台，這個平台將部署至正式環境的步驟自動化，並且可以基於監控和日誌平台回滾部署的服務版本。

真實案例研究：
將低度維護的 WordPress 網站轉移至 Hugo

前一陣子，一位朋友拜託我幫忙修復他們公司的網站。這間公司販售極為昂貴的二手科學儀器，而它們的庫存系統則是利用 WordPress 建置而成，不僅經常被駭客攻擊，而且效能低落，有時還會接連數天停止服務。通常來說，我會試著避免涉入這樣的專案，但因為這是來自朋友的請求，所以決定幫他一把。你可以到 Git 儲存庫（*https://oreil.ly/myos1*）找到這個專案的所有程式碼。

每一個轉換的步驟都如實地紀錄在 GitHub 裡。步驟包括了：

1. 備份

2. 轉換

3. 升級

4. 部署

 這個故事有一個有趣的結局。在打造了一個如同能防彈的坦克一般的網站（一個具備了不可置信地效能、安全性、自動部署和極佳 SEO 的網站）之後，這個網站持續運行了數年，而且沒有任何的安全漏洞和服務下線的事件發生。久到連自己都已經忘記這個網站之後，我收到了來自這位朋友的訊息。自從上次跟他聊天後，已經過了數年之久。他告訴我網站出現問題停止服務了，而且需要我的幫忙。

我不可置信地回訊息詢問這怎麼可能發生。服務運行在 Amazon S3 上，而這服務的水準達到 99.999999999%。他告訴我，他最近轉回去使用 WordPress，因為它「比較容易」進行變更。我笑著告訴他，我不適合處理他的專案。俗話說得好，好心沒好報。

以下是我考慮過的一些需求：

• 服務需要能夠被持續部署。

• 需要能夠被快速開發並且運行。

• 一個運行在雲服務供應商的靜態網站。

• 需要有一個合理的 WordPress 轉換流程。

• 使用 Python 建立一個合用的搜尋介面。

最後，我決定使用 Hugo（*https://gohugo.io*）、AWS（*https://aws.amazon.com*）和 Algolia（*https://www.algolia.com*）。整個網站的架構大致如圖 6-1。

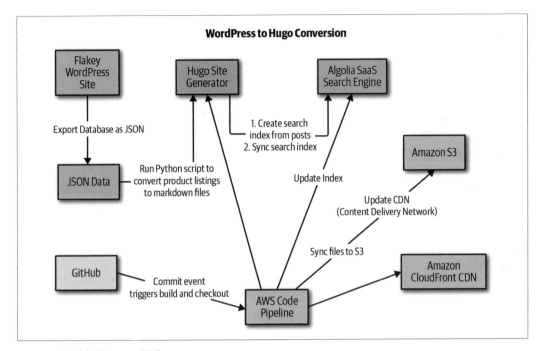

圖 6-1　持續部署 Hugo 服務

設置 Hugo

開始使用 Hugo 是相當簡單明瞭的（參訪 Hugo 的如何開始指南（*https://oreil.ly/r_Rcg*））。首先，先進行軟體安裝。在 OS X 作業系統上，我進行了以下的安裝指令：

```
brew install hugo
```

如果你已經安裝了 Hugo，或許會需要進行升級：

```
Error: hugo 0.40.3 is already installed
To upgrade to 0.57.2, run brew upgrade hugo.
```

如果使用的是其他的作業系統，可以遵從網站（*https://oreil.ly/FfWdo*）上的指示進行安裝。接著利用執行 hugo version 來確認是否安裝成功：

```
(.python-devops) ➜  ~ hugo version
Hugo Static Site Generator v0.57.2/extended darwin/amd64 BuildDate: unknown
```

最後只剩下一件事要進行，那就是初始化一個 Hugo app 的框架，並且安裝一個網站主題：

```
hugo new site quickstart
```

這樣便完成了一個名稱為 quickstart 新網站的建立。透過執行 hugo，可以非常快地重建這個網站。這個指令會將 markdown 檔案轉換為 HTML 和 CSS。

將 WordPress 轉換成 Hugo 貼文

接下來，我倒出 WordPress 資料庫的原始資料，並轉換為 JSON 檔案。然後，我寫了一個 Python 腳本將這個檔案以 markdown 格式轉成 Hugo 的貼文。以下便是這個轉換的腳本：

```python
""" 將舊資料庫欄位轉換為 markdown 的程式範例。

如果你將 WordPress 資料庫倒出，並且轉換為 JSON 格式，你可以透過修改這個程式範例來進行。"""

import os
import shutil
from category import CAT
from new_picture_products import PICTURES

def check_all_category():
  ares = {}
  REC = []
  for pic in PICTURES:
    res  = check_category(pic)
    if not res:
      pic["categories"] = "Other"
      REC.append(pic)
      continue

    title,key = res
    if key:
      print("FOUND MATCH: TITLE--[%s], CATEGORY--[%s]" %\
        (title, key))
      ares[title]= key
      pic["categories"] = key
      REC.append(pic)
  return ares, REC

def check_category(rec):

  title = str(rec['title'])
```

```
    for key, values in CAT.items():
      print("KEY: %s, VALUE: %s" % (key, values))
      if title in key:
        return title,key
      for val in values:
        if title in val:
          return title,key

def move_image(val):
  """ 為上傳圖片建立一個新的複本，並且存入 img 資料夾 """

  source_picture = "static/uploads/%s" % val["picture"]
  destination_dir = "static/img/"
  shutil.copy(source_picture, destination_dir)

def new_image_metadata(vals):
  new_paths = []
  for val in vals:
    pic = val['picture'].split("/")[-1:].pop()
    destination_dir = "static/img/%s" % pic
    val['picture'] = destination_dir
    new_paths.append(val)
  return new_paths

CAT_LOOKUP = {'2100': 'Foo',
 'a': 'Biz',
 'b': 'Bam',
 'c': 'Bar',
 '1': 'Foobar',
 '2': 'bizbar',
 '3': 'bam'}

def write_post(val):

    tags = val["tags"]
    date = val["date"]
    title = val["title"]
    picture = val["picture"]
    categories = val["categories"]
    out = """
+++
tags = ["%s"]
categories = ["%s"]
date = "%s"
title = "%s"
banner = "%s"
+++
```

```
[![%s](%s)](%s)
 **Product Name**: %s""" %\
 (tags, categories, date, title, picture.lstrip("/"),
   title, picture, picture, title)

    filename = "../content/blog/%s.md" % title
    if os.path.exists(filename):
        print("Removing: %s" % filename)
        os.unlink(filename)

    with open(filename, 'a') as the_file:
        the_file.write(out)

if __name__ == '__main__':
    from new_pic_category import PRODUCT
    for product in PRODUCT:
        write_post(product)
```

建立 Algolia 索引並且進行更新

隨著將資料庫內的資料轉換成 markdown 貼文後，下一步便是實作一些 Python 程式，這個程式會建立 Algolia 索引，並且將它與貼文資訊進行同步。Algolia（*https://www.algolia.com*）是一個很好的工具，因為它能夠迅速地提供網站搜尋引擎的解決方案，而且對於 Python 也有良好的支援。

這個腳本會遍歷所有的 markdown 檔案，並且建立搜尋用的索引，然後上傳到 Algolia：

```
"""
為 Hugo 建立非常簡單的 JSON 索引，以便匯入 Algolia 中。這個實作相當容易進行擴展。

# 對內容資料夾執行這個程式碼來移除多餘的空格或許是相當有用的
for f in *\ *; do mv "$f" "${f// /_}"; done

"""
import os
import json

CONTENT_ROOT = "../content/products"
CONFIG = "../config.toml"
INDEX_PATH = "../index.json"

def get_base_url():
    for line in open(CONFIG):
        if line.startswith("baseurl"):
            url = line.split("=")[-1].strip().strip('"""')
```

```
            return url

    def build_url(base_url, title):

        url = "<a href='%sproducts/%s'>%s</a>" %\
            (base_url.strip(), title.lower(), title)
        return url

    def clean_title(title):
        title_one = title.replace("_", " ")
        title_two = title_one.replace("-", " ")
        title_three = title_two.capitalize()
        return title_three

    def build_index():
        baseurl = get_base_url()
        index =[]
        posts = os.listdir(CONTENT_ROOT)
        for line in posts:
            print("FILE NAME: %s" % line)
            record = {}
            title = line.strip(".md")
            record['url'] = build_url(baseurl, title)
            record['title'] = clean_title(title)
            print("INDEX RECORD: %s" % record)
            index.append(record)
        return index

    def write_index():
        index = build_index()
        with open(INDEX_PATH, 'w') as outfile:
            json.dump(index,outfile)

    if __name__ == '__main__':
        write_index()
```

最終，透過使用這個簡短的程式將索引送至 Algolia：

```
import json
from algoliasearch import algoliasearch

def update_index():
    """Deletes index, then updates it"""
    print("Starting Updating Index")
    client = algoliasearch.Client("YOUR_KEY", "YOUR_VALUE")
    index = client.init_index("your_INDEX")
    print("Clearing index")
```

```
    index.clear_index()
    print("Loading index")
    batch = json.load(open('../index.json'))
    index.add_objects(batch)

if __name__ == '__main__':
    update_index()
```

使用 Makefile 進行編排

透過使用 Makefile 來設計全部的部署任務，以便能夠用來重覆進行整個部署流程。一般來說，我會設置 Makefile 在本地端編排整個流程。以下是整個建置和部署設計與實作：

```
build:
  rm -rf public
  hugo

watch: clean
  hugo server -w

create-index:
  cd algolia;python make_algolia_index.py;cd ..

update-index:
  cd algolia;python sync_algolia_index.py;cd ..

make-index: create-index update-index

clean:
  -rm -rf public

sync:
  aws s3 --profile <yourawsprofile> sync --acl \
    "public-read" public/ s3://example.com

build-deploy-local: build sync

all: build-deploy-local
```

利用 AWS CodePipeline 進行部署

透過使用 AWS S3、Amazon Route 53 和 AWS CloudFront，Amazon Web Services（AWS）是用來部署靜態網站服務的常見環境。AWS CodePipeline 則可以為這些功能提供建置主機的服務，使用它可以妥善地為這些網站服務提供部署機制。登入到 AWS CodePipeline，設置一個建置專案,並且指定 *buildspec.yml* 讓 CodePipeline 知道使用這個檔案作為建置的依據。*buildspec.yml* 的內容可以依照需求進行客製,而且部分的內容可以作成樣板,稍後再用真實的值進行替換。

一旦 GitHub 觸發變更的事件,CodePipeline 會在一個容器內執行安裝。首先,它會取得 Hugo 某個特定的版本。接著,開始建構 Hugo 的頁面。數以千計的 Hugo 網頁能夠在一秒之內便處理完成,這完全是歸功於 Go 的執行速度。

這些網頁會同步到 Amazon S3 上。由於這些處理都在 AWS 裡,因此能極為快速地同步完成。最後一步驟便是讓 CloudFront 的緩存內容失效:

```yaml
version: 0.1

environment_variables:
  plaintext:
    HUGO_VERSION: "0.42"

phases:
  install:
    commands:
      - cd /tmp
      - wget https://github.com/gohugoio/hugo/releases/\
      download/v${HUGO_VERSION}/hugo_${HUGO_VERSION}_Linux-64bit.tar.gz
      - tar -xzf hugo_${HUGO_VERSION}_Linux-64bit.tar.gz
      - mv hugo /usr/bin/hugo
      - cd -
      - rm -rf /tmp/*
  build:
    commands:
      - rm -rf public
      - hugo
  post_build:
    commands:
      - aws s3 sync public/ s3://<yourwebsite>.com/ --region us-west-2 --delete
      - aws s3 cp s3://<yourwebsite>.com/\
      s3://<yourwebsite>.com/ --metadata-directive REPLACE \
        --cache-control 'max-age=604800' --recursive
      - aws cloudfront create-invalidation --distribution-id=<YOURID> --paths '/*'
      - echo Build completed on `date`
```

真實案例研究：使用 Google Cloud Build 部署一個 Python App Engine 應用程式

回到 2008 年，我寫下第一篇使用 Google App Engine 的文章。你必須使用網站時光機（Wayback Machine）從 O'Reilly 的部落格（*https://oreil.ly/8LoIf*）中取得該篇文章。

為了當前的發展和需要，迎來了另一個重新的開始。這是 Google App Engine 的另一個版本，且這次將使用 Google Cloud Build（*https://oreil.ly/MllhM*）來進行建置與部署。Google Cloud Platform（GCP）上的 Cloud Build 用途類似於 AWS 的 CodePipeline。有一個組態檔案會被一併存入 GitHub 的儲存庫中。這個組態檔的名稱為 *cloudbuild.yaml*。你可從 Git 的儲存庫（*https://oreil.ly/vxsnc*）查閱有關這個專案的所有原始碼：

```yaml
steps:
- name: python:3.7
  id: INSTALL
  entrypoint: python3
  args:
  - '-m'
  - 'pip'
  - 'install'
  - '-t'
  - '.'
  - '-r'
  - 'requirements.txt'
- name: python:3.7
  entrypoint: ./pylint_runner
  id: LINT
  waitFor:
  - INSTALL
- name: "gcr.io/cloud-builders/gcloud"
  args: ["app", "deploy"]
timeout: "1600s"
images: ['gcr.io/$PROJECT_ID/pylint']
```

值得注意的是 *cloudbuild.yaml* 會安裝定義於 *requirements.txt* 中的套件，也會執行 gcloud app deploy，當 GitHub 有任何新的提交發生，這個指令會部署 App Engine 應用：

```
Flask==1.0.2
gunicorn==19.9.0
pylint==2.3.1
```

以下是設置整個專案的流程：

1. 建立專案

2. 啟動雲端 shell

3. 參照 Python 3 App Engine 的 hello world 範例文件（*https://oreil.ly/zgf5J*）

4. 執行 describe：

   ```
   verify project is working
   ```bash
   gcloud projects describe $GOOGLE_CLOUD_PROJECT
   ```
   output of command:
   ```bash
   createTime: '2019-05-29T21:21:10.187Z'
   lifecycleState: ACTIVE
   name: helloml
   projectId: helloml-xxxxx
   projectNumber: '881692383648'
   ```
   ```

5. 你或許想要驗證是否位在正確的 google 專案內。若不是，進行下面的切換：

   ```
   gcloud config set project $GOOGLE_CLOUD_PROJECT
   ```

6. 建立 App Engine 應用程式：

   ```
   gcloud app create
   ```

   執行過程會詢問有關想要建立的區域資訊。請選擇 us-central [12]，然後繼續整個流程。

   ```
   Creating App Engine application in project [helloml-xxx]
   and region [us-central]....done.
   Success! The app is now created.
   Please use `gcloud app deploy` to deploy your first app.
   ```

7. 從儲存庫中，複製 hello world 範例程式：

   ```
   git clone https://github.com/GoogleCloudPlatform/python-docs-samples
   ```

8. cd 到複製完成的專案資料夾中：

   ```
   cd python-docs-samples/appengine/standard_python37/hello_world
   ```

9. 更新 Cloudshell 映像檔（注意！這個步驟是可選的）：

```
git clone https://github.com/noahgift/gcp-hello-ml.git
# 更新 .cloudshellcustomimagerepo.json 的專案與映像檔名稱
# 小秘訣：啟用 Cloudshell 的 "Boost Mode"
cloudshell env build-local
cloudshell env push
cloudshell env update-default-image
# 重啟 Cloudshell 虛擬機器
```

10. 建立並且啟用虛擬環境：

```
virtualenv --python $(which python) venv
source venv/bin/activate
```

確認虛擬環境如預期地設置完成：

```
which python
/home/noah_gift/python-docs-samples/appengine/\
    standard_python37/hello_world/venv/bin/python
```

11. 啟動 cloud shell 編輯器。

12. 安裝套件：

```
pip install -r requirements.txt
```

這個過程應該會安裝 Flask：

```
Flask==1.0.2
```

13. 在本地端運行 Flask。Flask 將會在 GCP shell 環境中運行：

```
python main.py
```

14. 使用網站預覽（參見圖 6-2）：

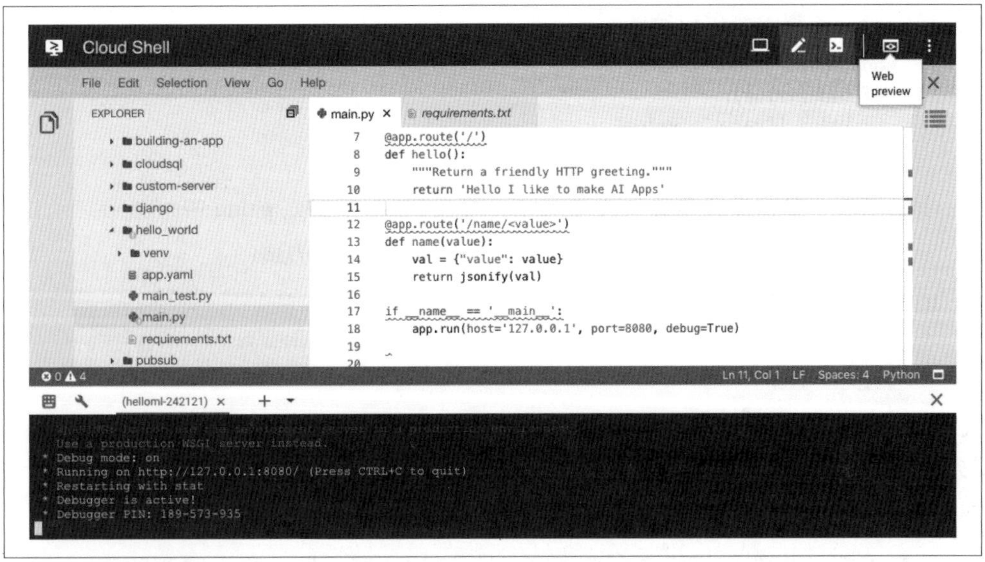

圖 6-2　網站預覽

15. 更新 *main.py*：

```python
from flask import Flask
from flask import jsonify

app = Flask(__name__)

@app.route('/')
def hello():
    """Return a friendly HTTP greeting."""
    return 'Hello I like to make AI Apps'

@app.route('/name/<value>')
def name(value):
    val = {"value": value}
    return jsonify(val)

if __name__ == '__main__':
    app.run(host='127.0.0.1', port=8080, debug=True)
```

16. 藉由傳入參數來測試這個函式：

```
@app.route('/name/<value>')
def name(value):
    val = {"value": value}
    return jsonify(val)
```

舉例來說，呼叫這個連結，將會把 *lion* 傳入 Flask 裡函式 name 中：

```
https://8080-dot-3104625-dot-devshell.appspot.com/name/lion
```

顯示於瀏覽器中的回傳結果：

```
{
value: "lion"
}
```

17. 部署 app：

```
gcloud app deploy
```

注意！第一次進行部署會需要將近十分鐘的時間。你或許也需要啟用 cloud build API。

```
Do you want to continue (Y/n)?  y
Beginning deployment of service [default]...
╠═ Uploading 934 files to Google Cloud Storage ═╣
```

18. 設置網站運行日誌的輸出：

```
gcloud app logs tail -s default
```

19. 應用程式已經完成正式部署，運行狀況如下：

```
Setting traffic split for service [default]...done.
Deployed service [default] to [https://helloml-xxx.appspot.com]
You can stream logs from the command line by running:
  $ gcloud app logs tail -s default

  $ gcloud app browse
(venv) noah_gift@cloudshell:~/python-docs-samples/appengine/\
  standard_python37/hello_world (helloml-242121)$ gcloud app
 logs tail -s default
Waiting for new log entries...
2019-05-29 22:45:02 default[2019]  [2019-05-29 22:45:02 +0000] [8]
2019-05-29 22:45:02 default[2019]  [2019-05-29 22:45:02 +0000] [8]
 (8)
2019-05-29 22:45:02 default[2019]  [2019-05-29 22:45:02 +0000] [8]
2019-05-29 22:45:02 default[2019]  [2019-05-29 22:45:02 +0000] [25]
```

```
2019-05-29 22:45:02 default[2019]  [2019-05-29 22:45:02 +0000] [27]
2019-05-29 22:45:04 default[2019]  "GET /favicon.ico HTTP/1.1" 404
2019-05-29 22:46:25 default[2019]  "GET /name/usf HTTP/1.1" 200
```

20. 新增一個路徑並且進行測試：

```python
@app.route('/html')
def html():
    """Returns some custom HTML"""
    return """
    <title>This is a Hello World World Page</title>
    <p>Hello</p>
    <p><b>World</b></p>
    """
```

21. 安裝 Pandas 並且傳回 JSON 形式的結果。此時，你可能會想要建立一個 Makefile 來協助你完成這個任務：

```
touch Makefile
```

新增以下內容到 Makefile 中：

```
install:
    pip install -r requirements.txt
```

你也可能會想要設置 lint：

```
pylint --disable=R,C main.py
------------------------------------
Your code has been rated at 10.00/10
```

這個新增的網站路徑實作如下。在區塊的最上方匯入 Pandas 套件：

```python
import pandas as pd

@app.route('/pandas')
def pandas_sugar():
    df = pd.read_csv(
      "https://raw.githubusercontent.com/noahgift/sugar/\
      master/data/education_sugar_cdc_2003.csv")
    return jsonify(df.to_dict())
```

當呼叫路徑 https://<yourapp>.appspot.com/pandas，應該會獲得如圖 6-3 的結果。

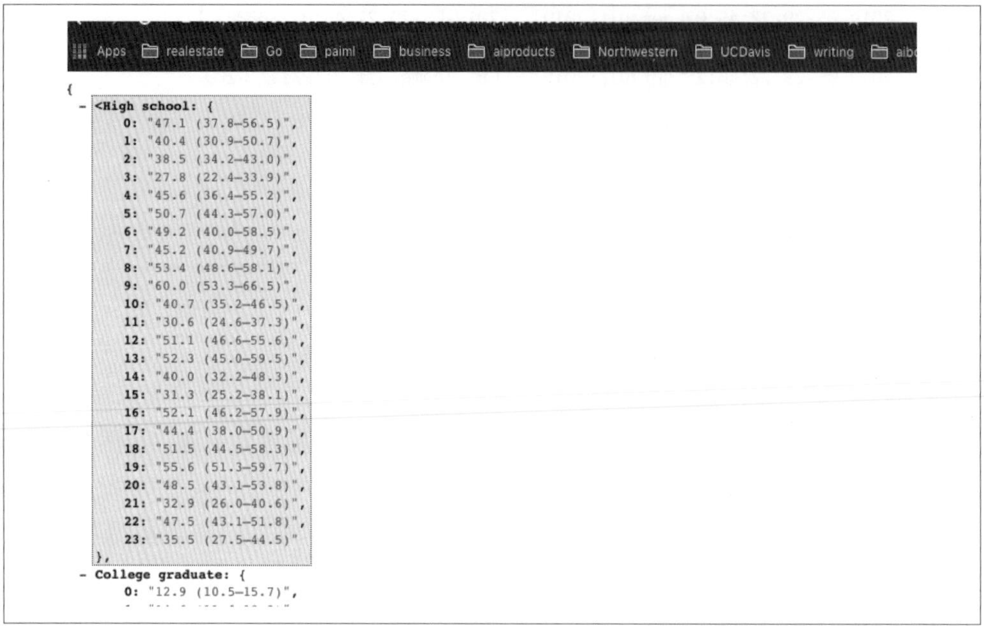

圖 6-3　JSON 輸出的範例

22. 新增 Wikipedia 路徑：

```
import wikipedia
@app.route('/wikipedia/<company>')
def wikipedia_route(company):
    result = wikipedia.summary(company, sentences=10)
    return result
```

23. 為應用程式添加 NLP 能力：

a. 執行 IPython Notebook（*https://oreil.ly/c564z*）。

b. 啟用 Cloud Natural Language API。

c. 執行 pip install google-cloud-language：

```
In [1]: from google.cloud import language
   ...: from google.cloud.language import enums
   ...:
   ...: from google.cloud.language import types
In [2]:
In [2]: text = "LeBron James plays for the Cleveland Cavaliers."
   ...: client = language.LanguageServiceClient()
   ...: document = types.Document(
```

```
    ...:            content=text,
    ...:            type=enums.Document.Type.PLAIN_TEXT)
    ...: entities = client.analyze_entities(document).entities
In [3]: entitie
```

24. 以下是完整的 AI API 實作範例：

```python
from flask import Flask
from flask import jsonify
import pandas as pd
import wikipedia

app = Flask(__name__)

@app.route('/')
def hello():
    """Return a friendly HTTP greeting."""
    return 'Hello I like to make AI Apps'

@app.route('/name/<value>')
def name(value):
    val = {"value": value}
    return jsonify(val)

@app.route('/html')
def html():
    """Returns some custom HTML"""
    return """
    <title>This is a Hello World World Page</title>
    <p>Hello</p>
    <p><b>World</b></p>
    """

@app.route('/pandas')
def pandas_sugar():
    df = pd.read_csv(
      "https://raw.githubusercontent.com/noahgift/sugar/\
      master/data/education_sugar_cdc_2003.csv")
    return jsonify(df.to_dict())

@app.route('/wikipedia/<company>')
def wikipedia_route(company):

    # 匯入 Google Cloud 客戶端的函式庫
    from google.cloud import language
    from google.cloud.language import enums
    from google.cloud.language import types
    result = wikipedia.summary(company, sentences=10)
```

```
        client = language.LanguageServiceClient()
        document = types.Document(
            content=result,
            type=enums.Document.Type.PLAIN_TEXT)
        entities = client.analyze_entities(document).entities
        return str(entities)


    if __name__ == '__main__':
        app.run(host='127.0.0.1', port=8080, debug=True)
```

本節展示了如何在 Google Cloud Shell 中，從無到有設置 App Engine 應用程式，以及如何基於 GCP Cloud Build 進行持續交付。

真實案例研究：NFSOPS

NFSOPS 是一個維運的技巧，它使用 NFS（Network File System）的掛載點來管理電腦主機集群。它聽起來像是一個新技巧，但它其實在 Unix 出現時便早已存在。西元 2000 年時，Noah 便是在加州理工大學的 Unix 系統上使用 NFS 掛載點，以便管理和維護軟體。這又是一個舊的技術以新的方式展現的例子。

作為舊金山某個虛擬實境新創公司的兼職顧問，有一個問題我需要面對，這個問題就是打造一個運算資源派工框架，也就是說它要能夠分配運算工作到數以千計的 AWS 競價型執行個體（Spot）。

這個解決方案最後基於 NFSOPS（圖 6-4），並且可以在一秒內完成部署 Python 程式碼到數以千計用於處理電腦視覺任務的競價型執行個體上。

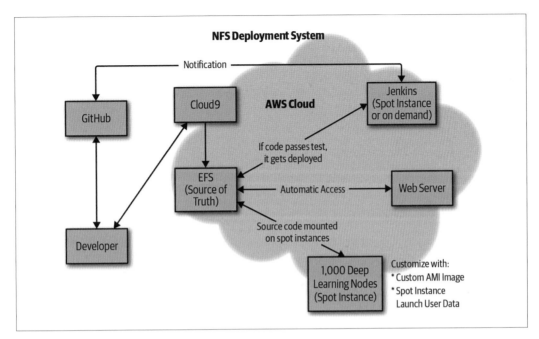

圖 6-4　NFSOPS

藉由使用建置主機（以這個例子來說是 Jenkins）將數個 Amazon Elastic File System（EFS）的掛載點（DEV、STAGE、PROD）進行掛載。當持續整合的建置完成，最後一個步驟就是 rsync 至相應的掛載點：

```
# 使用 Jenkins 進行部署
rsync -az --delete * /dev-efs/code/
```

「部署」這個任務能夠在一秒之內便更新至掛載點。當數以千計的競價型執行個體運行時，它們已經被先行設置去掛載 EFS（NFS 掛載點）並且使用對應的原始碼。這是一個相當便利的部署方式，並且對整個工作的簡單性與效率上進行了優化。這樣的方式對於串接 IAC、Amazon Machine Image（AMI）、或者是 Ansible 一樣有效。

## 第七章

監控與日誌收集

當 Noah 在舊金山的新創公司工作時，他習慣在中餐的時間運動。他會打籃球，爬上柯伊特塔或者是練習巴西柔術。大多數 Noah 所工作過的新創公司都會提供午餐服務。

在午餐時段回來後，他發現一個非常不尋常的規律——沒有任何不健康的食物可以吃，剩下的食物都是沙拉、水果、蔬菜或者是健康的瘦肉。當他在運動，遠離那些不健康食物時，新創公司內大部分的員工把不健康的食物吃了個精光。「不要從眾」是有很多好處的。

同樣地，當開發機器學習模型、行動裝置應用程式和網路應用程式時，忽略維運是很容易發生的事。雖然與他人有著一樣的行為並不是必要的，但忽略維運就像是跟大家一樣把吃薯片和冰淇淋配著蘇打水當午餐。本章將會描述如何用像「沙拉與精瘦肉」[譯註]那樣的方式進行軟體開發。

打造可靠系統的關鍵概念

在經歷打造數個公司後，很有趣的是可以發現在軟體開發過程中，哪些是有益的事，而哪些是無益的事。一個最好的反模式就是「相信我」，任何有理智的 DevOps 專家都不會相信人類。人類是有缺陷的、容易犯下情緒性的錯誤、以及會因為異想天開而毀了整間公司。尤其當他們是公司的創始人時。

與其採用一個毫無道理基礎的階層架構，打造可靠系統更好的方法是一步一步扎實地建構它們。此外，當建立平台時，失敗的發生是很正常且可以預期的。當有相當能力的人加入打造這個架構時，這個失敗的可能性反而更高。

[譯註] 比喻採用非從眾但有益於發展的方式。

你或許聽過來自 Netflix 的 chaso monkey，但何需要有那樣的工具呢？就讓公司的創辦者、CTO 或者是工程副總來領導程式開發並且指導架構和所有的原始碼就能達到同樣效果了。由人類扮演的 chaos monkey 更勝於 Netflix 所開發的 chaos monkey。比這工具更好的是，讓這群人在正式環境出問題時，編譯 jar 檔案，並且透過 SSH 逐個部署到節點上時，他們會不停地大喊著「這會成功的！」。透過這個方式，混沌與自尊完美地被調和在一起。

對於一個理智的 DevOps 專家來說，行動方案是什麼呢？自動化勝過層層的關卡。新創公司混沌狀態的唯一解決方案就是自動化、抱持懷疑、謙虛、以及不可動搖的 DevOps 原則。

不可動搖的 DevOps 原則

很難想像有其他不同於這些不可動搖原則的方式可以來打造一個可靠的系統。如果 CTO 正從他的筆電上編譯 .jar 檔案來修正正式環境的問題時，你可以做的是離開那間公司，因為沒有任何方式可以拯救你的公司。我們都應該曾經經歷過這樣的故事。

不論是如何聰明／有能力／有魅力／有創意／富有的人，如果他們在處理危機時，手動地將變更推入軟體系統，那麼你已經可以宣告你肯定會因此而完蛋。你只是還不知道你會如何完蛋而已。對於這樣可怕的解決方式，唯一的替代方案就是自動化。

以長期來看，人類並不適合涉及部署軟體的實際行為。這是軟體產業既存的頭號反模式，因為這本質上就是保留一個後門讓不肖分子在你平台上肆虐的機會，所以取而代之的應該是百分之一百地自動化軟體部署、測試和編譯的過程。

你可以在一間公司裡創造重大初始影響力的方法就是打造持續整合和持續交付的機制，其他任何事情在這些機制下都相顯遜色。

日誌集中化

日誌是緊接著自動化後最為重要的事。在大規模的分散式系統下，日誌機制是必要的。打造日誌機制時，絕不能忽略的便是應用層別與環境層別兩個方向上的日誌收集。

舉例來說，例外事件一定都必須送到集中化的日誌系統中。另一方面來說，當開發軟體時，打造一個除錯用的日誌而不只是單純將執行動作印出是一個很好的想法。為什麼要這樣子做呢？因為我們常常會曠日廢時地憑藉著直覺在進行除錯，那為什麼不捕捉那些重要的訊息並且進行紀錄，以便當問題再次發生時，能夠被清楚地顯示出來？

這邊有一個技巧那就是日誌等級。藉由建立日誌等級，使得有些日誌僅會在非正式環境下被顯示出來，這樣可以允許在程式碼中留下針對程式邏輯的除錯方法。同樣地，為了避免在正式環境中產生過於冗長的日誌並且造成混亂，這些日誌最好能夠被關閉或者是開啟。

一個在大型分散式系統進行日誌收集的範例就是 Ceph（*https://ceph.com*）所使用的方式：背景程式擁有高達 20 個除錯等級！這些等級都是透過程式碼進行處理，以便允許系統能夠調整日誌的數量。Ceph 為了能夠讓這個除錯的策略更具彈性，提供了限制個別背景程式日誌總量的能力，系統可以運行多個背景程式，而且日誌的總量可以個別地增加或者是全部增加。

案例研究：正式資料庫殺了硬碟

對於日誌機制另一個重要的策略是解決擴展性的問題。當應用程式大到某個程度時，便不再適合將日誌存放在一個檔案中。Alfredo 曾經有過一個任務，該任務是為一個具有眾多應用的網路程式主要資料庫進行除錯，這個網路程式提供了大約一百個有關新聞服務、電台服務和電視台服務。這些服務產生大量的網路傳輸量，以及大量的日誌資料。由於有如此多的日誌資料，因此 PostgreSQL 資料庫的日誌便被設定以最少量的方式產生。他無法基於這樣的日誌量來進行除錯，但是提高日誌輸出的等級又會導致應用程式因為壅塞的 I/O 而無法運作。每天早晨五點，資料庫的載量激增，問題日益嚴重。

資料庫管理員拒絕全天候的提高日誌等級以便針對耗費資源的資料庫查詢進行除錯（PostgreSQL 可以將查詢資訊輸出到日誌中），因此我們妥協了這個狀況，轉而要求每天早晨五點大約十五分鐘的日誌資料。當 Alfredo 一拿到這些日誌後，他立即開始統計分析那些最慢的資料庫查詢請求，並且了解這些請求多常被執行。SELECT * 請求很明顯地花費了最長的時間，長到連十五分鐘的日誌都無法捕捉到它完整的執行時間。應用程式並未進行任何有關從所有資料表中選取所有資料的行為；那麼這個行為是怎樣產生的呢？

在多次磋商後，我們取得了資料庫主機的存取權。如果這個激增的載量總是在**每天**的清晨五點發生，那麼有沒有可能是某種反覆執行的腳本所導致的呢？我們著手檢查 crontab（一種會基於給定的時間週期執行的程式），並且發現一支可疑的腳本：*backup.sh*。這個腳本的內容有一些關於 SQL 的語句，並且包含了數個 SELECT *。資料庫管理員使用這個腳本對主要資料庫進行備份。隨著資料庫的大小增加，資料庫無法再負荷查詢的載量。所以解決方案是停止使用這個腳本，並且改從其他四個次要資料庫的其中一台進行備份。

備分的問題是被解決了，但仍然無法改善取得有效日誌的能力。進一步地思考如何分配日誌輸出將會是正確的作法。比方像 rsyslog（*https://www.rsyslog.com*）那樣的工具就是設計來解決這個問題的工具，如果打從一開始便使用它，它就可以當你在無法處理正式環境發生的事故時拯救你。

買還是自建？

雖然供應商鎖定（*vendor lock-in*）是見仁見智的問題，但你一定會驚訝有多少事件因為這個問題而登上新聞版面。你可以朝著舊金山市中心的任一方向扔擲石頭並且攻擊那些成日對供應商鎖定危言聳聽的人，但當你更進一步了解的時候，你不懷疑這些人的替代方案是什麼嗎？

在經濟學中，有一個原則叫做比較優勢（*comparative advantage*）。它核心的概念是指專注在最擅長的事情上，並且將所有其他的事情外包是最具有經濟效益的行為。尤其透過雲技術，服務能夠持續地改善。使用者不僅因為這個持續的改善獲益，而且不用擔負日益增加的成本——大多數的情況還能降低整體使用的複雜度。

除非公司的經營規模是某項技術的巨頭之一，不然幾乎沒有任何實作、維護和改善私有雲的方式，同時能夠兼具節省成本和改善業務能力。舉例來說，在 2017 年，Amazon 提出針對 multimaster 資料庫進行部署的能力，並且同時能夠在多個可用性區域（*Available Zone*）進行故障自動轉移。作為曾經試圖達成這樣目標的人，我可以說在這樣的情況下，故障自動轉移是近乎不可能且難以被達成的。關於外包這個議題，其中之一的重要問題是：「**這是公司主要的核心業務競爭力嗎？**」，一間維運管理自己郵件主機的公司，但核心競爭力卻是銷售汽車零件，這只能說這間公司正在玩火，而且大概很可能會因為這樣產生業務損失。

容錯（Fault Tolerance）

容錯是個有趣但也非常容易讓人困惑的主題。容錯意指什麼？要如何達成？一個可以學習更多有關容錯的方式是盡可能地閱讀所有 AWS 的白皮書（*https://oreil.ly/zYuls*）。

當需要設計一個容錯的系統時，一個很實用的方法是從回答下列的問題開始：服務什麼時候會停止服務？我可以實作什麼來免除（或降低）手動作業？沒有人喜歡收到系統因為錯誤停止服務的告知訊息，尤其需要非常多的步驟才能恢復系統的時候。如果還需要透過與其他服務溝通，以便確保系統已經復原時，那就更加沒人喜歡收到系統發生錯誤的通知。注意，這個問題並不是聚焦在那些不會發生的事件上，而是希望大家認知到服務是會出錯下線，而且是需要藉由一些操作才能夠讓服務恢復正常運行。

稍早之前，我們計畫對一個複雜的建置系統進行全面重新設計。這個建置系統主要處理幾件事情，大多數的事情是在打包和發佈軟體：確認依賴元件，make 以及使用其他工具編譯二進制檔案，產生 RPM 和 Debian 套件，並且針對不同的 Linux 發佈版本（像 CentOS、Debian、和 Ubuntu）建立套件儲存庫並且提供服務。對這個建置系統而言，主要的需求就是必須要快。

雖然速度是主要的目標，但當設計一個牽涉數個步驟以及不同元件的系統時，解決既知的問題並且避免產生新問題仍然是相當實用的作法。大型系統雖然總會有一些未知的問題，但為日誌處理（和匯集日誌）、監控和復原，選擇並且使用正確的策略是相當重要的。

將我們的注意力拉回到建置系統，其中之一的問題是用來建立儲存庫的機器有一些複雜：提供一個 HTTP API 來接收基於某個版本的特定專案所產生的套件，並且自動產生相對應的套件儲存庫。這個流程會涉及資料庫、用來提供非同步任務處理的 RabbitMQ、以及用來建置儲存庫的大量儲存空間，並且透過 Nginx 提供服務。最後，一些狀態的報告必須傳回集中式的儀表板上，使得開發者可以確認建置系統現在正在處理哪個專案的分支。替系統所有可能的故障狀況進行設計是**重要的**。

一個大大的待辦事項被新增到白板上，它指出一個狀況：「錯誤：由於硬碟空間已經用完，儲存庫服務停止服務」。這個待辦事項的重點並不是在避免硬碟塞滿，而是建立一個當硬碟空間用光時，仍然可以持續運作的系統。並且當問題修復後，可以幾乎不費任何額外的功夫便將服務在系統中恢復。「硬碟已滿」是一個虛構的錯誤，它可以是任何的錯誤，比方說 RabbitMQ 停止服務，或者是 DNS 出現問題，卻是周遭常發生的好例子。

直到問題發生，否則很難理解監控、日誌和健全的設計樣式是重要的，而且在問題發生之前，也不可能決定**如何做**以及**為什麼要做**。你必須了解服務下線的理由，才有辦法建立防範的手段（告警、監控和自我修復）來避免問題在未來重覆地發生。

為了讓系統能夠持續的運作，我們將系統負載分散到五台機器上，而且每一台機器都做著一樣的事情：建立套件儲存庫並且提供存取服務。進行打包的節點為了找尋健康的主機，會透過提供查詢 API 的服務，查詢目前狀態為健康的儲存庫主機。也就是說這個查詢服務會從主機的列表中，找到下一台建置主機，然後對該主機的 /health/ 服務端口送出 HTTP 的請求，進行查詢。如果主機回復健康，打包好的二進制檔案便會送往該處；否則查詢服務會對列表上的下一台建置主機進行查詢。如果某一個服務節點在健康檢測時，失敗了三次，它便會從服務循環列表中被移除。

系統管理員唯一要做的事，就是當修復完儲存庫服務後，將它加入服務循環列表內（儲存庫服務具有確認自己健康狀態的能力，若狀態一切正常便會通知查詢服務）。

雖然這樣的實作並不是無堅不摧的（仍然需要手動地啟動服務，而且狀態通知也不總是如此精確），但它對於當有服務需要進行維護，並且需要在整體服務水準下降時，仍維持系統功能有著相當大的助益。這就是所謂的容錯！

監控

雖然監控可以幾乎沒做什麼複雜的事，卻仍可以聲稱有個監控系統（當還是個實習生時，Alfredo 曾經將 curl 放入 cronjob 來檢查一個正式運行的網站），但隨著監控系統越來越健全且複雜，會使得正式環境相對看起來更為有效率。一般來說，當監控機制被正確地實作時，監控和報告可以幫助回答那些關於服務整個生命週期中大多數的難題。擁有一個監控系統是如此的重要，但也很難做得好。這也就說明了為什麼有許多公司專門提供監控、告警和指標可視化的服務。

從本質上來說，大多數的服務脫離不了兩個基本的樣式：拉取（pull）和推送（push）。本章會介紹到 Prometheus（拉取）和基於 StatsD 的 Graphite（推送）。了解什麼時候哪一種做法才是最佳的選擇，以及它們相對應的注意事項，對於為一個環境建立監控十分有用。更重要的是，在實務上了解兩種做法，以及有能力部署任一種監控服務，並且服務能夠在給定的情境下妥善運作。

可靠的時間序列軟體必須能夠耐受住以極高速率傳入的交易資料，有能力將資訊儲存起來並且關聯到相對應的時間上，提供查詢，以及提供可以進行客製條件查詢的圖形介面。本質上來說，它必須幾乎就像是一個高效能的資料庫，只是特別專注於時間、資料處裡和視覺化。

Graphite

Graphite 是一個以時間為基礎的數值型資料儲存庫：它維護著根據客製的規則進行儲存的數值資料，並且保留這些資料與當時獲取時間的關聯性。它提供一個**非常強而有力的** API，它可以使用時間區間以及可以轉換或者是針對資料進行運算的**函式**，查詢關於儲存資料的資訊。

Graphite（*https://oreil.ly/-0YEs*）的一個重要特色就是它並不進行資料收集；取而代之的是它專注在它所提供的 API 以及用來處理特定時間區段內大量資料的能力。這讓使用者必須認真思考要部署怎樣的軟體來搭配 Graphite。的確有一些選項可以和 Graphite 搭配用來輸出觀測指標；在本章，我們會介紹其中之一的選項——StatsD。

另一個關於 Graphite 的有趣現象是，雖然 Graphite 是一個可以按需要產出圖表的網路應用程式，但常見的做法卻是部署另一個以 Graphite 做為後端引擎的視覺化圖表服務。一個很有名的例子就是 Grafana 專案（*https://grafana.com*），這個網路應用程式提供了完整的指標繪製功能。

StatsD

Graphite 允許使用透過 TCP 或者 UDP 將指標數據傳入，但因為 Python 提供了監測的功能，透過監測可以建立一個數據收集的工作流程，比方說，透過 UDP 收集指標數據，然後再將結果送到 Graphite。使用非阻塞性資料傳遞的 Python 應用程式是相當合理的作法（ TCP 的連線請求會一直進行等待而被阻塞住，直到服務回應請求，反觀 UDP 則不會），因此使用如 StatsD 這樣的工具是更好的選擇。當針對一個相當耗時的 Python 迴圈進行指標數據收集時，另外再讓它額外花費其他的時間來跟監測用的服務溝通是很不合理的設計。

簡單來說，傳送檢測數據給 StatsD 服務感覺起來一點額外耗費也沒有（因為它正應該如此！）。搭配 Python 的監測功能，取得任何指標都是非常直接簡潔的。當 StatsD 服務有足夠的資料傳遞給 Graphite 後，它會啟動進程將數據送出。所有的數據傳遞流程都是以非同步的方式在進行，這樣的方式能夠讓應用程式可以持續地提供服務。指標收集、監測和日誌都不應該對正式運行的應該程式產生任何的衝擊！

當使用 StatsD 的時候，送進去的資料會先聚集起來，接著在固定週期（預設為 10 秒）送至可以進行組態設定的後端服務（比如說 Graphite）。當部署 StatsD 和 Graphite 的服務組合到數個正式環境的時候，每一台應用程式主機部署一個 StatsD 服務，要比只部署一台 StatsD 服務、然後為所有應用程式提供服務要來得簡單得多。這種部署方式允許較為簡單明瞭的組態設定與較好的安全性：所有應用程式只需要直接跟本地端的 StatsD 服務溝通即可，而不需要啟用任何連接埠提供外部連接。最後，StatsD 會將蒐集的資料透過對外的 UDP 連接送到 Graphite。通過將擴展性所帶來的資料壓力推到輸往 Graphite 的管線中，來達到分散負載的效果，進而對系統帶來助益。

> StatsD 由 Node.js 所實作的背景程式，所以安裝它就意味著與 Node.js 的額外依賴性。它絕非是一個 Python 專案。

Prometheus

在許多方面，Prometheus（*https://prometheus.io*）是非常類似於 Graphite（具有強而有力的搜尋功能和視覺化）。主要的差別在於它是從資料來源處透過 HTTP 拉取資料。因此它需要服務透出 HTTP 的接口，以便 Prometheus 來收集資料。另一個與 Graphite 的重要差異是它融合了告警的功能，功能包括了佈建告警規則來觸發告警，或者是直接使用 `AlertManager`，`AlertManager` 是用來負責處理告警、遮蔽告警訊息、彙整告警，並且將這些訊息透過不同的系統發送出去，如電子郵件、聊天機器人和用於待命人員的派送平台。

有一些專案（如 Ceph（*https://ceph.com*））已經有些組態選項可以啟用 Prometheus，並且在特定時間區隔內拉取資料。當有提供這類開箱即用的整合服務是最好的，否則便需要執行一個 HTTP 服務，然後透過它提供指標數據。以 PostgreSQL（*https://www.postgresql.org*）作為例子，Prometheus exporter 便是一個用於執行 HTTP 服務並且透出資料的容器。這樣的作法在大多數情況下都是沒有問題的，但如果已經有其他整合工具在收集資料（如 collectd（*https://collectd.org*）），執行 HTTP 服務來透出資料可能就沒辦法這樣簡單達成。

對於短期資料或者是經常性發生變動的時間資料來說，Prometheus 是個很好的工具，而 Graphite 則是較適合長週期的歷史資訊。兩者都提供了非常進階的查詢語言，但仍然是 Prometheus 較為強而有力。

以 Python 而言，`prometheus_client`（*https://oreil.ly/t9NtW*）是用來傳遞監控指標給 Prometheus 的絕佳方式；假若應用程式就是網路應用，那麼這個套件已經與許多不同的 Python 服務伺服器引擎整合，比方說 Twisted、WSGI、Flask、甚至是 Gunicorn。此外，它可以將所有監測資料由指定的端口直接地匯出（相較於使用一個分開運行的 HTTP 服務）。所以如果假設想要應用程式從 /metrics/ 透出監測資料，那就是為這個路徑增加一個處理器，然後在處理器內呼叫 `prometheus_client.generate_latest()` 獲得以 Prometheus 專屬格式表示的內容。

現在來建立一個簡單的 Flask 應用程式（將實作檔案以 web.py 儲存起來）以便了解使用 generate_latest() 是個很簡單的事情，並且確認如何將 prometheus_client 正確地安裝設置：

```
from flask import Response, Flask
import prometheus_client

app = Flask('prometheus-app')

@app.route('/metrics/')
def metrics():
    return Response(
        prometheus_client.generate_latest(),
        mimetype='text/plain; version=0.0.4; charset=utf-8'
    )
```

以工程開發版本的伺服器引擎來運行應用程式：

```
$ FLASK_APP=web.py flask run
 * Serving Flask app "web.py"
 * Environment: production
   WARNING: This is a development server.
   Use a production WSGI server instead.
 * Running on http://127.0.0.1:5000/ (Press CTRL+C to quit)
127.0.0.1 - - [07/Jul/2019 10:16:20] "GET /metrics HTTP/1.1" 308 -
127.0.0.1 - - [07/Jul/2019 10:16:20] "GET /metrics/ HTTP/1.1" 200 -
```

在服務運行狀態下，打開瀏覽器輸入連結 *http://localhost:5000/metrics*。它會開始產生 Prometheus 可以收集的資料內容，即便這些內容沒有什麼重要的資訊：

```
...
# HELP process_cpu_seconds_total Total user and system CPU time in seconds.
# TYPE process_cpu_seconds_total counter
process_cpu_seconds_total 0.27
# HELP process_open_fds Number of open file descriptors.
# TYPE process_open_fds gauge
process_open_fds 6.0
# HELP process_max_fds Maximum number of open file descriptors.
# TYPE process_max_fds gauge
process_max_fds 1024.0
```

大多數能夠提供正式運行的服務伺服器，如 Nginx 和 Apache，能夠產生更多有關回應次數和延遲狀況的資訊。舉例來說，如果想要為 Flask 應用程式增加這類型的指標數據，一個可以記錄所有請求的中介軟體將會是相當好的選擇。應用程式通常會為一個請求進行其他有趣的處理，現在就讓我們再增加兩個端點到我們原來的範例中，一個是計數器，而另一個則是計時器。當透過 HTTP 請求 /metrics/ 端點時，這兩個新的端點會產生出新的指標數據，並且由 prometheus_client 進行處理與狀況回報。

為我們的應用程式新增計數器，會帶來一些更動。首先，先建立索引端點：

```
@app.route('/')
def index():
    return '<h1>Development Prometheus-backed Flask App</h1>'
```

接著，定義 Counter 物件。在物件初始方法裡，添加一個計數器的名稱（requests）、一個簡短的說明（Application Request Count），與至少一個有用的標籤（比如 endpoint）。這個標籤會用來識別這個計數資訊來自哪個計數器：

```
from prometheus_client import Counter

REQUESTS = Counter(
    'requests', 'Application Request Count',
    ['endpoint']
)

@app.route('/')
def index():
    REQUESTS.labels(endpoint='/').inc()
    return '<h1>Development Prometheus-backed Flask App</h1>'
```

將這個定義好的 REQUESTS 計數器放入 index() 函式中，並且重啟應用程式以及進行幾次請求。然後透過請求 /metrics/ 會發現輸出的結果顯示了一些方才請求操作的資訊：

```
...
# HELP requests_total Application Request Count
# TYPE requests_total counter
requests_total{endpoint="/"} 3.0
# TYPE requests_created gauge
requests_created{endpoint="/"} 1.562512871203272e+09
```

我們新增一個 Histogram 物件來獲取某一個有時會耗費較長時間反應的端點細節資訊。實作上透過隨機休眠的方式來模擬這個狀況，就像 index 函式一樣，會需要一個新的端點並且使用這個 Histogram 物件：

```
from prometheus_client import Histogram

TIMER = Histogram(
    'slow', 'Slow Requests',
    ['endpoint']
)
```

這個模擬耗時狀況的實作會使用一個函式，將執行的起迄時間傳送到 histogram 物件：

```
import time
import random

@app.route('/database/')
def database():
    with TIMER.labels('/database').time():
        # 模擬資料庫響應的時間
        sleep(random.uniform(1, 3))
    return '<h1>Completed expensive database operation</h1>'
```

這個實作中會需要兩個額外的函式模組：time 和 random。它們是用來計算傳送給 histogram 的執行時間和模擬昂貴的資料庫操作之用。執行修改後的應用程式，並且透過 /database/ 送出請求來產生監測資料，好讓 /metrics 能夠拉到新的資料。用來量測模擬次數的監測資料如下：

```
# HELP slow Slow Requests
# TYPE slow histogram
slow_bucket{endpoint="/database",le="0.005"} 0.0
slow_bucket{endpoint="/database",le="0.01"} 0.0
slow_bucket{endpoint="/database",le="0.025"} 0.0
slow_bucket{endpoint="/database",le="0.05"} 0.0
slow_bucket{endpoint="/database",le="0.075"} 0.0
slow_bucket{endpoint="/database",le="0.1"} 0.0
slow_bucket{endpoint="/database",le="0.25"} 0.0
slow_bucket{endpoint="/database",le="0.5"} 0.0
slow_bucket{endpoint="/database",le="0.75"} 0.0
slow_bucket{endpoint="/database",le="1.0"} 0.0
slow_bucket{endpoint="/database",le="2.5"} 2.0
slow_bucket{endpoint="/database",le="5.0"} 2.0
slow_bucket{endpoint="/database",le="7.5"} 2.0
slow_bucket{endpoint="/database",le="10.0"} 2.0
slow_bucket{endpoint="/database",le="+Inf"} 2.0
slow_count{endpoint="/database"} 2.0
slow_sum{endpoint="/database"} 2.0021886825561523
```

Histogram 提供了相當大的使用彈性，使得它可以作為資源管理器、裝飾器、或者是直接給值的方式進行操作。這樣彈性的操作使得在大多數的環境中，僅僅只需要一些實作便能完成監測的功能，這樣強大的功能實在讓人難以置信。

監測（Instrumentation）

讓我們回到先前聊過的那家熟悉的公司，有一個用來提供新聞資訊的大型應用程式——一個巨大的單體應用程式，而且沒有任何針對它運行狀況的監控。維運團隊已經竭盡所能地監視著記憶體與 CPU 的用量，卻沒有任何方式去了解每秒有多少次的 API 呼叫流向第三方的影片廠商，以及這些呼叫究竟耗費多少資源。或許會有人說我們可以透過日誌來達到這種型態的量測，這樣的想法並沒有錯，但再一次地細想，這樣大型的單體應用程式早就已經有著極大量的日誌了。

這裡遇到的問題指的是如何導入一個強健的指標方式，而且這種方式提供了簡易的可視化功能和查詢功能。另外也需要在實作上簡化程式碼內加入日誌的方式，而且不需要再花三天的時間培訓開發者如何實作。任何用在運行時進行監測的技術，都需要越接近監測的地方越好。任何解決方案只要沒有上述的前提都相當難以獲致成功。如果難以被查詢與可視化，那麼就會只有非常少的人在意這個資料。如果它難以被實作（和維護），那麼這樣的工具就會被摒棄。如果對於開發者來說在執行環境下新增指標監測是麻煩的，那麼即便當基礎設施或服務都已經準備就緒來接受指標，這都是沒意義的，因為不會有任何指標數據被送出（或者至少所傳送的數據都沒有意義）。

python-statsd 是個很棒又很輕小的函式庫，而且能將指標數據送到 StatsD（稍後可以再轉送到 Graphite），另外也能讓你認識到指標數據的實作可以如此地容易。為應用程式實作監測時，會需要進行客製，但如果這些客製重複地散佈四處，客製將變得十分瑣碎，所以撰寫一個專用且封裝前述函式庫的模組是十分有用的。

> 針對 StatsD 的客戶端套件，在 PyPI 有一些套件。以這些範例的目的來說，請使用 python-statsd 套件。使用 pip install python-statsd 在虛擬環境中進行安裝。沒有使用到正確的客戶端套件，可能會導致匯入錯誤。

最簡單的使用範例之一就是計數器，基於使用 python-statsd 的範例內容大致如下所示：

```
>>> import statsd
>>>
>>> counter = statsd.Counter('app')
>>> counter += 1
```

這個範例假定 StatsD 運行於本地端。因此，並不需要再進行連線的相關實作，而其他設定採用預設就已經足夠了。只是如果在正式環境下，使用 Counter 類別而僅傳入一個名稱參數（*app*），這樣的用法是行不通的。雖然正如第 193 頁關於「命名原則」的內容，有一個好的名稱框架以便讓環境與位置的資訊在日誌中能夠被清楚識別至關重要，但如果要將這些規則導入應用程式的每個部分，整個任務將變得相當繁複。在一些 Graphite 的使用場景，甚至需要將一個 *secret* 加在所有指標數據前頭，作為認證之用。這會使得需要建立一層抽象層處理此類的需求，以便在實作取得所需指標數據時，不需在意此事。

命名空間的有些部分（比方說 secret）必須要可以設定組態，並且有些資訊可以透過程式實作的方式進行設定。假設有一個函式叫做 get_prefix() 可以對命名空間加上額外的前綴字，這正是 Counter 是如何被包裹，以便提供一個直觀的方式在個別模組內被使用。舉例來說，就讓我們建立一個新的模組，並且將它命名為 *metrics.py*，相關實作內容如下：

```
import statsd
import get_prefix


def Counter(name):
    return statsd.Counter("%s.%s" % (get_prefix(), name))
```

以下的範例使用了與第 193 頁「命名原則」章節中一樣的範例，該範例會在路徑 *web/api/aws.py* 裡對 Amazon S3 API 進行呼叫，Counter 物件會依照以下的方式建立：

```
from metrics import Counter

counter = Counter(__name__)

counter += 1
```

藉由使用 __name__，Counter 物件會帶著 Python 模組完整的命名資訊，以 web.api.aws. Counter 顯示於接收端。這樣的做法已經相當不錯，但仍然缺乏足夠的彈性。試想一個場景，在同個執行範圍內，需要不只一個 counter 為不同地方進行計數。我們必須修改包裹器，以便能使用後綴做為區別：

```
import statsd
import get_prefix

def Counter(name, suffix=None):
    if suffix:
        name_parts = name.split('.')
        name_parts.append(suffix)
        name = '.'.join(name_parts)
    return statsd.Counter("%s.%s" % (get_prefix(), name))
```

假如 *aws.py* 有兩處需要計數器，分別是為存取 S3 的 read 和 write 兩個函式，我們可以很簡單地幫這兩個計數器補上後綴：

```python
from metrics import Counter
import boto

def s3_write(bucket, filename):
    counter = Counter(__name__, 's3.write')
    conn = boto.connect_s3()
    bucket = conn.get_bucket(bucket)
    key = boto.s3.key.Key(bucket, filename)
    with open(filename) as f:
        key.send_file(f)
    counter += 1

def s3_read(bucket, filename):
    counter = Counter(__name__, 's3.read')
    conn = boto.connect_s3()
    bucket = conn.get_bucket(bucket)
    k = Key(bucket)
    k.key = filename
    counter += 1
    return k
```

現在兩個函式可以從相同的包裹器建立各自專屬且獨特的計數器，如果按此佈建於正式環境，指標的數據會有類似於 secret.app1.web.api.aws.s3.write.Counter 的訊息。這樣的細節程度對於識別這是哪一個指標的數據是很有幫助，即使有些情況下並不需要這樣的細節，擁有這樣的細節但先暫時忽略它也比需要它卻沒有它要好得多。大多數用於顯示指標數據的儀表板都允許進行組合指標數據的客製顯示。

因為當後綴字添加在這些很難妥善地表示它們自身用途、或者是具體作法的函式（類別方法）名稱後，是相當有用的，所以藉由使用其他更有意義的後綴詞來改善指標數據的命名的彈性成了這個作法的另一個優勢：

```python
def helper_for_expensive_operations_on_large_files():
    counter = Counter(__name__, suffix='large_file_operations')
    while slow_operation:
        ...
        counter +=1
```

由於加入計數器和其他型態的指標方式（比如計量器）是相當容易的，所以很容易會將它們包含在實作區塊內，但這對效能敏感的程式碼區段（每秒上千次的調用）添加這樣的監測機制會產生相當大的影響。因此，限制要傳送的指標數據或者是延後傳送是很好的考慮選項。

本節介紹了如何透過本地的 StatsD 服務監測指標數據。雖然服務最終會將數據傳到一個已經針對資料處理進行設定的後端服務（如 Graphite）上，但這些過於簡化的例子不應該被理解為只要單純地採用 StatsD 的解決方案就好。相反地，這些例子說明了額外實作一些輔助的工具和處理是必要的，而且當監測越容易被實作，開發者就越想要在各處添加監測的功能。有太多的指標數據仍舊是好過一個數據也沒有。

命名原則

大多數的監控和指標服務（如 Graphite、Grafana、Prometheus、和甚至是 StatsD）都有設計命名空間的概念。命名空間是非常重要的，值得好好思考如何定義一個規則讓系統元件容易被識別出來，並且同時提供對於未來變動與成長的彈性。這些命名空間的原則與 Python 的命名空間的用法類似：每個名稱會用句號隔開，每個隔開的部分都代表由左至右階層中的一階。從左邊算起的第一個項目是父項目，而每個接續的項目都是子項目。

舉例來說，有一個小型的 Python 應用程式透過呼叫 AWS API 來為網站提供影像的服務。這個應用程式的模組裡，我們想要對 *web/api/aws.py* 進行指標數據的收集。針對這個路徑來說，自然而然會選擇 `web.api.aws` 作為命名空間，但如果正式環境裡，用來運行應用程式的主機不只一台那要怎麼辦呢？一旦指標以單一命名空間的方式產生，要改變為不同的框架規範將是非常困難的（幾乎不可能）。我們來改善這個命名規則，讓它能夠辨識用來運行服務的正式環境主機：`{server_name}.web.api.aws`。

現在的規則看起來更好。但你有發現另一個問題嗎？當指標數據被送出時，一個附加於尾巴的名稱也會一併被送出。以這個計數器的例子而言，整個指標的名稱會是：`{server_name}.web.api.aws.counter`。這樣的結果會是個問題，因為這個小程式除了會呼叫如 AWS 的 S3 服務外，在未來也有可能使用其他 AWS 的服務。更動命名空間內子項目的名稱要比更動父項目的名稱要簡單的多。以這個例子來說只要開發者盡可能地將自己所要量測的目標與要蒐集的指標之間的細節程度保持一致就可以了。舉例來說，在 *aws.py* 內使用了 S3 模組，那麼將它納入指標名稱內是相當合理的選擇，以便可以與其他指標有所區隔。這個指標的子項目名稱可以是 `aws.s3`，而計數器的部分可以放在結尾部分，如 `aws.s3.counter`。

有許多變數的命名空間感覺起來相當地繁瑣笨重，但大多數存放處理指標的服務都提供簡便的組合查詢，比如完成這類目標的查詢「顯示上週所有對 S3 的呼叫平均次數，但只要針對東海岸的正式主機即可」。相當厲害而且方便，不是嗎？

這邊有另一個潛在的問題。要如何處理正式和測試環境？如果正在虛擬主機進行開發與測試呢？如果每個人都將自己開發的主機命名為 srv1，那麼 {server_name} 這個部分所顯示的名稱對於辨識或許沒有太多的幫助。如果依照運行的需求，需要部署到不同的區域，甚至是計畫部署到不只一個區域或者國家，一個額外的命名空間就顯得有意義許多。基於運行的環境，有非常多的方法來擴展命名空間，以便讓整個名稱具有意義，但以 {region}.{prod|staging|dev}.{server_name} 作為前綴字的命名方式是最適切的作法。

日誌收集

正確地為 Python 設定日誌收集是相當令人望而生畏的。日誌模組的效能是相當卓越的，而且有著數種不同的方式顯示日誌。一旦你得到了一個初始設定的內容，將它添加至程式中並不是太複雜的事情。但正確地設定日誌模組讓人覺得麻煩，所以往往會排斥找尋另一種日誌的設定方式。然而這完全是一個錯誤的思維與作法，因為它幾乎沒有考慮到一個標準函式庫所提供的完整功能：多執行緒環境、unicode、和支援多種日誌輸出，日誌收集不只是往 STDOUT 輸出，以及採用一些分類命名而已。

Python 的日誌模組相當龐大，而且可以被調整來搭配許多不同的使用情節（就像這個非常精練的章節所提到的大多數軟體一樣），其內容即便是完整的一章都無法足夠地進行完整介紹。本節只會針對最簡單的使用情節，提供一些簡短範例，然後逐步地將它進行調整，以便適用於更複雜的使用情節。當能夠對於一些使用案例有完整的了解，那麼改善並且擴增日誌模組的組態將不會是太難的任務。

即使日誌的設定是非常的複雜，而且需要花費一些時間才能完整的理解，但它卻是 DevOps 的 **重要支柱** 之一。你是無法在不了解日誌設定的情況下，成為一個成功的 DevOps 專家。

為什麼實作日誌機制是困難的？

如命令列工具和一次性工具一樣，Python 應用程式通常採用 top-to-bottom 設計，而且風格相當地程序導向。當你開始學習使用如 Python（或者是 Bash）進行開發時，對於這樣的撰寫風格應該相當習慣。即便在撰寫設計上更為物件導向並且使用更多的類別和模組，仍然有一種按當下需要便進行宣告與實例化等等的感覺。模組和物件通常在匯入的當下尚未被設定完成，而且對於整個專案（甚至是模組被實體化之前）來說，一些匯入的模組在全域的使用範圍內被設定完成的情況並不常見。

在設定日誌組態時，會有一種「如果我都還沒有呼叫使用到，怎麼可能設置的好呢？」的認知。但日誌的設定就是如此；一旦在運行階段設定完成，不論是在哪裡被匯入或者是使用，甚至是在建立日誌物件前，模組都會保持這個組態的設定。雖然這樣的機制相當方便，但當所有標準函式庫的作法都不同於這樣的機制時，是很難習慣的！

basicconfig

逃出日誌組態的苦難的最簡單方式就是直接使用 basicconfig。採用大量的預設值和大約三行的實作，便可以用很直觀地方式讓日誌正常：

```
>>> import logging
>>> logging.basicConfig()
>>> logger = logging.getLogger()
>>> logger.critical("this can't be that easy")
CRITICAL:root:this can't be that easy
```

在幾乎不需要了解有關日誌的機制，日誌已能顯示出來，而且模組的設定也是正確的。這個功能還可以支持更多的客製，並且也提供了一些設定的方式。這些方式非常適合不需要高度客製日誌格式的小型應用程式。日誌訊息的格式和日誌輸出的詳細程度可以很容易被設定完成。

```
>>> import logging
>>> FORMAT = '%(asctime)s %(name)s %(levelname)s %(message)s'
>>> logging.basicConfig(format=FORMAT, level=logging.INFO)
>>> logger = logging.getLogger()
>>> logger.debug('this will probably not show up')
>>> logger.warning('warning is above info, should appear')
2019-07-08 08:31:08,493 root WARNING warning is above info, should appear
```

這個範例將日誌等級設定在 INFO，這也是為什麼沒看見有關除錯的日誌。透過呼叫 basicConfig 對時間、日誌名稱（本節稍後會有更多的介紹）、日誌等級和日誌訊息的格式進行設定。對於大多數的應用程式而言，這已經相當充足，而且知道只要對日誌模組進行如此簡單的設定，便可以完成許多工作。

這種組態方式的問題在於不足以應用在複雜的場景裡。它為許多組態提供了預設值，然而這些預設值卻可能是無法採用的，而且也難以改動。如果應用程式有可能出現較為複雜的場景，建議你進行完整的日誌組態設定，並且深入了解如何達成這個目標，即便這個過程並不輕鬆。

深入組態設定

日誌模組提供了數種日誌產生器（logger）；這些產生器可以被獨立地設置，而且也繼承來自父日誌產生器的組態設定。最頂層的日誌產生器是根（root）產生器，而其他的日誌產生器是子日誌產生器（根是父日誌產生器）。當對根日誌產生器進行設定，本質上就是對全域的所有組態進行設定。當不同的應用程式或者是單一應用程式內不同的部分需要不同類型的日誌設定與介面時，這種管理日誌設定的方式是有道理的。

如果網路服務想要透過電子郵件送出 WSGI 伺服器的錯誤時，其他的日誌則透過檔案儲存。當只設置了根產生器的情況下，這是無法被達成的！這種作法與 193 頁的「命名原則」內有句點隔開的名稱相似，每個句點代表著一個新的子階層。這意味著 app.wsgi 可以設定成透過電子郵件送出錯誤日誌，而 app.requests 則可以另外設置成輸出日誌到檔案。

 最好處理命名空間的方式是採用與 Python 實作所使用的命名空間一致，而非使用其他的客製名稱。透過使用 *name* 從日誌模組中建立日誌產生器，讓程式專案內命名的規則與日誌命名的規則一致，可以避免混淆。

日誌組態設定應該要**越早越好**。如果應用程式是一個命令列工具，那麼正確擺放日誌組態的地方就是主要的程式進入點，甚至大概要早於解析引數之前。對於網路應用程式來說，日誌組態通常是透過框架的一些運行用的輔助檔案。目前最受歡迎的網路應用框架而且具有協助進行日誌組態工具的有 Django、Flask、Pecan、和 Pyramid，它們都提供了介面，以便初期就可以進行日誌的組態設定。請善用它們！

下面是用來為命令列工具進行日誌組態設定的範例；可以發現與透過 basicConfig 進行設定有些相似之處：

```
import logging
import os

BASE_FORMAT = "[%(name)s][%(levelname)-6s] %(message)s"
FILE_FORMAT = "[%(asctime)s]" + BASE_FORMAT

root_logger = logging.getLogger()
root_logger.setLevel(logging.DEBUG)

try:
    file_logger = logging.FileHandler('application.log')
except (OSError, IOError):
    file_logger = logging.FileHandler('/tmp/application.log')
```

```
file_logger.setLevel(logging.INFO)
file_logger.setFormatter(logging.Formatter(BASE_FORMAT))
root_logger.addHandler(file_logger)
```

上述的範例進行了很多操作。藉由不帶任何引數來呼叫 getLogger() 以獲得 root 日誌產生器，並且日誌等級設為 DEBUG。因為其他的子產生器會再對日誌等級進行修改，所以這樣的預設反而是恰到好處的。接著，對透過輸出日誌至外部檔案的產生器進行設定。以這個例子來說，它嘗試建立檔案型的日誌產生器，該產生器如果無法在設定的位置上輸出日誌檔案，則會將日誌檔案存放至暫時的位置。然後，日誌等級被設為 INFO，並且將日誌的格式設定預設包含時間戳記（這對於檔案型日誌十分有用）。

要注意到的是，檔案型日誌產生器在最後一步驟中，添加到 root_logger。這一步看起來相當違反直覺，但以這個例子來說，根組態將會被設定用來處理所有的一切。添加一個**串流型的處理器**（*stream handler*）到根日誌產生器，會使得應用程式的日誌能夠同時將日誌輸出至檔案和標準錯誤輸出：

```
console_logger = logging.StreamHandler()
console_logger.setFormatter(BASE_FORMAT)
console_logger.setLevel(logging.WARNING)
root_logger.addHandler(console_logger)
```

在上述例子中，使用了 BASE_FORMAT 作為輸出的格式，這是因為命令列工具的日誌主要是輸往終端機介面，在這樣的介面上輸出時間戳記會導致過多的噪音。如你所見的，當我們開始使用各種不同的日誌產生器時，就會產生一些組態與設定的步驟，而且變得非常複雜。為了能夠最小化複雜性，如果有另一個模組可以提供輔助函式來設定這些選項就更好了。作為這種複雜設置的替代方案，日誌模組提供了一種基於字典的組態方式，相關的設定會以鍵值對的方式存在字典內。下面這個例子說明了如何基於這樣的方式完成同樣的目標。

為了觀察整個執行的過程，將使用 Python 直接執行 *log_test.py* 檔案，並且在實作檔案的末尾對日誌函式進行呼叫：

```
# 根日誌產生器
logger = logging.getLogger()
logger.warning('this is an info message from the root logger')

app_logger = logging.getLogger('my-app')
app_logger.warning('an info message from my-app')
```

根日誌產生器是父產生器，並且加入叫做 **my-app** 的新日誌產生器。直接執行這個檔案會將日誌輸到終端機介面，以及叫做 *application.log* 的檔案上：

```
$ python log_test.py
[root][WARNING] this is an info message from the root logger
[my-app][WARNING] an info message from my-app
$ cat application.log
[2019-09-08 12:28:25,190][root][WARNING] this is an info message from the root
logger
[2019-09-08 12:28:25,190][my-app][WARNING] an info message from my-app
```

輸出的結果基本上兩邊都是一樣的，這是因為兩邊都進行了相同的組態設定，但這並不意味著它們非得這樣設定。為檔案型的日誌產生器設定適合檔案輸出的格式，對輸出至終端機介面的日誌產生器設定較為簡潔的格式：

```python
from logging.config import dictConfig

dictConfig({
    'version': 1,
    'formatters': {
        'BASE_FORMAT': {
            'format': '[%(name)s][%(levelname)-6s] %(message)s',
        },
        'FILE_FORMAT': {
            'format': '[%(asctime)s] [%(name)s][%(levelname)-6s] %(message)s',
        },
    },
    'handlers': {
        'console': {
            'class': 'logging.StreamHandler',
            'level': 'INFO',
            'formatter': 'BASE_FORMAT'
        },
        'file': {
            'class': 'logging.FileHandler',
            'level': 'DEBUG',
            'formatter': 'FILE_FORMAT'
        }

    },
    'root': {
        'level': 'INFO',
        'handlers': ['console', 'file']
    }
})
```

相較於先前較為手動設定的範例，使用 dictConfig 能夠更好地視覺化設定並且了解設定是如何被關聯在一起。對於需要不只有一個日誌產生器的複雜情況，dictConfig 的設置方式是較好的。大多數的網路應用框架都只採用以字典為基礎的設定方式。

有時候日誌輸出格式會被忽視，它常被視為一種裝飾用的設定，主要是讓日誌能夠在視覺顯示上容易被閱讀。儘管這在一定程度上是正確的，但最好有一些方括號來指定日誌等級（例如 [CRITICAL]），而且作為其他特定信息用來分辨環境（例如生產、暫存或開發）也可以發揮作用。或許對於一個開發者來說可以很快地弄清楚來自開發中版本的日誌，但最重要的是當這些日誌被轉送或者是集中到中央儲存庫時，仍可以識別它們。這可以透過環境變數和使用 dictConfig 的 logging.Filter 來動態地採用這個日誌的設定：

```python
import os
from logging.config import dictConfig

import logging

class EnvironFilter(logging.Filter):
    def filter(self, record):
        record.app_environment = os.environ.get('APP_ENVIRON', 'DEVEL')
        return True

dictConfig({
    'version': 1,
    'filters' : {
        'environ_filter' : {
            '()': EnvironFilter
        }
    },
    'formatters': {
        'BASE_FORMAT': {
            'format':
                '[%(app_environment)s][%(name)s][%(levelname)-6s] %(message)s',
        }
    },
    'handlers': {
        'console': {
            'class': 'logging.StreamHandler',
            'level': 'INFO',
            'formatter': 'BASE_FORMAT',
            'filters': ['environ_filter'],
        }
    },
    'root': {
```

```
        'level': 'INFO',
        'handlers': ['console']
    }
})
```

這個範例中進行許多的設定，很容易會錯過一些更新的內容。首先，加入了一個使用 logging.Filter 作為基礎類別的新類別，叫做 EnvironFilter。它定義了一個叫做 filter 的方法，並且該方法接受 record 作為引數。這個方法是根據基礎類別所定義的方法而來。record 會根據環境變數 APP_ENVIRON 來進行自身變數的設定，若無法成功取得環境變數時，預設為 *DEVEL*。

接著，在 dictConfig 中建立新的鍵（filters），將它命名為 environ_filter，並且指向 EnvironFilter 類別。最後，在串列 handlers 裡加入鍵 filters，以這個例子來說，串列裡只會有 environ_filter。

定義和命名過濾器感覺起來並不是太方便，但這是因為我們所舉的例子較瑣碎。在更複雜的環境中，它能夠讓使用者在不需要編輯字典情況下進行擴展和設定組態，並且使得後續的更新和擴展都更為簡單。

用指令來進行一個測試，看看這個過濾器如何顯示環境資訊。在這個測試範例裡，運行了一個簡易設定的 Pecan（*https://www.pecanpy.org*）：

```
$ pecan serve config.py
Starting server in PID 25585
serving on 0.0.0.0:8080, view at http://127.0.0.1:8080
2019-08-12 07:57:28,157 [DEVEL][INFO    ] [pecan.commands.serve] GET / 200
```

預設的環境變數（DEVEL）成功地被採用了！把它轉為指向正式環境，也僅僅只需要一個環境變數的設定：

```
$ APP_ENVIRON='PRODUCTION' pecan serve config.py
Starting server in PID 2832
serving on 0.0.0.0:8080, view at http://127.0.0.1:8080
2019-08-12 08:15:46,552 [PRODUCTION][INFO    ] [pecan.commands.serve] GET / 200
```

共用樣式

日誌模組提供了一些好的樣式讓開發者使用，雖然無法一眼看出它們的好用之處，但盡可能地使用這些樣式是相當好的選擇。這些樣式的其中之一就是使用 logging. exception。一個常見的用法如下：

```
try:
    return expensive_operation()
except TypeError as error:
    logging.error("Running expensive_operation caused error: %s" % str(error))
```

這樣的作法在幾個方面上有些問題：它取代完整的例外資訊，只把例外的名稱印出來。如果引發這個例外的錯誤並不明顯，或者是發生錯誤的地方並不是如此的明確時，僅僅印出 TypeError 是沒什麼用處的。當字串替換失敗時，會返回一個 ValueError，但是按照這樣的例外處理，無法看見完整的錯誤追溯訊息，那麼這樣的錯誤訊息是沒有幫助：

```
[ERROR] Running expensive_operation caused an error:
    TypeError: not all arguments converted during string formatting
```

這個錯誤在哪裡？我們只知道當 expensive_operation() 被呼叫時產生了錯誤，但具體的地方在哪兒？在什麼函式、類別、或者是檔案裡？這樣的錯誤不僅沒有幫助，甚至會讓人生氣！日誌模組可以協助我們將完整的例外追溯訊息記錄下來：

```
try:
    return expensive_operation()
except TypeError:
    logging.exception("Running expensive_operation caused error")
```

logging.exception 輔助工具會巧妙地將完整的追溯訊息輸出至日誌。更重要的是，我們不用像之前範例一樣去捕捉 error，甚至是先從例外訊息中取得有用的資訊。日誌模組已經幫我們完成了所有事。

另一個有用的樣式是使用內建於日誌模組的功能——字串插值，我們使用一小段的程式碼來進行說明：

```
>>> logging.error(
"An error was produced when calling: expensive_operation, \
with arguments: %s, %s" % (arguments))
```

這個實作會有兩個字串需要進行替換，而且假設 arguments 會有兩個字串可供替換。如果 arguments 並沒有兩個引數可供替換，上述的實作便會導致整個程式停止運作。你不會希望只是因為日誌的關係就導致程式運行失敗。這個模組也有提供相關的協助將這樣的錯誤訊息輸出，但允許程式能夠繼續運行：

```
>>> logging.error("An error was produced when calling: expensive_operation, \
with arguments: %s, %s", arguments)
```

這樣修正後的實作就更為安全了，也是建議的使用方式。

ELK Stack

就像 Linux、Apache、MySQL、和 PHP 所構成的熟悉組合 *LAMP*，你會常常聽到 *ELK stack*：Elasticsearch、Logstash、和 Kibana。這個組合可以從日誌中收集資訊、擷取有用的詮釋資料、並且將這些資料送到文件資料庫（Elasticsearch），然後使用強而有力的儀表板工具（Kibana）將資訊顯示出來。了解這個組合中的每個元件，對於建立有效策略來使用日誌是相當重要的。這個組合中每個元件的重要性是相等的，另外，雖然可以找到與每個元件類似的其他工具，但本節會著重在範例應用程式中，每個元件實際扮演的角色。

大多數的正式運行的系統都已經存在好一陣子了，而且你也幾乎不會有什麼機會重新建構基礎設施。即使運氣很好有機會可以從最基礎的地方開始設計整個基礎設施，還是有可能忽略日誌收集機制的重要性。一個合適的日誌收集機制對於收集有用的資訊是相當重要的，但缺乏這樣的機制時，Logstash 可以提供協助。安裝 Nginx 時，預設的日誌輸出會如下面的內容：

```
192.168.111.1 - - [03/Aug/2019:07:28:41 +0000] "GET / HTTP/1.1" 200 3700 "-" \
"Mozilla/5.0 (X11; Ubuntu; Linux x86_64; rv:68.0) Gecko/20100101 Firefox/68.0"
```

日誌的輸出內容有些部分相當的直接明瞭，比方說 HTTP 方法（`GET`）以及時間戳記。如果可以控制輸出的資訊，可以將一些沒有意義的資料捨去，只留下需要的資料。只要你清楚這些元件的用途與目的，那麼這樣的操作是完全沒問題的。這些輸出的資訊可以從 HTTP 組態資訊中找到，這些組態資訊存在 */etc/nginx/nginx.conf*：

```
http {
    log_format  main  '$remote_addr - $remote_user [$time_local] "$request" '
                      '$status $body_bytes_sent "$http_referer" '
                      '"$http_user_agent" "$http_x_forwarded_for"';
...
```

當第一次檢視這些日誌輸出時，可能會認為破折號代表著資訊的缺失，但這並不完全正確。在我們的日誌範例中，兩個破折號接續在 IP 之後；一個只是裝飾之用，而第二個才是代表缺失的資訊。這樣組態定義了在 IP 之後接著一個破折號，然後才是 `$remote_user`，當認證機制被啟用，使得已被認證的使用者資訊可以被取得時，這樣的設定就相當有用。如果 HTTP 伺服器並未開啟認證機制，那麼 `$remote_user` 的資訊便可以從這個組態中丟棄（如果有 *nginx.conf* 的存取權的話），或者是可以透過稍後從日誌中擷取資料的規則中忽略這個資訊。讓我們來看看下一節，它會介紹 Logstash 如何透過為數眾多的外掛來幫助我們擷取日誌。

Elasticsearch、Logstash、和 Kibana 通常 無 法 在 Linux 發佈版本中取得。根據你偏好的發佈版本，需要匯入對應的簽章金鑰，並且設定套件管理器到正確的儲存庫取得正確的安裝檔案。請參閱官方的安裝說明章節（*https://oreil.ly/A-EwN*）。確保 Filebeat 套件也已經被安裝妥當，它是一個輕量（卻十分強而有力）的日誌轉送工具，用來將日誌送往 Logstash。

Logstash

在決定使用 ELK 後，第一步便是建立一些 Logstash 的規則，以便從日誌來源處擷取與過濾資訊，並且送到收集日誌的服務（以這個例子來說是 Elasticsearch）。當 Logstash 安裝完畢後，我們可以在路徑 */etc/logstash/* 的 *conf.d* 資料夾中，為不同的服務新增多個組態設定。按我們的需求來說是獲取 Nginx 的資訊，然後過濾資訊並且送到已妥善安裝於本地端並且正常運行的 Elasticsearch 服務中。

為了處理這些日誌，filebeat 工具需要被安裝。這個套件也同樣存放在 Elasticsearch、Kibana 和 Logstash 所存放的儲存庫中。在開始為 Logstash 進行組態設定之前，我們需要先確保 Filebeat 已經正確地被設定用來處理 Ngnix 的日誌檔案，以及設定好 Logstash 服務的位置。

安裝完 Filebeat 後，添加 Nginx 的日誌位置和使用 Logstash 預設連接埠（5044）的本地端服務位置。在組態檔 */etc/filebeat/filebeat.yml* 中應該要有以下的定義（或者是將原先的註解取消）：

```
filebeat.inputs:

- type: log
  enabled: true

  paths:
    - /var/log/nginx/*.log

output.logstash:
  hosts: ["localhost:5044"]
```

Filebeat 會基於這樣的設定，逐一地將位於 /var/log/nginx/ 的日誌讀出後，送到本地端的
Logstash 服務。如果有另一個 Nginx 應用程式的不同日誌檔案也需要被處理，那也需要
一併的添加在這個組態檔中。組態檔中或許有些其他的預設值，讓那些預設值保持原來
的設定即可。現在就來啟動這個服務：

```
$ systemctl start filebeat
```

現在，在 Logstash 組態資料夾（/etc/logstash/conf.d/）中，新增一個檔案並且將它命名為
nginx.conf。第一個應該進行加入的部分是用來處理輸入設定：

```
input {
  beats {
    port => "5044"
  }
}
```

input 定義了資料來自於 Filebeat 服務，並且透過連接埠 5044 進行接收。因為所有關於
檔案路徑的組態都已經在 Filebeat 中設定完成，因此這邊並沒有太多必要的額外設定。

接著，我們需要擷取資訊，並且將這些資訊映射到對應的鍵（或欄位）上。需要建立一
些解析的規則，以便讓這些需要處理的未結構化資料看起來更有意義。針對這種資料型
態的解析，會使用外掛 grok；將下面的內容複製到同一個組態檔案中：

```
filter {
  grok {
    match => { "message" => "%{COMBINEDAPACHELOG}"}
  }
}
```

filter 定義了外掛 grok 的使用方式，它會將傳入的每一行資料，套上
COMBINEDAPACHELOG，這是一個正規表達式的組合，用來精確地找尋並且擷取來自 Nginx
的網路伺服器日誌中所有的元件。

最後，output 需要定義新的結構化要送往何處：

```
output {
  elasticsearch {
    hosts => ["localhost:9200"]
  }
}
```

這個設定代表所有結構化的資料會被送往本地端的 Elasticsearch 服務。如範例所示，有關 Logstash（和 Filebeat 服務）的組態設定非常的少。有幾個外掛和組態的選項可以額外加入，以便更進一步地微調日誌的收集和解析。對於不用特意再去了解其他的擴充元件和外掛，就能開始使用而言，這種一應俱全的設計相當方便。如果你對於這個正規表達式感到好奇，可以查閱 Logstash 的原始碼並且找到 *grok-patterns* 檔案中有關 COMBINEDAPACHELOG 的部分，可以發現相關的正規表達式組合真是讓人大開眼界。

Elasticsearch 和 Kibana

安裝完 elasticsearch 套件後，距離能夠在本地端從 Logstash 接受結構化資料只剩下一小步。確認服務已經正確地啟動並且運行中：

```
$ systemctl start elasticsearch
```

類似上述的操作，安裝 kibana 套件並且運行服務：

```
$ systemctl start kibana
```

即使 Kibana 是一個提供儀表板顯示的工具，而且 ELK 也並非用 Python 實作，但這些服務之間如此妥善地被整合起來，呈現了一個平台和架構被妥善設計的真正樣貌。在首次啟動 Kibana 之後，正要瀏覽日誌輸出的同時，它也會開始找尋運行於本地端的 Elasticsearch 服務。這是 Kibana 自身 Elasticsearch 外掛的預設行為而不需要額外的設定。使用者不會察覺到這些行為是如何進行的，而系統會告訴使用者它能夠初始相關的外掛並且存取 Elasticsearch：

```
{"type":"log","@timestamp":"2019-08-09T12:34:43Z",
"tags":["status","plugin:elasticsearch@7.3.0","info"],"pid":7885,
"state":"yellow",
"message":"Status changed from uninitialized to yellow",
"prevState":"uninitialized","prevMsg":"uninitialized"}

{"type":"log","@timestamp":"2019-08-09T12:34:45Z",
"tags":["status","plugin:elasticsearch@7.3.0","info"],"pid":7885,
"state":"green","message":"Status changed from yellow to green - Ready",
"prevState":"yellow","prevMsg":"Waiting for Elasticsearch"}
```

當更改組態到一個不正確的連接埠，日誌非常清楚地顯示出這些自動連接並且收集資料的行為無法正常運作：

```
{"type":"log","@timestamp":"2019-08-09T12:59:27Z",
"tags":["error","elasticsearch","data"],"pid":8022,
"message":"Request error, retrying
```

```
GET http://localhost:9199/_xpack => connect ECONNREFUSED 127.0.0.1:9199"}
```

```
{"type":"log","@timestamp":"2019-08-09T12:59:27Z",
"tags":["warning","elasticsearch","data"],"pid":8022,
"message":"Unable to revive connection: http://localhost:9199/"}
```

一旦 Kibana 啟動運行，並且搭配著 Elasticsearch（運行在正確的連結埠上）、Filebeat、和 Logstash，你會擁有一個有著完整功能的儀表板服務和等著你開始的多樣操作，如圖 7-1。

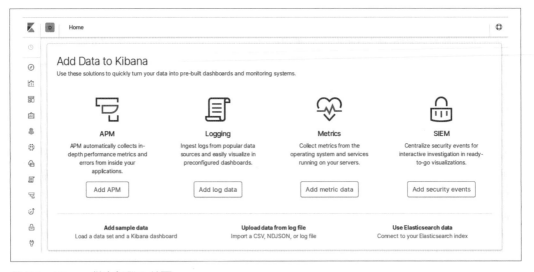

圖 7-1　Kibana 儀表板登入首頁

讓我們對本地端的 Nginx 進行一些操作，以便取得一些活動紀錄，並且開始日誌資料的處理。舉例來說，使用 Apache Benchmarking 工具（ab），但你也可以使用瀏覽器或者直接使用 curl：

```
$ ab -c 8 -n 50 http://localhost/
This is ApacheBench, Version 2.3 <$Revision: 1430300 $>
Copyright 1996 Adam Twiss, Zeus Technology Ltd, http://www.zeustech.net/
Licensed to The Apache Software Foundation, http://www.apache.org/

Benchmarking localhost (be patient).....done
```

在沒有對 Kibana 進行任何特定的設置情況下，使用預設的 URL 和連接埠來存取服務
（*http://localhost:5601*）。預設的顯示頁面提供了許多可以添加的選項。在 *discover* 部
分，可以看到關於請求的結構化資料。這是基於 Logstash 處理後的 JSON 片段內容，而
且可以從 Kibana 中取得（資料是來自於 Elasticsearch）：

```
...
    "input": {
      "type": "log"
    },
    "auth": "-",
    "ident": "-",
    "request": "/",
    "response": "200",
    "@timestamp": "2019-08-08T21:03:46.513Z",
    "verb": "GET",
    "@version": "1",
    "referrer": "\"-\"",
    "httpversion": "1.1",
    "message": "::1 - - [08/Aug/2019:21:03:45 +0000] \"GET / HTTP/1.1\" 200",
    "clientip": "::1",
    "geoip": {},
    "ecs": {
      "version": "1.0.1"
    },
    "host": {
      "os": {
        "codename": "Core",
        "name": "CentOS Linux",
        "version": "7 (Core)",
        "platform": "centos",
        "kernel": "3.10.0-957.1.3.el7.x86_64",
        "family": "redhat"
      },
      "id": "0a75ccb95b4644df88f159c41fdc7cfa",
      "hostname": "node2",
      "name": "node2",
      "architecture": "x86_64",
      "containerized": false
    },
    "bytes": "3700"
  },
  "fields": {
    "@timestamp": [
      "2019-08-08T21:03:46.513Z"
    ]
  }
...
```

重要的關鍵字，如 verb、timestamp、request、和 response，都已經被 Logstash 處理並
且擷取出來了。基於這個初始的設定，還有許多工作得進行，以便將這些資料轉換為其
他更有用且實際上會使用的資訊。擷取到的詮釋資料可以協助提供網路流量（包括地理
位置），而且 Kibana 甚至可以為資料設定告警的閥值，也就是當特定的指標高於或者是
低於某個設定值時，發出通知。

在儀表板中，結構化的資料可以個別被提取，並且用於建立有意義的圖表和表徵，如圖
7-2。

圖 7-2　在 Kibana 上的結構化資料

如同我們所見的，ELK 可以讓你幾乎不費力地以最少的組態設定開始擷取並且解析日
誌。書上的範例相當簡易，但應該足以展示 ELK 的威力了。我們經常要面對的是在基
礎設施中使用 cron 來處理與解析日誌，並且從中找出問題的樣式，然後寄出電子郵件或
者是發出告警到 Nagios。使用具有完善功能的軟體並且了解它們能為我們達成怎樣的事
情，即使只是使用這個軟體最簡單的設定方式，對於打造一個更好的基礎設施都是必須
的，而且按此方式可以讓我們更透徹地了解基礎設施的運行原理。

練習

- 什麼是容錯，而且它可以如何協助系統的基礎設施？

- 對於會產生大量日誌的系統能做些什麼事呢？

- 解釋為什麼使用 UDP 來傳遞指標數據給其他系統是比較好的選擇？為什麼使用 TCP 是有問題的？

- 描述**拉取**和**推送**兩種系統的差異。什麼情況下，拉取優於推送，而什麼情況下，推送優於拉取？

- 為即將要儲存的指標，設計一個命名規則可以兼容正式環境、網路服務伺服主機、資料庫主機和不同應用程式的名稱。

問題式案例研究

- 建立一個 Flask 應用程式，並且為這個應用程式針對不同日誌等級（info、debug、warning、和 error）的日誌輸出進行實作。另外，當例外錯誤發生時，透過 StatsD 傳送如 Couter 的指標數據給 Graphite。

## 第八章

運用 pytest 於 DevOps

一般來說，持續整合、持續交付與部署、和任何流水線都會包含某種思維，那就是為整個流程加入各式的確效。這個確效可以發生在流程中的每一個步驟，來達成一些重要的目標。舉例來說，如果很長的生產部署流程中的某一個步驟，執行 curl 指令來取得所有重要的檔案時，你認為當這個指令失敗的時候，這個編譯的過程會繼續嗎？可能不會！curl 有一個執行參數，而這個參數是用來當 HTTP 的請求發生失敗的時候，產生非零的返回值（--fail）。那個簡單的執行參數用法就是一種用來確效的方式：確保每個請求都是成功的，否則就讓編譯的步驟失敗。**重點就是保證某件期待的事情成功**，而這個概念就是本章的核心：確效和測試策略能夠幫助你打造更好的基礎設施。

使用 Python 並且利用如 pytest 這樣的測試框架來處理系統驗證的問題，會使得在思考確效的議題時，更加令人滿意。

本章會透過使用令人驚豔的 pytest 框架，來溫習一些與使用 Python 進行測試有關的基礎知識，接著深入了解這個框架的一些進階功能，最後會對 *TestInfra* 專案進行細節的介紹，它是 pytest 的一個外掛，用於進行系統驗證。

強而有力的 pytest

我們沒有辦法盡述有關 pytest 這個框架的所有優點。它是由 Holger Krekel 所建立，現在是由一些能創造高品質軟體的專家所維護，他們所打造的軟體常常是我們日常工作裡會用到的工具。一個功能齊全的框架是很難縮小到剛好的範圍，以便提供一個恰如其分地介紹，然後又不會最後變成如同專案的完整文件。

> pytest 的文件（*https://oreil.ly/PSAu2*）中有許多相關資訊、範例以及功能的介紹，相當值得一讀。隨著這個專案持續地發布新的版本以及不同改善測試的方式，總會產生值得一學的新事物。

當 Alfredo 第一次想把 pytest 帶入工作時，他那時候正艱困地掙扎在測試撰寫上，而且發現使用 unittest（本章稍後會介紹兩者之間的差異）的 Python 內建測試方式是非常麻煩的。他僅僅只花了數分鐘便為 pytest 產生測試報告的不可思議的能力深深著迷。pytest 並未強迫他改變原先撰寫測試的方式，而且在沒有任何修改下，便能立即使用。這樣的彈性展現在它整個專案中，而且如果有些功能尚未被實作時，可以透過外掛或者是組態檔案擴展它的能力。

透過瞭解如何撰寫一個簡單明瞭的測試案例，並且善用命令列工具、報告引擎、外掛的擴展性、和框架工具，你會想要撰寫更多更好的測試。

開始使用 pytest

從最簡單的使用方式來看，pytest 是一個可以發現 Python 測試案例並且執行它們的命令列工具，它不會強迫使用者先了解它的內部機制，這讓測試變得更容易展開。本節會從撰寫測試到如何擺放測試檔案（使得這些測試可以自動被發現）來介紹最基本的一些功能，最後用 pytest 與 Python 內建的測試框架 unittest 之間的主要差異作結。

> 大多數的整合開發環境（IDE），比方說 PyCharm 和 Visual Studio Code，均內建執行 pytest 的功能。如果是使用如 Vim 的文字編輯器，透過 pytest.vim（*https://oreil.ly/HowKu*）外掛也會有對應的支援。能夠直接在編輯器上使用 pytest 是相當節省時間的，並且可以讓除錯變得更為容易，但要注意並非所有可選的工具都有提供對應的支援。

使用 pytest 進行測試

確認已經安裝了 pytest，並且可以透過命令列模式執行它：

```
$ python3 -m venv testing
$ source testing/bin/activate
```

建立一個叫做 *test_basic.py* 檔案；內容如下：

```
def test_simple():
    assert True

def test_fails():
    assert False
```

在不帶入任何引數的情況下，執行 pytest 後會顯示一個通過和一個失敗：

```
$ (testing) pytest
============================= test session starts =============================
platform linux -- Python 3.6.8, pytest-4.4.1, py-1.8.0, pluggy-0.9.0
rootdir: /home/alfredo/python/testing
collected 2 items

test_basic.py .F                                                         [100%]

================================== FAILURES ===================================
_____ test_fails _____

    def test_fails():
>       assert False
E       assert False

test_basic.py:6: AssertionError
==================== 1 failed, 1 passed in 0.02 seconds ====================
```

這個輸出的結果從一開頭就對測試進行相當有幫助；它呈現了有多少的測試案例、有多少通過案例，以及哪一個案例失敗了—包括了觸發失敗的行號。

> pytest 的預設輸出相當方便，但它卻產生了過多的訊息。透過 -q 這個用於減少訊息數量的執行參數，你可以控制輸出訊息的數量。

你毋須建立一個包含所有測試的類別，因為測試用的函式可以被正確地發現並且執行。一個完整的測試實作可能會包含函式與類別，而框架在這樣的環境下仍然可以正確地執行。

檔案的擺放方式與慣例

當使用 Python 進行測試時，pytest 有一些潛在的慣例需要遵守。大多數的慣例都是與命名和檔案結構有關。舉例來說，將 *test_basic.py* 重新命名為 *basic.py*，並且執行 pytest：

```
$ (testing) pytest -q

no tests ran in 0.00 seconds
```

沒有任何測試被執行，這是因為測試檔案的名稱慣例上會放上前綴 *test_*。如果把檔名改回 *test_basic.py*，這個檔案會自動被發現，而且測試案例也會被執行。

 檔案的擺放方式與慣例對於自動測試發現來說相當有幫助。透過修改框架的設定以便使用其他的命名規則，或者是直接對具有特別名稱的檔案執行測試都是可能的，但遵循一些基本的預期設定也相當有用，可以避免當測試無法運行時所產生的混淆。

這些是命名的慣例，以便工具能夠發現這些測試實作：

- 測試資料夾必須命名為 *tests*。
- 測試檔案名稱必須使用前綴 test_；如 *test_basic.py*，或者是後綴 *test.py*。
- 測試函式命名需要使用前綴 test_；如 def test_simple():。
- 測試類別命名需要使用前綴 Test；如 class TestSimple。
- 測試方法命名與測試函式命名的規則相同，需要使用前綴 test_；如 def test_method(self):。

使用 test_ 作為前綴是為了能夠讓測試自動地被發現與執行的一種必需作法，所以它也讓開發者可以透過使用其他的命名方式，來撰寫一些輔助的函式和其他非用作測試的程式碼，而這些實作都會自動地被測試工具排除。

與 unittest 的差異

Python 已經打造了一組用於幫助測試的工具，而且這些工具都是 unittest 模組的一部分。了解 pytest 與 unittest 的不同之處以及為什麼它會被建議使用是相當有用的。

unittest 模組強迫利用類別與類別的繼承來達成測試的目的。對於一個了解物件導向設計和類別繼承的有經驗開發者來說，這樣的設計並不會造成什麼困擾，但對於初學者來說，這卻是個障礙。對於撰寫基礎的測試來說，使用類別與繼承不應該是一個必要條件。

強迫使用者繼承 unnittest.TestCase 的部分原因是，你必須了解（和記住）大多數用來驗證結果的斷言（assertion）方法。使用 pytest，只會有一個斷言輔助工具來幫忙使用者達成所有的驗證：assert。

使用 unittest 撰寫測試時，會使用一些斷言的方法。有些方法很容易理解，但有些方法卻非常容易讓人混淆：

- self.assertEqual(a, b)
- self.assertNotEqual(a, b)
- self.assertTrue(x)
- self.assertFalse(x)
- self.assertIs(a, b)
- self.assertIsNot(a, b)
- self.assertIsNone(x)
- self.assertIsNotNone(x)
- self.assertIn(a, b)
- self.assertNotIn(a, b)
- self.assertIsInstance(a, b)
- self.assertNotIsInstance(a, b)
- self.assertRaises(exc, fun, *args, **kwds)
- self.assertRaisesRegex(exc, r, fun, *args, **kwds)
- self.assertWarns(warn, fun, *args, **kwds)
- self.assertWarnsRegex(warn, r, fun, *args, **kwds)
- self.assertLogs(logger, level)
- self.assertMultiLineEqual(a, b)
- self.assertSequenceEqual(a, b)
- self.assertListEqual(a, b)
- self.assertTupleEqual(a, b)
- self.assertSetEqual(a, b)
- self.assertDictEqual(a, b)
- self.assertAlmostEqual(a, b)
- self.assertNotAlmostEqual(a, b)
- self.assertGreater(a, b)

- `self.assertGreaterEqual(a, b)`
- `self.assertLess(a, b)`
- `self.assertLessEqual(a, b)`
- `self.assertRegex(s, r)`
- `self.assertNotRegex(s, r)`
- `self.assertCountEqual(a, b)`

pytest 讓使用者僅使用 assert，而不強迫使用上述的任何方法。此外，它**也允許**你撰寫基於 unittest 的測試，而且還能執行它們。但我們強烈建議你不要採用這樣的方式，專注使用單純的斷言工具即可。

pytest 的好處不只是提供了容易使用的斷言工具，而且也提供了豐富的比對引擎來辨別驗證失敗（在接下來的章節中有更多的介紹）。

pytest 的功能

除了讓撰寫和執行測試更為容易，框架還提供了許多擴充的選項，如 hook。Hook 允許開發者與框架內部運行時的不同時點進行互動。舉例來說，你如果想要更換測試集合，便可以添加一個測試集合管理引擎的 hook。另一個實用的例子是如果發生測試失敗時，想產生更完善的報告。

當開發一個 HTTP API 時，我們有時候會發現對應用程式進行 HTTP 請求的測試案例發生失敗時的訊息並不是太有助益：一個斷言檢測發生失敗，由於期待的回應是 HTTP 200，但卻發生 HTTP 500。我們會希望得到更多有關請求的訊息：請求的 URL 為何？如果是 POST 請求，那麼請求有帶資料嗎？所帶的資料是什麼？這些資訊都早已附在 HTTP 的回應內，所以我們可以撰寫一個 hook 來取得物件內所有相關的訊息，並且將它們包含在測試失敗的報告中。

Hook 是 pytest 的進階功能，你或許完全不需要它們，但了解這個框架有足夠的彈性來處理不同的需求是相當有用的。接下來幾節會含括如何擴充框架、為什麼使用 assert 是如此有意義、如何將測試參數化以便減少重覆性、如何使用 fixture 來打造輔助工具、以及如何使用內建的 fixture 等主題。

conftest.py

大多數軟體允許透過外掛方式進行功能的擴充（舉例來說，瀏覽器稱它們為**擴充功能**（*extension*)）；類似於此，pytest 也有豐富的 API 來開發外掛程式。這邊並不會介紹完整的 API，但有一個更為簡潔的方式──*conftest.py*。透過這個檔案，可以對測試工具進行擴充，**就像實作外掛功能一樣**，你毋須徹底了解它是如何建立、打包、以及安裝一個獨立的外掛功能。如果 *conftest.py* 存在，框架便會將它載入，並且處理裡面所有的指令。所有的一切都會自動地運行！

你通常會發現 *conftest.py* 被使用來維護 hook、fixture 和一些用於 fixture 的 helper。如果那些 *fixture* 被宣告為引數（設定的流程會在稍後的章節介紹），它們就可以在測試中被使用。

當不只一個測試模組會使用到 *conftest.py* 的時候，將 fixture 和 helper 加入這個檔案是相當合理的。如果只有一個測試檔案，或者如果只有一個檔案會使用到某個 fixture 或 hook 時，便不需要建立或是使用 *conftest.py*。fixture 和 helper 可以與測試檔案定義在同一個檔案中，並且可以透過相同的使用方式來操作它們。

載入 *conftest.py* 的唯一條件就是它存在於 *tests* 資料夾，而且檔案名稱完全匹配。雖然這個名稱也是可以被更動，但是建議不要去改變它，而且也建議你遵循原來的預設命名規則，以避免一些潛在的問題。

令人讚嘆的 assert

當我們在談及 pytest 有多棒的時候，我們會先從描述 assert 語句開始。框架自動地檢查產生的物件並且提供一個功能完善的比較引擎，以便能夠更好地描述錯誤。直接的使用 Python 中 assert 的功能通常會遭遇到一些阻力，這是因為它對於斷言所發生的錯誤描述能力相當糟糕。以比較兩個長字串作為範例：

```
>>> assert "using assert for errors" == "using asert for errors"
Traceback (most recent call last):
  File "<stdin>", line 1, in <module>
AssertionError
```

不同之處在哪呢？如果沒有花些時間仔細地比較兩個字串，是很難分辨出來的，這樣的狀況導致了使用者建議別去使用這個斷言功能的原因。接著用一個小的測試來顯示 pytest 在回報錯誤時，如何擴展資訊：

```
$ (testing) pytest test_long_lines.py
============================ test session starts ============================
platform linux -- Python 3.6.8, pytest-4.4.1, py-1.8.0, pluggy-0.9.0
collected 1 item

test_long_lines.py F                                               [100%]

================================= FAILURES =================================
_____ test_long_lines _____

    def test_long_lines():
>       assert "using assert for errors" == "using asert for errors"
E       AssertionError: assert '...rt for errors' == '...rt for errors'
E         - using assert for errors
E         ?          -
E         + using asert for errors

test_long_lines.py:2: AssertionError
========================== 1 failed in 0.04 seconds ==========================
```

你可以分辨出哪裡發生錯誤了嗎？找出錯誤是**極為容易的**。它不僅告訴你發生錯誤了，並且指出具體的錯誤位置。雖然這個範例只是基於一個長字串進行簡單檢測，但這個測試框架也可以輕易地處理其他更複雜的資料結構，如串列和字典。你曾經在測試中比對非常長的串列嗎？想輕易分辨出哪個項目出了問題是近乎不可能的。以下是基於長串列檢查的範例：

```
    assert ['a', 'very', 'long', 'list', 'of', 'items'] == [
            'a', 'very', 'long', 'list', 'items']
E   AssertionError: assert [...'of', 'items'] == [...ist', 'items']
E     At index 4 diff: 'of' != 'items'
E     Left contains more items, first extra item: 'items'
E     Use -v to get the full diff
```

在告知使用者測試失敗後，它還指出了發生錯誤的索引值（索引值為 4 或是第五個項目），最後工具指出其中一個串列較另一個串列多了一個項目。如果沒有到這種程度的檢查能力，為這樣的錯誤進行除錯將會十分耗時。預設上，報告所提供的額外好處是當進行比較時，它會忽略串列上與目標無關的過多項目，使得輸出的結果僅聚焦在有用的資訊上。畢竟，你想知道的事情不僅是串列（或其他資料結構）之間有所不同，也想知道**何處**不同。

參數化

參數化是眾多需要花些時間了解的功能之一，因為它並不存在於 unittest 模組之中，而且也是 pytest 測試框架獨特之處。如果你發現你正寫著許多相似的測試，只是測試的輸入資料有些不同，但測試行為完全相同，便能很清楚地了解這個功能的特色。舉例而言，有個用來檢測一個函式的類別，當這個函式傳回的字串內容意指為真時，檢測結果便為 True。受測的函式為 string_to_bool：

```python
from my_module import string_to_bool

class TestStringToBool(object):

    def test_it_detects_lowercase_yes(self):
        assert string_to_bool('yes')

    def test_it_detects_odd_case_yes(self):
        assert string_to_bool('YeS')

    def test_it_detects_uppercase_yes(self):
        assert string_to_bool('YES')

    def test_it_detects_positive_str_integers(self):
        assert string_to_bool('1')

    def test_it_detects_true(self):
        assert string_to_bool('true')

    def test_it_detects_true_with_trailing_spaces(self):
        assert string_to_bool('true ')

    def test_it_detects_true_with_leading_spaces(self):
        assert string_to_bool(' true')
```

有發現全部的測試是如何根據類似的輸入值來評估函式回傳的相同結果嗎？這正是參數化表現出價值的地方，因為它能夠將所有值群組起來後，一次性地送給測試程式。它非常有效地將這群同質性相當高的測試縮減成一個：

```python
import pytest
from my_module import string_to_bool

true_values = ['yes', '1', 'Yes', 'TRUE', 'TruE', 'True', 'true']

class TestStrToBool(object):

    @pytest.mark.parametrize('value', true_values)
```

```
def test_it_detects_truish_strings(self, value)
    assert string_to_bool(value)
```

這邊帶入了幾個實作的步驟。首先，先將作為測試框架的 pytest 匯入，以便可以使用 pytest.mark.parametrize 模組，然後定義串列 true_values，將所有會導致同樣的預期結果的測試值放到這個串列中，最後將所有測試方法移出只留下一個。這個測試方法會使用 parametrize 的修飾器，這個修飾器定義了兩個引數。第一個是字串 *value*，第二個則是前面定義好的測試值串列 true_values。雖然這看起來有點奇怪，但這是要讓框架知道 *value* 就是要用於測試方法的引數名稱。這正是測試方法中引數 value 的起源之處！

如果有設置較高的結果輸出細節程度，測試過程的結果將會顯示有對哪些測試值進行測試。它就像是複製單一的測試方法到每個測試值的測試回合中執行：

```
test_long_lines.py::TestLongLines::test_detects_truish_strings[yes] PASSED
test_long_lines.py::TestLongLines::test_detects_truish_strings[1] PASSED
test_long_lines.py::TestLongLines::test_detects_truish_strings[Yes] PASSED
test_long_lines.py::TestLongLines::test_detects_truish_strings[TRUE] PASSED
test_long_lines.py::TestLongLines::test_detects_truish_strings[TruE] PASSED
test_long_lines.py::TestLongLines::test_detects_truish_strings[True] PASSED
test_long_lines.py::TestLongLines::test_detects_truish_strings[true] PASSED
```

輸出的結果含括了每一回合中被測試到的值，該值被放在中括號中顯示出來。這樣的功能將非常冗長的測試類別縮減成為單一個測試方法，真是幸虧有 parametrize。下一次你發現自己正在撰寫一群非常近似的測試，而且斷言的評估條件一樣，只有輸入的測試值有所不同時，你就會知道該善用 parametrize 修飾器來讓一切變得更為簡單。

Fixture

我們認為 pytest 的 fixture（*https://oreil.ly/gPoM5*）就像是一個可以傳入測試方法的輔助函式。不管你是正在撰寫單一的測試函式或者是一組測試方法，都能夠以同樣的方式使用 fixture。如果你不打算與其他的測試檔案共享這些 fixture，可以直接將它們定義在需要它們的同一個測試檔案裡，否則也可以將它們放到 *conftest.py* 裡。fixture 就像一個輔助功能，它可以是測試中任何所需的額外實作，針對單一測試，從需要被先行建立的簡單資料結構到更複雜的資料儲存體（如應用程式的資料庫），都包括在內。

也可以為這些輔助函式定義運行的**範圍**。它們可以被定義用來為每個測試方法、類別和模組執行後進行相關的資源和環境的清理，或者是用來為整個測試過程進行前置設定。藉由在測試方法（或測試函式）裡定義它們，便可以將它們在測試運行階段導入。如果這樣的機制讓你覺得有些困惑，在接下來的章節裡，透過範例將會有更清晰地了解。

開始使用

fixture 相當容易實作以及使用，這也是為什麼它經常被濫用。我們先前已經建立過一些簡單的輔助函式！如同我們已經提及的，有非常多不同的使用情節可以使用 fixture——針對單一測試，從需要被先行建立的簡單資料結構到更為複雜的資料儲存體（如應用程式的資料庫）都包括在內。

最近，Alfredo 必須為一個用來解析某個叫做 *keyring* 檔案的小型應用程式撰寫測試。這個檔案的結構有些像 INI 檔案，裡面有些必須遵循某個特定格式而且必須唯一存在的值。由於在每次測試裡重新創建這個檔案相當繁瑣，所以可以透過使用 fixture 來解決這個問題。下面是 keyring 檔案的內容：

```
[mon.]
    key = AQBvaBFZAAAAABAA9VHgwCg3rWn8fMaX8KL01A==
    caps mon = "allow *"
```

這邊要實作的 fixture 是用來回傳 keyring 檔案內容的函式。接著就建立一個檔案叫做 *test_keyring.py*，裡面包含了實作的 fixture 和一個小的測試函式，用來驗證預設的 key：

```python
import pytest
import random

@pytest.fixture
def mon_keyring():
    def make_keyring(default=False):
        if default:
            key = "AQBvaBFZAAAAABAA9VHgwCg3rWn8fMaX8KL01A=="
        else:
            key = "%032x==" % random.getrandbits(128)

        return """
    [mon.]
        key = %s
            caps mon = "allow *"
        """ % key
    return make_keyring

def test_default_key(mon_keyring):
    contents = mon_keyring(default=True)
    assert "AQBvaBFZAAAAABAA9VHgwCg3rWn8fMaX8KL01A==" in contents
```

這個 fixture 使用了巢狀函式來處理這個繁重的任務，它允許使用**預設的** key，以及當使用者想要使用隨機的 key 時，則回傳這個巢狀函式。用於測試的方法則將此 fixture 作為引數的一部分傳入函式中（以這個例子來說為 mon_keyring），並且基於 default=True 呼叫 fixture，使得傳回值為預設的 key，接著驗證產生的內容是否如預期一般。

在實際的場景中，產生內容會被傳入解析器中，確保解析後的行為如同預期，而且沒有任何的錯誤發生。

使用這個 fixture 並且運行在正式環境的程式碼最終會被擴展，以便進行其他類型的測試，而且從某個觀點來看，測試程式會希望驗證這個解析器在不同條件下，仍然可以處理檔案。因為目前這個 fixture 只回傳了字串，所以它需要被進一步地加強。因為正在運行的測試仍然使用著目前這個 mon_keyring fixture，所以如何在不要更換目前這個 fixture 情況下擴展它的功能，那就是基於測試框架的功能打造一個新的 fixture。這個功能就是 fixture 可以**請求**其他的 fixture！因為你可以將需要的 fixture 定義成一個引數（就像測試函式或者是測試方法一樣），所以測試框架會當定義在引數中的 fixture 被執行的時候，將它導入。

以下是這個新的用來建立（和回傳）測試檔案的 fixture 具體的實作內容：

```python
@pytest.fixture
def keyring_file(mon_keyring, tmpdir):
    def generate_file(default=False):
        keyring = tmpdir.join('keyring')
        keyring.write_text(mon_keyring(default=default))
        return keyring.strpath
    return generate_file
```

讓我們逐行進行解釋，pytest.fixture 修飾器是用來告訴測試框架下述的函式是一個 fixture，然後對 fixture 進行定義，它需要**兩個** *fixture* 作為引數：mon_keyring 和 tmpdir。第一個是早些之前建立在 *test_keyring.py* 中的 fixture，而第二個 fixture 則是測試框架內建的 fixture（下一節將有更多有關內建 fixture 的介紹）。tmpdir fixture 可以讓開發者使用暫時的資料夾，該資料夾會在測試完成後刪除。接著建立 *keyring* 檔案，並且透過把引數設為 default 的 mon_keyring fixture，產生相關內容後寫入到建立的檔案中。最後，回傳新檔案的絕對位置，使得測試可以使用這個測試用的檔案。

下面是測試程式實際使用的方式：

```
def test_keyring_file_contents(keyring_file):
    keyring_path = keyring_file(default=True)
    with open(keyring_path) as fp:
        contents = fp.read()
    assert "AQBvaBFZAAAAABAA9VHgwCg3rWn8fMaX8KL01A==" in contents
```

你現在應該對於什麼是 fixture、可以在何處定義它們、以及如何在測試中使用它們有更好的了解。下一節將會介紹一些測試框架裡內建且最實用的 fixture。

內建的 Fixture

前一節簡單地介紹了由 pytest 所提供的眾多內建 fixture 其中之一：tmpdir。這個測試框架提供了更多的 fixture。可以執行下列的指令，獲得完整的 fixture 列表：

```
$ (testing) pytest  -q --fixtures
```

有兩個常用的 fixture：monkeypatch 和 capsys，它們就包含在之前執行指令所顯示的列表之內。下面是你可以從終端機介面中看到關於它們的簡潔描述：

```
capsys
    enables capturing of writes to sys.stdout/sys.stderr and makes
    captured output available via ``capsys.readouterr()`` method calls
    which return a ``(out, err)`` tuple.
monkeypatch
    The returned ``monkeypatch`` funcarg provides these
    helper methods to modify objects, dictionaries or os.environ::

    monkeypatch.setattr(obj, name, value, raising=True)
    monkeypatch.delattr(obj, name, raising=True)
    monkeypatch.setitem(mapping, name, value)
    monkeypatch.delitem(obj, name, raising=True)
    monkeypatch.setenv(name, value, prepend=False)
    monkeypatch.delenv(name, value, raising=True)
    monkeypatch.syspath_prepend(path)
    monkeypatch.chdir(path)

    All modifications will be undone after the requesting
    test function has finished. The ``raising``
    parameter determines if a KeyError or AttributeError
    will be raised if the set/deletion operation has no target.
```

capsys 會捕捉測試過程中任何輸往 stdout 和 stderr 的內容。你曾經試圖在單元測試裡驗證一些指令的輸出和日誌嗎？想要達到這個目標是相當有挑戰的，而且會需要一些額外的外掛或者是函式庫來更動 Python 的內部機制並檢查它的運行內容。

這是兩個測試函式，用來分別驗證由 stderr 和 stdout 所產生的輸出內容：

```
import sys

def stderr_logging():
    sys.stderr.write('stderr output being produced')

def stdout_logging():
    sys.stdout.write('stdout output being produced')

def test_verify_stderr(capsys):
    stderr_logging()
    out, err = capsys.readouterr()
    assert out == ''
    assert err == 'stderr output being produced'

def test_verify_stdout(capsys):
    stdout_logging()
    out, err = capsys.readouterr()
    assert out == 'stdout output being produced'
    assert err == ''
```

capsys 可以處理所有修補、設置和輔助函式，以便檢索在測試過程中產生的 stderr 和 stdout。執行過程的內容在每次測試後都會被重新設置，這樣就可以保證變數收集到正確的輸出。

monkeypatch 大概是我們最常用的 fixture。當進行測試時，會有一些情況是正在受測的程式已經超出可以管控的範圍，並且需要進行一些修補以便覆蓋原來的模組或者函式來產生某個特定的行為。有許多用於 Python 的修改（patching）函式庫與模擬（mocking）函式庫（mock 是一種輔助工具，用來為已被修改的物件設定預期的行為），但 monkeypatch 所提供的功能已經夠完善，完善到你或許不需要再額外安裝函式庫也能達成目標。

下面的函式會執行一個系統指令來獲取一個裝置的詳細資訊，接著解析它的輸出，然後回傳一個屬性值（ID_PART_ENTRY_TYPE 存在於 blkid 所傳回的內容中）：

```
import subprocess

def get_part_entry_type(device):
    """
    Parses the ``ID_PART_ENTRY_TYPE`` from the "low level" (bypasses the cache)
```

```
output that uses the ``udev`` type of output.
"""
stdout = subprocess.check_output(['blkid', '-p', '-o', 'udev', device])
for line in stdout.split('\n'):
    if 'ID_PART_ENTRY_TYPE=' in line:
        return line.split('=')[-1].strip()
return ''
```

為了進行測試，對 subprocess 模組的 check_output 屬性設定預期的回傳值。下面是測試函式具體使用 monkeypatch fixture 的方式：

```
def test_parses_id_entry_type(monkeypatch):
    monkeypatch.setattr(
        'subprocess.check_output',
        lambda cmd: '\nID_PART_ENTRY_TYPE=aaaaa')
    assert get_part_entry_type('/dev/sda') == 'aaaa'
```

setattr 對已經被修改的可呼叫物件設置預期的屬性（以這例子來說是 check_output）。我們使用只回傳一行感興趣字串的 lambda 函式來修改被呼叫的方法。由於 subprocess.check_output 函式無法被我們直接控制，而且 get_part_entry_type 函式也無法以任何的方式傳入值，因此對被呼叫的方法進行直接修改是唯一進行測試的方法。

在試圖進行修改函式之前，我們傾向使用其他的技巧，比方說注入值（為人所知的**依賴注入**），但有時候我們別無選擇。提供一個函式庫可以用來修改與處裡測試時所有的清理任務，是 pytest 另一個讓開發者樂於使用的原因。

基礎設施測試

本節會介紹如何對基礎設施進行測試，並使用 Testinfra（*https://oreil.ly/e7Afx*）專案來進行確效。它是用於測試基礎設施的 pytest 外掛，這個外掛非常依賴 fixture，並且允許開發者透過 Python 來為基礎設施撰寫測試。

上一節詳細地介紹了一些 pytest 的用法以及範例，而本章是從系統層級的驗證出發。因此想藉由提出一個問題來解釋基礎設施測試的方法——你如何評斷此次的部署是成功的呢？大多數的時候，這意味著要做一些手動檢查，比方說載入一個網站或者是檢視進程，然而這樣是不夠的；如果受測的系統十分重要，這樣的測試方式不但繁瑣而且容易出錯。

雖然你可以在一開始的時候就帶入 pytest 作為工具來撰寫並且執行單元測試，但將它重新利用於基礎設施測試可能更好。數年前，Alfredo 被要求實作一個透過 HTTP API 觸發的安裝工具，這個安裝工具是用來建立由許多主機組成的 Ceph 群集（*https://ceph.com*）。因為在針對觸發 API 進行測試時，通常會得到一份指出建立的級群並不是如預期般的運行，所以他必須取得憑證並且登入這些主機內進行檢查。當你需要為多台主機所組成的分散式系統進行除錯時，檢查的項目會產生乘數效應，因為有許多的組態檔案、不同的硬碟、網路設定、和所有看起來相似卻不一樣的元件。

隨著 Alfredo 每一次對這些系統進行除錯，他的檢查清單也就越來越長。所有的主機組態都是一樣的嗎？權限設定如預期嗎？特定使用者的帳號存在嗎？他最終會忘記一些事情，並且需要花時間確認自己錯失了什麼。這是一個無法持久的流程。**如果我可以為這個集群撰寫簡單的測試案例呢？**Alfredo 撰寫了一些測試，以便驗證他檢查清單上的項目，並且在這個集群內的主機執行這些測試案例。在他知道這個測試工具之前，他已經有一組可以在數秒內檢查各式各樣問題的測試集合。

這對於改善交付流程而言，真是令人大開眼界。他甚至可以在開發安裝工具的同時執行這些（功能）測試，並且正確地捕捉一些錯誤。如果 QA 團隊發現任何的錯誤，他可以針對他們的設置環境執行相同的測試。有些時候，這些測試會抓到環境問題：硬碟上有一些非預期的東西導致部署失敗；來自其他集群的遺留組態檔案導致問題。自動化、不同細節度的測試，以及能夠經常性地運行這些測試的能力，使得工作更加有效率，而且也減輕了測試團隊需要承擔的大量工作。

TestInfra 專案有各式各樣的 fixture，可以讓測試系統更有效率，而且它還包括了一個用於連接各式主機服務的完整工具組合；無論要部署的型態是 Ansible、Docker、SSH、還是 Kubernetes，都是它所支援的連線工具的一部分。藉由支援許多不同種類的連線工具，你可以執行相同的測試案例，而不用在意基礎設施的改變。

下一節會瀏覽過不同的連線工具，並且介紹一個正式專案裡實際的使用範例。

什麼是系統確效？

系統確效可以在不同的層級（使用監控和告警系統）、和在應用程式生命週期中的不同階段中進行，如預先部署、運行階段、或者是正式部署。Alfredo 最近正在把一個應用程式部署到正式環境，這個應用程式需要能夠優雅地處理客戶端的連線，而不造成任何的中斷（即便是在應用程式重啟的情況下）。為了維持連線請求的穩定，應用程式進行了負載均衡的配置：當系統處於高負載的狀況時，新的連線請求可以被送往其他負載較輕的主機。

當應用程式有一個新的釋出版本需要部署時，應用程式**必須進行重啟**。重啟意味著客戶端，在好的情況時會經歷一些奇怪的狀況，但在壞的情況時則會面臨請求中斷。為了避免這個問題，重啟的流程必須等待所有客戶連線中止、拒絕新的連線，讓已經連進來的客戶請求被處理完畢，而系統的其他應用程式接替其餘的請求。當沒有任何連線的時候，部署流程將停止服務並且繼續更新的流程。

這個方法的每一個步驟都需要進行驗證；在部署前告訴負載均衡器停止送入新的客戶請求，並且在之後確認沒有任何還在執行的客戶請求。如果這樣的工作流程被轉化為一個測試案例時，這個測試的目標便會是：**確保目前沒有任何客戶請求正在執行**。一旦新的程式碼部署完畢，另一個驗證步驟會檢查負載均衡器是否已經被通知該主機已經準備就緒可以重新提供服務。另一個測試案例便會是：**負載均衡器會在主機就緒時，得知該主機**。最後，它會確保更新後的主機正在處理新的客戶連線，而這又是另一個需要撰寫的測試案例。

透過這些步驟，驗證項目已經就緒，而且可以撰寫測試來驗證這種型態的作業流程。

系統確效也可以和單一主機（或者是集群內數台主機）的健康狀態監控整合在一起或者成為持續整合的一部分，用於開發應用程式與測試功能。確效的概念可以應用到這些情況和任何可以從狀態驗證中獲益的情況裡，它不應該只是被使用在測試上，雖然測試對於這個主題來說是個好的開始！

介紹 Testinfra

為基礎設施撰寫單元測試是十分強而有效的概念，在使用過 Testinfra 超過一年之後，我們能說它可以改善過去曾經部署到正式環境的應用程式品質。下面章節將會介紹個別的主題，比方說連接不同的節點並且執行確效測試，以及探索有哪些類別的 fixture 可以使用。

建立一個虛擬環境，然後安裝 pytest：

```
$ python3 -m venv validation
$ source testing/bin/activate
(validation) $ pip install pytest
```

安裝 testinfra，並且確認使用版本為 2.1.0：

```
(validation) $ pip install "testinfra==2.1.0"
```

pytest fixture 提供了所有測試的功能，而這些功能便是來自於 Testinfra 專案。為了更好地掌握本節，你會需要知道它們是如何運作的。

連接遠端節點

因為有各式連接後端服務的工具，所以當並未設定建立連線的方式時，Testinfra 會預設採用某些類別的連線方式。最好的使用方式是明確地指出要用的連接工具型別並且將它定義在命令列裡。

以下是所有 Testinfra 所支援的連接工具型別：

- local
- Paramiko（使用 Python 實作的 SSH 工具）
- Docker
- SSH
- Salt
- Ansible
- Kubernetes（透過 kubectl）
- WinRM
- LXC

有關 testinfra 的使用資訊出現在 pytest 的幫助選單內，並且伴隨著提供的執行參數有對應的情境說明。這個簡潔的說明功能來自於 pytest 以及它與 Testinfra 之間的整合，來自兩個不同專案的幫助訊息被整合到一個相同的指令上：

```
(validation) $ pytest --help
...

testinfra:
  --connection=CONNECTION
                      Remote connection backend (paramiko, ssh, safe-ssh,
                      salt, docker, ansible)
  --hosts=HOSTS       Hosts list (comma separated)
  --ssh-config=SSH_CONFIG
                      SSH config file
  --ssh-identity-file=SSH_IDENTITY_FILE
```

```
                      SSH identify file
--sudo                Use sudo
--sudo-user=SUDO_USER
                      sudo user
--ansible-inventory=ANSIBLE_INVENTORY
                      Ansible inventory file
--nagios              Nagios plugin
```

有兩台機器已經被啟動且正在運行。為了展示連線選項的功能,讓我們透過進一步探索 */etc/os-release*,以便檢查這兩台主機是否運行的是 CentOS 7。以下是這個測試程式的實作內容(存為 test_remote.py):

```python
def test_release_file(host):
    release_file = host.file("/etc/os-release")
    assert release_file.contains('CentOS')
    assert release_file.contains('VERSION="7 (Core)"')
```

這個測試函式會使用 host fixture,並且基於所有透過這個 fixture 指定的主機上執行測試。

--hosts 執行參數會接收一個具有通訊規範定義(舉例來說,*ssh://hostname*)的主機位址串列,而且也可以透過遞迴式通配符展開指定其他不同的主機。如果測試會在多個遠端主機中執行,透過命令列將它們的位址傳入就變得相當繁瑣。下面是利用這個 fixture 對兩台透過 SSH 存取的主機進行測試:

```
(validation) $ pytest -v --hosts='ssh://node1,ssh://node2' test_remote.py
============================ test session starts ============================
platform linux -- Python 3.6.8, pytest-4.4.1, py-1.8.0, pluggy-0.9.0
cachedir: .pytest_cache
rootdir: /home/alfredo/python/python-devops/samples/chapter16
plugins: testinfra-3.0.0, xdist-1.28.0, forked-1.0.2
collected 2 items

test_remote.py::test_release_file[ssh://node1] PASSED                [ 50%]
test_remote.py::test_release_file[ssh://node2] PASSED                [100%]

========================== 2 passed in 3.82 seconds ==========================
```

在提升細節度的等級(使用 -v)後,可以看到 Testinfra 對兩台在呼叫階段指定的遠端主機上執行同一個測試函式。

當設定主機時,建立不需要密碼的連線非常重要。不應該有任何密碼的請求被彈出,而且如果使用 SSH 的話,應該啟用密鑰的方式進行認證。

當自動化這些類型的測試（舉例來說，作為持續整合系統工作的一部分），你可以從產生主機、決定通訊的方式、以及任何其他特別的指令當中獲益。Testinfra 可以使用 SSH 組態檔案來決定要和什麼主機進行通訊，在前次的測試中，使用了 Vagrant（*https://www.vagrantup.com*）來產生這些主機，且每台主機都有特別的密鑰與通訊的設定。Vagrant 可以為每個建立的主機產生隨機的 SSH config：

```
(validation) $ vagrant ssh-config

Host node1
  HostName 127.0.0.1
  User vagrant
  Port 2200
  UserKnownHostsFile /dev/null
  StrictHostKeyChecking no
  PasswordAuthentication no
  IdentityFile /home/alfredo/.vagrant.d/insecure_private_key
  IdentitiesOnly yes
  LogLevel FATAL

Host node2
  HostName 127.0.0.1
  User vagrant
  Port 2222
  UserKnownHostsFile /dev/null
  StrictHostKeyChecking no
  PasswordAuthentication no
  IdentityFile /home/alfredo/.vagrant.d/insecure_private_key
  IdentitiesOnly yes
  LogLevel FATAL
```

將這些輸出內容匯出成一個檔案，然後傳給 Testinfra。如果使用超過一個主機的情況下，這種使用方式將提供較好的彈性：

```
(validation) $ vagrant ssh-config > ssh-config
(validation) $ pytest --hosts=default --ssh-config=ssh-config test_remote.py
```

使用 --hosts=default 來避免在指令模式中直接地列出它們，並且將 SSH 組態檔傳送給測試引擎。即使不使用 Vagrant，如果要使用一些特定的指令與許多主機進行通訊，SSH 組態的用法仍然是相當實用的。

如果節點為本地端、SSH、或者是 Docker 容器，Ansible（*https://www.ansible.com*）是另一種選項。透過分為數個不同群組的主機清單（比較像是 SSH config），測試設置因此變得更加容易，使用上也可以指定主機群組，這樣可以選擇要測試的主機，而不是對所有主機進行測試。

基於前一個範例中 node 1 和 node1 2 兩個節點，我們來看看主機清單是如何進行定義的（並且儲存為 hosts）：

```
[all]
node1
node2
```

如果要針對全部主機執行，指令會改如下述：

```
$ pytest --connection=ansible --ansible-inventory=hosts test_remote.py
```

如果清單裡面有些其他主機需要在測試中被排除，也可以透過指定群組來達成。假設有兩個作為網路服務伺服器的主機節點，而且都被定義在 nginx 群組中，下面這個指令將只針對該群組進行測試：

```
$ pytest --hosts='ansible://nginx' --connection=ansible \
  --ansible-inventory=hosts test_remote.py
```

許多系統指令需要超級使用者權限。為了能夠允許有較高的執行權限，Testinfra 允許指定 --sudo 或 --sudo-user。執行參數 --sudo 讓測試引擎以 sudo 權限執行指令，而 --sudo-user 執行參數則是允許測試引擎以其他具有較高使用權的使用者身分執行測試。fixture 可以直接地被使用。

功能與特別的 Fixture

到目前為止，host fixture 是數個範例中唯一用到的 fixture，主要用來檢查檔案和內容。乍看它的功能就是如此，但這只是片面的理解。host fixture 是個一應俱全的 fixture；它仍包含了其他強而有力，並且由 Testinfra 所提供的 fixture。這個範例只是使用了 host.file，另外還有許多額外的工具也可以直接使用：

```
In [1]: import testinfra

In [2]: host = testinfra.get_host('local://')

In [3]: node_file = host.file('/tmp')

In [4]: node_file.is_directory
Out[4]: True

In [5]: node_file.user
Out[5]: 'root'
```

統整各種功能的 host fixture 使用 Testinfra 的擴充 API 來取得相關資料，Testinfra 會在與主機建立連線時，將所有資料載到 host fixture 中。此機制的設計初衷是撰寫一個可以運行在不同節點上的測試程式，而所有存取的操作都是來自於同一個 host fixture。

host fixture 有許多的屬性可以取得（*https://oreil.ly/2_J-o*）。以下是一些最常用到的屬性：

host.ansible

　　提供對於執行期間 Ansible 的所有屬性的存取，比方說主機、清單和變數

host.addr

　　用來處理比方說是 IPV4 和 IPV6 的網路工具，可以檢查主機是否可以連接到、主機位置是否可以解析

host.docker

　　連接到 Docker API 的代理介面，可以透過它與容器溝通，以及確認容器是否正在運行

host.interface

　　對設定的通訊介面進行位址查詢的輔助工具

host.iptables

　　用來驗證 host.iptables 上防火牆規則的輔助工具

host.mount_point

　　檢查掛載點、檔案系統類型（若它們存在於路徑上）、以及掛載設定

host.package

　　查詢套件是否已經安裝以及對應版本，是**非常有用**的工具

host.process

　　檢查是否為正在運行的進程

host.sudo

　　讓使用者可以使用 host.sudo 或者是用別的身分進行指令操作

host.system_info

所有系統的詮釋資料，如發佈的版本、釋出資訊、和代號

host.check_output

執行系統指令、在成功運行後，檢查輸出內容、而且可以和 host.sudo 一起使用

host.run

執行指令，並且可以讓開發者檢查執行後的返回值、host.stderr、和 host.stdout

host.run_expect

驗證返回值是否如預期

範例

實踐開發系統確效測試的最簡單方式就是在建立實際部署時，便開始進行測試的開發。這樣的概念近似於*測試驅動開發*（*Test Driven Development*, TDD），任何新的開發進度都伴隨著新的測試。在本節，需要安裝一個網路服務伺服器，並且確認它運行在連接埠 80 上以提供靜態網頁。每當開發有進度，測試便隨即被加入。因為撰寫測試的一部分目標就是了解系統失效的情境，所以將會帶入一些問題來幫助我們找出解決方法。

在 *vanilla* Ubuntu 主機上，開始安裝 Nginx 套件：

```
$ apt install nginx
```

在整個範例操作有些進展後，建立一個新的測試檔案 *test_webserver.py*，以便用來新增測試案例：

```
def test_nginx_is_installed(host):
    assert host.package('nginx').is_installed
```

使用 -q 執行參數來降低 pytest 的訊息細節度，以便能夠專心在失敗案例上。遠端主機名稱為 node4，允許使用 SSH 進行連接。下面是用來執行第一個測試的指令：

```
(validate) $ pytest -q --hosts='ssh://node4' test_webserver.py
.
1 passed in 1.44 seconds
```

有進展了！網路服務伺服器需要被啟動，並且處於運行狀態，所以建立一個新的測試來驗證這個狀態：

```
def test_nginx_is_running(host):
    assert host.service('nginx').is_running
```

再執行一次測試，新增的測試應該會發生作用：

```
(validate) $ pytest -q --hosts='ssh://node4' test_webserver.py
.F
================================= FAILURES =================================
_____ test_nginx_is_running[ssh://node4] _____

host = <testinfra.host.Host object at 0x7f629bf1d668>

    def test_nginx_is_running(host):
>       assert host.service('nginx').is_running
E       AssertionError: assert False
E        +  where False = <service nginx>.is_running
E        +    where <service nginx> = <class 'SystemdService'>('nginx')

test_webserver.py:7: AssertionError
1 failed, 1 passed in 2.45 seconds
```

有些 Linux 的發佈版本不允許套件在被安裝後啟動服務。此外，測試已經成功地確認了 Nginx 服務並未運行，服務狀態是由 systemd（預設的服務單元管理程式）所提供的。手動啟動 Nginx，並且再一次執行測試，這次所有的測試應該都會通過：

```
(validate) $ systemctl start nginx
(validate) $ pytest -q --hosts='ssh://node4' test_webserver.py
..
2 passed in 2.38 seconds
```

如本節一開始所述，網路服務伺服器應該開始在連接埠 80 上提供靜態網頁的服務。下一步是新增一個測試（在 *test_webserver.py*）來測試連接埠號：

```
def test_nginx_listens_on_port_80(host):
    assert host.socket("tcp://0.0.0.0:80").is_listening
```

這個測試牽涉到更多的細節，而且需要較多的注意。它會檢查**主機上任何 *IP* 位址的連接埠 80 的 TCP 連線**。以我們的例子來說，這樣的實作是可行的。但是如果主機有多個介面，而且已經被設定使用特定的位址，那麼就應該為這樣的情況新增另一個新的測試。新增另一個用來檢查某個給定的位址上是否連接埠 80 正在等待請求的測試或許有些過頭，但如果考量到測試報告，這個測試將能夠幫助你了解問題的狀況：

1. 測試 nginx 是否正在連接埠 80 上等待請求：通過

2. 測試 nginx 是否在 192.168.0.2 的連接埠 80 上等待請求：失敗

上述的結果可以告訴我們，Ngnix 的確在連接埠 80 上等候請求，只是並不是在正確的位址上。使用一個額外的測試來知道不同的細節是相當好的方式（代價是產生更多冗長的資訊）。

再次執行新增測試案例後的程式：

```
(validate) $ pytest -q --hosts='ssh://node4' test_webserver.py
..F
================================= FAILURES =================================
_____ test_nginx_listens_on_port_80[ssh://node4] _____

host = <testinfra.host.Host object at 0x7fbaa64f26a0>

    def test_nginx_listens_on_port_80(host):
>       assert host.socket("tcp://0.0.0.0:80").is_listening
E       AssertionError: assert False
E        +  where False = <socket tcp://0.0.0.0:80>.is_listening
E        +    where <socket tcp://0.0.0.0:80> = <class 'LinuxSocketSS'>

test_webserver.py:11: AssertionError
1 failed, 2 passed in 2.98 seconds
```

連接埠 80 並沒有在任何的位址上等待請求。檢查一下 Nginx 的組態設定，可以發現它透過指令將預設服務點設定在連接埠 8080 上：

```
(validate) $ grep "listen 8080" /etc/nginx/sites-available/default
    listen 8080 default_server;
```

從組態中將連接埠設回 80 並且重啟 nginx 服務後，再次通過測試：

```
(validate) $ grep "listen 80" /etc/nginx/sites-available/default
    listen 80 default_server;
(validate) $ systemctl restart nginx
(validate) $ pytest -q --hosts='ssh://node4' test_webserver.py
...
3 passed in 2.92 seconds
```

因為內建 fixture 所提供的功能並未包括處理基於某個位址的 HTTP 請求，最後一個測試會透過 wget 工具來取得網站上的內容，並且利用斷言功能檢查內容，以便確認靜態網站是否正確提供服務：

```
def test_get_content_from_site(host):
    output = host.check_output('wget -qO- 0.0.0.0:80')
    assert 'Welcome to nginx' in output
```

再一次執行 *test_webserver.py*，驗證所有的假設都是正確的：

```
(validate) $ pytest -q --hosts='ssh://node4' test_webserver.py
....
4 passed in 3.29 seconds
```

了解 Python 測試的概念並將它們重新用於系統確效上能帶來極大的幫助。在開發系統過程中進行自動化測試，或者是為已存在的基礎設施撰寫並且執行測試，都是用來簡化那些容易產生錯誤的日常操作的極佳手段。pytest 和 Testinfra 是可以協助你開始測試的好專案，而且當需要為測試工具進行擴充時，它們也讓擴充過程變得更加簡單。測試是一種技能的提升。

使用 pytest 測試 Jupyter Notebook

一個能為你的公司帶來極大麻煩的簡單方式就是，忘記將軟體工程的最佳實踐帶入資料科學與機器學習的任務中。修補這個問題的其中一種方法就是使用 pytest 的外掛 nbval，它能夠讓你對 notebook 的內容進行測試。來看一下如何在 Makefile 進行設置：

```
setup:
    python3 -m venv ~/.myrepo

install:
    pip install -r requirements.txt

test:
    python -m pytest -vv --cov=myrepolib tests/*.py
    python -m pytest --nbval notebook.ipynb

lint:
    pylint --disable=R,C myrepolib cli web

all: install lint test
```

關鍵的項目是執行參數 --nbval，這個執行參數可以讓存放在儲存庫的 notebook 被建置主機進行測試。

練習

- 提出至少三個命名規則，使得 pytest 可以透過這些規則找到測試。

- *conftest.py* 是什麼？

- 解釋測試案例的參數化。

- 什麼是 fixture，以及如何在測試中使用它？它有帶來方便嗎？為什麼？

- 解釋如何使用 monkeypatch fixture。

問題式案例研究

- 建立一個測試模組，該模組使用 testinfra 連接到遠端主機。檢查 nginx 是否安裝、是否透過 systemd 運行中、以及服務是否綁定在連接埠 80 上。當這些測試均通過時，試試看藉由修改 Nginx 組態，讓服務在其他連接埠上等待請求，讓測試失敗。

## 第九章

雲端運算

「雲端運算」這個術語所帶來的困惑感，如同其他受到歡迎的現代流行詞（如大數據、人工智慧、和敏捷）一樣。當一個術語受歡迎到達一個程度，最終它所代表的意義便因人而異。有一個精準的定義是「雲是隨需計算服務的一種交付模式，你可以按照你所使用的服務付費，就像日常生活中的其他必需品一般，如天然氣、電力，或者是水」。

雲計算最大的好處包括了成本、速度、世界等級的規模、生產力、效能、可靠度、和安全性。讓我們進一步解釋每個項目。

成本

沒有前置成本，可以精確地進行資源計量，以滿足所需。

速度

雲提供了自助服務，使得一個專業的使用者可以善用資源快速建置解決方案。

世界等級的規模

所有的主要雲服務供應商都具有世界等級的規模，這意味著服務可以被部署到世界各地，來滿足地理區域的需求。

生產力

許多的任務不復存在，如將主機上架、設置網路相關的硬體、和建置資料中心的實體安全防護。公司可以專注在建立核心的智慧財產，而不是重新發明輪子。

效能

不像自有硬體，雲服務所使用的硬體可以持續地被升級，這意味著最快和最新的硬體總是可以隨需取得。所有的硬體也總是基於低延遲和高頻寬的基礎設施（一個理想的高效能環境）被結合起來。

可靠度

  雲服務的核心架構在每個環節提供了冗餘的保護。多服務區域以及一個區域中有多
  個資料中心。雲原生架構能夠基於這些能力進行設計，進而達成了高可用的架構。
  此外，許多核心的雲服務也都具有高可用的特性，如 Amazon S3 就有九個 9 或稱
  99.9999999% 的服務水準。

安全性

  安全性的考量往往是相當不足的，但透過整合到集中式的安全管理機制，可以獲得
  更高級別的安全性。如對資料中心的實體存取方式或者是靜態加密（encryption at
  rest）都已經成為建置服務的產業標準。

雲端運算的基礎

在一些面向上，很難只想到 DevOps 而沒有想到雲端。Amazon 將以下幾個元素視為
DevOps 的最佳實踐：持續整合、持續部署、微服務、基礎設施即程式碼、監控與日
誌、以及溝通與協作。基於這些最佳實踐，你可能會抱怨這些元素都依賴於雲端運算的
存在。甚至是最難定義的「溝通與協作」都因為現代化的套裝 SaaS 溝通工具：Jira、
Trello、Slack、Github、和其他工具得到了實踐。這些 SaaS 溝通工具是在哪裡運行並且
提供服務的呢？雲端！

關於現代化雲端世代的獨特之處是什麼呢？至少有三個受到定義的特徵：理論上無限的
計算資源、隨需存取的計算資源、和沒有預置成本。DevOps 正是隱藏在這些特徵中，
發揮著關鍵少數原則的功效。

實務上，如果能按照雲端工具最有效率的方式使用，雲端所帶來的成本效益是極為顯著
的。換句話說，對於雲端使用不夠熟練的組織，使用雲所帶來的卻是高得嚇人的支出，
這是因為他們並未善用雲端服務的核心功能。平心而論，早期雲服務的毛利大概有 80%
來自於不熟練的使用者所造成的計算實體閒置、錯誤的選用計算實體、沒有為服務設計
彈性伸縮、或者使用的軟體架構並不符合雲原生的概念，比方說將所有東西都推到關聯
式資料庫中。同樣地，剩餘 20% 的毛利則是來自於那些具有卓越 DevOps 能力且善用資
源的節約組織。

在雲端服務來臨之前，過去一直有無法去除的固定成本。就金錢和開發時間兩方面來
說，這筆成本是固定的。一座資料中心必須由一組人員進行維護，而這些人員是全職而
且十分昂貴的。

隨著雲端服務越益成熟，只剩下頂尖中的頂尖人才在資料中心裡工作，並受雇於那些極為複雜的組織，如 Google、Microsoft、和 Amazon。從統計的角度來說，小公司至少在長期內不可能擁有如同那些在資料中心裡工作的拔尖硬體人才。

經濟學的基礎法則是比較優勢原則。與其專注在雲端運算的成本以及思考如何靠自己建置來節省成本，不如專注在不做其他有價值的事所帶來的**機會成本**。大多數的組織會得到如此的結論：

1. 它們無法與 Google、Amazon、和 Microsoft 那樣級別的公司在資料中心專精程度上競爭。

2. 支付雲端服務的費用能夠幫助公司專注在其他可以發揮特長的領域上。

Netflix 便是決定專注在提供串流媒體服務與創造原創內容上，而非自己運營資料中心。如果你看過 Netflix 這十一年來的股票價格（圖 9-1），很難找到抱怨這個策略的理由。

圖 9-1　Netflix 的 11 年股價

雖然 Netflix 的獨到之處是致力於在雲端服務中實現卓越的營運能力，但是 Netflix 的現任和前任的員工在許多大型會議中演講、開發並且釋出工具到 GitHub 上，以及在關於 DevOps 與雲端運算主題上，出版並且撰寫文章。這進一步的指出了一個觀點，那就是運用雲端運算來實現目標是正確的選擇，但這仍舊是不夠的，這樣的決定必須搭配上卓越的雲端服務營運能力。否則，組織所面臨的風險就等同於簽了一年健身房會員合約，最後卻只去了三週一樣。沒有去健身房的會員資助了那些規律性上健身房的會員為健身房所帶來的成本。

雲端運算的類別

雲端運算有幾種主要的類別：公有雲、私有雲、混合雲、和多雲。大多數的時候我們聽到的雲，指的是公有雲。然而，那並非是雲的唯一類別。私有雲為單一組織所專用，它可能實際運行在該組織的資料中心、或者託管於另一家公司。私有雲供應商的例子有 HPE、VMware、Dell、和 Oracle。私有雲中最受歡迎的開源選項便是 OpenStack。採用 OpenStack 提供服務的最佳實際案例便是 Rackspace，這家公司是空間託管中一種利基型的選項，同時也是 OpenStack 私有雲即服務領域中最大服務提供商之一。

一種較為彈性的選項是混和雲。混合雲結合了私有雲與公有雲。舉個例子來說，這種類別的雲架構針對需要縮放和額外容量的服務採用公有雲方案，而對於日常運營的服務則使用私有雲。另一種例子是需要使用特別硬體的架構，比方說 GPU。當要進行深度學習時使用私有雲，而與其連接的公有雲則作為核心的基礎設施。甚至主要的公雲商都正在步入這個領域。一個很好的例子就是來自 Google 的 Anthos 平台（*https://cloud.google.com/anthos*）。這個平台在連接自有的資料中心到 GCP 下足了苦功，使得如無縫運行 Kubernetes 集群在兩種雲之間的工作流可以被建置起來。

最後，多雲出現的一部分是由於現代化 DevOps 技術（如 Docker 容器）和 IaC 解決方案（如 Terraform）。多雲的策略就是同時使用多個雲。一個絕佳的範例便是在容器中運行服務，並且讓容器同時在多個雲上執行。為什麼要這樣設計呢？其中之一的理由是當 AWS 競價型執行個體較便宜而能產生利潤時，你可以決定將這個任務運行在 AWS 競價型執行個體中，但當 AWS 競價型執行個體的費用太高時，則運行到 GCP 上。而像 Terraform 這類的工具能夠讓你從雲端服務的概念中解脫，專注於比較熟悉的組態語言當中，同時容器技術又能允許程式和執行環境部署至任何可以運行容器的地方。

雲端服務的類別

雲端服務有五種主要的類型：基礎設施即服務（IaaS）、實體主機即服務（MaaS）、平台即服務（PaaS）、無伺服器運算（serverless）、和軟體即服務（SaaS）。每一個雲端服務對應著不同層別的抽象度以及個別的優缺點。現在就來進一步介紹每種服務。

基礎設施即服務

IaaS 是較低層別的服務類型，它包含了按分鐘租賃的虛擬主機、存取物件儲存體、提供軟體定義網路、軟體定義儲存、和競價型虛擬主機。這個層級的服務與 AWS 關係最為密切，尤其當早期 Amazon 在 2006 年啟用 S3 雲端儲存、SQS（Simple Queue Service）、和 EC2（虛擬主機）時。

對於有 DevOps 強大專業知識的組織而言，這種服務的優點是只需要小團隊，便能達到高成本效益和可靠度，缺點就是 IaaS 的學習曲線相當陡峭，如果管理不善，可能帶來高昂的成本與人力的花費。在 2009-2019 的灣岸地區，有許多公司在 AWS 上演了這樣的真實情況。

一個深刻體驗到的故事發生在 Noah 為一家專門提供監控與搜尋工具的 SaaS 公司工作的時候。在他開始工作的第一個月，有兩個涉及雲的關鍵問題。發生在第一週的第一個問題是 SaaS 的計費系統錯誤地設定了儲存系統，公司正在刪除付費客戶的資料！這個問題的核心是他們沒有必要的 DevOps 基礎設施，包括了沒有建置主機、沒有測試、沒有真實隔離的開發環境、沒有程式碼審查、以及受限的自動軟體部署能力，而這些基礎設施正是可以讓它們成功地運營在雲環境中的要素。當這把熊熊的烈火正在燃燒時，Noah 提供的解決方案便是這些 DevOps 的實踐。

一位工程師用烤麵包機煮培根，在公司造成了火災。Noah 覺得他聞到了煙味，所以他走向廚房查看，而火焰正蔓延到牆上和天花板。他被這樣諷刺的情景嚇傻了，使得他呆坐在那兒數秒鐘，並且沉浸在當下的氛圍裡。幸運的是一位反應快的同事（他的產品經理）趕緊拿起了滅火器並且撲滅了那場火。

此後不久，我們的雲架構出現了第二個更嚴重的問題。公司裡的開發人員都必須隨時待命，才能支撐 24/7 的服務水準（CTO／創辦人除外，他們經常撰寫出直接或間接導致系統發生障礙的程式碼…稍後會詳細說明）。

某天晚上當 Noah 待命時，他在深夜兩點被來自 CEO / 創辦人的電話吵醒。他告訴 Noah 他們被駭客入侵，而且整個 SaaS 系統不復存在。沒有任何網路服務器、搜尋端點、或者是任何運行這個平台的虛擬機器。Noah 問為什麼他沒有收到告警，CEO 說監控系統也被刪除。Noah 決定在深夜兩點開車回到工作崗位，並且從當下的狀況開始處理問題。

隨著更多的資訊浮上檯面，問題變得更加明確。CEO 兼創辦人已經初始設置 AWS 帳號，並且所有關於服務中斷的電子郵件都寄送至他的信箱中。在數個月前，Amazon 已經寄信給他，並說明有關在北維吉尼亞州區域的虛擬主機將除役，並且在未來的幾個月內便會被刪除。嗯！這天總算到來而且是在深夜裡，整間公司的主機都不復存在。

當 Noah 開車回去工作崗位時，知道了這個狀況，因此他接著專注在如何透過 GitHub 上的程式碼，從零開始重新建立整個 SaaS 公司。正是這個機會，Noah 開始了解 AWS 的威力和複雜度。他從凌晨兩點處理到隔天晚間八點，讓 SaaS 系統恢復操作並且能夠接收資料、處理付款、並且提供儀表板。接著又花了 48 小時將資料從備份還原。

導致花費這樣長的時間讓東西恢復運行的理由之一，是因為部署流程被集中化到 Puppet 的分支版本上，而這套系統是由前任員工所建立，並且從未將程式碼提交至版本控管的儲存庫中。幸運的是，Noah 大約在清晨六點時，在逃過大屠殺的僅存主機上發現先前使用的 Puppet 副本。如果連這台主機都不存在的話，或許真將是那間公司的末日。在沒有基礎設施即程式碼的框架情況下，或許需要耗費一週的時間來完整重建相同複雜度的公司。

有了這次極大壓力但卻仍有個快樂結局的經驗後，教會了 Noah 許多事情。他明白到這就是使用雲的一種權衡選擇；雲的能力強大到令人難以置信，但即便是在灣岸的風險投資新創公司，它所帶來的學習曲線仍舊是陡峭地讓人沮喪。讓我們回到這位不需要隨時待命、卻可以提交程式碼到正式環境（沒有使用任何建置主機或者是持續整合系統）的 CTO / 創辦人。這個人並不是這個故事裡的反派角色。如果 Noah 在他職涯的某個時間點成為了某間公司的 CTO / 創辦人，也是有可能會犯下同樣的錯誤。

這個問題的主要肇因是權力動態。組織階層的高低並不能代表事情的正確與否。人很容易便會陶醉在自身權力並且相信因為他肩負重任，所以做的事情總是對的。當 Noah 經營一間公司時，他犯過類似的錯誤。關鍵在於正確的流程，而非人。如果沒有自動化，就會發生錯誤。如果沒有進行某種類型的自動化品質管控測試，也會發生錯誤；如果部署沒有可重複性，也會發生錯誤。

關於這間公司，還有一個最後可以分享的故事是關於監控。在經歷過初期兩個危機後，雖然問題的症狀消失了，然而潛在的問題仍舊十分危險且嚴重——這間公司有一條無效的工程流程。另一個故事將這個潛在的問題逼到了檯面。有個自行研發的監控系統（同樣地，此系統初期是由創辦人所建），而這個系統每天平均 3-4 小時便會產生一個告警。

因為不包括 CTO，全部的工程師都必須待命，所以大多數的工程師總是被剝奪睡眠，因為他們每個夜裡都會收到系統失效的告警。這個告警的解決方案正是重啟服務。Noah 自告奮勇地表示可以隨時待命一個月，以便讓工程師能夠有時間修復這個問題。持續的痛苦與睡眠的缺乏讓他明瞭了幾件事情，其中一件事是監控系統的效度沒有比隨機產生告警的監控系統高到哪去，他可以暗地裡使用下面的 Python 腳本替換掉整個系統：

```python
from   random import choices

hours = list(range(1,25))
status = ["Alert", "No Alert"]
for hour in hours:
    print(f"Hour: {hour} -- {choices(status)}"
```

```
✗ python random_alert.py
Hour: 1 -- ['No Alert']
Hour: 2 -- ['No Alert']
Hour: 3 -- ['Alert']
Hour: 4 -- ['No Alert']
Hour: 5 -- ['Alert']
Hour: 6 -- ['Alert']
Hour: 7 -- ['Alert']
Hour: 8 -- ['No Alert']
Hour: 9 -- ['Alert']
Hour: 10 -- ['Alert']
Hour: 11 -- ['No Alert']
Hour: 12 -- ['Alert']
Hour: 13 -- ['No Alert']
Hour: 14 -- ['No Alert']
Hour: 15 -- ['No Alert']
Hour: 16 -- ['Alert']
Hour: 17 -- ['Alert']
Hour: 18 -- ['Alert']
Hour: 19 -- ['Alert']
Hour: 20 -- ['No Alert']
Hour: 21 -- ['Alert']
Hour: 22 -- ['Alert']
Hour: 23 -- ['No Alert']
Hour: 24 -- ['Alert']
```

當了解到這個現況，他鑽研資料並且為過去一年的每個警報創建歷史紀錄（注意到這些告警意味著需要採取行動的狀態，並且吵醒你）。從圖 9-2，可以發現這些告警非但不合理，而且不合理的告警頻次還很荒謬地增加著。它們是「貨物崇拜（cargo culting）」工程的最佳實踐，而且像極了在充滿著草紮飛機的泥土跑道上揮舞著棕櫚枝。

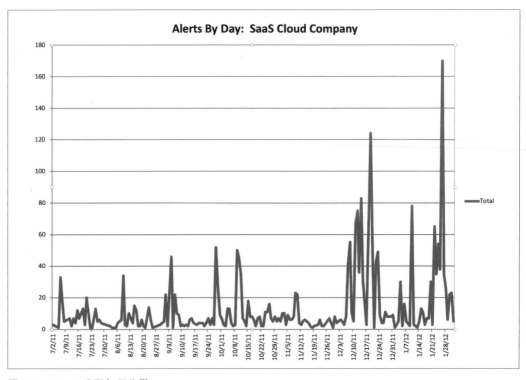

圖 9-2　SaaS 公司每日告警

在查看資料的時候，更讓人沮喪的是得知工程師耗費了這樣多年的時間回應告警並且在夜裡被喚醒，然而這一切卻都是如此地毫無用處。這些痛苦和犧牲並沒達成任何事，而且強化了一個事實，那就是生命並不是平等的。這樣不平等的情況相當令人沮喪，而且需要耗費些力氣才能說服人們同意關閉這些告警，因為人類的行為中存在一種偏誤，就是傾向持續做著一直在做的事情。此外，因為這樣如此的嚴重而且持續的痛苦，迫使產生一種為這樣的狀況賦予更深刻意義的傾向。最終，一個偽神信仰於是誕生。

實際上，對於這間公司使用 AWS IaaS 雲端服務的回顧便是 DevOps 的賣點：

1. 你必須要有一條交付的流水線和回饋的閉環：建置、測試、釋出、監控以及規畫。

2. 開發與維運不應該是各自為政的穀倉。如果 CTO 有開發程式，他也必須要隨時待命（持續被喚醒的多年苦難與折磨才能換來一個正確的回饋閉環）。

3. 階級並沒有比流程來得重要。團隊成員之間應該齊心協力，並且強調所有權與責任制，這些價值無關乎職稱、薪酬或是工作經驗。

4. 速度是 DevOps 的基本需求。從結果來看，微服務和持續交付也是必須的，因為它們讓團隊能夠對自身開發的服務有更好的所有權，而且軟體釋出的速度也更加快速。

5. 雖然快速交付是 DevOps 的基本需求，但是它需要受到持續整合、持續交付、和有效且可行動的監控與日誌支撐。

6. 它提供了管理大規模的基礎設施和開發流程。自動化與一致性是無法被撼動需求。以可重複且自動化的方式，使用 IaC 來管理開發、測試、和正式環境正是能滿足這個需求的解決方案。

實體主機（Metal）即服務

MaaS 可以讓實體主機如虛擬主機般來看待。管理虛擬主機的易用性一樣適用於實體主機。MaaS 是由 Canonical 所提供的服務名稱，這間公司的所有者 —— Mark Suttleworth，將其描述為裸機世界的「cloud sematics」。MaaS 也可以視為一種使用供應商硬體的概念，而這些供應商則將這些實際硬體當作虛擬硬體提供服務。一個好的例子就是如 SoftLayer，這是一家現在已經被 IBM 併購的實體主機供應商。

在專業且特定的類別中，對硬體有完全的控制，的確對於一些利基型的應用有某種誘惑力。一個絕佳的例子就是使用基於 GPU 的資料庫。實務上，一般的公雲也能夠提供類似的服務，所以一個完善的成本效益分析將能夠幫忙你決定什麼時候該用 MaaS。

平台即服務

PaaS 是一個具備完整開發與部署的環境，這個環境有著所有建立服務的必要資源。實際的例子有 Heroku 和 Google App Engine。PaaS 與 IaaS 不同之處在於它有開發工具、資料庫管理工具、和一些用來提供「易上手」的整合的高階服務。可以被綑綁整合起來的高階服務類型的例子有認證服務、資料庫服務、或者網路應用程式服務。

如先前討論一般，一個對於 PaaS 的合理批評是，以長期來看它的價錢要比 IaaS 貴得多；然而這必須考慮到當下所需的環境。在需要使用 PaaS 的情況下，最好是支付那些可以提供最多功能的昂貴服務。對於新創公司短暫的生命週期來說，學會如何管理 IaaS 部署的進階能力的組織機會成本太高。對於這樣的組織來說，將這些能力卸到 PaaS 供應商身上是更聰明的選擇。

無伺服器運算

無伺服器運算是雲端運算較新類別的其中之一，而且它仍然蓬勃地發展中。無伺服器運算所允諾的目標是讓開發者專注在開發應用程式與服務，而不要花時間在它們是如何被運行的。每一個主要的雲平台都有提供無伺服器運算的解決方案。

無伺服器運算的解決方案的提供方式是一個計算節點或者是函式即服務（FaaS）。AWS 有 Lambda，GCP 有 Cloud Function，Microsoft 有 Azure Function。傳統上來說，這些雲端函式的實際運作都在執行階段進行了抽象化。舉例來說，Python 2.7、Python 3.6 或者是 Python 3.7。所有的供應商都支援 Python 的執行環境，而且在某些情況下，也提供透過客製的 Docker 容器客製執行環境的支援。這邊有一個直接使用 AWS Lambda 的範例，該函式會抓取 Wikipedia 的首頁。

關於這個 Lambda 函式有幾點需要指出。函式的實作邏輯位在 `lambda_handler`，而且它需要兩個引數。第一個引數是 event，用來指出是什麼事情觸發這個函式。從 Amazon Cloud Watch 的事件計時器到從 AWS Lambda Console 中編寫任務來執行，Lambda 能以任何形式來運行與使用。第二個引數是 context，它提供有關呼叫、函式和執行環境訊息的方法和屬性。

```python
import json
import wikipedia

print('Loading function')

def lambda_handler(event, context):
    """Wikipedia Summarizer"""

    entity = event["entity"]
    res = wikipedia.summary(entity, sentences=1)
    print(f"Response from wikipedia API: {res}")
    response = {
    "statusCode": "200",
    "headers": { "Content-type": "application/json" },
    "body": json.dumps({"message": res})
    }
    return response
```

送入一個帶有 JSON 資料的請求來使用這個 Lambda 函式：

```
{"entity":"google"}
```

這個 Lambda 函式所產生的輸出也是以 JSON 方式呈現：

```
Response
{
    "statusCode": "200",
    "headers": {
        "Content-type": "application/json"
    },
    "body": "{\"message\": \"Google LLC is an American multinational technology"}
}
```

FaaS 最強而有力的面向之一是提供針對事件回應撰寫程式的能力，而不是持續運行的程式：舉例來說，Ruby on Rails 應用程式。FaaS 是一種雲原生的功能，可以真正展現雲端的優勢一彈性。此外，Lambda 函式的開發環境已經有了很大的發展。

AWS Cloud9 是一個基於瀏覽器的開發環境，它與 AWS 有很深度的結合（圖 9-3）。

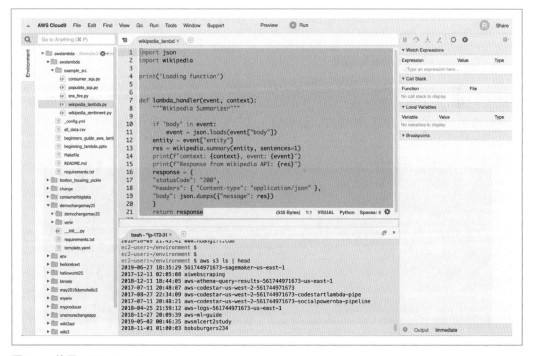

圖 9-3　使用 AWS Cloud9

Cloud 9 是現在我用來撰寫 AWS Lambda 函式和透過 AWS API 密鑰運行程式碼的首選環境。Cloud9 有內建的工具可以用來撰寫 AWS Lambda 函式，而且可以直接在本地端建置和測試，以及將它們部署到 AWS。

圖 9-4 展示了如何在 Cloud9 中，傳遞 JSON 資料並且在本地端進行測試。以這種方式進行測試是這個不斷演進的平台的重要優勢之一。

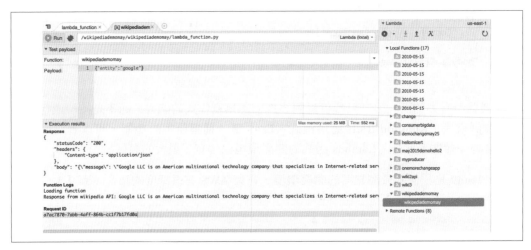

圖 9-4　在 Cloud9 執行 Lambda 函式

同樣地，Google Cloud 讓你從 GCP Cloud Shell 環境出發（參見圖 9-5）。Cloud Shell 透過存取重要的命令列工具和完整的開發環境，讓你能夠快速地著手開發。

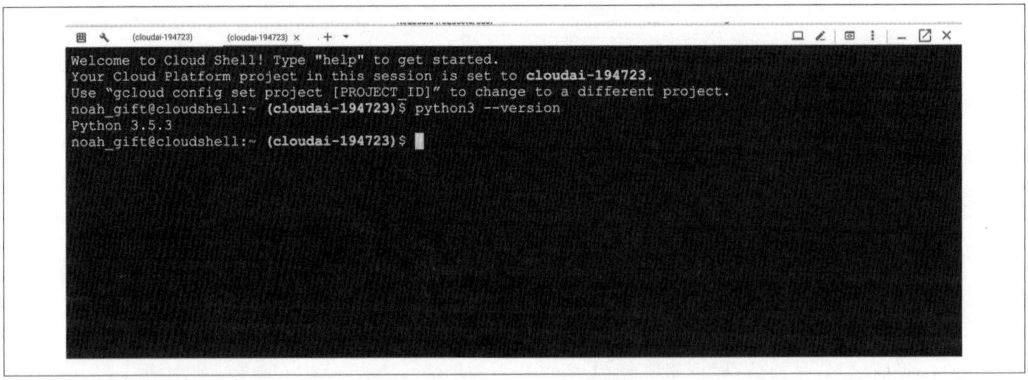

圖 9-5　GCP Cloud Shell

GCP Cloud Shell 編輯器（參見圖 9-6）是一個成熟的 IDE，具有語法標註、檔案瀏覽、和許多其他在傳統 IDE 常見的工具。

圖 9-6　GCP Cloud Shell 編輯器

關鍵的要點在於使用雲端，如果環境允許，最好的選擇也是使用原生的開發工具。它減低了安全的漏洞、限制了將資料從筆電傳遞至雲端的延遲，並且因為與原生環境深度整合而提高了生產力。

軟體即服務

打從一開始，SaaS 與雲就已經整合在一起。隨著雲推出新的功能，SaaS 產品就會持續在雲的創新功能上提供創新的應用。SaaS 產品有許多優點，尤其是在 DevOps 領域。舉例來說，在一開始就租到監控解決方案，為什麼要靠自己打造監控解決方案呢？此外，雲端服務供應商所提供的 SaaS 應用程式（如 AWS CodePipeline）或者是第三方的 SaaS 解決方案（如 CircleCI）也都支援了許多核心的 DevOps 原理，例如持續整合和持續交付。

在許多情況下，混合 IaaS、PaaS、和 SaaS 的能力使得現代化的公司能夠比十年前更加可靠和高效地開發產品。軟體開發逐年變得更加地容易，這不只是得助於雲的快速發展，也得助於在雲上建構解決方案的 SaaS 公司的快速發展。

基礎設施即程式碼

IaC 在第十章將有更仔細的介紹，請參閱該章節來得到更多有關 IaC 的細節。關於雲和 DevOps，雖然 IaC 是現實世界中雲端運算的一個基礎面向，但是 IaC 也是在雲端實現 DevOps 實踐的必備能力。

持續交付

持續交付是一個新的術語，它很容易讓人在持續整合和持續部署之間產生困惑。這兩者最大的不同在於軟體被交付到某個環境中（比方說預備環境），在這個環境中可以進行自動和手動的測試。雖然軟體並不需要立即地被發佈，但它是處在一個可發佈的狀態。更多有關建置系統的解釋可以參閱第十五章，但有一點值得指出的是它是正確使用雲的一個基本需求。

虛擬化與容器化

除了虛擬化，雲沒有更加基礎的元件了。當 AWS 在 2006 年正式啟動時，Amazon Elastic Compute Cloud（EC2）就是當時釋出的核心服務其中之一。有幾個關於虛擬化的關鍵領域需要討論。

硬體虛擬化

第一個由 AWS 釋出的虛擬化抽象層就是硬體虛擬化。硬體虛擬化有兩種形式：平行虛擬化（paravirtual, PV）或者是硬體虛擬機器（HVM）。HVM 在效能上有最好的表現。兩者在效能上最大的不同之處在於 HVM 可以善用實體主機上的硬體擴充能力，從而使得虛擬主機成為主機硬體的直接使用者，而不僅僅只是一個運行在主機上的用戶，對於主機的實際運作一無所知。

硬體虛擬化提供了運行多個作業系統於單台主機的能力，以及分割 CPU、I/O（包含網路與硬碟）、和記憶體給客作業系統（guest operating system）的能力。這種方法具備了許多優點，而且也是現代化雲端運算的基石，但對於 Python 來說，也有一些獨特的挑戰。一個問題是虛擬化後的資源顆粒度仍然太大，因此 Python 無法完全地利用運算環境。因為 Python 和執行緒的限制（它們無法妥善運用多核 CPU），一台擁有雙核的虛擬主機可能會浪費掉其中一核。將硬體虛擬化與 Python 結合在一起，由於缺乏真正的多執行緒機制，將會造成資源上極大的浪費。Python 應用程式的虛擬主機佈建通常會使得一個或多個 CPU 核心處於空閒狀態，因而造成金錢與能源的浪費。很幸運地，雲提供了新的解決方案來消除 Python 語言的缺陷。特別要說的是容器和無伺服器運算消除了這個問題，因為它們將雲視作一個作業系統，而且有 lambda 或容器取代了執行緒。不像執行緒在佇列上等待，lambda 是基於雲端的佇列產生反應（比如說 SQS）。

軟體定義網路

軟體定義網路（SDN）是雲端運算的重要組成元件。SDN 的殺手級功能是能夠動態地和用撰寫程式的方式更改網路行為的能力。在這個功能出現以前，這樣的操作常是由網路專家所管理，這些專家藉由強悍的專業知識管理著 F5 負載均衡器。Noah 曾經任職於一家大型電信公司，在那裡每天都要與一位叫做 Bob 的同事召開名為「變更管理」的會議，他控制著每個軟體的發佈。

要成為 Bob 必須要擁有一個獨特的個人特質。Bob 和公司裡的人經常有互相大吼大叫的狀況發生。那是典型的 IT 運營與開發團隊之間的戰爭，而 Bob 藉由說「不」來點燃戰火。雲和 DevOps 完全地消除了這樣的角色、硬體、和每週都會發生的爭吵。持續交付流程是一貫而持續地使用明確的組態設定、軟體和正式環境所需的資料，進行軟體的建置與發佈。Bob 的角色深深地融入到 0 與 1 的母體（Matrix）裡，被 Terraform 的程式碼所取代了。

軟體定義儲存

軟體定義儲存（SDS）是一種允許按需提供儲存空間的抽象工具。這類的儲存體的設定可以細緻到硬碟 I/O 和網路 I/O。一個好的例子就是 Amazon EBS 儲存體，它可讓使用者設定所需的硬碟 I/O。通常來說，SDS 隨著儲存體的大小，Disk I/O 會自動地增長。Amazon Elastic File System（EFS）便是一個在儲存體大小與 Disk I/O 實務上如何互為增長的好例子。EFS 隨著儲存體持續變大，會增加 Disk I/O（這個變化會自動發生），而且也已經被設計用來支持 EC2 實體同時間數以千計的請求。它也與 EC2 實體深度地整合，使得允許暫停寫入到緩衝區以及能夠非同步處理。

正是在這種情況下，Noah 擁有使用 EFS 豐富的經驗。在 AWS Batch 問世之前，他曾為一個系統設計架構並且實作，該系統承載著數以千計的 spot 實體，這些實體都掛載著 EFS 儲存體，這個集群主要的任務是利用分散式的方法，處理從 Amazon SQS 來的電腦視覺任務。使用能夠不間斷提供服務的分散式檔案系統對於分散式運算來說有極大的優勢，而且也簡化了從部署到集群運算所有的任務。

容器

容器已經出現約莫快十年了，而它們是利用了作業系統級別的虛擬化。內核（kernel）可以同時存在各自隔離的使用者空間。在 2000 年初期，主機空間託管的公司激增，而這些公司使用了 Apache 網站虛擬託管作為作業系統層級虛擬化的形式。大型主機和典型的 Unix 作業系統（如 AIX、HP-UX、和 Solaris）多年來也都有著複雜的容器型態。身為一個開發者，當 2007 年 Solaris LDOM 技術問世時，Noah 正使用著這個技術，並且對於要如何安裝完整的作業系統感到害怕，該作業系統允許使用者透過熄燈管理（lights-out management）卡從遠端登入後，對 CPU、記憶體、和 I/O 進行細微的控制。

現代化的容器正處於快速發展的時期，它借鑑在大型主機時代最好的技術結晶，並且結合如程式碼管理等新的概念。容器最重要的進展之一，就是把它們當作專案一般可以從版本控制取出。Docker 容器現在已經成為標準的容器格式，而且所有雲端供應商都支援 Dockerfile 容器，以及 Kubernetes 容器管理軟體。在第十二章有關於容器更詳盡的資訊，但有關於雲的最重要項目條列如下：

容器儲存庫（*Container registry*）

　　所有雲端供應商都有容器儲存庫，用於儲存你的容器。

Kubernetes 管理服務

　　所有雲端供應商都有 Kubernetes 的服務，現在它已經成為管理容器部署的標準。

Dockerfile 格式

　　這是用來建置容器的標準，而且是一個簡單的檔案格式。在你的建置過程中使用語法檢查工具（如 hadolint（*https://oreil.ly/XboVE*））來確保不會有簡單的錯誤發生，是一種最佳實踐的方法。

使用容器進行持續整合

所有雲端供應商都有以雲為基礎的建置系統,該系統能夠與容器進行整合。Google 有 Cloud Build(*https://oreil.ly/I5bdH*),Amazon 有 AWS CodePipeline(*https://oreil. ly/I5bdH*,而 Azure 有 Azure Pipeline(*https://oreil.ly/aEOx4*)。它們全都能夠建置容器並且將它們註冊到容器儲存庫中,以及使用容器來建置專案。

深度整合容器到全部的雲端服務

當你進入雲端平台的託管服務時,你可以放心它們全都有一個共通點 —— 容器! Amazon SageMaker(一個託管的機器學習平台)採用容器作為元件,雲端開發環境 Google Cloud Shell 使用容器,讓使用者可以客製化自己的開發環境。

分散式計算的機會與挑戰

電腦科學中最具挑戰性的領域之一就是分散式運算。在雲端運算的現代化世代,有一些根本性上的改變,而這些改變正在改變著每一件事情,其中一項重要的改變便是多核心機器的出現和摩爾定律極限。請見圖 9-7。

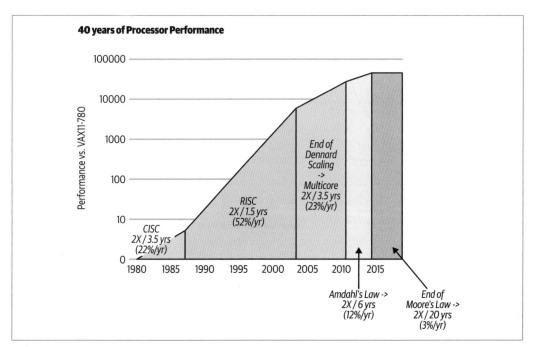

圖 9-7 摩爾定律極限(來源:*John Hennessy and David Patterson*, Computer Architecture: A Quantitative Approach, 6/e. 2018)

摩爾定律揭露出兩個根本性上的問題，而這兩個問題在雲世代中表現出來。第一個問題是，CPU 被設計為多用途的處理器，而並非專為平行運算任務所打造。如果你將這問題與提升 CPU 速度的最終物理極限聯想在一起，則在雲的世代 CPU 變得較不重要。在 2015 年，摩爾定律實際上已經終結，而且年增長為 3%。

第二個問題是，使用多核心機器抵消了單核心速度的限制已經造成軟體語言的連鎖反應。此前許多的語言在利用多核心上碰到問題，因為它們都是在多處理器出現（更不用說網際網路了）之前所設計的。Python 便是一個很好的例子。什麼事情讓狀況變得更具挑戰呢？圖 9-8 顯示了為主要並非平行的問題增加核心，只能說「天下沒有白吃的午餐」。

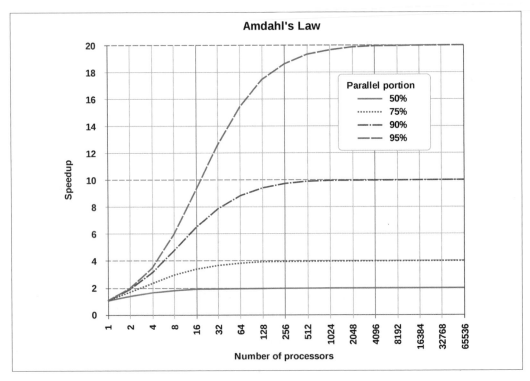

圖 9-8　阿姆達爾定律

解決上述問題的機會在於雲和不同的硬體架構，比方說特殊應用積體電路（ASIC）。這類的積體電路包括了圖形處理器（GPU）、場域可程式化邏輯閘陣列（FPGA）、和張量處理器（TPU）。這些專用的晶片在機器學習的工作中使用得愈來愈多，為採用不同硬體組合來解決分散式計算中複雜問題的雲架構鋪平了道路。

雲端時代的 Python 同步、效能和進程管理

想像一下，在深夜裡走在舊金山的漆黑道路上，這個城市中的危險地帶。在這個的情節中，你是巴西柔術黑帶的高手。你獨自一人並且發現有陌生人似乎正尾隨著你。你的心跳開始加速，並且開始想起這些年在武術上的訓練。你會需要與陌生人對抗嗎？你每週在健身房與對手進行拳擊對抗數次。你覺得如果在需要的情況下，你已經準備好保護自己。你也知道巴西柔術是一個有效的武術，並且在真實世界派上用場。

另一方面，與他人發生爭鬥仍然是需要避免的。如果有武器的話，那情況就更危險了。你可能贏得這場戰鬥但嚴重地傷害你的對手，你可能在這場戰鬥中失敗並且受重傷。每位巴西柔術專家都知道，即使勝出的機率很高，在街頭與人發生爭鬥絕非明智之舉。

在 Python 裡，同步的實作也是非常近似於這樣的狀況。有許多便利的樣式（如多進程和非同步 io），最好謹慎地使用同步。相對於自己透過程式語言實作同步的功能，更常見的另一個選擇是使用平台提供的同步功能（如無伺服器運算、批次處理、競價型執行個體）。

進程管理

Python 的進程管理是這個語言所具備的一種傑出的能力。當 Python 作為其他平台、語言、和進程的整合工具時，這正是這個語言最好的用法。此外，這麼多年以來，進程管理的實際實作也有了很大的改變，並且持續地在改善中。

管理具有子進程的進程

最簡單且最有效率的進程啟動方式是使用標準函式庫裡的 run() 函式。只要你安裝了 Python 3.7 或者更新的版本，便可以從這裡開始並且簡化自己的程式碼。hello world 的範例就只是一行程式碼而已：

```
out = subprocess.run(["ls", "-l"], capture_output=True)
```

這行程式碼幾乎完成了你可能想到的所有事情。它在 Python 的子進程呼叫了 shell 指令，並且捕捉指令的執行結果。返回值是 CompletedProcess 的物件。這個物件存有當初啟動這個進程的引數：returncode、stdout、stderr、和 check_returncode。

這個單行程式取代並且簡化了呼叫 shell 指令時，過於冗長和複雜的方法。以下是一些可能對你有所幫助且可以遵循的技巧。

Avoid shell=True

這是一個安全的最佳實踐，就是將指令作為串列裡的項目進行呼叫：

```
subprocess.run["ls", "-la"]
```

最好避免使用字串：

```
#AVOID THIS
subprocess.run("ls -la", shell=True)
```

使用這樣的呼叫方式的理由是相當直觀的。如果接受任何的字串並且執行，很容易就會意外地導致安全的漏洞。假設你寫了一個簡單的程式讓使用者能夠列出資料夾中的項目，使用者可以植入任何他們想要後門指令，以及希望透過你的程式搭便車的任意指令。撰寫出意料外的後門非常讓人感到畏懼，希望以下的範例說明了為什麼使用 shell=True 是相當不好的想法。

```
# 這是來自不懷好意的使用者的輸入，並且導致了不可復原的資料遺失：
user_input = 'some_dir && rm -rf /some/important/directory'
my_command = "ls -l " + user_input
subprocess.run(my_command, shell=True)
```

你可以透過不允許字串的輸入，完全地避免那樣的狀況：

```
# 這是來自不懷好意的使用者的輸入，然而並沒有達成目的：
user_input = 'some_dir && rm -rf /some/important/directory'
subprocess.run(["ls", "-l", user_input])
```

設置逾時並且適當地處理逾時的狀況

如果撰寫了用來呼叫進程的程式，然而這個程式可能會花費一些時間執行的話，你應該建立一個合理的預設逾時值。一個簡單的實驗這個逾時值是如何運作的方法是使用 Unix 的 sleep 指令。在這個範例裡，sleep 指令會在逾時觸發前在 IPython shell 中結束任務，它會傳回 CompletedProcess 物件：

```
In [1]: subprocess.run(["sleep", "3"], timeout=4)
Out[1]: CompletedProcess(args=['sleep', '3'], returncode=0)
```

第二個版本則會拋出例外。在大多數的情況下，為這個例外進行一些有用的處理是聰明的作法：

```
----> 1 subprocess.run(["sleep", "3"], timeout=1)

/Library/Frameworks/Python.framework/Versions/3.7/lib/python3.7/subprocess.py
 in run(input, capture_output, timeout, check, *popenargs, **kwargs)
    477             stdout, stderr = process.communicate()
    478             raise TimeoutExpired(process.args, timeout, output=stdout,
--> 479                                 stderr=stderr)
    480         except:  # 包含由 communicate 所處理的 KeyboardInterrupt
    481             process.kill()

TimeoutExpired: Command '['sleep', '3']' timed out after 1 seconds
```

一個合理的作法是捕捉 TimeoutExpired 例外，然後將例外輸出到日誌中，並且實作一些資源清理的程式碼。

```
import logging
import subprocess

try:
    subprocess.run(["sleep", "3"], timeout=4)
except subprocess.TimeoutExpired:
    logging.exception("Sleep command timed out")
```

打造專業級的系統時，為例外事件留存日誌是極為重要的。如果之後會將程式碼部署到許多機器上，卻沒有集中式的日誌系統可以提供搜尋的話，將無法追蹤並且修復錯誤。對於 DevOps 專家來說，遵循這個樣式並且傳遞它的實用性是至關重要的。

使用 Python 執行緒的問題

在你的成長過程中或許曾經有個朋友，然而你的父母親卻告訴你不要與他廝混在一起。如果真有發生過這樣的事情，非常有可能是因為你父母親在試圖幫助你避免做了錯誤的選擇。Python 執行緒就像那位在你成長時期所遇到的糟糕朋友。如果你要靠你自己駕馭它，那麼事情總是不會有好的結局。

在其他語言裡，執行緒是一個合理的權衡選項。如 C# 語言，你可以執行執行緒池，然後將這個池子與工作佇列連接，並且期待每個產生出來的執行緒可以善用裝置上所有的核心。同時使用執行緒與佇列是十分成熟的樣式，而且可以減少手動設置與移除程式碼中的 lock。

Python 並不會按這樣的方式運行。如果產生執行緒，它並不會使用到你機器上所有的核心，而且它常會以一種無法預測的方式執行，在各個核心之間穿梭，甚至是「使你的程式碼的效率變慢」。如果有其他的選擇，為什麼要去使用這樣的功能呢？

如果你對於更加深入 DevOps 感興趣，那就是專注於實用性。你只會想要學習並且應用那些實際且有效的知識。實用主義是避免在 Python 中使用執行緒的另一個理由。理論上來說，如果問題是關於 I/O 限制，你可以在某些情況下使用執行緒，並得到效能上的提升。然而，請再次思考，如果有可靠的工具存在，為什麼要去使用不可靠的工具？使用 Python 執行緒就像駕駛一台汽車，然而這台汽車因為電池不穩定，需要你推動它並且藉由鬆開離合器進行跨接啟動。如果你沒辦法進行跨接啟動，或者也無法將車停放在山丘上，那會發生什麼事呢？使用這樣的工具根本就是瘋了！

本章沒有任何有關使用執行緒的範例。為什麼要去展示一個不正確的東西呢？不使用執行緒，取而代之的是專注在本章所提出的解決方案。

使用多進程來解決問題

多進程函式庫是 Python 標準函式庫中唯一善用機器上所有核心的統一作法。從圖 9-9 可以發現，在作業系統等級上有兩個選擇：多進程與容器。

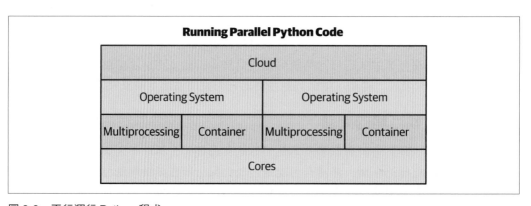

圖 9-9　平行運行 Python 程式

使用容器作為一個替代方案是相當重要的區隔。如果使用多進程函式庫的目的是用來多次呼叫一個進程，而進程之間並不需要溝通，那麼對於使用容器、虛擬機器或者是雲原生結構（如函式即服務）來作為適合的解決方案，將有很大可討論之處。一個受歡迎且有效的雲原生選擇是 AWS Lambda。

同樣地，與自己產生複製進程相比，使用容器有更多的優點。容器即可作為程式，且所需的資源可以按照自己需要的樣貌來進行設置（比方說，記憶體、CPU、或者是 disk I/O）。對於自己產生複製進程來說，它是具有相同效果的方法，而且常常是一個更好的替代方案。實務上，它們也較容易符合 DevOps 的思維。

從 DevOps 角度來看，如果你相信你應該避免自己用 Python 實作同步機制，除非這是唯一的選項，那麼什麼時候使用多進程模組也是需要受到限制的。多進程的最佳使用時機僅在開發和實驗階段，因為與此相較，不管是在容器或者是雲都有更好的選擇存在。

換另一個方式來討論是去思考相信誰來進行進程複製：自己用 Python 所實作的多進程程式，來自 Google 實作 Kubernetes 的開發者，或者是在 Amazon 實現 AWS Lambda 的開發者？經驗告訴我，最好的選擇是站在巨人的肩膀上。透過這種哲學上的思考，有一些有效使用多進程的方式。

使用 Pool() 來產生進程

一個直接用來測試複製多個進程的能力、並且使用它們運行函式的方法，是使用 sklearn 機器學習函式庫來執行 KMeans 分群。KMeans 運算是相當耗費運算資源的，而且它的時間複雜度為 $O(n**2)$，這意味著當有更多的資料時，運算速度將以指數的方式下降。這個範例不管是在巨觀或者是微觀層面上來看，都是進行平行運算的最佳類別。在下面的範例中，make_blobs 方法會建立一個有 100k 筆資料和 10 個特徵的資料集。這個處理流程會對每一個 KMeans 運算進行計時，當然也包括了它花費的總時間：

```
from sklearn.datasets.samples_generator import make_blobs
from sklearn.cluster import KMeans
import time

def do_kmeans():
    """ 基於產生的資料進行 KMeans 分群 """

    X,_ = make_blobs(n_samples=100000, centers=3, n_features=10,
                random_state=0)
    kmeans = KMeans(n_clusters=3)
    t0 = time.time()
    kmeans.fit(X)
    print(f"KMeans cluster fit in {time.time()-t0}")

def main():
    """ 執行所有實作 """

    count = 10
```

```
    t0 = time.time()
    for _ in range(count):
        do_kmeans()
    print(f"Performed {count} KMeans in total time: {time.time()-t0}")


if __name__ == "__main__":
    main()
```

KMeans 演算法的運行時間顯示了它是一個昂貴的操作，而且十回合便要耗掉 3.5 秒。

```
(.python-devops) ➜  python kmeans_sequential.py
KMeans cluster fit in 0.29854321479797363
KMeans cluster fit in 0.2869119644165039
KMeans cluster fit in 0.2811620235443115
KMeans cluster fit in 0.28687286376953125
KMeans cluster fit in 0.2845759391784668
KMeans cluster fit in 0.2866239547729492
KMeans cluster fit in 0.2843656539916992
KMeans cluster fit in 0.2885470390319824
KMeans cluster fit in 0.2878849506378174
KMeans cluster fit in 0.28443288803100586
Performed 10 KMeans in total time: 3.510640859603882
```

在下面的範例中，使用 multiprocessing.Pool.map 方法來分散 10 個 KMeans 分群運算到有 10 個進程的池子中。這個範例透過將引數 100000 映射到函式 do_kmeans 上，開始進行 KMeans 運算：

```
from multiprocessing import Pool
from sklearn.datasets.samples_generator import make_blobs
from sklearn.cluster import KMeans
import time

def do_kmeans(n_samples):
    """ 基於產生的資料進行 KMeans 分群 """

    X,_ = make_blobs(n_samples, centers=3, n_features=10,
                random_state=0)
    kmeans = KMeans(n_clusters=3)
    t0 = time.time()
    kmeans.fit(X)
    print(f"KMeans cluster fit in {time.time()-t0}")

def main():
    """ 執行所有實作 """

    count = 10
```

```
    t0 = time.time()
    with Pool(count) as p:
        p.map(do_kmeans, [100000,100000,100000,100000,100000,
                    100000,100000,100000,100000,100000])

    print(f"Performed {count} KMeans in total time: {time.time()-t0}")


if __name__ == "__main__":
    main()
```

每一個 KMeans 的運算執行時間變得更慢，但整體的速度提升兩倍。這是同步框架常見的問題；分配平行運算任務所帶來的耗費。執行平行任務並不是「免費的午餐」。每個任務都有啟動時間，大約是一秒：

```
(.python-devops) ➜ python kmeans_multiprocessing.py
KMeans cluster fit in 1.3836050033569336
KMeans cluster fit in 1.3868029117584229
KMeans cluster fit in 1.3955950736999512
KMeans cluster fit in 1.3925609588623047
KMeans cluster fit in 1.3877739906311035
KMeans cluster fit in 1.4068050384521484
KMeans cluster fit in 1.41087007522583
KMeans cluster fit in 1.3935530185699463
KMeans cluster fit in 1.4161033630371094
KMeans cluster fit in 1.4132652282714844
Performed 10 KMeans in total time: 1.6691410541534424
```

這個範例顯示了為什麼對程式碼進行效能評估是如此重要，而且也要注意不要馬上一頭栽入同步的問題中。如果這是個小規模的問題，那麼平行運算的開銷會導致程式碼執行效率變低，此外還會讓除錯變得更加複雜。

從 DevOps 角度上來看，最直接且最能被妥善維護的方法總是第一優先。實務上來說，這可能代表著這種型態的多進程平行運算是合理的做法，但在尚未嘗試過從宏觀角度出發的平行運算方法之前，不應該驟下評論。一些替代的宏觀方案可能是使用容器、使用 FaaS（AWS Lambda 或者一些其他無伺服器運算技術）、或是使用高效能伺服器來讓 Python 運行 workers（如 RabbitMQ 或是 Redis）。

函式即服務與無伺服器服務

現代化 AI 世代已經帶來了壓力，而這些壓力促使了新典範的產生。CPU 時脈速度的提升已經觸頂，這終結了摩爾定律。與此同時，資料的爆炸、雲端運算的崛起、和特殊應用積體電路（ASIC）的可用性接替了這個定律所帶來的影響力。現在，單一的函式作為一個任務處理的單位已經變成一個重要的概念。

某些方面來看，無伺服器運算和 FaaS 可以交替使用，它們描述了在雲端平台上將函式作為一個任務處理的單元運行的能力。

採用 Numba 的高效能 Python

對於解決分散式問題來說，Numba 是一個非常值得一試的函式庫。使用這個套件就像是用高效能的汽車配件改裝汽車一樣。它還利用了使用 ASIC 的趨勢來解決特定的問題。

使用 Numba 即時編譯器

接著來看看官方文件上的 Numba Just in Time Compiler（JIT）範例（*https://oreil.ly/KIW5s*），我們稍作調整，然後逐步解析其中的原理。

這個範例是一個 Python 函式，並且使用了 JIT 作為裝飾器。引數 nopython=True 強制程式碼傳遞給 JIT，並且使用 LLVM 編譯器進行優化。如果這個選項未被選擇，則意味著沒有任何東西被轉譯成為 LLVM，它將繼續維持在正常的 Python 程式碼：

```python
import numpy as np
from numba import jit

@jit(nopython=True)
def go_fast(a):
    """ 預期輸入引數為 Numpy 陣列 """

    count = 0
    for i in range(a.shape[0]):
        count += np.tanh(a[i, i])
    return count + trace
```

接著，一個 numpy 陣列被建立，使用 IPython 的神奇函式來進行計時：

```python
x = np.arange(100).reshape(10, 10)
%timeit go_fast(x)
```

輸出顯示了執行這些程式碼花費了 855 奈秒：

```
The slowest run took 33.43 times longer than the fastest. This example could mean
that an intermediate result is cached. 1000000 loops, best of 3: 855 ns per loop
```

正常版本可以藉由使用這個技巧來避開裝飾器被執行：

```
%timeit go_fast.py_func(x)
```

輸出顯示不使用 JIT 的情況下，正常的 Python 程式碼運行的速度是 20 倍慢：

```
The slowest run took 4.15 times longer than the fastest. This result could mean
that an intermediate run is cached. 10000 loops, best of 3: 20.5 µs per loop
```

藉由 Numba JIT，for 迴圈將是優化過後的版本，因此可以加速。它也可以優化 numpy 函式和 numpy 資料結構。這邊主要的重點是，或許值得回頭檢視已經存在且運行多年的程式碼，看看 Python 基礎設施的重要部分是否能夠透過 Numba JIT 的編譯獲得好處。

使用高效能主機

自我實現是人類發展中一個重要的概念，其最簡單定義就是個人發揮自己真正的潛在能力。為了達到這個目標，他們也必須接受人類的天性所帶來的所有缺陷。有一個理論是少於 1% 的人達到完全的自我實現。

同樣的概念應用到 Python 語言。完整地接受這個語言的優點與缺點可以讓開發者完全地善用它。Python 並不是一個高效率的語言。Python 並不是像其他語言一樣，是為撰寫伺服器而優化的語言（如 Go、Java、C、C++、C#、或 Erlang），而是用來將高階邏輯運行於高效能程式碼之上，而這些高效能程式碼則是採用高效能的語言或者是平台撰寫而成。

Python 受到廣泛地歡迎，因為它適合人類天生思索問題的流程。透過有足夠的經驗使用這個語言，你可以以 Python 的方式思考，就像你使用母語思考問題一般。邏輯可以使用許多種方式來表達：語言、圖騰、代碼、影像、聲音、和藝術。電腦科學所建構的如記憶體管理、型態宣告、同步處理原生物件、和物件導向設計都可以抽象畫成為單純的邏輯。對於表達想法來說，它們是可被選擇的方式。

像 Python 這樣的語言強大之處在於，它允許使用者以邏輯的層級來工作，而不是以電腦科學的層級。所以重點是什麼呢？為工作使用正確的工具，而這些工具常常就是雲，或者是採用另一種語言實作的服務。

結論

DevOps 和資料科學共享了一個共通的思路，因為它們既是職稱也是能力。DevOps 方法論的一些好處是透過實用主義實現了速度、自動化、可靠性、可擴展性、和安全性。為同步處理和進程管理，使用宏觀的解決方案增加了維運的效率。在檢視可用的框架和解決方案之前，使用微觀的解決方案是危險的 DevOps 反模式。

在雲世代，對於 Python 來說的要點是什麼？

- 為手邊的工作，學習並且專精正確的同步處理技術。
- 學會使用高效能的運算函式庫 Numba，透過使用真正的執行緒、JIT、和 GPU，來加速你的程式碼。
- 學會使用 FaaS 來優雅地解決獨特的問題。
- 將雲視為一個作業系統，並且讓它處理有關同步的困難任務。
- 擁抱雲原生結構，如持續交付、Docker 格式的容器、和無伺服器運算。

練習

- 什麼是 IaaS？
- 什麼是 PaaS？
- 彈性（elasticity）的意思是什麼？
- 可用性的意思是什麼？
- 什麼是塊儲存（block storage）？
- 不同類型的雲端運算服務是什麼？
- 什麼是無伺服器運算？
- 什麼是 IaaS 和 PaaS 之間重要的差異？
- 什麼是 CAP 理論？
- 什麼是阿姆達爾定律？

問題式案例研究

- 有間公司正猶豫著是否應該移往雲端運算，因為他們聽聞費用可能相當的高。有什麼方法可以減緩採用雲端運算時的成本風險呢？

- 什麼是雲原生架構的例子？繪製一張雲原生系統的架構圖，並且列出關於它的重要功能。

- 競價型執行個體（spot）和搶占式執行個體（preemptible）各自用途是什麼？它們可以如何節省花費？它們適合什麼問題？它們不適合什麼問題？

第十章

基礎設施即程式碼

在有精美的 DevOps 頭銜和工作描述之前，我們是低階的系統管理員，簡稱 sysadmin。在那個晦暗而雲端運算尚未到來日子裡，我們不得不將裸機裝載到汽車後車廂中，並且駛往主機託管（colo）機房，將主機上架、佈線、將輪式顯示器/鍵盤/滑鼠連接到它們上面，並且逐台地進行設置。想起自己那段在有著昏暗燈光和冷凍空調的託管設施裡花費了數小時的時光，Grig 依然不禁顫抖。我們必須是撰寫 Bash 腳本的高手，接著從 Perl 畢業，幸運的是開始擁抱了 Python。那時大約是 2004 年，網際網路正處在拼拼湊湊的艱困時期。

在 2006 年到 2007 期間的某個機會下，我們發現了 Amazon EC2 實例構成的神奇世界。我們可以透過簡單的即點即用介面，或者是命令列工具就能佈建主機。不用再開車去託管的機房，不用再將裸機上架並且進行佈線，我們能夠豪邁地一次啟動 10 台 EC2 實例，甚至是 20 台或 100 台！主機數量是沒有極限的！然而我們很快就了解到透過 SSH 手動地連接每個 EC2 實例，並且設定應用程式，是無法應付大量擴展資源的需求。佈建實例是相當簡單的，真正困難的是為應用程式安裝需要的套件、新增正確的使用者、確保檔案的存取權限正確無誤、最後安裝和設定我們的應用程式。為了解決這個問題，以「組態管理」工具為代表的第一代基礎設施自動化軟體應運而生。Puppet 是第一個家喻戶曉的組態管理工具，在 2005 年發佈並且要比 Amazon EC2 發佈的時間還早。在 Puppet 推出後的此類工具包括了 2008 年的 Chef、2011 年的 SaltStack、和 2012 年的 Ansible。

到了 2009 年，世界已經準備好迎接這個新名詞的到來：DevOps。到目前為止，DevOps 的定義仍然飽受爭議。有趣的是，它是在基礎設施軟體自動化的動盪初期所誕生的。雖然 DevOps 涉及重要的人與文化方面的議題，但在本章中會著重的面向將是：基礎設施與應用程式的自動化佈建、組態、和部署。

到了 2011 年，要追蹤所有構成 Amazon Web Services（AWS）套裝工具的所有服務已經變得十分困難，雲要比原來的計算力（Amazon EC2）和物件儲存（Amazon S3）複雜得太多，應用程式開始依賴多個服務之間的交互行為，而且需要工具來幫助自動化佈建這些服務。Amazon 很快地開始為這個問題提供解決方案。在 2011 年時，它提出了：AWS CloudFormation。這正是宣告著我們能夠使用程式碼描述基礎設施的一刻。CloudFormation 為新一代基礎設施即程式碼工具打開了大門，這些工具運行在雲基礎設施層之上，位於第一代組態管理工具所服務的層別之下。

到了 2014 年，AWS 已經啟動了數十項服務，那一年，另一個在 IaC 界裡的重要工具——HashiCorp 的 Terraform—— 也應運而生。一直到今天，CloudFormation 和 Terraform 依然是最常被使用的兩個 IaC 工具。

IaC 和 DevOps 界裡的另一個重要發展是發生在 2013 年末到 2014 年初期之間的某個時間：Docker 的發佈，後來成為容器技術的代名詞。雖然容器已經出現了許多年，但 Docker 所帶來的最大好處是，它將 Linux 容器和 cgroup 之類的技術包裝到易於使用的 API 和命令列介面（CLI）工具集上，對於想要打包應用程式到容器的開發人員來說，大大地降低了他們的進入門檻，並且可以將應用程式部署和運行在任何可以執行 Docker 的地方。容器技術和容器的編排平台會在第十一章和第十二章有更詳細地討論。

Docker 的使用率和心智佔有率摧毀了第一代組態管理工具（Puppet、Chef、Ansible、SaltStack）的受歡迎程度，這些工具背後的公司目前都在努力重新打造自己成為對雲友善的企業，以便保持生存和發展。在 Docker 來臨之前，你會使用如 CloudFormation 或 Terraform 的 IaC 工具來為你的應用程式佈建基礎設施，然後再使用組態管理工具如 Puppet、Chef、Ansible、或 SaltStack 來部署應用程式（程式碼和組態設定）。Docker 突然使得這些組態工具顯得有些過時，因為它為開發者提供了一種將應用程式（程式碼＋組態設定）打包在 Docker 容器裡的方法，該容器將在之後由 IaC 工具所佈建的基礎設施裡運行。

基礎設施自動化工具的分類

快轉到 2020 年，面對眾多可以取得的基礎設施自動化工具時，身為一個 DevOps 實踐者很容易便會迷失方向。

一個區分 IaC 工具的方式是，藉由觀察工具運用在哪個層別。如 CloudFormation 和 Terraform 之類的工具運用在雲端基礎設施層，它們允許使用者佈建雲端資源（如計算、儲存、和網路），也包括了各式各樣的服務（如資料庫、訊息佇列、資料分析和許多其他的服務）。組態工具如 Puppet、Chef、Ansible、和 SaltStack 通常運用在應用層，用來確保所有應用程式需要的套件被妥善地安裝，而且應用程式本身的組態也被正確地設定（雖然許多這些工具也有可以佈建雲端資源的模組）。容器也運用在應用層。

另一種用來比較 IaC 工具的方式是將它們分為宣告式或命令式兩類，你可以藉由宣告試圖達到的系統狀態，來指示自動化工具該做些什麼事。Puppet、CloudFormation、和 Terraform 是採用宣告式的方式運行。或者，你可以藉由程序的方式或命令的方式，明確地指出自動化工具需要進行的確切步驟，以便達到期望的系統狀態。Chef 和 Ansible 便是以命令式的方式運行，SaltStack 可以採用兩種方式來運行。

我們將期望的系統狀態作為建構建築物的藍圖，在此以體育場為例。你可以使用 Chef 和 Ansible 之類的程序型工具在每個區域內逐節逐行地建造體育場，同時你需要追蹤體育場的狀態和建造的進度。而使用 Puppet、CloudFormation、和 Terraform 之類的宣告型工具，你會先為體育場設計配置完整的藍圖，接著工具便會確保整個建構過程能夠達到藍圖所描述的狀態。

有了本章的標題，我們將把剩餘的討論集中在 IaC 工具上，這些工具可以進一步在幾個維度上進行分類。

其中一個維度是你指定期待的系統狀態。在 CloudFormation 中，你會使用 JSON 或 YAML 語法來完成，然而在 Terraform 中則是使用專有的 HashiCorp 組態語言（HashiCorp Configuration Language, HCL）語法來完成。相反地，Pulumi 和 AWS Cloud Development Kit（CDK）允許開發者使用真正的程式語言（包括 Python）來指定期待的系統狀態。

另一個面向是每個工具所支援的雲供應商。因為 CloudFormation 是 Amazon 服務，毫無疑問地，它將專注於 AWS（儘管使用自定義資源功能時，可以用 CloudFormation 定義非 AWS 資源）。AWS CDK 也是同樣的道理，相反地，Terraform 支援許多雲端供應商，Pulumi 也是如此。

因為這本書是關於 Python，所以我們想要提及一個叫做 troposphere（*https://oreil.ly/Zdid-*）的工具，該工具允許開發者透過使用 Python 程式碼來指定 CloudFormation 堆疊樣板（stack template），然後再將它們匯出成 JSON 或 YAML。Troposphere 的功用只到產生堆疊樣板，這意味著你需要透過使用 CloudFormation 佈建堆疊。另一個也是使用 Python 並且值得一提的工具是 stacker（*https://oreil.ly/gBF_N*），它使用了 troposphere 作為基礎，但仍是提供生成的 CloudFormation 堆疊樣板。

本章剩餘的部分展示了其中兩個自動化工具——Terraform 和 Pulumi，它們各自在一個常見的場景下運作，該場景會使用 Amazon S3 部署靜態網站，並且使用 Amazon CloudFront CDN 作為存取的前端，以及受到由 AWS Certificate Manager（ACM）簽發的 SSL 憑證保護。

 在下面範例中所使用到的一些指令會產生大量的輸出。除了實際上有助了解指令的情況下，我們會忽略大多數的輸出，以便節省篇幅，並且使你能夠更專注在有用的資訊上。

手動佈建

我們開始透過 AWS 的網頁控制台介面，手動地完成整個預期的場景。沒有任何方式比親自體驗過手動操作所帶來的不便與痛苦，更能讓你深刻體會自動化繁瑣的工作所帶來的好處！

首先我們依照 AWS 網站的文件來使用 S3 進行託管（*https://oreil.ly/kdv8T*）。

我們已經從 Namecheap 購得一個網域名稱：devops4all.dev。我們為這個網域使用 Amazon Route 53 建立一個託管的區域（zone），並且將此網域在 Namecheap 裡對應的名稱伺服器指到用來處理這個託管網域的 AWS DNS 伺服器上。

我們佈建兩個 S3 儲存桶，一個用在網站的根 URL（devops4all.dev），另一個用在 www URL（www.devops4all.dev）。這個想法是將請求從 www 轉向到 root URL。我們也仔細閱讀了指南，並且使用正確的權限為託管靜態網站對儲存桶進行組態設定。我們上傳一個 *index.html* 檔案和一個 JPG 圖檔到根 S3 儲存桶。

下一步便是佈建 SSL 憑證，以便處理根網域名稱（devops4all.dev）和屬於它的所有子網域（*.devops4all.dev）。為了進行驗證，我們使用了新增到 Route 53 託管區域的 DNS 紀錄。

 ACM 憑證需要被佈建在 us-east-1 AWS 區域，才可以在 CloudFront 中使用。

接著建立 AWS CloudFront CDN 分佈，該分佈指向根 S3 儲存桶，並且使用在前一個步驟所佈建的 ACM 憑證。我們指定 HTTP 請求必須重新導向到 HTTPS。當 CDN 分佈被部署完畢（大約需要 15 分鐘），我們針對根網域和 www 網域來新增 Route 53 紀錄為 Alias 類別的 A 紀錄，該紀錄指向 CloudFront 分佈端點的 DNS 名稱。

在本練習的結尾，我們能夠訪問 *http://devops4all.dev*，然後被自動重新導向到 *https://devops4all.dev*，並且查看這個網站的首頁，該網頁會顯示上傳的圖片。我們也會試著訪問 *http://www.devops4all.dev*，它也會自動地被重新導向到 *https://devops4all.dev*。

手動建置所有提及的 AWS 資源大約要花費 30 分鐘。我們也花了 15 分鐘在等待傳播 CloudFront 分佈，總共 45 分鐘。請注意，我們在先前的範例中，便操作過所有的步驟，所以在此處僅需要些許的 AWS 指南，便能知道該做些什麼。

> 值得花些時間感懷一下現在佈建一個免費的 SSL 憑證是有多麼容易。當你提交證明公司存在的證據之後，你需要曠日費時等待憑證提供者核准你的請求的日子，已經一去不復返了。有了 AWS ACM 和 Let's Encrypt，從 2020 年開始再也找不到任何藉口，無法全面地為你的網站啟用 SSL 了。

使用 Terraform 進行自動化基礎設施佈建

即使 Terraform 和 Python 沒有直接關係，我們還是選擇用 Terraform 作為替這些任務進行自動化的第一套 IaC 工具，因為它有數個優勢，比方說成熟度、強大的生態系、和支援多種雲供應商。

撰寫 Terraform 的建議方式是使用模組，這些模組是可重複使用的 Terraform 組態程式碼的元件。有一個由 HashiCorp 所維護的 Terraform 元件共用儲存庫（*https://registry.terraform.io*），在那裡可以搜尋到已經做好的模組，你或許可以使用它們來佈建需要的資源。在這個範例裡，我們會撰寫自己的模組。

這邊使用到的 Terraform 版本為 0.12.1，這是目前撰寫本書時的最新版本。在 Mac 上請透過 brew 進行安裝：

```
$ brew install terraform
```

佈建 S3 Bucket

建立一個 *modules* 資料夾,並且在裡面建立一個名為 *s3* 的資料夾,裡面有三個檔案:
main.tf、*variables.tf*、和 *outputs.tf*。在 *s3* 資料夾中,*main.tf* 會告訴 Terraform 使用特定的原則建立 S3 儲存桶。它使用一個稱為 domain_name 變數,這個變數是宣告在 *variables.tf* 中,而且值會被模組的呼叫者傳入。它輸出 S3 儲存桶的 DNS 端點,這個端點會被稍後其他模組作為輸入變數來使用。

下面是在 *modules/s3* 裡的三個檔案:

```
$ cat modules/s3/main.tf
resource "aws_s3_bucket" "www" {
  bucket = "www.${var.domain_name}"
  acl = "public-read"
  policy = <<POLICY
{
  "Version":"2012-10-17",
  "Statement":[
    {
      "Sid":"AddPerm",
      "Effect":"Allow",
      "Principal": "*",
      "Action":["s3:GetObject"],
      "Resource":["arn:aws:s3:::www.${var.domain_name}/*"]
    }
  ]
}
POLICY

  website {
    index_document = "index.html"
  }
}

$ cat modules/s3/variables.tf
variable "domain_name" {}

$ cat modules/s3/outputs.tf
output "s3_www_website_endpoint" {
  value = "${aws_s3_bucket.www.website_endpoint}"
}
```

上述 aws_s3_bucket 資源的 policy 屬性是一個定義 S3 儲存桶可以公開被存取政策範例。如果你在 IaC 環境下處理 S3 儲存桶，花點時間熟悉一下有關儲存桶和使用者策略的官方 AWS 文檔（*https://oreil.ly/QtTYd*）是值得的。

主要將整個模組整合在一起的 Terraform 腳本是在當前目錄裡的 *main.tf*：

```
$ cat main.tf
provider "aws" {
  region = "${var.aws_region}"
}

module "s3" {
  source = "./modules/s3"
  domain_name = "${var.domain_name}"
}
```

它會參考定義在另一個叫做 *variables.tf* 檔案的變數：

```
$ cat variables.tf
variable "aws_region" {
  default = "us-east-1"
}

variable "domain_name" {
  default = "devops4all.dev"
}
```

這是當前的目錄結構：

```
|___main.tf
|___variables.tf
|___modules
| |___s3
| | |___outputs.tf
| | |___main.tf
| | |___variables.tf
```

執行 Terraform 的第一步是呼叫 terraform init 指令，它會讀取所有被主要檔案參考的任何模組內容。

下一步便是執行 terraform plan 指令，該指令會建立先前討論中提到的藍圖。

為了建立計畫中所指定的資源，執行 terraform apply：

```
$ terraform apply

An execution plan has been generated and is shown below.
Resource actions are indicated with the following symbols:
  + create

Terraform will perform the following actions:

  # module.s3.aws_s3_bucket.www will be created
  + resource "aws_s3_bucket" "www" {
      + acceleration_status = (known after apply)
      + acl  = "public-read"
      + arn  = (known after apply)
      + bucket  = "www.devops4all.dev"
      + bucket_domain_name  = (known after apply)
      + bucket_regional_domain_name = (known after apply)
      + force_destroy = false
      + hosted_zone_id= (known after apply)
      + id= (known after apply)
      + policy  = jsonencode(
          {
              + Statement = [
                  + {
                      + Action = [
                          + "s3:GetObject",
                        ]
                      + Effect = "Allow"
                      + Principal = "*"
                      + Resource  = [
                          + "arn:aws:s3:::www.devops4all.dev/*",
                        ]
                      + Sid = "AddPerm"
                    },
                ]
              + Version= "2012-10-17"
          }
        )
      + region  = (known after apply)
      + request_payer = (known after apply)
      + website_domain= (known after apply)
      + website_endpoint = (known after apply)

      + versioning {
          + enabled = (known after apply)
          + mfa_delete = (known after apply)
        }
```

```
       + website {
           + index_document = "index.html"
         }
     }

Plan: 1 to add, 0 to change, 0 to destroy.

Do you want to perform these actions?
  Terraform will perform the actions described above.
  Only 'yes' will be accepted to approve.

  Enter a value: yes

module.s3.aws_s3_bucket.www: Creating...
module.s3.aws_s3_bucket.www: Creation complete after 7s [www.devops4all.dev]

Apply complete! Resources: 1 added, 0 changed, 0 destroyed.
```

此時,使用 AWS 的控制台頁面確認 S3 儲存桶是否已經建立。

使用 AWS ACM 佈建 SSL 憑證

下一個被建立的模組是透過使用 AWS Certificate Manager 服務,來佈建 SSL 憑證。
建立一個叫做 *modules/acm* 資料夾,裡面有三個檔案分別是:*main.tf*、*variables.tf*、和
outputs.tf。在 *acm* 資料夾內的 *main.tf* 告訴 Terraform 藉由使用 DNS 作為確效的方法來建
立一個 ACM SSL 憑證。它使用一個變數叫做 domain_name,該變數被宣告在 *variables.tf*
裡,值會透過這個模組的呼叫者傳入。它輸出這個憑證的 ARN 識別碼,這個識別碼會
被其他模組作為輸入變數來使用。

```
$ cat modules/acm/main.tf
resource "aws_acm_certificate" "certificate" {
  domain_name = "*.${var.domain_name}"
  validation_method = "DNS"
  subject_alternative_names = ["*.${var.domain_name}"]
}

$ cat modules/acm/variables.tf
variable "domain_name" {
}

$ cat modules/acm/outputs.tf
output "certificate_arn" {
  value = "${aws_acm_certificate.certificate.arn}"
}
```

為新的 acm 模組在主要的 Terraform 檔案中,新增一個參照:

```
$ cat main.tf
provider "aws" {
  region = "${var.aws_region}"
}

module "s3" {
  source = "./modules/s3"
  domain_name = "${var.domain_name}"
}

module "acm" {
  source = "./modules/acm"
  domain_name = "${var.domain_name}"
}
```

接下來的三個步驟都與建立 S3 儲存桶的順序相同:terraform init、terraform plan、和 terraform apply。

為了進行確效,使用 AWS 控制台新增必要的 Route 53 紀錄。這個憑證通常會在幾分鐘之內得到驗證和簽發。

佈建 Amazon CloudFront 分佈

下一個被建立的模組是為了佈建 Amazon CloudFront 分佈。建立一個叫做 *modules/cloudfront* 資料夾,並且裡面有三個檔案,分別是:*main.tf*、*variables.tf*、和 *outputs.tf*。在 *cloudfront* 資料夾中的 *main.tf* 告訴 Terraform 建立 CloudFront 分佈。它會使用到數個變數,這些變數都已經被宣告在 *variables.tf*,相關的值會被這個模組的呼叫者傳入。它輸出這個 CloudFront 端點的 DNS 域名和針對這個 CloudFront 分佈的受託管 Route 53 zone ID,這些都會被其他模組作為輸入變數來使用:

```
$ cat modules/cloudfront/main.tf
resource "aws_cloudfront_distribution" "www_distribution" {
  origin {
    custom_origin_config {
      // 以下採用的值,均為預設值
      http_port= "80"
      https_port  = "443"
      origin_protocol_policy = "http-only"
      origin_ssl_protocols= ["TLSv1", "TLSv1.1", "TLSv1.2"]
    }

    domain_name = "${var.s3_www_website_endpoint}"
```

```
    origin_id= "www.${var.domain_name}"
  }

  enabled  = true
  default_root_object = "index.html"

  default_cache_behavior {
    viewer_protocol_policy = "redirect-to-https"
    compress = true
    allowed_methods= ["GET", "HEAD"]
    cached_methods = ["GET", "HEAD"]
    target_origin_id = "www.${var.domain_name}"
    min_ttl  = 0
    default_ttl = 86400
    max_ttl  = 31536000

    forwarded_values {
      query_string = false
      cookies {
        forward = "none"
      }
    }
  }

  aliases = ["www.${var.domain_name}"]

  restrictions {
    geo_restriction {
      restriction_type = "none"
    }
  }

  viewer_certificate {
    acm_certificate_arn = "${var.acm_certificate_arn}"
    ssl_support_method  = "sni-only"
  }
}

$ cat modules/cloudfront/variables.tf
variable "domain_name" {}
variable "acm_certificate_arn" {}
variable "s3_www_website_endpoint" {}

$ cat modules/cloudfront/outputs.tf
output "domain_name" {
  value = "${aws_cloudfront_distribution.www_distribution.domain_name}"
}
```

```
output "hosted_zone_id" {
  value = "${aws_cloudfront_distribution.www_distribution.hosted_zone_id}"
}
```

在主要的 Terraform 檔案內新增 cloudfront 模組的參照。將 s3_www_website_endpoint 和 acm_certificate_arn 作為輸入變數傳入 cloudfront 模組，這些變數的值是分別來自於其他模組，s3 和 acm。

 ARN 代表 Amazon Resource Name。它是一個字串，創建的 AWS 資源會使用者這個字串作為資源的唯一標識。當你使用 IaC 來操作 AWS 時，會看到許多被產生的 ARN 用來作為變數進行傳遞。

```
$ cat main.tf
provider "aws" {
  region = "${var.aws_region}"
}

module "s3" {
  source = "./modules/s3"
  domain_name = "${var.domain_name}"
}

module "acm" {
  source = "./modules/acm"
  domain_name = "${var.domain_name}"
}

module "cloudfront" {
  source = "./modules/cloudfront"
  domain_name = "${var.domain_name}"
  s3_www_website_endpoint = "${module.s3.s3_www_website_endpoint}"
  acm_certificate_arn = "${module.acm.certificate_arn}"
}
```

接下來的三個步驟是使用 Terraform 佈建資源的通用步驟：terraform init、terraform plan、和 terraform apply。

以這個例子來說，terraform apply 這個步驟會花費近乎 23 分鐘。佈建一個 Amazon CloudFront distribution 是在 AWS 時間花費最多的操作之一，因為 Amazon 必須在背後將這個分佈部署到全球。

佈建 Route 53 DNS 紀錄

下一個模組是用來為網站主要的網域 www.devops4all.dev 建立一個 Route 53 DNS 紀錄。建立一個叫做 *modules/route53* 資料夾，資料夾內有兩個檔案，分別是：*main.tf* 和 *variables.tf*。在 *route53* 資料夾中的 *main.tf* 告訴 Terraform 建立一個 A 類別的 Route 53 DNS 紀錄，以便作為 CloudFront 端點的 DNS 名稱別名。它使用了數個變數，這些變數都宣告在 *variables.tf*，而相關的值都會透過這個模組的呼叫者傳入：

```
$ cat modules/route53/main.tf
resource "aws_route53_record" "www" {
  zone_id = "${var.zone_id}"
  name = "www.${var.domain_name}"
  type = "A"

  alias {
    name  = "${var.cloudfront_domain_name}"
    zone_id  = "${var.cloudfront_zone_id}"
    evaluate_target_health = false
  }
}

$ cat modules/route53/variables.tf
variable "domain_name" {}
variable "zone_id" {}
variable "cloudfront_domain_name" {}
variable "cloudfront_zone_id" {}
```

在 *main.tf* 中新增一個 route53 的參照。傳遞 zone_id、cloudfront_domain_name、和 cloudfront_zone_id 作為輸入變數給 route53 模組。zone_id 被宣告在當前資料夾中的 *variables.tf*，而其他的值則取自 cloudfront 模組：

```
$ cat main.tf
provider "aws" {
  region = "${var.aws_region}"
}

module "s3" {
  source = "./modules/s3"
  domain_name = "${var.domain_name}"
}

module "acm" {
  source = "./modules/acm"
  domain_name = "${var.domain_name}"
}
```

```
module "cloudfront" {
  source = "./modules/cloudfront"
  domain_name = "${var.domain_name}"
  s3_www_website_endpoint = "${module.s3.s3_www_website_endpoint}"
  acm_certificate_arn = "${module.acm.certificate_arn}"
}

module "route53" {
  source = "./modules/route53"
  domain_name = "${var.domain_name}"
  zone_id = "${var.zone_id}"
  cloudfront_domain_name = "${module.cloudfront.domain_name}"
  cloudfront_zone_id = "${module.cloudfront.hosted_zone_id}"
}

$ cat variables.tf
variable "aws_region" {
  default = "us-east-1"
}

variable "domain_name" {
  default = "devops4all.dev"
}

variable "zone_id" {
  default = "ZWX18ZIVHAA5O"
}
```

現在，你應該經非常熟稔接下來的三個步驟了，就是透過 Terraform 佈建資源所需的三個步驟：`terraform init`、`terraform plan`、和 `terraform apply`。

複製靜態檔案到 S3

為了對這個已佈建的靜態網站進行端到端的測試，建立一個叫做 *index.html* 的簡單檔案，檔案內會包括一個 JPEG 圖片，並且將兩個檔案都複製到先前使用 Terraform 配置的 S3 儲存桶中。請確認 `AWS_PROFILE` 環境變數被正確地設定，並且保存在 *~/.aws/credentials* 檔案中：

```
$ echo $AWS_PROFILE
gheorghiu-net
$ aws s3 cp static_files/index.html s3://www.devops4all.dev/index.html
upload: static_files/index.html to s3://www.devops4all.dev/index.html
$ aws s3 cp static_files/devops4all.jpg s3://www.devops4all.dev/devops4all.jpg
upload: static_files/devops4all.jpg to s3://www.devops4all.dev/devops4all.jpg
```

參訪 *https://www.devops4all.dev/* 並且驗證你是否能夠看到上傳的 JPG 圖檔。

刪除所有利用 Terraform 佈建的 AWS 資源

佈建雲端資源時，你都必須注意所有資源的相關成本。你很容易就會忘記它們，然後在月底收到 AWS 帳單時感到驚訝。確認所有上述所佈建的資源都已經被刪除，透過執行 **terraform destroy** 指令便能刪除它們。有一件額外需要注意的事，那就是執行 **terraform destroy** 之前需要先移除 S3 儲存桶內的內容，因為 Terraform 不會刪除並未清空的儲存桶。

> 在執行 **terraform destroy** 指令之前，請確認你不會刪掉正運行在正式環境的資源！

使用 Pulumi 進行自動化基礎設施佈建

Pulumi 是 IaC 工具領域中的新人之一。這邊的關鍵字是新，這代表著它仍然有些粗糙，尤其是在支援 Python 方面。

Pulumi 透過使用真正的程式語言來告訴它哪些資源會被佈建，以便讓你指定基礎設施的期待狀態。TypeScript 是 Pulumi 第一個支援的語言，但時至今日也支援 Go 和 Python。

使用 Python 撰寫自動化基礎設施的程式，重要的是要了解基於 Pulumi 和 AWS 自動化函式庫（如 Boto）兩者之間有何不同之處。

採用 Pulumi 來打造基礎設施時，Python 程式碼主是用來描述想要佈建的資源。實際上，你正在建立本章一開始所討論到的藍圖。這讓 Pulumi 近似於 Terraform，但最大的不同在於 Pulumi 為你提供了 Python 等程式語言的全部能力（比方說實作函式、迴圈、和使用變數等），因此你不會被 Terraform HCL 之類的標記語言所限制。Pulumi 結合了宣告式方法（可以描述基礎設施的最終狀態）的能力，和真正程式語言的能力。

使用 AWS 自動化函式庫，如 Boto，你可以透過撰寫的程式語言，來同時描述和佈建個別的 AWS 資源。透過這種佈建方法，將不會有完整的藍圖或者是狀態，因此需要靠自己追蹤已佈建的資源，並且安排對應的建立與刪除的任務。這是種指令型或者是程序型的自動化工具，但你仍可從中獲得使用 Python 作為實作語言的好處。

要使用 Pulumi，請先前往它們的網站 pulumi.io 建立一個免費的帳號，然後你便可以在你的本地端電腦上安裝 pulumi 命令列工具。在 Mac 電腦上使用 Homebrew 來安裝 pulumi。

第一個在本地端執行的指令是 pulumi login：

```
$ pulumi login
Logged into pulumi.com as griggheo (https://app.pulumi.com/griggheo)
```

為 AWS 創建新的 Pulumi Python 專案

建立一個叫做 *proj1* 的資料夾，在資料夾中執行 pulumi new，並選擇 aws-python 樣板。在專案建立過程中，pulumi 會詢問堆疊的名稱。就叫做 staging：

```
$ mkdir proj1
$ cd proj1
$ pulumi new
Please choose a template: aws-python        A minimal AWS Python Pulumi program
This command will walk you through creating a new Pulumi project.

Enter a value or leave blank to accept the (default), and press <ENTER>.
Press ^C at any time to quit.

project name: (proj1)
project description: (A minimal AWS Python Pulumi program)
Created project 'proj1'

stack name: (dev) staging
Created stack 'staging'

aws:region: The AWS region to deploy into: (us-east-1)
Saved config

Your new project is ready to go!
To perform an initial deployment, run the following commands:

   1. virtualenv -p python3 venv
   2. source venv/bin/activate
   3. pip3 install -r requirements.txt

Then, run 'pulumi up'
```

了解 Pulumi 專案和 Pulumi 堆疊（stack）之間的不同是很重要的。專案是用來撰寫指定系統期待狀態的程式碼、和想要 Pulumi 進行佈建的資源，堆疊則是一個專案的明確部署環境。舉例來說，堆疊對應到一個諸如開發（development）、預備（staging）、或是正式（production）環境。在這個例子中也會遵循這種方式，我們會創建兩個 Pulumi 堆疊，一個叫做 staging，用來對應到預備環境，然後再創建另一個堆疊叫做 prod，用來對應到正式環境。

以下是 pulumi new 指令自動產生的檔案，它們是 aws-python 樣板的一部分：

```
$ ls -la
total 40
drwxr-xr-x   7 ggheo   staff   224 Jun 13 21:43 .
drwxr-xr-x  11 ggheo   staff   352 Jun 13 21:42 ..
-rw-------   1 ggheo   staff    12 Jun 13 21:43 .gitignore
-rw-r--r--   1 ggheo   staff    32 Jun 13 21:43 Pulumi.staging.yaml
-rw-------   1 ggheo   staff    77 Jun 13 21:43 Pulumi.yaml
-rw-------   1 ggheo   staff   184 Jun 13 21:43 __main__.py
-rw-------   1 ggheo   staff    34 Jun 13 21:43 requirements.txt
```

依照 pulumi new 輸出的指示並安裝 virtualenv，接著建立一個新的 virtualenv 環境和安裝 *requirements.txt* 中指定的函式庫：

```
$ pip3 install virtualenv
$ virtualenv -p python3 venv
$ source venv/bin/activate
(venv) pip3 install -r requirements.txt
```

在使用 pulumi up 佈建任何 AWS 資源之前，確保你正在使用 AWS 帳號是你所預期的。用來明確指定想使用的 AWS 帳號的一個方法，是在目前的 shell 中設定 AWS_PROFILE 環境變數。以我們的例子來說，一個叫做 gheorghiu-net 的 AWS profile 已經被設定在本地的 *~/.aws/credentials* 檔案裡。

```
(venv) export AWS_PROFILE=gheorghiu-net
```

由 Pulumi 自動產生的 *__main__.py* 是 aws-python 樣板的一部分，其內容如下：

```
$ cat __main__.py
import pulumi
from pulumi_aws import s3

# 創建 AWS 資源（S3 儲存桶）
bucket = s3.Bucket('my-bucket')

# 匯出儲存桶的名稱
pulumi.export('bucket_name', bucket.id)
```

從 GitHub 儲存庫（*https://oreil.ly/SIT-v*）複製 Pulumi 範例到本地電腦，然後從 *pulumi-examples/aws-py-s3-folder* 複製 *__main__.py* 和 *www* 資料夾到目前的目錄裡。

以下是目前目錄裡新的 *__main__.py*：

```
$ cat __main__.py
import json
import mimetypes
import os

from pulumi import export, FileAsset
from pulumi_aws import s3

web_bucket = s3.Bucket('s3-website-bucket', website={
    "index_document": "index.html"
})

content_dir = "www"
for file in os.listdir(content_dir):
    filepath = os.path.join(content_dir, file)
    mime_type, _ = mimetypes.guess_type(filepath)
    obj = s3.BucketObject(file,
        bucket=web_bucket.id,
        source=FileAsset(filepath),
        content_type=mime_type)

def public_read_policy_for_bucket(bucket_name):
    return json.dumps({
        "Version": "2012-10-17",
        "Statement": [{
            "Effect": "Allow",
            "Principal": "*",
            "Action": [
                "s3:GetObject"
            ],
            "Resource": [
                f"arn:aws:s3:::{bucket_name}/*",
            ]
        }]
    })

bucket_name = web_bucket.id
bucket_policy = s3.BucketPolicy("bucket-policy",
    bucket=bucket_name,
    policy=bucket_name.apply(public_read_policy_for_bucket))

# 匯出儲存桶的名稱
```

```
export('bucket_name',  web_bucket.id)
export('website_url', web_bucket.website_endpoint)
```

值得注意的是 Python 變數 content_dir 和 bucket_name 的使用、for 迴圈的使用、和一個正常的 Python 函式 public_read_policy_for_bucket 的使用。能夠在 IaC 程式中使用一般 Python 的結構令人耳目一新！

現在，是時候來執行 pulumi up 佈建指定在 __main__.py 的資源。這個指令會顯示所有會被建立的資源。選擇 yes 來開始佈建的流程：

```
(venv) pulumi up
Previewing update (staging):

     Type                    Name                Plan
 +   pulumi:pulumi:Stack     proj1-staging       create
 +   ├─ aws:s3:Bucket        s3-website-bucket   create
 +   ├─ aws:s3:BucketObject  favicon.png         create
 +   ├─ aws:s3:BucketPolicy  bucket-policy       create
 +   ├─ aws:s3:BucketObject  python.png          create
 +   └─ aws:s3:BucketObject  index.html          create

Resources:
    + 6 to create

Do you want to perform this update? yes
Updating (staging):

     Type                    Name                Status
 +   pulumi:pulumi:Stack     proj1-staging       created
 +   ├─ aws:s3:Bucket        s3-website-bucket   created
 +   ├─ aws:s3:BucketObject  index.html          created
 +   ├─ aws:s3:BucketObject  python.png          created
 +   ├─ aws:s3:BucketObject  favicon.png         created
 +   └─ aws:s3:BucketPolicy  bucket-policy       created

Outputs:
    bucket_name: "s3-website-bucket-8e08f8f"
    website_url: "s3-website-bucket-8e08f8f.s3-website-us-east-1.amazonaws.com"

Resources:
    + 6 created

Duration: 14s
```

檢視一下目前的 Pulumi 堆疊：

```
(venv) pulumi stack ls
NAME       LAST UPDATE     RESOURCE COUNT   URL
staging*   2 minutes ago   7                https://app.pulumi.com/griggheo/proj1/staging

(venv) pulumi stack
Current stack is staging:
    Owner: griggheo
    Last updated: 3 minutes ago (2019-06-13 22:05:38.088773 -0700 PDT)
    Pulumi version: v0.17.16
Current stack resources (7):
    TYPE                               NAME
    pulumi:pulumi:Stack                proj1-staging
    pulumi:providers:aws               default
    aws:s3/bucket:Bucket               s3-website-bucket
    aws:s3/bucketPolicy:BucketPolicy   bucket-policy
    aws:s3/bucketObject:BucketObject   index.html
    aws:s3/bucketObject:BucketObject   favicon.png
    aws:s3/bucketObject:BucketObject   python.png
```

檢視目前堆疊的輸出：

```
(venv) pulumi stack output
Current stack outputs (2):
    OUTPUT         VALUE
    bucket_name    s3-website-bucket-8e08f8f
    website_url    s3-website-bucket-8e08f8f.s3-website-us-east-1.amazonaws.com
```

參訪輸出的 website_url 所指定的位址（*http://s3-website-bucket-8e08f8f.s3-website-us-east-1.amazonaws.com*），並且確認你可以看到這個靜態網站。

在接下來的章節裡，Pulumi 專案會透過指定更多要被佈建的 AWS 資源來進行強化。目標是和採用 Terraform 所佈建的資源一樣：一張 ACM SSL 憑證、一個 CloudFront 分佈、和一筆作為網站位址的 Route 53 DNS 紀錄。

為 Staging Stack 建立 Configuration Value

目前的堆疊是 **staging**。將已存在的目錄 *www* 更名為 *www-staging*，然後使用 pulumi config set 指令來為目前的 staging 堆疊指定兩個組態值：domain_name 和 local_webdir。

 有關更多 Pulumi 如何管理組態值和 secret 的細節，請查閱 Pulumi 參考文件（*https://oreil.ly/D_Cy5*）。

```
(venv) mv www www-staging
(venv) pulumi config set local_webdir www-staging
(venv) pulumi config set domain_name staging.devops4all.dev
```

為了檢視目前堆疊已存在的組態值，執行以下指令：

```
(venv) pulumi config
KEY             VALUE
aws:region      us-east-1
domain_name     staging.devops4all.dev
local_webdir    www-staging
```

一旦組態值被設定完成，即可在 Pulumi 程式碼中使用它們：

```
import pulumi

config = pulumi.Config('proj1')  # proj1 即為定義於 Pulumi.yaml 中的專案名稱

content_dir = config.require('local_webdir')
domain_name = config.require('domain_name')
```

現在組態值已經設定完成；接著我們將會使用 AWS Certificate Manager 服務佈建一張 SSL 憑證。

佈建 ACM SSL 憑證

就是現在，當我們提及 Python SDK 時，Pulumi 開始顯露出它不成熟的樣貌。閱讀一下有關 acm 模組的 Pulumi Python SDK 參考文件（*https://oreil.ly/Niwaj*），你就會發現它的內容不足夠讓你了解在 Pulumi 程式中需要做的事情。

幸運的是在 TypeScript 中有許多範例能讓你從中獲得啟發。有一個範例可以用來說明我們的使用情節，那就是 aws-ts-static-website（*https://oreil.ly/7F39c*）。

以下是用來建立一張新的 ACM 憑證的 TypeScript 程式碼（源自 index.ts（*https://oreil.ly/mlSr1*））：

```
const certificate = new aws.acm.Certificate("certificate", {
    domainName: config.targetDomain,
    validationMethod: "DNS",
}, { provider: eastRegion });
```

以下為我們所撰寫有相同作用的 Python 程式碼：

```
from pulumi_aws import acm

cert = acm.Certificate('certificate', domain_name=domain_name,
    validation_method='DNS')
```

 將 Pulumi 程式碼從 TypeScript 轉換成 Python 的經驗法則，是將在 TypeScript 中採用駝峰式命名的參數名稱，改成在 Python 中採用的 snake_case 的命名方式。從前面的範例中可以看到，domainName 變成了 domain_name，而 validationMethod 變成了 validation_method。

我們的下一步便是佈建一個 Route 53 區域，並且在那個區域裡為 ACM SSL 憑證建立一筆用於驗證的 DNS 紀錄。

佈建 Route 53 Zone 和 DNS 紀錄

如果你遵循 Pulumi SDK 的 route53 參考文件（*https://oreil.ly/cU9Yj*），使用 Pulumi 佈建一個新的 Route 53 區域就會變得很容易。

```
from pulumi_aws import route53

domain_name = config.require('domain_name')

# 將域名分解為父域名與子域名
# 例如 "www.example.com" => "www", "example.com".
def get_domain_and_subdomain(domain):
  names = domain.split(".")
  if len(names) < 3:
    return('', domain)
  subdomain = names[0]
  parent_domain = ".".join(names[1:])
  return (subdomain, parent_domain)

(subdomain, parent_domain) = get_domain_and_subdomain(domain_name)
zone = route53.Zone("route53_zone", name=parent_domain)
```

上面的程式碼片段展示了如何使用一般的 Python 函式讀入組態值 domain_name 後，並且分割為兩個部分。如果 domain_name 是 staging.devops4all.dev，這個函式會將它分成 subdomain（staging）和 parent_domain（devops4all.dev）。

變數 parenet_domain 接著會被用來作為一個參數傳入 zone 物件的建構子,這個物件會告訴 Pulumi 佈建一個 route53.Zone 資源。

 當 Route 53 被建立後,我們必須將 Namecheap 名稱伺服器指向新區域的 DNS 紀錄中指定的名稱服務器,以便該區域可以被公開存取。

下一步是要建立 ACM 憑證和一筆用來驗證憑證的 DNS 紀錄。

首先我們基於經驗法則來轉換範例中的 TypeScript 程式碼,也就是將參數由駝峰式命名轉成 snake_case 命名。

TypeScript:

```typescript
const certificateValidationDomain = new aws.route53.Record(
    `${config.targetDomain}-validation`, {
    name: certificate.domainValidationOptions[0].resourceRecordName,
    zoneId: hostedZoneId,
    type: certificate.domainValidationOptions[0].resourceRecordType,
    records: [certificate.domainValidationOptions[0].resourceRecordValue],
    ttl: tenMinutes,
});
```

透過轉換駝峰式命名到 snake_case 命名來嘗試移植到 Python:

```python
cert = acm.Certificate('certificate',
    domain_name=domain_name, validation_method='DNS')

domain_validation_options = cert.domain_validation_options[0]

cert_validation_record = route53.Record(
  'cert-validation-record',
  name=domain_validation_options.resource_record_name,
  zone_id=zone.id,
  type=domain_validation_options.resource_record_type,
  records=[domain_validation_options.resource_record_value],
  ttl=600)
```

運氣不太好!pulumi up 噴出以下的錯誤:

```
AttributeError: 'dict' object has no attribute 'resource_record_name'
```

此時我們陷入了困境，因為 Python SDK 文件並沒有相關的細節。我們不知道 domain_validation_options 物件有哪些屬性是需要指定的。

我們只能藉由新增 domain_validation_options 物件到 Pulumi 導出的列表中來解決這個問題，這個列表會由 Pulumi 在 pulumi up 操作結束後印出來：

```
export('domain_validation_options', domain_validation_options)
```

pulumi up 的輸出如下：

```
+ domain_validation_options: {
  + domain_name        : "staging.devops4all.dev"
  + resourceRecordName : "_c5f82e0f032d0f4f6c7de17fc2c.staging.devops4all.dev."
  + resourceRecordType : "CNAME"
  + resourceRecordValue: "_08e3d475bf3aeda0c98.ltfvzjuylp.acm-validations.aws."
    }
```

找到了！事實證明 domain_validation_options 物件的一些屬性仍然是採用駝峰式命名。

以下是第二次嘗試移植到 Python，這次成功了：

```
cert_validation_record = route53.Record(
  'cert-validation-record',
  name=domain_validation_options['resourceRecordName'],
  zone_id=zone.id,
  type=domain_validation_options['resourceRecordType'],
  records=[domain_validation_options['resourceRecordValue']],
  ttl=600)
```

接下來，指定一個要被佈建的新資源類別：一個完成驗證憑證的資源。這會使得 pulumi up 操作進入等待，直到 ACM 透過檢查稍早建立的 Route 53 驗證紀錄來驗證憑證。

```
cert_validation_completion = acm.CertificateValidation(
        'cert-validation-completion',
        certificate_arn=cert.arn,
        validation_record_fqdns=[cert_validation_dns_record.fqdn])

cert_arn = cert_validation_completion.certificate_arn
```

現在，你有一個完全自動的方式來佈建 ACML SSL 憑證，而且可以透過 DNS 來驗證它。

下一步是為這個網站託管靜態檔案的 S3 儲存桶前面，佈建 CloudFront 分佈。

佈建 CloudFront 分佈

查閱有關 Pulumi cloudfront 模組的 SDK 參考文件（*https://oreil.ly/4n98-*）來了解哪些建構子參數會需要被傳到 cloudfront.Distribution。檢視 TypeScript 的程式碼來了解針對那些參數該設定哪些適當的值。

以下是最後的結果；

```
log_bucket = s3.Bucket('cdn-log-bucket', acl='private')

cloudfront_distro = cloudfront.Distribution ( 'cloudfront-distro',
    enabled=True,
    aliases=[ domain_name ],
    origins=[
        {
            'originId': web_bucket.arn,
            'domainName': web_bucket.website_endpoint,
            'customOriginConfig': {
                'originProtocolPolicy': "http-only",
                'httpPort': 80,
                'httpsPort': 443,
                'originSslProtocols': ["TLSv1.2"],
            },
        },
    ],

    default_root_object="index.html",
    default_cache_behavior={
        'targetOriginId': web_bucket.arn,

        'viewerProtocolPolicy': "redirect-to-https",
        'allowedMethods': ["GET", "HEAD", "OPTIONS"],
        'cachedMethods': ["GET", "HEAD", "OPTIONS"],

        'forwardedValues': {
            'cookies': { 'forward': "none" },
            'queryString': False,
        },

        'minTtl': 0,
        'defaultTtl': 600,
        'maxTtl': 600,
    },
    price_class="PriceClass_100",
    custom_error_responses=[
        { 'errorCode': 404, 'responseCode': 404,
```

```
                'responsePagePath': "/404.html" },
        ],

        restrictions={
            'geoRestriction': {
                'restrictionType': "none",
            },
        },
        viewer_certificate={
            'acmCertificateArn': cert_arn,
            'sslSupportMethod': "sni-only",
        },
        logging_config={
            'bucket': log_bucket.bucket_domain_name,
            'includeCookies': False,
            'prefix': domain_name,
        })
```

執行 pulumi up 來佈建 CloudFront 分佈。

為網站位址佈建 Route 53 DNS 紀錄

為預備堆疊進行端到端資源佈建的最後一步是相對簡單的任務，那就是指定類型 A 的 DNS 紀錄作為 CloudFront 端點的網域別名：

```
    site_dns_record = route53.Record(
            'site-dns-record',
            name=subdomain,
            zone_id=zone.id,
            type="A",
            aliases=[
            {
                'name': cloudfront_distro.domain_name,
                'zoneId': cloudfront_distro.hosted_zone_id,
                'evaluateTargetHealth': True
            }
        ])
```

如之前一般，執行 pulumi up。

訪問 *https://staging.devops4all.dev* 並且查看上傳到 S3 的檔案。前往 AWS 控制台中日誌的儲存桶，並且確保儲存桶內的確有 CloudFront 的日誌。

現在就來看看如何將相同的 Pulumi 專案部署到新的環境，也就是新的 Pulumi 堆疊。

建立並且部署新的 Stack

我們決定修改 Pulumi 程式，使它不會再佈建一個新的 Route 53 區域，而是使用這個已經佈建完畢的區域 ID 值作為一個組態值。

為了建立這個 prod 堆疊，使用指令 pulumi stack init 並且指定 prod 作為它的名稱：

```
(venv) pulumi stack init
Please enter your desired stack name: prod
Created stack 'prod'
```

列出目前的堆疊會看到兩個，分別是 staging 和 prod，帶有星號的 prod 代表 prod 是目前的堆疊：

```
(venv) pulumi stack ls
NAME     LAST UPDATE     RESOURCE COUNT  URL
prod*    n/a             n/a             https://app.pulumi.com/griggheo/proj1/prod
staging  14 minutes ago  14              https://app.pulumi.com/griggheo/proj1/staging
```

現在正是替 prod 堆疊設定適當的組態值的時候。使用一個新的組態值叫做 dns_zone_id，並且將它設定為在佈建 staging 堆疊時，透過 Pulumi 所創建的區域 ID：

```
(venv) pulumi config set aws:region us-east-1
(venv) pulumi config set local_webdir www-prod
(venv) pulumi config set domain_name www.devops4all.dev
(venv) pulumi config set dns_zone_id Z2FTL2X8M0EBTW
```

修改程式碼，以便讓它從組態中讀取 dns_zone_id，而非建立 Route 53 區域物件。

執行 pulumi up 佈建 AWS 資源：

```
(venv) pulumi up
Previewing update (prod):

    Type                                Name                Plan
    pulumi:pulumi:Stack                 proj1-prod
+   ├─ aws:cloudfront:Distribution      cloudfront-distro   create
+   └─ aws:route53:Record               site-dns-record     create

Resources:
    + 2 to create
    10 unchanged

Do you want to perform this update? yes
Updating (prod):
```

```
    Type                               Name                Status
    pulumi:pulumi:Stack                proj1-prod
+   ├─ aws:cloudfront:Distribution     cloudfront-distro   created
+   └─ aws:route53:Record              site-dns-record     created

Outputs:
+ cloudfront_domain: "d3uhgbdw67nmlc.cloudfront.net"
+ log_bucket_id    : "cdn-log-bucket-53d8ea3"
+ web_bucket_id    : "s3-website-bucket-cde"
+ website_url       : "s3-website-bucket-cde.s3-website-us-east-1.amazonaws.com"

Resources:
    + 2 created
    10 unchanged

Duration: 18m54s
```

成功！prod 被完整地部署。

但是，此時存放網站靜態檔案的 *www-prod* 資料夾的內容，與 *www-staging* 資料夾的內容相同。

修改 *www-prod/index.html*，把「Hello, S3!」改成「Hello, S3 production!」，然後再次執行 pulumi up 指令以便偵測到這個修改，並且將修改的檔案上傳到 S3：

```
(venv) pulumi up
Previewing update (prod):

    Type                        Name          Plan      Info
    pulumi:pulumi:Stack         proj1-prod
~   └─ aws:s3:BucketObject      index.html    update    [diff: ~source]

Resources:
    ~ 1 to update
    11 unchanged

Do you want to perform this update? yes
Updating (prod):

    Type                        Name          Status     Info
    pulumi:pulumi:Stack         proj1-prod
~   └─ aws:s3:BucketObject      index.html    updated    [diff: ~source]

Outputs:
cloudfront_domain: "d3uhgbdw67nmlc.cloudfront.net"
log_bucket_id    : "cdn-log-bucket-53d8ea3"
```

```
web_bucket_id     : "s3-website-bucket-cde"
website_url       : "s3-website-bucket-cde.s3-website-us-east-1.amazonaws.com"

Resources:
    ~ 1 updated
    11 unchanged

Duration: 4s
```

讓 CloudFront 分佈的暫存檔案失效，以便看到剛剛的修改。

訪問 *https://www.devops4all.dev* 並且看到訊息：`Hello, S3 production!`

關於追蹤系統狀態的 IaC 工具，有一個忠告：有時候工具看到的狀態，與系統真實的狀態不同。在那樣的情況下，同步兩個狀態是相當重要的，否則它們將越差越多，而你將處在「畏懼進行任何改變，因為改變可能會造成正式環境損壞」的情況裡。*Code* 在**基礎設施即程式碼**（*Infrastructure as Code*）中被突顯出來並非沒有意義，一旦你下定決心要使用 IaC 工具，最佳的實踐便是你應該透過程式碼佈建所有的資源，而且不再透過手動的方式帶起任何資源。要守住這個紀律相當困難，但從長遠的角度來看，它將會帶來好處。

練習

- 使用 AWS Cloud Development Kit（*https://aws.amazon.com/cdk*）佈建相同的 AWS 資源組合。

- 使用 Terraform 或者是 Pulumi 來佈建其他雲端服務商（如 Google Cloud Platform 或 Microsoft Azure）的雲端資源。

## 第十一章

容器技術：Docker 和 Docker Compose

自從 IBM 大型主機時代以來，虛擬技術就已經出現。大多數的人沒有機會在大型主機上工作，但我們可以肯定本書的某些讀者記得他們不得不設定和使用來自製造商（如 HP 或 Dell）所提供的裸機伺服器的日子。時至今日，這些製造商仍然存在，而且你仍然可以使用託管在代管機房的裸機伺服器，就像在 dot-com 時代的那些美好時光一般。

但是，當大多數的人想到虛擬化時，他們不會自動聯想到大型主機，而是可能會想到類似 VMware ESX 或 Citrix/Xen 這種在虛擬機器監視器上運行的客作業系統（如 Fedora 或 Ubuntu）的虛擬機器。與一般的裸機伺服器相比，虛擬機器的最大優勢在於，透過使用虛擬機器，你可以把資源劃分到多個虛擬機器上來優化裸機伺服器的資源（CPU、記憶體、硬碟），也可以在一台共用的裸機伺服器上運行多個作業系統，而作業系統則分別跑在各自的虛擬機器上，而不是為每一個作業系統購入一台專用的裸機伺服器。這種類型的虛擬化可以稱為核心層別，因為每個虛擬機都運行自己的 OS 核心。

在無止境地尋求更好的投報率的過程中，人們意識到虛擬機器仍然浪費資源。下一步的邏輯便是將單個應用程序隔離到它們自己的虛擬環境中，藉由在相同的 OS 核心內運行容器來實現，在這種情況下，它們只是在檔案系統層別被隔離。Linux container（LXC）和 Sun Solaris zone 是這類技術的初期實例。它們的缺點是它們很難使用而且與它們所運行的作業系統綁定過深。容器使用的重大突破來自於 Docker 開始提供一種簡單的方式，來管理並且運行檔案系統層別的容器。

什麼是 Docker 容器？

Docker 容器將應用程式與它所需要的套件封裝在一起。人們有些時候會將 Docker 容器和 Docker 映像互相交換使用，但它們兩者之間有些不同。封裝了應用程式的檔案系統層別的物件稱為 Docker 映像。當你運行這個映像時，它就變成了 Docker 容器。

你可以運行許多的 Docker 容器，而且全部的容器都運行在相同的 OS 核心下。唯一的需求就是，你必須在想要運行容器的主機上，安裝主機端的元件 Docker 引擎（Docker engine）或者是 Docker 守護進程（Docker daemon）。據此，主機資源可以被細分到容器上，提供更好的資源投報程度。

相較於一般的 Linux 進程，Docker 容器提供更多的隔離和資源控制，但提供的功能則少於成熟的虛擬機器所能提供的。為了達到這些隔離的特性與資源控制，Docker 引擎利用 Linux 的核心功能，如命名空間、控制群組（control group, cgroups）、和 Union 檔案系統（Union File System, UnionFS）。

Docker 容器的主要優點在於可攜性。當你建立了一個 Docker 映像，你就能將它以 Docker 容器的形態運行在任何可以使用 Docker 主機端背景程式的主機上。現在所有主要作業系統都能運行 Docker 背景程式：Linux、Windows 和 macOS。

這些聽起來都太理論了，是時候來看看一些實際的範例。

創建、建立、運行和移除 Docker 映像和容器

因為本書主要專注在 Python 和 DevOps，所以我們會拿標準的 Flask 「Hello World」作為第一個運行在 Docker 容器的應用程式範例。本節的範例使用 Mac 的 Docker 套件，後續的章節將會說明如何在 Linux 上安裝 Docker。

以下是 Flask 應用程式的主要檔案：

```
$ cat app.py
from flask import Flask
app = Flask(__name__)

@app.route('/')
def hello_world():
    return 'Hello, World! (from a Docker container)'

if __name__ == '__main__':
    app.run(debug=True, host='0.0.0.0')
```

我們也需要一個需求檔，這個檔案會指定透過 pip 安裝的 Flask 套件版本：

```
$ cat requirements.txt
Flask==1.0.2
```

在尚未安裝需求檔案中指定的套件情況下，試著直接使用 Python 在 macOS 筆電上執行 *app.py* 會產生錯誤：

```
$ python app.py
Traceback (most recent call last):
  File "app.py", line 1, in <module>
    from flask import Flask
ImportError: No module named flask
```

一個很簡單明瞭解決這個問題的方式，就是使用 pip 在你的本機上安裝那些需要的套件。這會使得所有東西都綁定在你正在使用的作業系統上。如果這個應用程式需要運行在不同的作業系統該怎麼辦呢？著名的「在我電腦上是沒問題的！」的狀況便會出現，所有的事情在我的 macOS 筆電上都能完美運行，但因為一些謎樣般的理由，通常與特定於作業系統的 Python 函式庫版本有關，在運行其他作業系統（如 Ubuntu 或 Red Hat Linux）的預備或正式主機上所有事情都變了樣。

Docker 為這樣的難題提供了一個優雅的解決方案。我們仍然可以在本地端開發，使用自己喜愛的編輯器和工具鏈，但將應用程式的相關依賴一併打包到可攜的 Docker 容器中。

以下是 Dockerfile，它是用來描述 Docker 映像該如何被建置的檔案：

```
$ cat Dockerfile
FROM python:3.7.3-alpine

ENV APP_HOME /app
WORKDIR $APP_HOME

COPY requirements.txt .

RUN pip install -r requirements.txt

ENTRYPOINT [ "python" ]
CMD [ "app.py" ]
```

一些關於 Dockerfile 的說明：

• 使用基於 Alpine 發佈版本的 Python 3.7.3 預先建立 Docker 映像，會使得產生出來的映像檔大小更小；這類的 Docker 映像已經包含了需要的可執行工具，如 python 和 pip。

- 使用 pip 安裝需要的套件。

- 指定 ENTRYPOINT 和 CMD。兩者的差異在於，當使用這個 Dockerfile 產生的映像運行 Docker 容器時，執行的程式是由 ENTRYPOINT 指定，程式後面的執行參數則定義在 CMD 裡。以這個例子來說，它會執行 python app.py。

 如果並未在 Dockerfile 中指定 ENTRYPOINT，預設會被使用的程式是：
/bin/sh -c。

為了這個應用程式建立 Docker 映像，執行 docker build：

```
$ docker build -t hello-world-docker .
```

為了驗證 Docker 映像已經儲存在本地端，執行 docker images 後面接著映像的名稱：

```
$ docker images hello-world-docker
REPOSITORY              TAG       IMAGE ID        CREATED          SIZE
hello-world-docker      latest    dbd84c229002    2 minutes ago    97.7MB
```

為了運行 Docker 映像成為 Docker 容器，使用 docker run 指令：

```
$ docker run --rm -d -v `pwd`:/app -p 5000:5000 hello-world-docker
c879295baa26d9dff1473460bab810cbf6071c53183890232971d1b473910602
```

一些關於 docker run 指令執行參數的說明：

- --rm 執行參數告訴 Docker 伺服器當容器停止運行時，將其移除。這對於避免舊容器塞滿本機檔案系統很有幫助。

- -d 執行參數告訴 Docker 主機讓容器運行於背景。

- -v 執行參數用來將當前目錄（*pwd*）映射到容器內部的 */app* 資料夾。這對於我們希望達成的本地開發工作流程相當重要，因為它能夠讓我們在本地編輯應用程式檔案，並且透過運行在容器內的 Flask 開發伺服器自動重新將它們載入。

- -p 5000:5000 執行參數，將第一個代表本地端的連接埠（5000）映射到第二個代表容器內部的連接埠（5000）。

為了列出這些容器，執行 docker ps 並且注意容器 ID，因為它將會被其他的 docker 指令使用：

```
$ docker ps
CONTAINER ID  IMAGE                        COMMAND            CREATED
c879295baa26  hello-world-docker:latest    "python app.py"    4 seconds ago
STATUS              PORTS                   NAMES
Up 2 seconds        0.0.0.0:5000->5000/tcp  flamboyant_germain
```

為了檢視指定的容器日誌，執行 docker logs 並且指定容器的名稱或者是 ID：

```
$ docker logs c879295baa26
 * Serving Flask app "app" (lazy loading)
 * Running on http://0.0.0.0:5000/ (Press CTRL+C to quit)
 * Restarting with stat
 * Debugger is active!
 * Debugger PIN: 647-161-014
```

使用 curl 連接端點位址，來驗證這個應用程式是否正確運行。因為這個應用程式的連接埠 5000 已經透過執行參數 -p 映射到本地端連接埠 5000 上，所以你可以使用本地 IP 位址 127.0.0.1 與埠號 5000 作為應用程式的端點進行存取。

```
$ curl http://127.0.0.1:5000
Hello, World! (from a Docker container)%
```

現在使用你最愛的編輯器修改 *app.py* 的程式碼。將歡迎的文字改為 *Hello, World! (from a Docker container with modified code)*。儲存 *app.py* 並且注意顯示在 Docker 容器內的日誌是否出現類似於以下訊息：

```
 * Detected change in '/app/app.py', reloading
 * Restarting with stat
 * Debugger is active!
 * Debugger PIN: 647-161-014
```

這個訊息表示運行在容器內的 Flask 開發伺服器已經偵測到 *app.py* 的修改，並且重載這個應用程式。

使用 curl 連接應用程式的端點將會顯示修改後的歡迎文字：

```
$ curl http://127.0.0.1:5000
Hello, World! (from a Docker container with modified code)%
```

為了停止運行的容器，執行 docker stop 或 docker kill 並且指定容器的 ID 作為參數：

```
$ docker stop c879295baa26
c879295baa26
```

為了從本地硬碟中刪除 Docker 映像，執行 docker rmi：

```
$ docker rmi hello-world-docker
Untagged: hello-world-docker:latest
Deleted:sha256:dbd84c229002950550334224b4b42aba948ce450320a4d8388fa253348126402
Deleted:sha256:6a8f3db7658520a1654cc6abee8eafb463a72ddc3aa25f35ac0c5b1eccdf75cd
Deleted:sha256:aee7c3304ef6ff620956850e0b6e6b1a5a5828b58334c1b82b1a1c21afa8651f
Deleted:sha256:dca8a433d31fa06ab72af63ae23952ff27b702186de8cbea51cdea579f9221e8
Deleted:sha256:cb9d58c66b63059f39d2e70f05916fe466e5c99af919b425aa602091c943d424
Deleted:sha256:f0534bdca48bfded3c772c67489f139d1cab72d44a19c5972ed2cd09151564c1
```

這個輸出顯示了組成 Docker 映像的不同檔案系統層。當這個映像被刪除，這些檔案系統層也會被刪除。查閱 Docker 儲存驅動（*https://oreil.ly/wqNve*）的說明文件，以便知道更多有關 Docker 如何使用檔案系統層來建立映像的細節。

發佈 Docker 映像到 Docker 儲存庫

一旦你在本地端完成 Docker 映像的建立，你可以將它發佈到 Docker 儲存庫（Docker registry）。有數個公開的儲存庫可供選擇，以這個例子來說，我們選擇 Docker Hub。這些儲存庫的目的是讓開發者和組織可以分享預先建立的 Docker 映像，讓這些映像可以在不同的機器或者作業系統上被重新使用。

首先在 Docker Hub（*https://hub.docker.com*）上，建立一個免費的帳號，然後建立一個公開或者是私有的儲存庫。我們在 griggheo 的 Docker Hub 帳號下，建立一個叫做 flask-hello-world 的私有儲存庫。

然後，在命令列模式下，執行 docker login 並且指定你所屬帳號的 email 和密碼。現在，你可以透過 docker 客戶端程式與 Docker Hub 互動。

在向你展示如何發佈於本地建置的 Docker 映像到 Docker Hub 之前，我們想指出的最佳實踐，是為你的映像貼上獨特的標籤。如果你沒有特別為映像貼上標籤，映像會預設被貼上 latest 標籤。發佈一個沒有標籤的新映像會使得最新的標籤移至最新的映像上。當使用 Docker 映像時，如果你沒有明確指定需要的標籤，你會得到最新版本的映像，而該映像可能含有修改或更新，或許進而破壞你原先的依賴。與往常一樣，最少驚喜原則應該被採用：當發佈映像到一個儲存庫，以及在 Dockerfile 裡參考其他映像時，都應該使用標籤。話雖如此，你也可以將需要的映像標記成 latest，使得對於最新版本感興趣的開發者，無需使用任何標籤便能取得它。

在前一個章節建立 Docker 映像時，映像被自動標記為 latest，而儲存庫也設置成映像的名稱，以便表示該映像存在於本地端：

```
$ docker images hello-world-docker
REPOSITORY              TAG        IMAGE ID        CREATED         SIZE
hello-world-docker      latest     dbd84c229002    2 minutes ago   97.7MB
```

為 Docker 映像貼上標籤，執行 docker tag：

```
$ docker tag hello-world-docker hello-world-docker:v1
```

現在你可以看到 hello-world-docker 映像有兩個標籤：

```
$ docker images hello-world-docker
REPOSITORY              TAG        IMAGE ID        CREATED         SIZE
hello-world-docker      latest     dbd84c229002    2 minutes ago   97.7MB
hello-world-docker      v1         89bd38cb198f    42 seconds ago  97.7MB
```

在你把映像發佈至 Docker Hub 之前，你也需要使用 Docker Hub 上的儲存庫名稱將映像貼上標籤，這個名稱包含了你的使用者名稱或你的組織名稱。以我們的例子來說，這個儲存庫為 griggheo/hello-world-docker：

```
$ docker tag hello-world-docker:latest griggheo/hello-world-docker:latest
$ docker tag hello-world-docker:v1 griggheo/hello-world-docker:v1
```

使用 docker push 將兩個映像標籤發佈至 Docker Hub：

```
$ docker push griggheo/hello-world-docker:latest
$ docker push griggheo/hello-world-docker:v1
```

如果你有按照上述的步驟持續操作，現在應該能夠看見你的 Docker 映像帶著兩個標籤，被發佈到你帳號之下所建立的 Docker Hub 儲存庫上。

在不同主機上使用相同映像，運行 Docker 容器

現在 Docker 映像被發佈到 Docker Hub，我們準備透過使用發佈的映像將容器運行在不同的主機上，來展現 Docker 的可攜性。這裡考慮的場景是與一位沒有 macOS 但喜歡在運行 Fedora 的筆電上進行開發的同事協作，此場景包含了取得應用程式的程式碼並且進行修改。

啟動一個在 AWS 上基於 Linux 2 AMI 的 EC2 實體，該實體是基於 RedHat/CentOS/Fedora，接著安裝 Docker 引擎。將這個 EC2 Linux AMI 實體上預設的使用者 ec2-user 新增至 docker 群組，使得它能夠執行 docker 客戶端指令：

```
$ sudo yum update -y
$ sudo amazon-linux-extras install docker
$ sudo service docker start
$ sudo usermod -a -G docker ec2-user
```

確認在遠端的 EC2 實體上，取得了應用程式的程式碼。以這個例子來說，程式碼只有 *apply.py* 這個檔案。

接著，基於這個發佈至 Docker Hub 的映像運行 Docker 容器。指令上唯一的差別是用於 docker run 指令上關於映像的參數是 griggheo/hello-world-docker:v1，而不是簡單的 hello-world-docker。

執行 docker login，然後：

```
$ docker run --rm -d -v `pwd`:/app -p 5000:5000 griggheo/hello-world-docker:v1

Unable to find image 'griggheo/hello-world-docker:v1' locally
v1: Pulling from griggheo/hello-world-docker
921b31ab772b: Already exists
1a0c422ed526: Already exists
ec0818a7bbe4: Already exists
b53197ee35ff: Already exists
8b25717b4dbf: Already exists
d997915c3f9c: Pull complete
f1fd8d3cc5a4: Pull complete
10b64b1c3b21: Pull complete
Digest: sha256:af8b74f27a0506a0c4a30255f7ff563c9bf858735baa610fda2a2f638ccfe36d
Status: Downloaded newer image for griggheo/hello-world-docker:v1
9d67dc321ffb49e5e73a455bd80c55c5f09febc4f2d57112303d2b27c4c6da6a
```

請注意，EC2 實體上的 Docker 引擎發現它本地端並沒有該映像，所以它從 Docker Hub 下載，然後用這個剛下載完成的映像檔運行容器。

現在，在關聯於這台 EC2 實體的安全群組中，增加一條允許存取連接埠 5000 的規則，讓連接埠可以被外部訪問。訪問 http://54.187.189.51:5000[1]（54.187.189.51 是這台 EC2 實體的外部 IP），並且查看歡迎文字 *Hello, World! (from a Docker container with modified code)*。

當在遠端的 EC2 實體對應用程式的程式碼進行修改，運行在 Docker 容器內部的 Flask 伺服器會自動重載修改後的程式碼。修改歡迎文字為 *Hello, World! (from a Docker container on an EC2 Linux 2 AMI instance)*，並且藉由檢查 Docker 容器的日誌，注意 Flask 伺服器是否重載應用程式：

---

1 這是一個用於範例的位址—你的 IP 位址應該與此不同。

```
[ec2-user@ip-10-0-0-111 hello-world-docker]$ docker ps
CONTAINER ID   IMAGE                              COMMAND          CREATED
9d67dc321ffb   griggheo/hello-world-docker:v1     "python app.py"  3 minutes ago
STATUS         PORTS                              NAMES
Up 3 minutes   0.0.0.0:5000->5000/tcp             heuristic_roentgen

[ec2-user@ip-10-0-0-111 hello-world-docker]$ docker logs 9d67dc321ffb
 * Serving Flask app "app" (lazy loading)
 * Debug mode: on
 * Running on http://0.0.0.0:5000/ (Press CTRL+C to quit)
 * Restarting with stat
 * Debugger is active!
 * Debugger PIN: 306-476-204
72.203.107.13 - - [19/Aug/2019 04:43:34] "GET / HTTP/1.1" 200 -
72.203.107.13 - - [19/Aug/2019 04:43:35] "GET /favicon.ico HTTP/1.1" 404 -
 * Detected change in '/app/app.py', reloading
 * Restarting with stat
 * Debugger is active!
 * Debugger PIN: 306-476-204
```

存取 http://54.187.189.51:5000[2]，現在會顯示新的歡迎文字 *Hello, World! (from a Docker container on an EC2 Linux 2 AMI instance)*。

值得一提的是，我們沒有安裝任何有關 Python 或者是 Flask 等套件即可運行我們的應用程式，僅只是將應用程式運行在容器內，我們善用了 Docker 的可攜性。Docker 選擇以「容器（container）」為名來推廣它的技術並非沒有道理——靈感來自於運輸集裝箱如何徹底改變了全球運輸行業。

 請閱讀 "Production-ready Docker images"（*https://pythonspeed.com/ docker*），此網頁是由 Itamar Turner-Trauring 所蒐集整理有關適用於 Python 應用程序的 Docker 容器打包的文章。

使用 Docker Compose 運行多個 Docker 容器

在本節，我們會使用 "Flask By Example"（*https://oreil.ly/prNg7*）的教學範例，該範例用來說明如何利用 Flask 打造一個應用程式，該程式會透過傳入 URL 的網頁內容，來計算文字出現的次數。

2　再次提醒，你的 IP 位址是不一樣的。

先從 GitHub 儲存庫複製 Flask By Example（*https://oreil.ly/M-pvc*）：

```
$ git clone https://github.com/realpython/flask-by-example.git
```

將使用 compose 來運行多個 Docker 容器，每個容器各自代表這個範例程式的不同部分。藉由 Compose，你可以使用 YAML 檔案來定義並且設定組成一個應用程式的所有服務，然後使用 docker-compose 命令列工具來建立、啟動、和停止這些使用 Docker 容器運行的服務。

這個範例應用程式要考慮的第一個依賴元件就是 PostgreSQL，如教學範例的第二部分所介紹（*https://oreil.ly/iobKp*）。

以下是如何在 *docker-compose.yaml* 裡面定義 PostgreSQL 以 Docker 容器運行的方式：

```
$ cat docker-compose.yaml
version: "3"
services:
  db:
    image: "postgres:11"
    container_name: "postgres"
    ports:
      - "5432:5432"
    volumes:
      - dbdata:/var/lib/postgresql/data
volumes:
  dbdata:
```

一些關於這個檔案的說明：

- 定義一個稱為 db 的服務，並且使用被發佈至 Docker Hub 的 postgre:11 映像。
- 將本地端連接埠 5432 映射到容器的連接埠 5432。
- 為 PostgreSQL 存放資料的目錄（*/var/lib/postgresql/data*），指定 Docker 儲存體。這樣一來儲存在 PostgreSQL 的資料，即便容器重啟後仍舊存在。

docker-compose 工具並不是 Docker 引擎的一部分，所以需要另外安裝。查看官方文件（*https://docs.docker.com/compose/install*），以便獲得在不同作業系統進行安裝的相關指示。

為了將啟動定義在 *docker-compose.yaml* 的 db 服務，執行 docker-compose up -d db，以便在系統背景啟動對應的 Docker 容器（因為執行參數 -d）：

```
$ docker-compose up -d db
Creating postgres ... done
```

使用 docker-compose logs db，來檢查 db 服務的日誌：

```
$ docker-compose logs db
Creating volume "flask-by-example_dbdata" with default driver
Pulling db (postgres:11)...
11: Pulling from library/postgres
Creating postgres ... done
Attaching to postgres
postgres | PostgreSQL init process complete; ready for start up.
postgres |
postgres | 2019-07-11 21:50:20.987 UTC [1]
LOG:   listening on IPv4 address "0.0.0.0", port 5432
postgres | 2019-07-11 21:50:20.987 UTC [1]
LOG:   listening on IPv6 address "::", port 5432
postgres | 2019-07-11 21:50:20.993 UTC [1]
LOG:   listening on Unix socket "/var/run/postgresql/.s.PGSQL.5432"
postgres | 2019-07-11 21:50:21.009 UTC [51]
LOG:   database system was shut down at 2019-07-11 21:50:20 UTC
postgres | 2019-07-11 21:50:21.014 UTC [1]
LOG:   database system is ready to accept connections
```

執行 docker ps 顯示目前運行 PostgreSQL 資料庫的容器：

```
$ docker ps
dCONTAINER ID   IMAGE   COMMAND   CREATED   STATUS   PORTS   NAMES
83b54ab10099 postgres:11 "docker-entrypoint.s…"   3 minutes ago  Up 3 minutes
        0.0.0.0:5432->5432/tcp    postgres
```

執行 docker volume ls 來顯示 Docker 儲存體（dbdata）被掛載在 PostgreSQL 的 */var/lib/ postgresql/data* 資料夾上：

```
$ docker volume ls | grep dbdata
local             flask-by-example_dbdata
```

為了連接到運行在 Docker 容器（就是 db 服務）裡的 PostgreSQL 資料庫，執行指令 docker-compose exec db，並且傳入指令 psql -U postgres：

```
$ docker-compose exec db psql -U postgres
psql (11.4 (Debian 11.4-1.pgdg90+1))
Type "help" for help.

postgres=#
```

照著 "Flask by Example, Part 2"（*https://oreil.ly/iobKp*）的指示，建立名為 wordcount 的
資料庫：

```
$ docker-compose exec db psql -U postgres
psql (11.4 (Debian 11.4-1.pgdg90+1))
Type "help" for help.

postgres=# create database wordcount;
CREATE DATABASE

postgres=# \l
                        List of databases
     Name    |  Owner   | Encoding |  Collate   |   Ctype    |   Access privileges
-------------+----------+----------+------------+------------+---------------------
 postgres    | postgres | UTF8     | en_US.utf8 | en_US.utf8 |
 template0   | postgres | UTF8     | en_US.utf8 | en_US.utf8 | =c/postgres        +
             |          |          |            |            | postgres=CTc/postgres
 template1   | postgres | UTF8     | en_US.utf8 | en_US.utf8 | =c/postgres        +
             |          |          |            |            | postgres=CTc/postgres
 wordcount   | postgres | UTF8     | en_US.utf8 | en_US.utf8 |
(4 rows)
postgres=# \q
```

連接到 wordcount 資料庫並且建立一個叫做 wordcount_dbadmin 的角色，該角色會被 Flask
應用程式所使用：

```
$ docker-compose exec db psql -U postgres wordcount
wordcount=# CREATE ROLE wordcount_dbadmin;
CREATE ROLE
wordcount=# ALTER ROLE wordcount_dbadmin LOGIN;
ALTER ROLE
wordcount=# ALTER USER wordcount_dbadmin PASSWORD 'MYPASS';
ALTER ROLE
postgres=# \q
```

下一步就是建立 Dockerfile，以便安裝所有 Flask 應用程式所需要的套件。

對 *requirements.txt* 檔案進行以下的修改：

- 修改 psycopg2 套件的版本，從 2.6.1 改成 2.7，使得它能夠支援 PostgreSQL 11。

- 修改 redis 套件的版本，從 2.10.5 改成 3.2.1，以便對 Python 3.7 提供更好的支援。

- 修改 rg 套件的版本，從 0.5.6 到 1.0，以便對 Python 3.7 提供更好的支援。

以下是 Dockerfile 的內容：

```
$ cat Dockerfile
FROM python:3.7.3-alpine

ENV APP_HOME /app
WORKDIR $APP_HOME

COPY requirements.txt .

RUN \
 apk add --no-cache postgresql-libs && \
 apk add --no-cache --virtual .build-deps gcc musl-dev postgresql-dev && \
 python3 -m pip install -r requirements.txt --no-cache-dir && \
 apk --purge del .build-deps

COPY . .

ENTRYPOINT [ "python" ]
CMD ["app.py"]
```

這個範例的 Dockerfile 與第一個 *hello-world-docker* 範例的 Dockerfile 有很大的不同。當前目錄的內容（包括了應用程式的檔案）都被複製到 Docker 映像，這樣做是為了說明與先前所呈現的開發工作流程不同的情形。以這個例子來說，我們對於以最具可攜性的方式來運行應用程式更感興趣，舉個例子來說，在預備和正式環境裡，我們不想如開發情況下，透過掛載儲存體的方式來修改應用程式。同時使用 docker-compose 與掛載儲存體來進行開發是可行且常見的方式，但是本節所專注的是 Docker 容器在跨不同環境下的可攜性，比方說開發環境、預備環境、和正式環境。

執行 docker build -t flask-by-example:v1 . 來建立本地的 Docker 映像。這個指令的輸出過於冗長，此處就不再進行展示了。

"Flask By Exmple" 的教學範例中的下一步，就是執行 Flask 的遷移。

在 *docker-compose.yaml* 檔案中，定義一個叫做 **migrations** 的新服務，並且指定它的映像、指令、環境變數、和對於 db 服務啟動與運行的依賴：

```
$ cat docker-compose.yaml
version: "3"
services:
  migrations:
    image: "flask-by-example:v1"
```

```
      command: "manage.py db upgrade"
      environment:
        APP_SETTINGS: config.ProductionConfig
        DATABASE_URL: postgresql://wordcount_dbadmin:$DBPASS@db/wordcount
      depends_on:
        - db
    db:
      image: "postgres:11"
      container_name: "postgres"
      ports:
        - "5432:5432"
      volumes:
        - dbdata:/var/lib/postgresql/data
  volumes:
    dbdata:
```

變數 DATABASE_URL 使用 db 作為 PostgreSQL 資料庫的主機位址。這是因為 db 這個名稱在 *docker-compose.yaml* 檔案裡被定義為服務的名稱，而且 docker-compose 知道如何透過建立一個覆蓋網路連接一個服務到另一個服務上，所有定義在 *docker-compose.yaml* 檔案裡的服務都能夠使用這個覆蓋網路和它們的名稱互相溝通。請參閱 docker-compose 與網路相關的參考文件（*https://oreil.ly/Io80N*）來獲得更多詳細的資訊。

DATABSE_URL 的變數定義參照了另一個叫做 DBPASS 的變數，而不是直接將 wordcount_dbadmin 使用者的密碼寫上去。*docker-compose.yaml* 檔案通常會被提交到版本管理儲存庫，而最好的實踐就是不要將 secrets（如資料庫的憑證）提交到 GitHub，而是使用加密工具（如 sops，*https://github.com/mozilla/sops*）來管理 secrets 檔案。

以下是如何使用 sops 與 PGP 加密來建立加密檔案的範例。

首先在 macOS 上透過 brew install gpg 安裝 gpg，然後基於空的密詞（passphrase）產生 PGP 密鑰：

```
$ gpg --generate-key
pub    rsa2048 2019-07-12 [SC] [expires: 2021-07-11]
       E14104A0890994B9AC9C9F6782C1FF5E679EFF32
uid                      pydevops <my.email@gmail.com>
sub    rsa2048 2019-07-12 [E] [expires: 2021-07-11]
```

接著，從 sops 的發佈網頁（*https://github.com/mozilla/sops/releases*）下載它。

為了建立一個新的加密檔案比方說叫做 *environment.secrets*，使用執行參數 -pgp 來執行 sops 指令，並且將上面產生的密鑰指紋傳入：

```
$ sops --pgp BBDE7E57E00B98B3F4FBEAF21A1EEF4263996BD0 environment.secrets
```

這會開啟預設的編輯器，並且允許純文字 secrets 的輸入。以這個例子來說，*environment.secrets* 檔案的內容為：

```
export DBPASS=MYPASS
```

把 *environment.secrets* 檔案存起來，檢視檔案來看看是否已被加密，這樣的處理會使得提交至版控管理時更加安全：

```
$ cat environment.secrets
{
        "data": "ENC[AES256_GCM,data:qlQ5zc7e8KgGmu5goC9WmE7PP8gueBoSsmM=,
    iv:xG8BHcRfdfLpH9nUlTijBsYrh4TuSdvDqp5F+2Hqw4I=,
    tag:00IVAm9O/UYGljGCzZerTQ==,type:str]",
        "sops": {
                "kms": null,
                "gcp_kms": null,
                "lastmodified": "2019-07-12T05:03:45Z",
                "mac": "ENC[AES256_GCM,data:wo+zPVbPbAJt9Nl23nYuWs55f68/DZJWj3pc0
    l8T2d/SbuRF6YCuOXHSHIKs1ZBpSlsjmIrPyYTqI+M4Wf7it7fnNS8b7FnclwmxJjptBWgL
    T/A1GzIKT1Vrgw9QgJ+prq+Qcrk5dPzhsOTxOoOhGRPsyN8KjkS4sGuXM=,iv:0VvSMgjF6
    ypcK+1J54fonRoI7c5whmcu3iNV8xLH02k=,
    tag:YaI7DXvvllvpJ3Talzl8lg==,
    type:str]",
                "pgp": [
                        {
                                "created_at": "2019-07-12T05:02:24Z",
                                "enc": "-----BEGIN PGP MESSAGE-----\n\nhQEMA+3cyc
    g5b/Hu0OvU5ONr/F0htZM2MZQSXpxoCiO\nWGB5Czc8FTSlRSwu8/cOx0Ch1FwH+IdLwwL+jd
    oXVe55myuu/3OKUy7H1w/W2R\nPI99Biw1m5u3ir3+9tLXmRpLWkz7+nX7FThl9QnOS25
    NRUSSxS7hNaZMcYjpXW+w\nM3XeaGStgbJ9OgIp4A8YGigZQVZZFl3fAG3bm2c+TNJcAbl
    zDpc40fxlR+7LroJI\njuidzyOEe49k0pq3tzqCnph5wPr3HZ1JeQmsIquf//9D509S5xH
    Sa9lkz3Y7V4KC\nefzBiS8pivm55T0s+zPBPB/GWUVlqGaxRhv1TAU=\n=WA4+
    \n-----END PGP MESSAGE-----\n",
                                "fp": "E14104A0890994B9AC9C9F6782C1FF5E679EFF32"
                        }
                ],
                "unencrypted_suffix": "_unencrypted",
                "version": "3.0.5"
        }
}%
```

為了解密檔案，執行：

```
$ sops -d environment.secrets
export DBPASS=MYPASS
```

 在 Mac 上，sops 與 gpg 之間存在交互問題，你必須先執行下面的指令才
能使用 sops 解密檔案：
```
$ GPG_TTY=$(tty)
$ export GPG_TTY
```

這裡的目標是運行先前定義在 *docker-compose.yaml* 檔案裡的 migrations 服務。為了要將 +sops secret 管理方法綁定到 docker-compose，使用 sops-d 解密 *environments.secrets* 檔案，source 它的內容到目前的 shell，然後呼叫 docker-compose up -d migrations，整個指令會使用單行指令的方式執行，這樣可以避免 secret 的內容暴露到 shell 歷史紀錄中：

```
$ source <(sops -d environment.secrets); docker-compose up -d migrations
postgres is up-to-date
Recreating flask-by-example_migrations_1 ... done
```

為了驗證 migrations 服務成功地運行，可以透過檢視資料庫，並且檢查 alembic_version 和 results 兩張表格是否已經被建立，來達到目的：

```
$ docker-compose exec db psql -U postgres wordcount
psql (11.4 (Debian 11.4-1.pgdg90+1))
Type "help" for help.

wordcount=# \dt
                    List of relations
 Schema |      Name       | Type  |      Owner
--------+-----------------+-------+-------------------
 public | alembic_version | table | wordcount_dbadmin
 public | results         | table | wordcount_dbadmin
(2 rows)

wordcount=# \q
```

"Flask By Example" 教學範例中的 Part 4（*https://oreil.ly/UY2yw*）是部署一個基於 Python RQ 的 Python worker 進程，它會與 Redis 實體進行交互。

首先，Redis 需要先運行起來。將它作為服務 redis 加入 *docker-compose.yaml* 檔案中，並且確保它內部的連接埠 6379 被映射到本地端的連接埠 6379 上：

```
  redis:
    image: "redis:alpine"
    ports:
      - "6379:6379"
```

藉由指定一個引數給 docker-compose up -d 來單獨啟動 redis 服務：

```
$ docker-compose up -d redis
Starting flask-by-example_redis_1 ... done
```

執行 docker ps 來檢視新的 Docker 容器，該容器運行的是 redis:alpine 映像：

```
$ docker ps
CONTAINER ID   IMAGE       COMMAND          CREATED      STATUS      PORTS     NAMES
a1555cc372d6   redis:alpine "docker-entrypoint.s…" 3 seconds ago  Up 1 second
0.0.0.0:6379->6379/tcp    flask-by-example_redis_1
83b54ab10099   postgres:11 "docker-entrypoint.s…" 22 hours ago   Up 16 hours
0.0.0.0:5432->5432/tcp    postgres
```

使用 docker-compose logs 指令來檢視 redis 服務的日誌：

```
$ docker-compose logs redis
Attaching to flask-by-example_redis_1
1:C 12 Jul 2019 20:17:12.966 # oO0OoO0OoO0Oo Redis is starting oO0OoO0OoO0Oo
1:C 12 Jul 2019 20:17:12.966 # Redis version=5.0.5, bits=64, commit=00000000,
modified=0, pid=1, just started
1:C 12 Jul 2019 20:17:12.966 # Warning: no config file specified, using the
default config. In order to specify a config file use
redis-server /path/to/redis.conf
1:M 12 Jul 2019 20:17:12.967 * Running mode=standalone, port=6379.
1:M 12 Jul 2019 20:17:12.967 # WARNING: The TCP backlog setting of 511 cannot
be enforced because /proc/sys/net/core/somaxconn
is set to the lower value of 128.
1:M 12 Jul 2019 20:17:12.967 # Server initialized
1:M 12 Jul 2019 20:17:12.967 * Ready to accept connections
```

下一步是為 Python RQ worker 進程，在 *docker-compose.yaml* 建立一個叫做 worker 的服務：

```
  worker:
    image: "flask-by-example:v1"
    command: "worker.py"
    environment:
      APP_SETTINGS: config.ProductionConfig
      DATABASE_URL: postgresql://wordcount_dbadmin:$DBPASS@db/wordcount
      REDISTOGO_URL: redis://redis:6379
    depends_on:
      - db
      - redis
```

就像 redis 服務一樣，透過 docker-compose up -d 來執行 worker：

```
$ docker-compose up -d worker
flask-by-example_redis_1 is up-to-date
Starting flask-by-example_worker_1 ... done
```

執行 docker ps 會顯示這個 worker 容器：

```
$ docker ps
CONTAINER ID    IMAGE       COMMAND          CREATED      STATUS     PORTS     NAMES
72327ab33073    flask-by-example "python worker.py"    8 minutes ago
Up 14 seconds                             flask-by-example_worker_1
b11b03a5bcc3    redis:alpine    "docker-entrypoint.s…" 15 minutes ago
Up About a minute  0.0.0.0:6379->6379/tc  flask-by-example_redis_1
83b54ab10099    postgres:11     "docker-entrypoint.s…"  23 hours ago
Up 17 hours         0.0.0.0:5432->5432/tcp postgres
```

使用 docker-compose logs 來查看 worker 容器的日誌：

```
$ docker-compose logs worker
Attaching to flask-by-example_worker_1
20:46:34 RQ worker 'rq:worker:a66ca38275a14cac86c9b353e946a72e' started,
version 1.0
20:46:34 *** Listening on default...
20:46:34 Cleaning registries for queue: default
```

現在，將主要的 Flask 應用程式在它自己的容器內啟動。在 *docker-compose.yaml* 內建立一個叫做 app 的新服務：

```
app:
  image: "flask-by-example:v1"
  command: "manage.py runserver --host=0.0.0.0"
  ports:
    - "5000:5000"
  environment:
    APP_SETTINGS: config.ProductionConfig
    DATABASE_URL: postgresql://wordcount_dbadmin:$DBPASS@db/wordcount
    REDISTOGO_URL: redis://redis:6379
  depends_on:
    - db
    - redis
```

將應用程式容器內的連接埠 5000（Flask 應用程式的預設連接埠）映射到本地機器的連接埠 5000。傳入指令 manage.py runserver --host=0.0.0.0 給應用程式容器，以便確保在容器內的應用程式正確地將連接埠 5000 暴露出來。

使用 docker-compose up -d 啟動 app 服務，同時也在含有 DBPASS 的已加密檔案上執行 sops -d，然後在呼叫 docker-compose 之前，sourcing 解密的檔案：

```
source <(sops -d environment.secrets); docker-compose up -d app
postgres is up-to-date
Recreating flask-by-example_app_1 ... done
```

注意到運行這個應用程式的新 Docker 容器，現在也包含在由 docker ps 指令傳回的列表中：

```
$ docker ps
CONTAINER ID    IMAGE      COMMAND    CREATED    STATUS    PORTS    NAMES
d99168a152f1    flask-by-example "python app.py"  3 seconds ago
Up 2 seconds     0.0.0.0:5000->5000/tcp    flask-by-example_app_1
72327ab33073    flask-by-example "python worker.py" 16 minutes ago
Up 7 minutes                               flask-by-example_worker_1
b11b03a5bcc3    redis:alpine    "docker-entrypoint.s…" 23 minutes ago
Up 9 minutes     0.0.0.0:6379->6379/tcp    flask-by-example_redis_1
83b54ab10099    postgres:11     "docker-entrypoint.s…"  23 hours ago
Up 17 hours      0.0.0.0:5432->5432/tcp    postgres
```

使用 docker-compose logs 來檢查應用程式容器的日誌：

```
$ docker-compose logs app
Attaching to flask-by-example_app_1
app_1        | * Running on http://0.0.0.0:5000/ (Press CTRL+C to quit)
```

執行 docker-compose logs 且不傳入任何引數，可以讓我們檢視所有定義在 *docker-compose.yaml* 裡的服務，所輸出的日誌：

```
$ docker-compose logs
Attaching to flask-by-example_app_1,
flask-by-example_worker_1,
flask-by-example_migrations_1,
flask-by-example_redis_1,
postgres
1:C 12 Jul 2019 20:17:12.966 # oO0OoO0OoO0Oo Redis is starting oO0OoO0OoO0Oo
1:C 12 Jul 2019 20:17:12.966 # Redis version=5.0.5, bits=64, commit=00000000,
modified=0, pid=1, just started
1:C 12 Jul 2019 20:17:12.966 # Warning: no config file specified, using the
default config. In order to specify a config file use
redis-server /path/to/redis.conf
1:M 12 Jul 2019 20:17:12.967 * Running mode=standalone, port=6379.
1:M 12 Jul 2019 20:17:12.967 # WARNING: The TCP backlog setting of 511 cannot
be enforced because /proc/sys/net/core/somaxconn
is set to the lower value of 128.
1:M 12 Jul 2019 20:17:12.967 # Server initialized
```

```
1:M 12 Jul 2019 20:17:12.967 * Ready to accept connections
app_1        |   * Running on http://0.0.0.0:5000/ (Press CTRL+C to quit)
postgres     | 2019-07-12 22:15:19.193 UTC [1]
LOG:  listening on IPv4 address "0.0.0.0", port 5432
postgres     | 2019-07-12 22:15:19.194 UTC [1]
LOG:  listening on IPv6 address "::", port 5432
postgres     | 2019-07-12 22:15:19.199 UTC [1]
LOG:  listening on Unix socket "/var/run/postgresql/.s.PGSQL.5432"
postgres     | 2019-07-12 22:15:19.214 UTC [22]
LOG:  database system was shut down at 2019-07-12 22:15:09 UTC
postgres     | 2019-07-12 22:15:19.225 UTC [1]
LOG:  database system is ready to accept connections
migrations_1 | INFO [alembic.runtime.migration] Context impl PostgresqlImpl.
migrations_1 | INFO [alembic.runtime.migration] Will assume transactional DDL.
worker_1     | 22:15:20
RQ worker 'rq:worker:2edb6a54f30a4aae8a8ca2f4a9850303' started, version 1.0
worker_1     | 22:15:20 *** Listening on default...
worker_1     | 22:15:20 Cleaning registries for queue: default
```

最後一個步驟是測試這個應用程式。訪問 http://127.0.0.1:5000 並且在 URL 欄位輸入
python.org。此時,應用程式送出一個工作給 worker 進程,請求它透過 count_and_save_
words 函式處理 python.org 的首頁內容。這個應用程式會週期性地查詢工作的結果,當
工作完成,它便會在首頁顯示單字出現的頻率。

為了讓 *docker-compose.yaml* 檔案更加具有可攜性,將 flask-by-example Docker 映像發
佈到 Docker Hub,並且將 app 服務和 worker 服務所參照的映像改為 Docker Hub 上的映
像。

將存在於本地端的 Docker 映像貼上標籤 flask-by-example:v1,並且在名稱上加上
Docker Hub 的使用者帳號作為前綴,然後將剛貼完標籤的映像發佈到 Docker Hub:

```
$ docker tag flask-by-example:v1 griggheo/flask-by-example:v1
$ docker push griggheo/flask-by-example:v1
```

更改 *docker-compose.yaml*,使得它參照到新的 Docker Hub 映像。以下是這個 *docker-
compose.yaml* 的最終版本:

```
$ cat docker-compose.yaml
version: "3"
services:
  app:
    image: "griggheo/flask-by-example:v1"
    command: "manage.py runserver --host=0.0.0.0"
    ports:
      - "5000:5000"
```

```
    environment:
      APP_SETTINGS: config.ProductionConfig
      DATABASE_URL: postgresql://wordcount_dbadmin:$DBPASS@db/wordcount
      REDISTOGO_URL: redis://redis:6379
    depends_on:
      - db
      - redis
  worker:
    image: "griggheo/flask-by-example:v1"
    command: "worker.py"
    environment:
      APP_SETTINGS: config.ProductionConfig
      DATABASE_URL: postgresql://wordcount_dbadmin:$DBPASS@db/wordcount
      REDISTOGO_URL: redis://redis:6379
    depends_on:
      - db
      - redis
  migrations:
    image: "griggheo/flask-by-example:v1"
    command: "manage.py db upgrade"
    environment:
      APP_SETTINGS: config.ProductionConfig
      DATABASE_URL: postgresql://wordcount_dbadmin:$DBPASS@db/wordcount
    depends_on:
      - db
  db:
    image: "postgres:11"
    container_name: "postgres"
    ports:
      - "5432:5432"
    volumes:
      - dbdata:/var/lib/postgresql/data
  redis:
    image: "redis:alpine"
    ports:
      - "6379:6379"
volumes:
  dbdata:
```

為了重啟本地端的 Docker 容器，執行 docker-compose down，接著再執行 docker-compose
up -d：

```
$ docker-compose down
Stopping flask-by-example_worker_1 ... done
Stopping flask-by-example_app_1    ... done
Stopping flask-by-example_redis_1  ... done
Stopping postgres                  ... done
```

```
Removing flask-by-example_worker_1      ... done
Removing flask-by-example_app_1         ... done
Removing flask-by-example_migrations_1 ... done
Removing flask-by-example_redis_1       ... done
Removing postgres                       ... done
Removing network flask-by-example_default

$ source <(sops -d environment.secrets); docker-compose up -d
Creating network "flask-by-example_default" with the default driver
Creating flask-by-example_redis_1       ... done
Creating postgres                    ... done
Creating flask-by-example_migrations_1 ... done
Creating flask-by-example_worker_1      ... done
Creating flask-by-example_app_1         ... done
```

注意，使用 docker-compose 啟動和停止一組 Docker 容器就是這麼簡單。

即使你想要運行單一的 Docker 容器，將它包含到一個 *docker-compose.yaml* 內並且透過 docker-compose up -d 啟動它，仍然是一個很好的想法。當你想要新增第二個容器進去時，它會使你的生活更輕鬆，而且它也可以被視為一個小型的基礎設施集程式碼的範例，因為 *docker-compose.yaml* 正反映著你的應用程式本地端 Docker 設定的狀態。

遷移 docker-compose 服務到新的主機與作業系統

我們現在會展示如何將前一節的 docker-compose 的設定遷移到運行 Ubuntu 18.04 的主機上。

啟動一個運行 Ubuntu 18.04 的 Amazon EC2 實體，並且安裝 docker-engine 和 docker-compose：

```
$ sudo apt-get update
$ sudo apt-get remove docker docker-engine docker.io containerd runc
$ sudo apt-get install \
  apt-transport-https \
  ca-certificates \
  curl \
  gnupg-agent \
  software-properties-common
$ curl -fsSL https://download.docker.com/linux/ubuntu/gpg | sudo apt-key add -
$ sudo add-apt-repository \
  "deb [arch=amd64] https://download.docker.com/linux/ubuntu \
```

```
  $(lsb_release -cs) \
  stable"
$ sudo apt-get update
$ sudo apt-get install docker-ce docker-ce-cli containerd.io
$ sudo usermod -a -G docker ubuntu

# 下載 docker-compose
$ sudo curl -L \
"https://github.com/docker/compose/releases/download/1.24.1/docker-compose-\
$(uname -s)-$(uname -m)" -o /usr/local/bin/docker-compose
$ sudo chmod +x /usr/local/bin/docker-compose
```

複製 *docker-compose.yaml* 檔案到遠端的 EC2 實體中，並且先啟動 db 服務，使得應用程式會使用到的資料庫能夠被建立起來：

```
$ docker-compose up -d db
Starting postgres ...
Starting postgres ... done

$ docker ps
CONTAINER ID   IMAGE   COMMAND   CREATED   STATUS   PORTS   NAMES
49fe88efdb45 postgres:11 "docker-entrypoint.s..." 29 seconds ago
  Up 3 seconds        0.0.0.0:5432->5432/tcp   postgres
```

使用 docker exec 在運行 PostgreSQL 資料庫的 Docker 容器內執行 psql -U postgres 指令。在 PostgreSQL 提示訊息出現時，建立 wordcount 資料庫與角色 wordcount_dbadmin：

```
$ docker-compose exec db psql -U postgres
psql (11.4 (Debian 11.4-1.pgdg90+1))
Type "help" for help.

postgres=# create database wordcount;
CREATE DATABASE
postgres=# \q

$ docker exec -it 49fe88efdb45 psql -U postgres wordcount
psql (11.4 (Debian 11.4-1.pgdg90+1))
Type "help" for help.

wordcount=# CREATE ROLE wordcount_dbadmin;
CREATE ROLE
wordcount=# ALTER ROLE wordcount_dbadmin LOGIN;
ALTER ROLE
wordcount=# ALTER USER wordcount_dbadmin PASSWORD 'MYPASS';
ALTER ROLE
wordcount=# \q
```

在啟動定義在 *docker-compose.yaml* 的服務對應的容器之前，有兩件事是一定要做的：

1. 執行 docker login，以便能夠拉取先前發佈至 Docker Hub 的 Docker 映像：

   ```
   $ docker login
   ```

2. 在目前的 shell 裡，設定正確的值給 DBPASS 環境變數。可以使用在本地端 macOS 設定裡描述到的 sops 方法，但針對這個範例，直接將它設定在 shell 即可：

   ```
   $ export DOCKER_PASS=MYPASS
   ```

現在透過使用 docker-compose up -d 啟動應用程式的所有必要服務：

```
$ docker-compose up -d
Pulling worker (griggheo/flask-by-example:v1)...
v1: Pulling from griggheo/flask-by-example
921b31ab772b: Already exists
1a0c422ed526: Already exists
ec0818a7bbe4: Already exists
b53197ee35ff: Already exists
8b25717b4dbf: Already exists
9be5e85cacbb: Pull complete
bd62f980b08d: Pull complete
9a89f908ad0a: Pull complete
d787e00a01aa: Pull complete
Digest: sha256:4fc554da6157b394b4a012943b649ec66c999b2acccb839562e89e34b7180e3e
Status: Downloaded newer image for griggheo/flask-by-example:v1
Creating fbe_redis_1      ... done
Creating postgres      ... done
Creating fbe_migrations_1 ... done
Creating fbe_app_1      ... done
Creating fbe_worker_1      ... done

$ docker ps
CONTAINER ID   IMAGE         COMMAND     CREATED    STATUS   PORTS     NAMES
f65fe9631d44   griggheo/flask-by-example:v1 "python3 manage.py r..." 5 seconds ago
Up 2 seconds        0.0.0.0:5000->5000/tcp    fbe_app_1
71fc0b24bce3   griggheo/flask-by-example:v1 "python3 worker.py"     5 seconds ago
Up 2 seconds                             fbe_worker_1
a66d75a20a2d   redis:alpine       "docker-entrypoint.s..."   7 seconds ago
Up 5 seconds        0.0.0.0:6379->6379/tcp    fbe_redis_1
56ff97067637   postgres:11        "docker-entrypoint.s..."   7 seconds ago
Up 5 seconds        0.0.0.0:5432->5432/tcp    postgres
```

現在，在關連到我們 Ubuntu EC2 實體的 AWS 安全群組內，設定允許存取連接埠 5000 之後，你可以透過實體的外部 IP 和連接埠 5000 進行連接並且使用這個應用程式。

值得再次強調 Docker 在多大的程度上簡化了應用程式的部署。Docker 容器和映像的可攜性意味著你可以在任何有 Docker 引擎運行的作業系統上運行你的應用程式。就展示在本節的範例來說，在 Ubuntu 主機上，沒有任何需要預先安裝的軟體：不需要安裝 Flask、PostgreSQL 和 Redis，也不需要將應用程式的程式碼從本地開發機器複製到 Ubuntu 主機上。在 Ubuntu 主機上，唯一需要的檔案是 *docker-compose.yaml*。然後，組成這個應用程式的所有服務僅透過一個指令就能啟動：

```
$ docker-compose up -d
```

請小心下載與使用來自公開的 Docker 儲存庫的 Docker 映像，因為有許多映像包含了嚴重的安全漏洞，而且大數的漏洞允許攻擊者穿破 Docker 容器的隔離，進而掌控主機上的作業系統。一個好的做法是從那些受信任且預先建置好的映像檔開始，或者從頭到尾都是靠自己建立的映像檔。與最新的安全修補與軟體更新保持同步，每當有任何修補或者是更新可以取得時，就重新建置你的映像檔。另一個好的做法是從許多可以取得的 Docker 掃描工具，包括 Clair（*https://oreil.ly/OBkkx*）、Anchore（*https://oreil.ly/uRI_1*）、和 Falco（*https://oreil.ly/QXRg6*），選擇其中一個工具掃描你所有的 Docker 映像。通常在建置 Docker 映像檔的時候，這類的掃描可以作為持續整合 / 持續部署流水線中的一部分來執行。

雖然 docker-compose 讓組成一個應用程式的數個容器化服務的執行變得簡單，但是仍然指示運行在單一的機器上，這會限制它在正式環境下的實用性。如果你不擔心主機離線的問題，並且願意只在一台機器上運行所有內容，那麼你真的可以將使用 docker-compose 來部署的應用程式視為「可正式使用（production ready）」（也就是說，Grig 曾經看過服務託管的提供商使用 docker-compose 運行容器化的應用程式在正式環境中）。對於那些真正「可正式使用」的場景，你需要一個容器的編排引擎（如 Kubernetes，將會在下一章討論）。

練習

- 讓自己熟悉 Dockerfile 的參考文件（*https://oreil.ly/kA8ZF*）。

- 讓自己熟悉 Docker Compose 組態的參考文件（*https://oreil.ly/ENMsQ*）。

- 建立一個 AWS KMS 密鑰並透過 sops 使用它，而不使用本地的 PGP 密鑰。這會使你能夠應用 AWS IAM 的權限管理到這個密鑰上，並且限制密鑰的存取權限僅給那些需要它的開發者。

- 寫一個 shell 腳本，這個腳本會使用 docker exec 或者 docker-compose exec 執行 PostgreSQL 指令，以便用來建立資料庫與角色。

- 使用其他的容器技術進行實驗，比方說 Podman（*https://podman.io*）。

## 第十二章

容器調度：Kubernetes

如果你正在使用 Docker 進行實驗，或是你只需要運行一組 Docker 容器在單一主機上，那麼 Docker 和 Docker Compose 便足以滿足你的需求。然而很快地，你的主機數量從 1（單一主機）變成 2（多台主機），你需要開始擔心有關跨網路調度容器的事情。對於正式運行的情境來說，這樣的狀況是必然的，你需要至少兩台機器來達到容錯／高可用。

在雲端運算的年代，藉由增加系統裡的運算實體，擴充基礎設施的建議作法是「向外擴展」（也稱為「水平擴展」）。對比較老式的作法，藉由增加更多的 CPU 和記憶體到單一主機上，擴充的概念是「向上」提升。Docker 的調度平台使用許多的運算實體或節點作為基礎資源的來源（CPU、記憶體、網路），再把運行在平台內的容器分配在這些資源上。這與我們在第十一章所提到關於使用容器而不使用虛擬機器（VM）的優點緊緊相扣：可以更好地利用基礎資源，因為容器可以比 VM 更加細化地分配這些資源，而基礎設施方面的投報程度也將大大增加。

從提供特定用途的伺服器並且在每個實體上運行特定的軟體（如，網站伺服器軟體、緩存軟體、資料庫軟體），到提供通用的運算資源並且使用 Docker 調度平台在這些資源上運行容器，資源使用與調度的方式也發生改變。你或許已經很了解將伺服器當作「寵物」與「牛」之間的不同。在早期的基礎設施設計，每個伺服器有各自特定的功能（如郵件伺服器），而且很多時候每個特定的功能只對應到一個伺服器。這類的伺服器有著對應的命名規則（在 dot-com 的那些日子裡，Grig 記得使用了行星系統的命名規則），而且花費了許多時間在照料與餵養它們，因此統一叫做寵物。當如 Puppet、Chef、和 Ansible 等組態工具躍上舞台，透過在每台伺服器上使用相同的安裝流程，同時佈建多台相同類型的伺服器變得更為容易。這些事情的發生恰好切合著雲端運算的崛起、之前提及過的水平擴展的概念、和容錯與高可用性被視為一個設計完善的基礎設施重要特性，而越來越受重視。伺服器或者是雲端實體被視為牛、可以被組合起來產生價值的一次性工具。

容器和無伺服器運算的年代也帶來另一種名稱——「蟲」。實際上，可以把這些來來去去的容器本質上視為一種短暫的存在，就像一個有短暫生命的昆蟲。函式即服務較於 Docker 容器則更加地瞬逝，在它們被呼叫時，具有短暫而忙碌的生命週期。

以容器這個例子來說，它們的短暫性使得它們的調度和協同工作能力難以大規模地實現，這樣確切的需求已經被容器調度平台所滿足。過去有許多的 Docker 調度平台（如 Mesosphere 和 Docker Swarm）可以選擇，但如今我們可以很肯定地說 Kubernetes 贏得了那場比賽。本章其餘部分將完全用來簡述 Kubernetes，並且搭配一個運用範例，這個範例將使用與第十一章相同的應用程式，我們將把它從 docker-compose 遷移到 Kuberenetes。我們也會使用監控和儀表板工具套件（Prometheus 和 Grafana）作為範例，來展示如何使用 Helm（Kubernetes 的套件管理器）來安裝套件（稱為 chart），以及如何客製這些 chart。

Kubernetes 概念簡述

了解組成 Kubernetes 集群的許多組件的最好方式，就是從 Kubernetes 的官方文件開始（*https://oreil.ly/TYpdE*）。

從較高的層次來看，Kubernetes 是由一群節點組成，這些節點可以等同於伺服器，它們可以是裸機或者是運行於雲端的虛擬機器。節點上運行著 pod，它們是 Docker 容器的組合。在 Kubernetes，pod 是部署的基礎單元，所有在 pod 內的容器共享著相同的網路，而且可以彼此溝通，就像運行在同一台主機一樣。在許多的情況下，一個 pod 內運行多個容器是種優勢。一般來說，你的應用程式容器在 pod 裡以主要的容器運行著，如果有任何需要，你可以運行一個或者是多個具有特定功能的容器（稱為「sidecar」，比方說日誌收集或監控。sidecar 的使用案例中有一個特別的例子，那就是「初始容器（init container）」，它被確保優先運行，而且可以被用來進行內務處理（housekeeping）的任務，如執行資料庫遷移。我們會在本章稍後進一步探索這個主題。

一般來說，一個應用程式會為了容錯和效能的目的而運行多個 pod。Kubernetes 裡，負責啟動並且維護 pod 數量的物件叫做 deployment。針對 pod 之間的通訊，Kubernetes 提供了另一種物件叫做 service。service 透過選擇器（selector）與 deployment 綁定。服務也會暴露給外部的客戶端進行調用，暴露的方式有透過在每個 Kubernetes 節點上的靜態連接埠稱為 NodePort，或者是透過建立一個 LoadBalancer 物件（它會對應到一個實際的負載均衡器，如果用來運行 Kubernetes 集群的雲端供應商支援這樣的服務）。

對於管理一些敏感資料，如密碼、API key、和其他憑證，Kubernetes 提供 Secret 物件。來看一個使用 Secret 來儲存資料庫密碼的範例。

使用 Kompose 從 docker-compose.yaml 創建 Kubernetes Manifest

讓我們再來看一下第十一章裡所討論的 Flask 範例應用程式的 *docker-compose.yaml*：

```
$ cat docker-compose.yaml
version: "3"
services:
  app:
    image: "griggheo/flask-by-example:v1"
    command: "manage.py runserver --host=0.0.0.0"
    ports:
      - "5000:5000"
    environment:
      APP_SETTINGS: config.ProductionConfig
      DATABASE_URL: postgresql://wordcount_dbadmin:$DBPASS@db/wordcount
      REDISTOGO_URL: redis://redis:6379
    depends_on:
      - db
      - redis
  worker:
    image: "griggheo/flask-by-example:v1"
    command: "worker.py"
    environment:
      APP_SETTINGS: config.ProductionConfig
      DATABASE_URL: postgresql://wordcount_dbadmin:$DBPASS@db/wordcount
      REDISTOGO_URL: redis://redis:6379
    depends_on:
      - db
      - redis
  migrations:
    image: "griggheo/flask-by-example:v1"
    command: "manage.py db upgrade"
    environment:
      APP_SETTINGS: config.ProductionConfig
      DATABASE_URL: postgresql://wordcount_dbadmin:$DBPASS@db/wordcount
    depends_on:
      - db
```

```
    db:
      image: "postgres:11"
      container_name: "postgres"
      ports:
        - "5432:5432"
      volumes:
        - dbdata:/var/lib/postgresql/data
    redis:
      image: "redis:alpine"
      ports:
        - "6379:6379"
  volumes:
    dbdata:
```

我們會使用一個叫做 Kompose 的工具，將這個 YAML 檔案轉換為一組 Kubernetes 所需的描述檔案。

為了在 macOS 上取得新版的 Kompose，先從 Git 儲存庫（*https://oreil.ly/GUqaq*）中下載它，然後將它移到 */user/local/bin/kompose*，並且把它變更為可執行。注意，如果你想使用作業系統上的套件管理器（比方說 Ubuntu 的 **apt** 或 Red Hat 系統的 **yum**）來安裝 Kompose，那你可能會拿到較舊的版本，而不相容於書上所提到的操作。

基於已經存在的 *docker-compose.yaml* 檔案來執行 kompose covert 指令，以產生 Kubernetes 描述檔案：

```
$ kompose convert
INFO Kubernetes file "app-service.yaml" created
INFO Kubernetes file "db-service.yaml" created
INFO Kubernetes file "redis-service.yaml" created
INFO Kubernetes file "app-deployment.yaml" created
INFO Kubernetes file "db-deployment.yaml" created
INFO Kubernetes file "dbdata-persistentvolumeclaim.yaml" created
INFO Kubernetes file "migrations-deployment.yaml" created
INFO Kubernetes file "redis-deployment.yaml" created
INFO Kubernetes file "worker-deployment.yaml" created
```

此時，移除掉 *docker-compose.yaml* 檔案：

```
$ rm docker-compose.yaml
```

基於 minikube 部署 Kubernetes 資訊清單到本地端 Kubernetes 集群

我們的下一步便是利用這些 Kubernetes 的描述檔案，將服務部署到本地的 Kubernetes 集群（基於 minikube）。

在 macOS 上運行 minikube 的先決條件是安裝 *VirtualBox*。到 VirtualBox 提供給 macOS 的下載頁（*https://oreil.ly/BewRq*）進行下載與安裝，並且將它移動到 */usr/local/bin/minikube*，然後將它變為可執行。請注意，在本書撰寫的時候，minikube 安裝的 Kubernetes 的版本是 1.15。如果你想要按照書上的例子進行操作，請使用 minikube 指定要安裝的 Kubernetes 版本：

```
$ minikube start --kubernetes-version v1.15.0
😄 minikube v1.2.0 on darwin (amd64)
🔥 Creating virtualbox VM (CPUs=2, Memory=2048MB, Disk=20000MB) ...
🐳 Configuring environment for Kubernetes v1.15.0 on Docker 18.09.6
💾 Downloading kubeadm v1.15.0
💾 Downloading kubelet v1.15.0
🐋 Pulling images ...
🚀 Launching Kubernetes ...
⌛ Verifying: apiserver proxy etcd scheduler controller dns
🏄 Done! kubectl is now configured to use "minikube"
```

與 Kubernetes 互動的主要指令是 kubectl。

在 macOS 上，透過 kubectl 的發佈網頁（*https://oreil.ly/f9Wv0*）進行下載並且安裝，然後把它移動到 */usr/local/bin/kubectl*，並且更改為可執行。

當執行 kubectl 指令的時候，你會使用到的重要概念其中之一就是 *context*，它意味著你想要進行互動的 Kubernetes 集群。使用 minikube 進行安裝的過程中，已經產生一個供我們使用的 context，叫做 *minikube*。將 kubectl 指向一個特定的 context 的方法之一是使用下述的指令：

```
$ kubectl config use-context minikube
Switched to context "minikube".
```

另一種不同且更為便利的方式是從 Git 儲存庫（*https://oreil.ly/SIf1U*）安裝 kubectx 工具，然後執行：

```
$ kubectx minikube
Switched to context "minikube".
```

另一個便於你進行 Kubernetes 的客戶端工具是 kube-ps1（*https://oreil. ly/AcE32*）。對於基於 Zsh 的 macOS 設置，新增下列的小程式到 *~/.zshrc* 檔案：

```
source "/usr/local/opt/kube-ps1/share/kube-ps1.sh"
PS1='$(kube_ps1)'$PS1
```

這幾行程式會變更 shell 的提示訊息，以便顯示目前的 Kubernetes context 和 namespace。當你開始操作多個 Kubernetes 集群時，這對於 分辨正式環境和預備環境來說宛如救星。

現在就來對本地端的 minikube 集群執行 kubectl 指令。舉例來說，kubectl get nodes 指令會列出構成這個集群的節點。以這個例子來說，只會有一個節點，而且角色為 master：

```
$ kubectl get nodes
NAME       STATUS   ROLES    AGE     VERSION
minikube   Ready    master   2m14s   v1.15.0
```

從基於由 Kompose 產生的 *dbdata-persistentvolumeclaim.yaml* 檔案建立 Persistent Volume Claim（PVC）物件開始著手，它會對應到當使用 docker-compose 運行時，用來佈建給 PostgreSQL 資料庫容器的本地端儲存體：

```
$ cat dbdata-persistentvolumeclaim.yaml
apiVersion: v1
kind: PersistentVolumeClaim
metadata:
  creationTimestamp: null
  labels:
    io.kompose.service: dbdata
  name: dbdata
spec:
  accessModes:
  - ReadWriteOnce
  resources:
    requests:
      storage: 100Mi
status: {}
```

為了在 Kubernetes 裡建立這個物件，使用 kubectl create 指令並且使用執行參數 -f 指定 檔案：

```
$ kubectl create -f dbdata-persistentvolumeclaim.yaml
persistentvolumeclaim/dbdata created
```

使用 kubectl get pvc 指令來列出所有的 PVC，來驗證我們的 PVC 是否已經建立：

```
$ kubectl get pvc
NAME       STATUS     VOLUME                                       CAPACITY
ACCESS MODES   STORAGECLASS    AGE
dbdata     Bound      pvc-39914723-4455-439b-a0f5-82a5f7421475     100Mi
RWO                   standard        1m
```

下一步是為 PostgreSQL 建立 Deployment 物件。使用先前由 Kompose 工具建立的 *db-deployment.yaml* 檔案：

```
$ cat db-deployment.yaml
apiVersion: extensions/v1beta1
kind: Deployment
metadata:
  annotations:
    kompose.cmd: kompose convert
    kompose.version: 1.16.0 (0c01309)
  creationTimestamp: null
  labels:
    io.kompose.service: db
  name: db
spec:
  replicas: 1
  strategy:
    type: Recreate
  template:
    metadata:
      creationTimestamp: null
      labels:
        io.kompose.service: db
    spec:
      containers:
      - image: postgres:11
        name: postgres
        ports:
        - containerPort: 5432
        resources: {}
        volumeMounts:
        - mountPath: /var/lib/postgresql/data
          name: dbdata
      restartPolicy: Always
      volumes:
      - name: dbdata
        persistentVolumeClaim:
          claimName: dbdata
status: {}
```

為了建立 deployment，使用 kubectl create -f 指令來指定資訊清單檔案：

```
$ kubectl create -f db-deployment.yaml
deployment.extensions/db created
```

要驗證這個 deployment 是否被建立，列出集群內所有的 deployment，並且列出構成這個 deployment 的所有被建立的 pod：

```
$ kubectl get deployments
NAME      READY    UP-TO-DATE    AVAILABLE    AGE
db        1/1      1             1            1m

$ kubectl get pods
NAME                        READY    STATUS      RESTARTS    AGE
db-67659d85bf-vrnw7         1/1      Running     0           1m
```

下一步，為範例 Flask 應用程式建立資料庫。使用一個類似 docker exec 的指令，以便在 Docker 容器內執行 psql 指令，在 Kubernetes 集群內的這類指令為 kubectl exec：

```
$ kubectl exec -it db-67659d85bf-vrnw7 -- psql -U postgres
psql (11.4 (Debian 11.4-1.pgdg90+1))
Type "help" for help.

postgres=# create database wordcount;
CREATE DATABASE
postgres=# \q

$ kubectl exec -it db-67659d85bf-vrnw7 -- psql -U postgres wordcount
psql (11.4 (Debian 11.4-1.pgdg90+1))
Type "help" for help.

wordcount=# CREATE ROLE wordcount_dbadmin;
CREATE ROLE
wordcount=# ALTER ROLE wordcount_dbadmin LOGIN;
ALTER ROLE
wordcount=# ALTER USER wordcount_dbadmin PASSWORD 'MYPASS';
ALTER ROLE
wordcount=# \q
```

下一步是建立對應於這個 db deployment 的 Service 物件，它會將這個 deployment 暴露給其他也運行在這個集群內的服務，如 Redis worker 服務和主要的應用程式服務。以下是 db 服務的資訊清單檔案：

```
$ cat db-service.yaml
apiVersion: v1
kind: Service
metadata:
```

```
  annotations:
    kompose.cmd: kompose convert
    kompose.version: 1.16.0 (0c01309)
  creationTimestamp: null
  labels:
    io.kompose.service: db
  name: db
spec:
  ports:
  - name: "5432"
    port: 5432
    targetPort: 5432
  selector:
    io.kompose.service: db
status:
  loadBalancer: {}
```

需要注意的是下面這個部分：

```
  labels:
    io.kompose.service: db
```

這個部分同時出現在 deployment 資訊清單與 service 資訊清單中，而實際上這就是將兩者綁定起來的方式。service 會與任何有相同標籤的 deployment 關聯起來。

使用 kubectl create -f 指令建立 Service 物件：

```
$ kubectl create -f db-service.yaml
service/db created
```

列出所有的 service，並注意到 db service 已經被建立：

```
$ kubectl get services
NAME         TYPE        CLUSTER-IP      EXTERNAL-IP   PORT(S)    AGE
db           ClusterIP   10.110.108.96   <none>        5432/TCP   6s
kubernetes   ClusterIP   10.96.0.1       <none>        443/TCP    4h45m
```

下一個要部署的服務是 Redis。基於 Kompose 產生的資訊清單檔案建立 Deployment 和 Service 物件：

```
$ cat redis-deployment.yaml
apiVersion: extensions/v1beta1
kind: Deployment
metadata:
  annotations:
    kompose.cmd: kompose convert
    kompose.version: 1.16.0 (0c01309)
```

```
    creationTimestamp: null
    labels:
      io.kompose.service: redis
    name: redis
spec:
  replicas: 1
  strategy: {}
  template:
    metadata:
      creationTimestamp: null
      labels:
        io.kompose.service: redis
    spec:
      containers:
      - image: redis:alpine
        name: redis
        ports:
        - containerPort: 6379
        resources: {}
      restartPolicy: Always
status: {}

$ kubectl create -f redis-deployment.yaml
deployment.extensions/redis created

$ kubectl get pods
NAME                      READY   STATUS    RESTARTS   AGE
db-67659d85bf-vrnw7       1/1     Running   0          37m
redis-c6476fbff-8kpqz     1/1     Running   0          11s

$ kubectl create -f redis-service.yaml
service/redis created

$ cat redis-service.yaml
apiVersion: v1
kind: Service
metadata:
  annotations:
    kompose.cmd: kompose convert
    kompose.version: 1.16.0 (0c01309)
  creationTimestamp: null
  labels:
    io.kompose.service: redis
  name: redis
spec:
  ports:
  - name: "6379"
```

```
      port: 6379
      targetPort: 6379
    selector:
      io.kompose.service: redis
  status:
    loadBalancer: {}

  $ kubectl get services
  NAME          TYPE         CLUSTER-IP       EXTERNAL-IP    PORT(S)     AGE
  db            ClusterIP    10.110.108.96    <none>         5432/TCP    84s
  kubernetes    ClusterIP    10.96.0.1        <none>         443/TCP     4h46m
  redis         ClusterIP    10.106.44.183    <none>         6379/TCP    10s
```

到目前為止，有兩個服務已經被建立，分別是 db 和 redis。兩者之間彼此獨立。這個應用程式的下一個部分是 worker 進程，它需要與 PostgreSQL 和 Redis 進行溝通。這便是使用 Kubernetes service 來發揮優勢的地方。worker deployment 可以藉由使用服務的名稱來查找到 PostgreSQL 和 Redis 的服務端點。Kubernetes 知道如何將來自客戶端的請求路由到服務器端（運行在分別組成 db 和 redis deployment 的 pod 內的容器）。

在 worker deployment 裡使用到的其中一個環境變數是 DATABASE_URL。它裡面含有被這個應用程式所使用的資料庫密碼。這個密碼不應該在 deployment 檔案中以明碼的方式被使用，因為這個檔案會被提交到版本管理的儲存庫，應該要使用 Kubernetes Secret 物件。

首先，將密碼以 base64 進行編碼：

```
$ echo MYPASS | base64
MYPASSBASE64
```

然後建立一個清單檔案用來描述想要建立的 Kubernetes Secret 物件。因為採用 base64 編碼的密碼並不安全，使用 sops 來編輯並且把加密後的檔案存成 *secrets.yaml.enc*：

```
$ sops --pgp E14104A0890994B9AC9C9F6782C1FF5E679EFF32 secrets.yaml.enc
```

在編輯器中，新增這些內容：

```
apiVersion: v1
kind: Secret
metadata:
  name: fbe-secret
type: Opaque
data:
  dbpass: MYPASSBASE64
```

現在 *secrets.yaml.enc* 檔案可以被提交了，因為它含有用 base64 編碼的密碼，並且整個檔案已經被加密了。

要解開加密檔案，使用 sops -d 指令：

```
$ sops -d secrets.yaml.enc
apiVersion: v1
kind: Secret
metadata:
  name: fbe-secret
type: Opaque
data:
  dbpass: MYPASSBASE64
```

將 sops -d 的指令輸出導給 kubectl create -f 以便建立 Kubernetes Secret 物件：

```
$ sops -d secrets.yaml.enc | kubectl create -f -
secret/fbe-secret created
```

檢視 Kubernetes Secrets，並且取得被建立的 Secret 的詳細描述：

```
$ kubectl get secrets
NAME                    TYPE                                  DATA   AGE
default-token-k7652     kubernetes.io/service-account-token   3      3h19m
fbe-secret              Opaque                                1      45s

$ kubectl describe secret fbe-secret
Name:           fbe-secret
Namespace:      default
Labels:         <none>
Annotations:    <none>

Type:   Opaque

Data
dbpass:  12 bytes
```

為了取回這個已經使用 base64 編碼的 Secret，使用：

```
$ kubectl get secrets fbe-secret -ojson | jq -r ".data.dbpass"
MYPASSBASE64
```

要取回純文字的密碼，請在 macOS 使用下面的指令：

```
$ kubectl get secrets fbe-secret -ojson | jq -r ".data.dbpass" | base64 -D
MYPASS
```

在 Linux 機器上，base64 用於解碼的執行參數為 -d，所以修改後的指令為：

```
$ kubectl get secrets fbe-secret -ojson | jq -r ".data.dbpass" | base64 -d
MYPASS
```

這個 secret 現在可以被 worker 的 deployment 所使用了。修改由 Kompose 工具產生的 *worker-deployment.yaml* 檔案，並且新增兩個環境變數：

- DBPASS 是資料庫的密碼，它會經由 Secret 物件（fbe-secret）取得。

- DATABSE_URL 是 PostgreSQL 的完整連接位址，它會利用參照到 ${DBPASS} 來包含資料庫密碼。

這是 *workder-deployment.yaml* 的修改版本：

```
$ cat worker-deployment.yaml
apiVersion: extensions/v1beta1
kind: Deployment
metadata:
  annotations:
    kompose.cmd: kompose convert
    kompose.version: 1.16.0 (0c01309)
  creationTimestamp: null
  labels:
    io.kompose.service: worker
  name: worker
spec:
  replicas: 1
  strategy: {}
  template:
    metadata:
      creationTimestamp: null
      labels:
        io.kompose.service: worker
    spec:
      containers:
      - args:
        - worker.py
        env:
        - name: APP_SETTINGS
          value: config.ProductionConfig
        - name: DBPASS
          valueFrom:
            secretKeyRef:
              name: fbe-secret
              key: dbpass
```

```
      - name: DATABASE_URL
        value: postgresql://wordcount_dbadmin:${DBPASS}@db/wordcount
      - name: REDISTOGO_URL
        value: redis://redis:6379
      image: griggheo/flask-by-example:v1
      name: worker
      resources: {}
    restartPolicy: Always
status: {}
```

使用如同其他 deployment 的方式，透過執行 kubectl create -f，來建立 worker
Deployment 物件：

```
$ kubectl create -f worker-deployment.yaml
deployment.extensions/worker created
```

列出 pod：

```
$ kubectl get pods
NAME                      READY   STATUS            RESTARTS   AGE
db-67659d85bf-vrnw7       1/1     Running           1          21h
redis-c6476fbff-8kpqz     1/1     Running           1          21h
worker-7dbf5ff56c-vgs42   0/1     Init:ErrImagePull 0          7s
```

注意，worker pod 顯示的狀態為 Init:ErrImagePull，使用 kubectl describe 來查看有關
這個狀態的細節：

```
$ kubectl describe pod worker-7dbf5ff56c-vgs42 | tail -10
                  node.kubernetes.io/unreachable:NoExecute for 300s
Events:
  Type     Reason     Age              From              Message
  ----     ------     ----             ----              -------
  Normal   Scheduled  2m51s            default-scheduler
  Successfully assigned default/worker-7dbf5ff56c-vgs42 to minikube

  Normal   Pulling    76s (x4 over 2m50s)  kubelet, minikube
  Pulling image "griggheo/flask-by-example:v1"

  Warning  Failed     75s (x4 over 2m49s)  kubelet, minikube
  Failed to pull image "griggheo/flask-by-example:v1": rpc error:
  code = Unknown desc = Error response from daemon: pull access denied for
  griggheo/flask-by-example, repository does not exist or may require
  'docker login'

  Warning  Failed     75s (x4 over 2m49s)  kubelet, minikube
  Error: ErrImagePull
```

```
Warning  Failed     62s (x6 over 2m48s)  kubelet, minikube
Error: ImagePullBackOff

Normal   BackOff    51s (x7 over 2m48s)  kubelet, minikube
Back-off pulling image "griggheo/flask-by-example:v1"
```

這個 deployment 試圖從 Docker Hub 拉取私有 Docker 映像 griggheo/flask-by-example:v1，而且缺乏存取這個私有 Docker 儲存庫的憑證。Kubernetes 為這樣的場景提供了一種特殊類型的物件——*imagePullSecret*。

基於 Docker Hub 的憑證，使用 sops 建立一個加密的檔案，並且執行 kubectl create secret：

```
$ sops --pgp E14104A0890994B9AC9C9F6782C1FF5E679EFF32 \
create_docker_credentials_secret.sh.enc
```

檔案內容是；

```
DOCKER_REGISTRY_SERVER=docker.io
DOCKER_USER=Type your dockerhub username, same as when you `docker login`
DOCKER_EMAIL=Type your dockerhub email, same as when you `docker login`
DOCKER_PASSWORD=Type your dockerhub pw, same as when you `docker login`

kubectl create secret docker-registry myregistrykey \
--docker-server=$DOCKER_REGISTRY_SERVER \
--docker-username=$DOCKER_USER \
--docker-password=$DOCKER_PASSWORD \
--docker-email=$DOCKER_EMAIL
```

使用 sops 對加密檔案解碼，並且透過 bash 執行：

```
$ sops -d create_docker_credentials_secret.sh.enc | bash -
secret/myregistrykey created
```

檢視這個 Secert：

```
$ kubectl get secrets myregistrykey -oyaml
apiVersion: v1
data:
  .dockerconfigjson: eyJhdXRocyI6eyJkb2NrZXIuaW8iO
kind: Secret
metadata:
  creationTimestamp: "2019-07-17T22:11:56Z"
  name: myregistrykey
  namespace: default
  resourceVersion: "16062"
  selfLink: /api/v1/namespaces/default/secrets/myregistrykey
```

```
    uid: 47d29ffc-69e4-41df-a237-1138cd9e8971
  type: kubernetes.io/dockerconfigjson
```

對於 worker deployment 資訊清單唯一的修改是新增這些內容：

```
      imagePullSecrets:
      - name: myregistrykey
```

緊接著上述內容，新增下面的內容：

```
      restartPolicy: Always
```

刪除 worker deployment，並且重新建立它：

```
$ kubectl delete -f worker-deployment.yaml
deployment.extensions "worker" deleted

$ kubectl create -f worker-deployment.yaml
deployment.extensions/worker created
```

現在，worker pod 處於 Running 狀態，而且沒有任何錯誤：

```
$ kubectl get pods
NAME                    READY   STATUS    RESTARTS   AGE
db-67659d85bf-vrnw7     1/1     Running   1          22h
redis-c6476fbff-8kpqz   1/1     Running   1          21h
worker-7dbf5ff56c-hga37 1/1     Running   0          4m53s
```

使用 kubectl logs 指令檢視 worker pod 的日誌：

```
$ kubectl logs worker-7dbf5ff56c-hga37
20:43:13 RQ worker 'rq:worker:040640781edd4055a990b798ac2eb52d'
started, version 1.0
20:43:13 *** Listening on default...
20:43:13 Cleaning registries for queue: default
```

下一步是處理應用程式的部署。在第十一章應用程式透過 docker-compose 進行部署，使用了另一個的 Docker 容器來運行對於升級 Flask 資料庫必要的 migrations 服務。這類型的任務是一個很好的例子，用來說明如何在與主要應用程式容器的同一個 pod 中使用 sidecar 容器。這個 sidecar 會在應用程式的 deployment 資訊清單檔案內被定義為 Kubernetes initContainer（*https://oreil.ly/80L5L*），這類型的容器被保證會運行在它所屬於的 pod 中，並且先於其他在這個 pod 中的容器被啟動。

在被 Kompose 工具產生的 *app-deployment.yaml* 資訊清單檔案內新增這部分的內容，並且刪除 *migrations-deployment.yaml*：

```
      initContainers:
      - args:
        - manage.py
        - db
        - upgrade
        env:
        - name: APP_SETTINGS
          value: config.ProductionConfig
        - name: DATABASE_URL
          value: postgresql://wordcount_dbadmin:@db/wordcount
        image: griggheo/flask-by-example:v1
        name: migrations
        resources: {}

$ rm migrations-deployment.yaml
```

重新使用在應用程式 deployment 資訊清單裡，為 worker deployement 建立的 fbe-secret Secret 物件：

```
$ cat app-deployment.yaml
apiVersion: extensions/v1beta1
kind: Deployment
metadata:
  annotations:
    kompose.cmd: kompose convert
    kompose.version: 1.16.0 (0c01309)
  creationTimestamp: null
  labels:
    io.kompose.service: app
  name: app
spec:
  replicas: 1
  strategy: {}
  template:
    metadata:
      creationTimestamp: null
      labels:
        io.kompose.service: app
    spec:
      initContainers:
      - args:
        - manage.py
        - db
        - upgrade
        env:
        - name: APP_SETTINGS
          value: config.ProductionConfig
```

```
          - name: DBPASS
            valueFrom:
              secretKeyRef:
                name: fbe-secret
                key: dbpass
          - name: DATABASE_URL
            value: postgresql://wordcount_dbadmin:${DBPASS}@db/wordcount
          image: griggheo/flask-by-example:v1
          name: migrations
          resources: {}
        containers:
        - args:
          - manage.py
          - runserver
          - --host=0.0.0.0
          env:
          - name: APP_SETTINGS
            value: config.ProductionConfig
          - name: DBPASS
            valueFrom:
              secretKeyRef:
                name: fbe-secret
                key: dbpass
          - name: DATABASE_URL
            value: postgresql://wordcount_dbadmin:${DBPASS}@db/wordcount
          - name: REDISTOGO_URL
            value: redis://redis:6379
          image: griggheo/flask-by-example:v1
          name: app
          ports:
          - containerPort: 5000
          resources: {}
        restartPolicy: Always
  status: {}
```

使用 kubectl create -f 來建立 application deployment，然後列出 pod 並且取得應用程式所屬的 pod 詳細資訊：

```
$ kubectl create -f app-deployment.yaml
deployment.extensions/app created

$ kubectl get pods
NAME                      READY   STATUS    RESTARTS   AGE
app-c845d8969-l8nhg       1/1     Running   0          7s
db-67659d85bf-vrnw7       1/1     Running   1          22h
redis-c6476fbff-8kpqz     1/1     Running   1          21h
worker-7dbf5ff56c-vgs42   1/1     Running   0          4m53s
```

將應用程式部署到 minikube 的最後一步，就是確保這個應用程式的 Kubernetes service
被建立，並且被宣告為 LoadBalancer 類型，使得應用程式能夠從集群外部存取：

```
$ cat app-service.yaml
apiVersion: v1
kind: Service
metadata:
  annotations:
    kompose.cmd: kompose convert
    kompose.version: 1.16.0 (0c01309)
  creationTimestamp: null
  labels:
    io.kompose.service: app
  name: app
spec:
  ports:
  - name: "5000"
    port: 5000
    targetPort: 5000
  type: LoadBalancer
  selector:
    io.kompose.service: app
status:
  loadBalancer: {}
```

 類似於 db 服務，這個 app 服務也是透過定義在屬於這個應用程式的
deployment 和 service 的資訊清單裡的標籤宣告，而被綁定：

```
        labels:
          io.kompose.service: app
```

使用 kubectl create 建立這個服務：

```
$ kubectl create -f app-service.yaml
service/app created
```

```
$ kubectl get services
NAME         TYPE          CLUSTER-IP       EXTERNAL-IP    PORT(S)          AGE
app          LoadBalancer  10.99.55.191     <pending>      5000:30097/TCP   2s
db           ClusterIP     10.110.108.96    <none>         5432/TCP         21h
kubernetes   ClusterIP     10.96.0.1        <none>         443/TCP          26h
redis        ClusterIP     10.106.44.183    <none>         6379/TCP         21h
```

接著，執行：

```
$ minikube service app
```

這個指令會使用 *http://192.168.99.199:30097/* 開啟預設的瀏覽器，並且顯示這個 Flask 網站的首頁。

在下一節，我們會使用本節所用到的 Kubernetes 資訊清單檔案，把服務部署到使用 Pulumi 於 Google Cloud Platform（GCP）建立的 Kubernetes 集群上。

使用 Pulumi 啟動 GKE Kubernetes 集群

本節，我們會利用 Pulumi GKE 範例（*https://oreil.ly/VGBfF*）以及 GCP 的設定說明文件（*https://oreil.ly/kRsFA*），在我們開始之前，請先使用這些連結取得必要的文件。

從建立一個新的資料夾開始：

```
$ mkdir pulumi_gke
$ cd pulumi_gke
```

使用 macOS 的操作指示（*https://oreil.ly/f4pPs*）來設定 Google Cloud SDK。

使用 gcloud init 指令來初始 GCP 環境。建立新的組態設定與一個叫做 *pythonfordevops-gke-pulumi* 的新專案：

```
$ gcloud init
Welcome! This command will take you through the configuration of gcloud.

Settings from your current configuration [default] are:
core:
  account: grig.gheorghiu@gmail.com
  disable_usage_reporting: 'True'
  project: pulumi-gke-testing

Pick configuration to use:
 [1] Re-initialize this configuration [default] with new settings
 [2] Create a new configuration
Please enter your numeric choice:  2

Enter configuration name. Names start with a lower case letter and
contain only lower case letters a-z, digits 0-9, and hyphens '-':
pythonfordevops-gke-pulumi
Your current configuration has been set to: [pythonfordevops-gke-pulumi]

Pick cloud project to use:
 [1] pulumi-gke-testing
 [2] Create a new project
Please enter numeric choice or text value (must exactly match list
```

```
item): 2

Enter a Project ID. pythonfordevops-gke-pulumi
Your current project has been set to: [pythonfordevops-gke-pulumi].
```

登入 GCP 帳號：

```
$ gcloud auth login
```

登入預設的應用程式 pythonfordevops-gke-pulumi：

```
$ gcloud auth application-default login
```

執行 pulumi new 指令來建立一個新的 Pulumi 專案，指定 *gcp-python* 作為你的樣板、*pythonfordevops-gke-pulumi* 作為專案的名稱：

```
$ pulumi new
Please choose a template: gcp-python
A minimal Google Cloud Python Pulumi program
This command will walk you through creating a new Pulumi project.

Enter a value or leave blank to accept the (default), and press <ENTER>.
Press ^C at any time to quit.

project name: (pulumi_gke_py) pythonfordevops-gke-pulumi
project description: (A minimal Google Cloud Python Pulumi program)
Created project 'pythonfordevops-gke-pulumi'

stack name: (dev)
Created stack 'dev'

gcp:project: The Google Cloud project to deploy into: pythonfordevops-gke-pulumi
Saved config

Your new project is ready to go!

To perform an initial deployment, run the following commands:

    1. virtualenv -p python3 venv
    2. source venv/bin/activate
    3. pip3 install -r requirements.txt

Then, run 'pulumi up'.
```

下面的檔案是透過 pulumi new 指令所建立：

```
$ ls -la
ls -la
total 40
drwxr-xr-x  7 ggheo  staff  224 Jul 16 15:08 .
drwxr-xr-x  6 ggheo  staff  192 Jul 16 15:06 ..
-rw-------  1 ggheo  staff   12 Jul 16 15:07 .gitignore
-rw-r--r--  1 ggheo  staff   50 Jul 16 15:08 Pulumi.dev.yaml
-rw-------  1 ggheo  staff  107 Jul 16 15:07 Pulumi.yaml
-rw-------  1 ggheo  staff  203 Jul 16 15:07 __main__.py
-rw-------  1 ggheo  staff   34 Jul 16 15:07 requirements.txt
```

我們會使用存放在 GitHub 儲存庫的 Pulumi 範例集（*https://oreil.ly/SIT-v*）的 gcp-py-gke
範例。

從 *examples/gcp-py-gke* 複製 **.py* 和 *requirements.txt* 到我們目前的資料夾中：

```
$ cp ~/pulumi-examples/gcp-py-gke/*.py .
$ cp ~/pulumi-examples/gcp-py-gke/requirements.txt .
```

設定 GCP 相關的組態變數，Pulumi 會需要它們在 GCP 上進行操作：

```
$ pulumi config set gcp:project pythonfordevops-gke-pulumi
$ pulumi config set gcp:zone us-west1-a
$ pulumi config set password --secret PASS_FOR_KUBE_CLUSTER
```

使用 virtualenv 建立 Python 運行的虛擬環境，安裝宣告在 *requirements.txt* 內依賴的套
件，並且透過指令 pulumi up 啟動定義在 *mainpy* 的 GKE 集群：

```
$ virtualenv -p python3 venv
$ source venv/bin/activate
$ pip3 install -r requirements.txt
$ pulumi up
```

 在 GCP 控制台，確認 Kubernetes Engine API 已經被啟動，並且與你的
Google 支付帳號綁定完成。

GKE 集群現在可以在 GCP 控制台（*https://oreil.ly/Su5FZ*）中找到。

為了能夠操作新建立的 GKE 集群，產生適當的 kubectl 組態檔案並使用它，透過
Pulumi 程式可以很方便地將 kubectl 的組態檔案作為 output 匯出：

```
$ pulumi stack output kubeconfig > kubeconfig.yaml
$ export KUBECONFIG=./kubeconfig.yaml
```

列出組成 GKE 集群的節點：

```
$ kubectl get nodes
NAME                                                STATUS   ROLES    AGE
   VERSION
gke-gke-cluster-ea17e87-default-pool-fd130152-30p3  Ready    <none>   4m29s
   v1.13.7-gke.8
gke-gke-cluster-ea17e87-default-pool-fd130152-kf9k  Ready    <none>   4m29s
   v1.13.7-gke.8
gke-gke-cluster-ea17e87-default-pool-fd130152-x9dx  Ready    <none>   4m27s
   v1.13.7-gke.8
```

部署範例 Flask 應用程式到 GKE

使用與在 minikube 範例中相同的 Kubernetes 資訊清單檔案，並且透過 kubectl 指令將它們部署到 GKE 的 Kubernetes 集群裡。先從建立 redis 的 deployment 和 service 開始：

```
$ kubectl create -f redis-deployment.yaml
deployment.extensions/redis created

$ kubectl get pods
NAME                              READY   STATUS    RESTARTS   AGE
canary-aqw8jtfo-f54b9749-q5wqj    1/1     Running   0          5m57s
redis-9946db5cc-8g6zz             1/1     Running   0          20s

$ kubectl create -f redis-service.yaml
service/redis created

$ kubectl get service redis
NAME    TYPE        CLUSTER-IP      EXTERNAL-IP   PORT(S)     AGE
redis   ClusterIP   10.59.245.221   <none>        6379/TCP    18s
```

建立一個 PersistentVolumeClaim 來作為 PostgreSQL 資料庫的資料儲存體：

```
$ kubectl create -f dbdata-persistentvolumeclaim.yaml
persistentvolumeclaim/dbdata created

$ kubectl get pvc
NAME      STATUS   VOLUME                                      CAPACITY
dbdata    Bound    pvc-00c8156c-b618-11e9-9e84-42010a8a006f    1Gi
   ACCESS MODES   STORAGECLASS   AGE
   RWO            standard       12s
```

建立 db deployment：

```
$ kubectl create -f db-deployment.yaml
deployment.extensions/db created

$ kubectl get pods
NAME                            READY  STATUS            RESTARTS  AGE
canary-aqw8jtfo-f54b9749-q5wqj  1/1    Running           0         8m52s
db-6b4fbb57d9-cjjxx             0/1    CrashLoopBackOff  1         38s
redis-9946db5cc-8g6zz           1/1    Running           0         3m15s

$ kubectl logs db-6b4fbb57d9-cjjxx

initdb: directory "/var/lib/postgresql/data" exists but is not empty
It contains a lost+found directory, perhaps due to it being a mount point.
Using a mount point directly as the data directory is not recommended.
Create a subdirectory under the mount point.
```

當我們試圖建立 db deployment 時，遇到了一些障礙。GKE 佈建了一個持久化儲存體，而且這個儲存體被掛載在 */var/lib/postgresql/data*，然而，根據錯誤訊息，儲存體並不是處於清空狀態。

刪除這個失敗的 db deployment：

```
$ kubectl delete -f db-deployment.yaml
deployment.extensions "db" deleted
```

建立一個暫時的 pod，這個 pod 會將相同的 PersistentVolumeClaim（dbdata）掛載在內部的 */data*，所以它的檔案系統可以被檢視。啟動這類型的暫時 pod，對於除錯來說，是值得知道的有用技巧：

```
$ cat pvc-inspect.yaml
kind: Pod
apiVersion: v1
metadata:
  name: pvc-inspect
spec:
  volumes:
    - name: dbdata
      persistentVolumeClaim:
        claimName: dbdata
  containers:
    - name: debugger
      image: busybox
      command: ['sleep', '3600']
      volumeMounts:
```

```
        - mountPath: "/data"
          name: dbdata

$ kubectl create -f pvc-inspect.yaml
pod/pvc-inspect created

$ kubectl get pods
NAME                              READY   STATUS    RESTARTS   AGE
canary-aqw8jtfo-f54b9749-q5wqj    1/1     Running   0          20m
pvc-inspect                       1/1     Running   0          35s
redis-9946db5cc-8g6zz             1/1     Running   0          14m
```

使用 kubectl exec 來開啟 pod 內部的 shell，以便檢視 /data：

```
$ kubectl exec -it pvc-inspect -- sh
/ # cd /data
/data # ls -la
total 24
drwx------    3 999      root          4096 Aug  3 17:57 .
drwxr-xr-x    1 root     root          4096 Aug  3 18:08 ..
drwx------    2 999      root         16384 Aug  3 17:57 lost+found
/data # rm -rf lost\+found/
/data # exit
```

注意，/data 包含一個叫做 lost+found 資料夾，而這個資料夾需要被刪除。

刪除這個暫時的 pod：

```
$ kubectl delete pod pvc-inspect
pod "pvc-inspect" deleted
```

再次建立 db deployment，這次成功地完成了：

```
$ kubectl create -f db-deployment.yaml
deployment.extensions/db created

$ kubectl get pods
NAME                              READY   STATUS    RESTARTS   AGE
canary-aqw8jtfo-f54b9749-q5wqj    1/1     Running   0          23m
db-6b4fbb57d9-8h978               1/1     Running   0          19s
redis-9946db5cc-8g6zz             1/1     Running   0          17m

$ kubectl logs db-6b4fbb57d9-8h978
PostgreSQL init process complete; ready for start up.

2019-08-03 18:12:01.108 UTC [1]
LOG:  listening on IPv4 address "0.0.0.0", port 5432
```

```
2019-08-03 18:12:01.108 UTC [1]
LOG:  listening on IPv6 address "::", port 5432
2019-08-03 18:12:01.114 UTC [1]
LOG:  listening on Unix socket "/var/run/postgresql/.s.PGSQL.5432"
2019-08-03 18:12:01.135 UTC [50]
LOG:  database system was shut down at 2019-08-03 18:12:01 UTC
2019-08-03 18:12:01.141 UTC [1]
LOG:  database system is ready to accept connections
```

建立 wordcount 資料庫和角色：

```
$ kubectl exec -it db-6b4fbb57d9-8h978 -- psql -U postgres
psql (11.4 (Debian 11.4-1.pgdg90+1))
Type "help" for help.

postgres=# create database wordcount;
CREATE DATABASE
postgres=# \q

$ kubectl exec -it db-6b4fbb57d9-8h978 -- psql -U postgres wordcount
psql (11.4 (Debian 11.4-1.pgdg90+1))
Type "help" for help.

wordcount=# CREATE ROLE wordcount_dbadmin;
CREATE ROLE
wordcount=# ALTER ROLE wordcount_dbadmin LOGIN;
ALTER ROLE
wordcount=# ALTER USER wordcount_dbadmin PASSWORD 'MYNEWPASS';
ALTER ROLE
wordcount=# \q
```

建立 db service：

```
$ kubectl create -f db-service.yaml
service/db created

$ kubectl describe service db
Name:            db
Namespace:       default
Labels:          io.kompose.service=db
Annotations:     kompose.cmd: kompose convert
                 kompose.version: 1.16.0 (0c01309)
Selector:        io.kompose.service=db
Type:            ClusterIP
IP:              10.59.241.181
Port:            5432  5432/TCP
TargetPort:      5432/TCP
```

```
Endpoints:          10.56.2.5:5432
Session Affinity:   None
Events:             <none>
```

使用已經進行 base64 編碼的資料庫密碼建立 Secret 物件。純文字型態的密碼將會被儲存在使用 sops 指令所建立的加密檔案中：

```
$ echo MYNEWPASS | base64
MYNEWPASSBASE64

$ sops secrets.yaml.enc

apiVersion: v1
kind: Secret
metadata:
  name: fbe-secret
type: Opaque
data:
  dbpass: MYNEWPASSBASE64

$ sops -d secrets.yaml.enc | kubectl create -f -
secret/fbe-secret created

kubectl describe secret fbe-secret
Name:           fbe-secret
Namespace:      default
Labels:         <none>
Annotations:    <none>

Type:   Opaque

Data
===
dbpass:   21 bytes
```

為 Docker Hub 憑證建立另一個 Secret 物件：

```
$ sops -d create_docker_credentials_secret.sh.enc | bash -
secret/myregistrykey created
```

因為正在考慮的方案是以正式運行的方式部署應用程式到 GKE，所以在 *worker-deployment.yaml* 中，將複本數量設為 3，來確保總是有三個 worker pod 在運行：

```
$ kubectl create -f worker-deployment.yaml
deployment.extensions/worker created
```

確認三個 worker pod 正在運行中：

```
$ kubectl get pods
NAME                             READY   STATUS    RESTARTS   AGE
canary-aqw8jtfo-f54b9749-q5wqj   1/1     Running   0          39m
db-6b4fbb57d9-8h978              1/1     Running   0          16m
redis-9946db5cc-8g6zz            1/1     Running   0          34m
worker-8cf5dc699-98z99           1/1     Running   0          35s
worker-8cf5dc699-9s26v           1/1     Running   0          35s
worker-8cf5dc699-v6ckr           1/1     Running   0          35s

$ kubectl logs worker-8cf5dc699-98z99
18:28:08 RQ worker 'rq:worker:1355d2cad49646e4953c6b4d978571f1' started,
 version 1.0
18:28:08 *** Listening on default...
```

同樣地，在 *app-deployment.yaml* 中，將複本數量設為 2：

```
$ kubectl create -f app-deployment.yaml
deployment.extensions/app created
```

確認有兩個 app pod 正在運行：

```
$ kubectl get pods
NAME                             READY   STATUS    RESTARTS   AGE
app-7964cff98f-5bx4s             1/1     Running   0          54s
app-7964cff98f-8n8hk             1/1     Running   0          54s
canary-aqw8jtfo-f54b9749-q5wqj   1/1     Running   0          41m
db-6b4fbb57d9-8h978              1/1     Running   0          19m
redis-9946db5cc-8g6zz            1/1     Running   0          36m
worker-8cf5dc699-98z99           1/1     Running   0          2m44s
worker-8cf5dc699-9s26v           1/1     Running   0          2m44s
worker-8cf5dc699-v6ckr           1/1     Running   0          2m44s
```

建立 app service：

```
$ kubectl create -f app-service.yaml
service/app created
```

注意到建立起來的 service 類型為 LoadBalancer：

```
$ kubectl describe service app
Name:               app
Namespace:          default
Labels:             io.kompose.service=app
Annotations:        kompose.cmd: kompose convert
                    kompose.version: 1.16.0 (0c01309)
Selector:           io.kompose.service=app
```

```
Type:                    LoadBalancer
IP:                      10.59.255.31
LoadBalancer Ingress:    34.83.242.171
Port:                    5000  5000/TCP
TargetPort:              5000/TCP
NodePort:                5000  31305/TCP
Endpoints:               10.56.1.6:5000,10.56.2.12:5000
Session Affinity:        None
External Traffic Policy: Cluster
Events:
Type    Reason               Age   From                 Message
----    ------               ----  ----                 -------
Normal  EnsuringLoadBalancer 72s   service-controller   Ensuring load balancer
Normal  EnsuredLoadBalancer  33s   service-controller   Ensured load balancer
```

透過 LoadBalancer Ingress 的 IP 位址來存取服務的端點（*http://34.83.242.171:5000*），以便對應用程式進行測試。

我已經介紹了如何從原始的 Kubernetes 資訊清單檔案建立 Kubernetes 物件，如 Deployment、Service、和 Secret。隨著你的應用程式變得更為複雜，這個方法會開始顯露出它的限制，因為在每一個環境中客製化這些檔案將會變得更加地困難（舉例來說，在預備環境、整合環境、和正式環境之間）。每一個環境會有自己的一組環境變數和 secret 需要你追蹤維護。一般來說，在一段時間之後，追蹤維護已經安裝了哪些資訊清單檔案將會變得越來越複雜。在 Kubernetes 生態系統裡有許多用於解決這個問題的方案，其中一個最常見的方案就是使用 Helm（*https://oreil.ly/duKVw*）套件管理器，可以把用於 Kubernetes 的 Helm 想成如同 yum 和 apt 一樣的套件管理器。

下一節將會展示如何在 GKE 集群內，使用 Helm 來安裝和客製化 Prometheus 和 Grafana。

安裝 Prometheus 與 Grafana Helm Charts

在目前的版本中（本書正在撰寫時，版本正處在 v2），Helm 有一個主機端的元件，叫做 Tiller，這個元件需要某些 Kubernetes 集群的特定權限。

為 Tiller 建立一個新的 Kubernetes Service Account，並且賦予它適當的權限：

```
$ kubectl -n kube-system create sa tiller

$ kubectl create clusterrolebinding tiller \
    --clusterrole cluster-admin \
    --serviceaccount=kube-system:tiller
```

```
$ kubectl patch deploy --namespace kube-system \
tiller-deploy -p  '{"spec":{"template":{"spec":{"serviceAccount":"tiller"}}}}'
```

從官方 Helm 發佈網頁（*https://oreil.ly/sPwDO*）為你的作業系統下載並且安裝 Helm，接著利用 helm init 安裝 Tiller：

```
$ helm init
```

建立一個叫做 monitoring 的命名空間：

```
$ kubectl create namespace monitoring
namespace/monitoring created
```

在 monitoring 命名空間裡，安裝 Prometheus Helm chart（*https://oreil.ly/CSaSo*）：

```
$ helm install --name prometheus --namespace monitoring stable/prometheus
NAME:    prometheus
LAST DEPLOYED: Tue Aug 27 12:59:40 2019
NAMESPACE: monitoring
STATUS: DEPLOYED
```

列出在命名空間 monitoring 中的 pod、service、和 configmap：

```
$ kubectl get pods -nmonitoring
NAME                                            READY  STATUS   RESTARTS  AGE
prometheus-alertmanager-df57f6df6-4b8lv         2/2    Running  0         3m
prometheus-kube-state-metrics-564564f799-t6qdm  1/1    Running  0         3m
prometheus-node-exporter-b4sb9                  1/1    Running  0         3m
prometheus-node-exporter-n4z2g                  1/1    Running  0         3m
prometheus-node-exporter-w7hn7                  1/1    Running  0         3m
prometheus-pushgateway-56b65bcf5f-whx5t         1/1    Running  0         3m
prometheus-server-7555945646-d86gn              2/2    Running  0         3m

$ kubectl get services -nmonitoring
NAME                           TYPE       CLUSTER-IP   EXTERNAL-IP  PORT(S)
    AGE
prometheus-alertmanager        ClusterIP  10.0.6.98    <none>       80/TCP
    3m51s
prometheus-kube-state-metrics  ClusterIP  None         <none>       80/TCP
    3m51s
prometheus-node-exporter       ClusterIP  None         <none>       9100/TCP
    3m51s
prometheus-pushgateway         ClusterIP  10.0.13.216  <none>       9091/TCP
    3m51s
prometheus-server              ClusterIP  10.0.4.74    <none>       80/TCP
    3m51s
```

```
$ kubectl get configmaps -nmonitoring
NAME                      DATA   AGE
prometheus-alertmanager   1      3m58s
prometheus-server         3      3m58s
```

透過 `kubectl port-forward` 指令連接到 Prometheus UI：

```
$ export PROMETHEUS_POD_NAME=$(kubectl get pods --namespace monitoring \
-l "app=prometheus,component=server" -o jsonpath="{.items[0].metadata.name}")

$ echo $PROMETHEUS_POD_NAME
prometheus-server-7555945646-d86gn

$ kubectl --namespace monitoring port-forward $PROMETHEUS_POD_NAME 9090
Forwarding from 127.0.0.1:9090 -> 9090
Forwarding from [::1]:9090 -> 9090
Handling connection for 9090
```

在瀏覽器中訪問 localhost:9090，並且查看 Prometheus UI。

在命名空間 monitoring，安裝 Grafana Helm chart（*https://oreil.ly/--wEN*）：

```
$ helm install --name grafana --namespace monitoring stable/grafana
NAME:    grafana
LAST DEPLOYED: Tue Aug 27 13:10:02 2019
NAMESPACE: monitoring
STATUS: DEPLOYED
```

列出在命名空間 monitoring 中，與 Grafana 相關的 pod、service、configmap 和 secret：

```
$ kubectl get pods -nmonitoring | grep grafana
grafana-84b887cf4d-wplcr                        1/1      Running    0

$ kubectl get services -nmonitoring | grep grafana
grafana                        ClusterIP    10.0.5.154    <none>        80/TCP

$ kubectl get configmaps -nmonitoring | grep grafana
grafana                  1      99s
grafana-test             1      99s

$ kubectl get secrets -nmonitoring | grep grafana
grafana                        Opaque
grafana-test-token-85x4x       kubernetes.io/service-account-token
grafana-token-jw2qg            kubernetes.io/service-account-token
```

取得 Grafana web UI 上 admin 使用者的密碼：

```
$ kubectl get secret --namespace monitoring grafana \
-o jsonpath="{.data.admin-password}" | base64 --decode ; echo

SOMESECRETTEXT
```

使用 kubectl port-forward 指令，連接到 Grafana UI：

```
$ export GRAFANA_POD_NAME=$(kubectl get pods --namespace monitoring \
-l "app=grafana,release=grafana" -o jsonpath="{.items[0].metadata.name}")

$ kubectl --namespace monitoring port-forward $GRAFANA_POD_NAME 3000
Forwarding from 127.0.0.1:3000 -> 3000
Forwarding from [::1]:3000 -> 3000
```

在瀏覽器中訪問 localhost:3000，並且查看 Grafana UI。使用取得的密碼，以 admin 使用者的身分登入。

使用 helm list 列出目前安裝的 chart。當一個 chart 被安裝完成，當前的安裝就稱為一個「Helm release」：

```
$ helm list
NAME          REVISION  UPDATED                   STATUS    CHART
   APP VERSION NAMESPACE
grafana       1            Tue Aug 27 13:10:02 2019  DEPLOYED  grafana-3.8.3
   6.2.5        monitoring
prometheus.   1            Tue Aug 27 12:59:40 2019  DEPLOYED  prometheus-9.1.0
   2.11.1       monitoring
```

大多數的時候，你會需要客製化 Helm chart。如果你使用 helm 從本地端的檔案系統內下載並且安裝 chart，進行客製化會較為簡單。

使用 helm fetch 指令取得 Prometheus 和 Grafana 的最新穩定版本，下載的 chart 會是 tgz 格式的壓縮檔案：

```
$ mkdir charts
$ cd charts
$ helm fetch stable/prometheus
$ helm fetch stable/grafana
$ ls -la
total 80
drwxr-xr-x   4 ggheo  staff    128 Aug 27 13:59 .
drwxr-xr-x  15 ggheo  staff    480 Aug 27 13:55 ..
-rw-r--r--   1 ggheo  staff  16195 Aug 27 13:55 grafana-3.8.3.tgz
-rw-r--r--   1 ggheo  staff  23481 Aug 27 13:54 prometheus-9.1.0.tgz
```

將 tgz 檔案解壓縮，並且刪除它們：

```
$ tar xfz prometheus-9.1.0.tgz; rm prometheus-9.1.0.tgz
$ tar xfz grafana-3.8.3.tgz; rm grafana-3.8.3.tgz
```

預設上，樣板化的 Kuberenetes 資訊清單會被存在對應的 chart 目錄下稱為 *templates* 的資料夾中，所以就目前的範例來說，會是 *prometheus/templates* 和 *grafana/templates*。一個 chart 內的相關組態值會被宣告在 chart 目錄下的 *values.yaml* 檔案裡。

作為一個 Helm chart 的客製化範例，我們為 Grafana 新增一個持久化的儲存體，這樣我們在重啟 Grafana pod 時才不會遺失相關資料。

在本節中，修改 *grafana/values.yaml* 並且把以 persistence 作為父鍵的子鍵 enabled 設為 true（預設是 false）：

```
## Enable persistence using Persistent Volume Claims
## ref: http://kubernetes.io/docs/user-guide/persistent-volumes/
##
persistence:
  enabled: true
  # storageClassName: default
  accessModes:
    - ReadWriteOnce
  size: 10Gi
  # annotations: {}
  finalizers:
    - kubernetes.io/pvc-protection
  # subPath: ""
  # existingClaim:
```

使用 helm upgrade 指令升級已經安裝好的 grafana Helm release，這個指令的最後一個引數就是存放這個 chart 的本地端資料夾的名稱。在 *grafana* chart 資料夾的父目錄中執行這個指令：

```
$ helm upgrade grafana grafana/
Release "grafana" has been upgraded. Happy Helming!
```

在命名空間 monitoring 中，驗證是否為 Grafana 建立了一個 PVC：

```
kubectl describe pvc grafana -nmonitoring
Name:          grafana
Namespace:     monitoring
StorageClass:standard
Status:        Bound
Volume:        pvc-31d47393-c910-11e9-87c5-42010a8a0021
```

```
Labels:        app=grafana
               chart=grafana-3.8.3
               heritage=Tiller
               release=grafana
Annotations:   pv.kubernetes.io/bind-completed: yes
               pv.kubernetes.io/bound-by-controller: yes
               volume.beta.kubernetes.io/storage-provisioner:kubernetes.io/gce-pd
Finalizers:    [kubernetes.io/pvc-protection]
Capacity:      10Gi
Access Modes:RWO
Mounted By:    grafana-84f79d5c45-zlqz8
Events:
Type      Reason                  Age   From                       Message
----      ------                  ----  ----                       -------
Normal    ProvisioningSucceeded   88s   persistentvolume-controller   Successfully
provisioned volume pvc-31d47393-c910-11e9-87c5-42010a8a0021
using kubernetes.io/gce-pd
```

另一個 Helm chart 客製化的範例。這次要修改 Prometheus 的資料保存的預設時間長度（15 天）。

在 *prometheus/values.yaml* 中，修改 retention 的值為 30 天：

```
## Prometheus data retention period (default if not specified is 15 days)
##
retention: "30d"
```

透過執行 helm upgrade 更新已經安裝好的 Prometheus Helm release。在 *prometheus* chart 資料夾的父目錄中，執行這個指令：

```
$ helm upgrade prometheus prometheus
Release "prometheus" has been upgraded. Happy Helming!
```

驗證這個資料保存的時間長度是否已經被修改為 30 天。對運行在命名空間 monitoring 的 Prometheus pod 執行 kubuectl describe 指令，並且查看輸出結果的 Args 部分：

```
$ kubectl get pods -nmonitoring
NAME                                           READY   STATUS    RESTARTS   AGE
grafana-84f79d5c45-zlqz8                       1/1     Running   0          9m
prometheus-alertmanager-df57f6df6-4b8lv        2/2     Running   0          87m
prometheus-kube-state-metrics-564564f799-t6qdm 1/1     Running   0          87m
prometheus-node-exporter-b4sb9                 1/1     Running   0          87m
prometheus-node-exporter-n4z2g                 1/1     Running   0          87m
prometheus-node-exporter-w7hn7                 1/1     Running   0          87m
prometheus-pushgateway-56b65bcf5f-whx5t        1/1     Running   0          87m
prometheus-server-779ffd445f-4llqr             2/2     Running   0          3m
```

```
$ kubectl describe pod prometheus-server-779ffd445f-4llqr -nmonitoring
OUTPUT OMITTED
      Args:
      --storage.tsdb.retention.time=30d
      --config.file=/etc/config/prometheus.yml
      --storage.tsdb.path=/data
      --web.console.libraries=/etc/prometheus/console_libraries
      --web.console.templates=/etc/prometheus/consoles
      --web.enable-lifecycle
```

銷毀 GKE 集群

如果你不再需要這些測試用的雲端資源，記得一定要刪除它們，否則，當你在月底收到來自雲端供應商的帳單時，或許會得到一個不太讓人愉悅的驚喜。

使用 pulumi destroy，刪除 GKE 集群：

```
$ pulumi destroy

Previewing destroy (dev):

        Type                             Name                             Plan
-       pulumi:pulumi:Stack              pythonfordevops-gke-pulumi-dev   delete
-       ├─ kubernetes:core:Service       ingress                          delete
-       ├─ kubernetes:apps:Deployment    canary                           delete
-       ├─ pulumi:providers:kubernetes   gke_k8s                          delete
-       ├─ gcp:container:Cluster         gke-cluster                      delete
-       └─ random:index:RandomString     password                         delete

Resources:
    - 6 to delete

Do you want to perform this destroy? yes
Destroying (dev):

        Type                             Name                             Status
-       pulumi:pulumi:Stack              pythonfordevops-gke-pulumi-dev   deleted
-       ├─ kubernetes:core:Service       ingress                          deleted
-       ├─ kubernetes:apps:Deployment    canary                           deleted
-       ├─ pulumi:providers:kubernetes   gke_k8s                          deleted
-       ├─ gcp:container:Cluster         gke-cluster                      deleted
-       └─ random:index:RandomString     password                         deleted

Resources:
```

```
    - 6 deleted

Duration: 3m18s
```

練習

- 使用 Google Cloud SQL 的 PostgreSQL，取代在 GKE 上運行 PostgreSQL 的 Docker 容器。

- 使用 AWS Cloud Development Kit（*https://aws.amazon.com/cdk*）來啟動 Amazon EKS 集群，並且部署範例中的應用程式到集群上。

- 使用 Amazon RDS 的 PostgreSQL 取代在 EKS 上運行 PostgreSQL 的 Docker 容器。

- 實驗 Kustomize（*https://oreil.ly/ie9n6*）作為 Helm 的替代方案，來管理 Kubernetes 的資訊清單檔案。

## 第十三章

無伺服器技術

最近，**無伺服器**（*serverless*）這個術語在 IT 產業掀起一股熱潮。如同這類型的術語常發生的狀況一樣，人們對於它們實際上代表的意義有著不同的見解。從表面上的意義來看，**無伺服器**意味著一個你不需要再擔心管理伺服器的世界。從某種程度上來看，的確是如此，但這僅適用於使用**無伺服器**技術所提供的功能的開發者。本章會介紹為了要使得這個無伺服器的神奇世界降臨，背後所需要的**大量**工作。

許多人把**無伺服器**這個術語與函式即程式碼（Function as a Service, FaaS）畫上等號。這只有部分正確，而且它主要發生在 AWS 在 2005 年開始啟用 Lambda 服務的時候。AWS Lambda 是能夠在雲端上運行的函式，而且不需要為了託管這些函式，而部署傳統的伺服器。因此，這個詞叫做**無伺服器**。

然而，FaaS 不僅僅只是被授予無伺服器封號的服務而已。最近，三大公有雲供應商（Amazon、Microsoft、和 Google）全都提供了容器即服務（Containers as a Service，CaaS），這類服務能讓你部署開發完成的 Docker 容器到它們的雲上，而不需要佈建任何的伺服器來託管那些容器。這些服務也可以被稱為無伺服器，如 AWS Fargate、Microsoft Azure Container Instances，和 Google Cloud Run。

關於這些無伺服器技術有哪些使用案例呢？對於 FaaS 技術（如 AWS Lambda）來說，尤其在事件驅動的設計概念下，其他的雲端服務可以透過觸發 Lambda 函式來實現，使用案例包括了：

- 擷取 - 轉換 - 載入（Extract-Transform-Load, ETL）的資料處理。舉個例子來說，一個檔案被上傳至 S3，它觸發了 Lambda 函式的執行，這個函式主要是對資料進行 ETL 處理，並且將它送到一個佇列或者是後端的資料庫。

- 對於其他服務送到 CloudWatch 的日誌進行 ETL 處理。

- 基於 CloudWatch 事件觸發 Lambda 函式，對任務以類似 cron 的方式進行排程。

- 基於 Amazon SNS 觸發 Lambda 函式，產生即時通知。

- 使用 Lambda 和 Amazon SES 處理電子郵件。

- 無伺服器網站託管，使用儲存在 S3 的靜態網站資源（如 Javascript、CSS、和 HTML），並且於前端佈建 CloudFront CDN 服務，以及透過 API Gateway 提供 REST API，然後將請求繞送到 Lambda 函式，這些函式會與後端服務（Amazon RDS 或 Amazon DynamoDB）進行溝通。

在每個雲端服務供應商的線上文件裡都有許多無伺服器的使用案例。舉例來說，在 Google Cloud 無伺服器生態系統裡，透過 Google AppEngine 處理網站應用程式是最佳的選擇，Google Function 是處理 API 的最佳選擇，而 CloudRun 則是運行進程在 Docker 容器的首選。以一個實際的範例來說，有一個服務需要執行機器學習的任務，如利用 TensorFlow 框架進行物件偵測。由於 FaaS 在計算力、記憶體、和硬碟資源的限制，加上可取得的 FaaS 設定函式庫有限，相較於使用 FaaS 服務（如 Google Cloud Function）。最好的選擇大概就是使用 CaaS（Google Cloud Run）來運行這類服務。

三大公雲商也都為它們各自的 FaaS 平台提供了豐富的 DevOps 工具鏈。舉例來說，當你使用 AWS Lambda，只要少許的功夫，你就可以從 AWS 新增這些服務：

- 針對追蹤 / 可觀察性，有提供 AWS X-Ray

- 針對日誌收集、告警和事件排程，有提供 Amazon CloudWatch

- 針對無伺服器的工作流程設計，有提供 AWS Step Function

- 對於雲端整合環境開發，有提供 AWS Cloud9

你要如何選擇使用 FaaS 或 CaaS？在某一方面上來看，它取決於部署單元。如果你只在意短生命週期的函式，沒有太多依賴的周邊服務或套件，只有少量的資料處理，那麼對你來說 FaaS 便足夠應付。另一方面，如果你有長時間執行的進程，並且該進程有許多依賴的周邊服務和套件並且有繁重的計算力需求，那麼你最好的選擇可能是 CaaS。大多數的 FaaS 服務有相當嚴苛的限制，如執行時間（Lambda 最大可執行時間是 15 分鐘）、計算力、記憶體大小、硬碟空間、和 HTTP 請求與回應的限制。FaaS 可執行時間短的好處是你只需要為函式的執行時間支付費用。

如果你記得在第十二章一開始所討論有關寵物、牛與蟲的內容，函式可以真正地被當作短暫的蟲子（短暫的存在、執行一些處理、並且消失）。因為它們本質上短暫，所以 FaaS 的函式也都是無狀態的，當你在設計應用程式的時候，這是一個重要且須謹記在心的事實。

選擇 FaaS 或 CaaS 的另一個考量面向是，你的服務與其他服務之間的互相溝通的次數和類型。舉例來說，AWS Lambda 函式可以被八個以上的其他種類的 AWS 服務（包括 S3、Simple Notification Service（SNS）、Simple Email Service（SES）、和 CloudWatch）非同步地觸發。服務之間如此豐富的互動支援使得撰寫函式來回應事件變得更為容易，因此 FaaS 在這種情況下勝出。

如你將在本章中所見，許多的 FaaS 服務實際上是基於 Kubernetes，它最近已經無庸置疑地成為容器調度平台的標準。即使部署的單元是一個函式，FaaS 工具仍在背後建立並且將容器推送到 Kubernetes 集群（可能是基於自己管理的集群，或者是託管的集群）。OpenFaaS 和 OpenWhisk 正是這類以 Kubernetes 為基礎的 FaaS 技術的範例。當你自行託管這些 FaaS 平台，你很快就會意識到構成無伺服器這一詞的最大部分就是伺服器，突然間你必須非常擔心的便是 Kubernetes 集群的維護。

當我們將 DevOps 這個詞分為 Dev 和 Ops 兩部分時，無伺服器技術比較面向 Dev 這一方面。它們降低開發者在部署自己的程式碼時的摩擦。尤其在自託管的情況下，負擔會在 Ops 一邊，他們需要佈建基礎設施（有時候這是相當複雜的），以便支援 FaaS 或 CaaS 平台。然而當談到無伺服器，即使 Dev 這一方面或許會覺得不大需要 Ops（發生這樣的情況，雖然按照定義來說，這樣的切割會使得情況不再是 DevOps），但當談到無伺服器平台，仍然有許多與 Ops 相關的問題需要被擔心：安全性、可擴展性、資源限制和容量規劃、監控、日誌收集、和可觀察性。這些事情傳統上被認為是 Ops 的領域，但在我們所談論的 DevOps 美麗新世界中，Dev 與 Ops 需要合作同時解決這些問題。當程式實作完，Dev 團隊不應該覺得任務已經結束，他們需要負擔起擁有權（當然還包括了榮耀感），讓服務成功地運行到正式環境，並且內建著良善的監控、日誌收集和可追蹤性。

我們從本章的範例開始，介紹如何將相同的 Python 函式（代表一個簡單的 HTTP 連接端點）部署到三大公雲商所提供的 FaaS 服務。

 在接下來的範例中，有些使用到的指令會產生大量的輸出結果。除了會影響理解一個指令操作的輸出結果之外，我們會忽略絕大多數的輸出，以便節省樹木並且使得讀者可以更專注在有用的內容上。

部署相同的 Python 函式到 Big Three 雲端服務提供商

針對 AWS 和 Google，我們使用 Serverless 平台，透過抽象化建立執行 FaaS 的雲端資源來簡化部署過程。由於使用的 Serverless 平台尚未在 Microsoft Azure 上支援 Python 函式，所以該操作範例，我們會展示如何使用 Azure 特有的 CLI 工具。

安裝 Serverless 框架

使用的 Serverless 平台（*https://serverless.com*）是基於 nodejs 進行實作。使用 npm 來安裝：

```
$ npm install -g serverless
```

部署 Python 函式到 AWS Lambda

從複製 Serverless 平台的範例（存放在 GitHub 儲存庫）開始：

```
$ git clone https://github.com/serverless/examples.git
$ cd aws-python-simple-http-endpoint
$ export AWS_PROFILE=gheorghiu-net
```

HTTP endpoint 定義在 *handler.py*：

```
$ cat handler.py
import json
import datetime

def endpoint(event, context):
    current_time = datetime.datetime.now().time()
    body = {
        "message": "Hello, the current time is " + str(current_time)
    }

    response = {
        "statusCode": 200,
        "body": json.dumps(body)
    }

    return response
```

Serverless 平台透過 *serverless.yaml* 的 YAML 檔案，採用宣告式的方法來指定它需要建立的資源。以下這個檔案宣告了一個 currentTime 的函式，並且將它對應到先前定義在 handler 模組的 endpoint 函式：

```
$ cat serverless.yml
service: aws-python-simple-http-endpoint

frameworkVersion: ">=1.2.0 <2.0.0"

provider:
  name: aws
  runtime: python2.7 # 或者設為 python3.7，此版本已經在 2018 11 月受到支援

functions:
  currentTime:
    handler: handler.endpoint
    events:
      - http:
          path: ping
          method: get
```

修改 *serverless.yaml* 的 Python 版本到 3.7：

```
provider:
  name: aws
  runtime: python3.7
```

透過執行 serverless deploy 指令將函式部署到 AWS Lambda：

```
$ serverless deploy
Serverless: Packaging service...
Serverless: Excluding development dependencies...
Serverless: Uploading CloudFormation file to S3...
Serverless: Uploading artifacts...
Serverless:
Uploading service aws-python-simple-http-endpoint.zip file to S3 (1.95 KB)...
Serverless: Validating template...
Serverless: Updating Stack...
Serverless: Checking Stack update progress...
..............
Serverless: Stack update finished...
Service Information
service: aws-python-simple-http-endpoint
stage: dev
region: us-east-1
stack: aws-python-simple-http-endpoint-dev
resources: 10
```

```
api keys:
  None
endpoints:
  GET - https://3a88jzlxm0.execute-api.us-east-1.amazonaws.com/dev/ping
functions:
  currentTime: aws-python-simple-http-endpoint-dev-currentTime
layers:
  None
Serverless:
Run the "serverless" command to setup monitoring, troubleshooting and testing.
```

藉由使用 curl 來存取服務，以便測試部署完成的 AWS Lambda 函式：

```
$ curl https://3a88jzlxm0.execute-api.us-east-1.amazonaws.com/dev/ping
{"message": "Hello, the current time is 23:16:30.479690"}%
```

使用 serverless invoke 直接呼叫 Lambda 函式：

```
$ serverless invoke --function currentTime
{
    "statusCode": 200,
    "body": "{\"message\": \"Hello, the current time is 23:18:38.101006\"}"
}
```

直接呼叫 Lambda 函式，並且同時檢視日誌（日誌會送到 AWS CloudWatch Logs）：

```
$ serverless invoke --function currentTime --log
{
    "statusCode": 200,
    "body": "{\"message\": \"Hello, the current time is 23:17:11.182463\"}"
}
--------------------------------------------------------------------
START RequestId: 5ac3c9c8-f8ca-4029-84fa-fcf5157b1404 Version: $LATEST
END RequestId: 5ac3c9c8-f8ca-4029-84fa-fcf5157b1404
REPORT RequestId: 5ac3c9c8-f8ca-4029-84fa-fcf5157b1404
Duration: 1.68 ms Billed Duration: 100 ms   Memory Size: 1024 MB
Max Memory Used: 56 MB
```

注意到前面輸出的內容中 Billed Duration 只有 100 ms。這個結果展示了使用 FaaS 的一個好處——計費的時間很短。

另一件想請你注意的事情是 Serverless 平台在背後完成的繁重工作，那就是建立與 Lambda 設置有關的 AWS 資源。在這個例子裡，Serverless 建立了一個叫做 aws-python-simple-http-endpoint-dev 的 CloudFormation 堆疊。你可以使用 aws 工具進行檢視：

```
$ aws cloudformation describe-stack-resources \
  --stack-name aws-python-simple-http-endpoint-dev
  --region us-east-1 | jq '.StackResources[].ResourceType'
"AWS::ApiGateway::Deployment"
"AWS::ApiGateway::Method"
"AWS::ApiGateway::Resource"
"AWS::ApiGateway::RestApi"
"AWS::Lambda::Function"
"AWS::Lambda::Permission"
"AWS::Lambda::Version"
"AWS::Logs::LogGroup"
"AWS::IAM::Role"
"AWS::S3::Bucket"
```

想想看 CloudFormation 如何包含了不下十個的 AWS 資源類型，而這些資源需要你手動建立或者是關連到另一個資源。

部署 Python Function 到 Google Cloud Function

在本節，我們會使用 Serverless 平台範例（在 GitHub 儲存庫）中存放在 **google-python-simple-http-endpoint** 資料夾的程式碼作為範例：

```
$ gcloud projects list
PROJECT_ID                    NAME                       PROJECT_NUMBER
pulumi-gke-testing            Pulumi GKE Testing         705973980178
pythonfordevops-gke-pulumi    pythonfordevops-gke-pulumi 787934032650
```

建立一個新的 GCP 專案：

```
$ gcloud projects create pythonfordevops-cloudfunction
```

初始本地端的 gcloud 環境：

```
$ gcloud init
Welcome! This command will take you through the configuration of gcloud.

Settings from your current configuration [pythonfordevops-gke-pulumi] are:
compute:
  region: us-west1
  zone: us-west1-c
core:
  account: grig.gheorghiu@gmail.com
  disable_usage_reporting: 'True'
  project: pythonfordevops-gke-pulumi

Pick configuration to use:
```

```
[1] Re-initialize this configuration with new settings
[2] Create a new configuration
[3] Switch to and re-initialize existing configuration: [default]
Please enter your numeric choice:  2

Enter configuration name. Names start with a lower case letter and
contain only lower case letters a-z, digits 0-9, and hyphens '-':
pythonfordevops-cloudfunction
Your current configuration has been set to: [pythonfordevops-cloudfunction]

Choose the account you would like to use to perform operations for
this configuration:
 [1] grig.gheorghiu@gmail.com
 [2] Log in with a new account
Please enter your numeric choice:  1

You are logged in as: [grig.gheorghiu@gmail.com].

Pick cloud project to use:
 [1] pulumi-gke-testing
 [2] pythonfordevops-cloudfunction
 [3] pythonfordevops-gke-pulumi
 [4] Create a new project
Please enter numeric choice or text value (must exactly match list
item):  2

Your current project has been set to: [pythonfordevops-cloudfunction].
```

授權本地端 shell 可以使用 GCP：

```
$ gcloud auth login
```

使用 Serverless 框架部署與 AWS Lambda 範例中相同的 HTTP 服務，但這次使用的是 Google Cloud Function：

```
$ serverless deploy

  Serverless Error ---------------------------------------

  Serverless plugin "serverless-google-cloudfunctions"
  initialization errored: Cannot find module 'serverless-google-cloudfunctions'
Require stack:
- /usr/local/lib/node_modules/serverless/lib/classes/PluginManager.js
- /usr/local/lib/node_modules/serverless/lib/Serverless.js
- /usr/local/lib/node_modules/serverless/lib/utils/autocomplete.js
- /usr/local/lib/node_modules/serverless/bin/serverless.js
```

```
Get Support ------------------------------------------------
    Docs:              docs.serverless.com
    Bugs:              github.com/serverless/serverless/issues
    Issues:            forum.serverless.com

Your Environment Information --------------------------
    Operating System:      darwin
    Node Version:          12.9.0
    Framework Version:     1.50.0
    Plugin Version:        1.3.8
    SDK Version:           2.1.0
```

遭遇錯誤，這是由於定義在 *package.json* 的依賴套件尚未被安裝所導致：

```
$ cat package.json
{
  "name": "google-python-simple-http-endpoint",
  "version": "0.0.1",
  "description":
  "Example demonstrates how to setup a simple HTTP GET endpoint with python",
  "author": "Sebastian Borza <sebito91@gmail.com>",
  "license": "MIT",
  "main": "handler.py",
  "scripts": {
    "test": "echo \"Error: no test specified\" && exit 1"
  },
  "dependencies": {
    "serverless-google-cloudfunctions": "^2.1.0"
  }
}
```

Serverless 平台是由 node.js 實作，所以它的套件需要使用 npm install 進行安裝：

```
$ npm install
```

再次嘗試部署；

```
$ serverless deploy

    Error --------------------------------------------------

    Error: ENOENT: no such file or directory,
    open '/Users/ggheo/.gcloud/keyfile.json'
```

為了產生憑證金鑰，在 GCP IAM 服務帳號頁面，建立一個叫做 sa 的服務帳號。以這個例子來說，新的服務帳號的電子郵件被設為 sa-255@pythonfordevops-cloudfunction.iam. gserviceaccount.com。

建立憑證金鑰並且將它下載存放在 *~/.gcloud/pythonfordevops-cloudfunction.json*。

在 *serverless.yml* 中指定專案金鑰的路徑：

```
$ cat serverless.yml

service: python-simple-http-endpoint

frameworkVersion: ">=1.2.0 <2.0.0"

package:
  exclude:
    - node_modules/**
    - .gitignore
    - .git/**

plugins:
  - serverless-google-cloudfunctions

provider:
  name: google
  runtime: python37
  project: pythonfordevops-cloudfunction
  credentials: ~/.gcloud/pythonfordevops-cloudfunction.json

functions:
  currentTime:
    handler: endpoint
    events:
      - http: path
```

前往 GCP Deployment Manager 頁面並啟動 Cloud Deployment Manager API，啟用 Google Cloud Storage 的計費。

再次嘗試部署：

```
$ serverless deploy
Serverless: Packaging service...
Serverless: Excluding development dependencies...
Serverless: Compiling function "currentTime"...
Serverless: Uploading artifacts...

  Error --------------------------------------------------

  Error: Not Found
  at createError
  (/Users/ggheo/code/mycode/examples/google-python-simple-http-endpoint/
```

```
node_modules/axios/lib/core/createError.js:16:15)
at settle (/Users/ggheo/code/mycode/examples/
google-python-simple-http-endpoint/node_modules/axios/lib/
core/settle.js:18:12)
at IncomingMessage.handleStreamEnd
(/Users/ggheo/code/mycode/examples/google-python-simple-http-endpoint/
node_modules/axios/lib/adapters/http.js:202:11)
at IncomingMessage.emit (events.js:214:15)
at IncomingMessage.EventEmitter.emit (domain.js:476:20)
at endReadableNT (_stream_readable.js:1178:12)
at processTicksAndRejections (internal/process/task_queues.js:77:11)

For debugging logs, run again after setting the "SLS_DEBUG=*"
environment variable.
```

閱讀 Serverless 平台有關 GCP 憑證與角色的說明文件（*https://oreil.ly/scsRg*）。

以下的角色需要被指定到用來部署的服務帳號上：

- Deployment Manager Editor

- Storage Admin

- Logging Admin

- Cloud Functions Developer roles

也針對 Serverless 平台有關那些 GCP API 需要被啟用的說明文件進行閱讀（*https://oreil. ly/rKiHg*）。

下面的 API 需要在 GCP 的控制台中被啟用：

- Google Cloud Functions

- Google Cloud Deployment Manager

- Google Cloud Storage

- Stackdriver Logging

前往 GCP 控制台中的 Deployment Manager 並且檢視錯誤訊息：

```
sls-python-simple-http-endpoint-dev failed to deploy

sls-python-simple-http-endpoint-dev has resource warnings
sls-python-simple-http-endpoint-dev-1566510445295:
{"ResourceType":"storage.v1.bucket",
```

```
"ResourceErrorCode":"403",
"ResourceErrorMessage":{"code":403,
"errors":[{"domain":"global","location":"Authorization",
"locationType":"header",
"message":"The project to be billed is associated
with an absent billing account.",
"reason":"accountDisabled"}],
"message":"The project to be billed is associated
 with an absent billing account.",
 "statusMessage":"Forbidden",
 "requestPath":"https://www.googleapis.com/storage/v1/b",
 "httpMethod":"POST"}}
```

在 GCP 控制台中，刪除 sls-python-simple-http-endpoint-dev 的部署，並且再次執行 serverless deploy：

```
$ serverless deploy

Deployed functions
first
  https://us-central1-pythonfordevops-cloudfunction.cloudfunctions.net/http
```

因為一開始我們並沒有啟用 Google Cloud Storage 的計費，所以 serverless deploy 指令持續失敗。即便之後我們已經啟用 Cloud Storage 計費，因為定義在 *serverless.yml* 服務的部署任務被標記為失敗，所以接下來的 serverless deploy 指令執行也都會失敗。當失敗的部署任務從 GCP 控制台中刪除，serverless deploy 指令便能成功被執行。

直接呼叫部署完成的 Google Cloud Function：

```
$ serverless invoke --function currentTime
Serverless: v1os7ptg9o48 {
    "statusCode": 200,
    "body": {
        "message": "Received a POST request at 03:46:39.027230"
    }
}
```

使用 serverless logs 指令來檢視日誌：

```
$ serverless logs --function currentTime
Serverless: Displaying the 4 most recent log(s):

2019-08-23T03:35:12.419846316Z: Function execution took 20 ms,
finished with status code: 200
2019-08-23T03:35:12.400499207Z: Function execution started
2019-08-23T03:34:27.133107221Z: Function execution took 11 ms,
```

```
finished with status code: 200
2019-08-23T03:34:27.122244864Z: Function execution started
```

使用 curl 測試服務：

```
$ curl \
https://undefined-pythonfordevops-cloudfunction.cloudfunctions.net/endpoint
<!DOCTYPE html>
<html lang=en>
  <p><b>404.</b> <ins>That's an error.</ins>
  <p>The requested URL was not found on this server.
  <ins>That's all we know.</ins>
```

因為我們並未在 *serverless.yml* 中定義區域 region，所以端點的位址開頭是 undefined 並且返回一個錯誤。

在 *serverless.yml* 中，設定 region 為 us-central1：

```
provider:
  name: google
  runtime: python37
  region: us-central1
  project: pythonfordevops-cloudfunction
  credentials: /Users/ggheo/.gcloud/pythonfordevops-cloudfunction.json
```

使用 serverless deploy 部署新版的服務，並且使用 curl 測試服務：

```
$ curl \
https://us-central1-pythonfordevops-cloudfunction.cloudfunctions.net/endpoint
{
    "statusCode": 200,
    "body": {
        "message": "Received a GET request at 03:51:02.560756"
    }
}%
```

部署 Python 函式到 Azure

Serverless 平台並未支援使用 Python 的 Azure Functions（*https://oreil.ly/4WQKG*），我們將展示如何使用 Azure 原生的工具來部署 Azure Python Function。

在 Microsoft Azure 上建立新帳號，並且遵循 Microsoft 的官方文件（*https://oreil.ly/GHS4c*）在你的作業系統上安裝 Azure Functions 執行環境。如果你使用 macOS，使用指令 brew：

```
$ brew tap azure/functions
$ brew install azure-functions-core-tools
```

為這個 Python function 程式碼建立新的資料夾：

```
$ mkdir azure-functions-python
$ cd azure-functions-python
```

因為 Azure Functions 不支援 Python 3.7，因此安裝 Python 3.6。建立並啟動 virtualenv：

```
$ brew unlink python
$ brew install \
https://raw.githubusercontent.com/Homebrew/homebrew-core/
f2a764ef944b1080be64bd88dca9a1d80130c558/Formula/python.rb \
--ignore-dependencies

$ python3 -V
Python 3.6.5

$ python3 -m venv .venv
$ source .venv/bin/activate
```

使用 Azure func 工具，建立本地端的 Functions 專案，並且命名為 python-simple-http-endpoint：

```
$ func init python-simple-http-endpoint
Select a worker runtime:
1. dotnet
2. node
3. python
4. powershell (preview)
Choose option: 3
```

切換目錄到新建立的 *python-simple-http-endpoint* 目錄，並且使用 func new 指令建立一個 Azure HTTP Trigger Function：

```
$ cd python-simple-http-endpoint
$ func new
Select a template:
1. Azure Blob Storage trigger
2. Azure Cosmos DB trigger
3. Azure Event Grid trigger
4. Azure Event Hub trigger
5. HTTP trigger
6. Azure Queue Storage trigger
7. Azure Service Bus Queue trigger
8. Azure Service Bus Topic trigger
```

```
9. Timer trigger
Choose option: 5
HTTP trigger
Function name: [HttpTrigger] currentTime
Writing python-simple-http-endpoint/currentTime/__init__.py
Writing python-simple-http-endpoint/currentTime/function.json
The function "currentTime" was created successfully
from the "HTTP trigger" template.
```

檢視產生出來的 Python 程式碼：

```
$ cat currentTime/__init__.py
import logging

import azure.functions as func

def main(req: func.HttpRequest) -> func.HttpResponse:
    logging.info('Python HTTP trigger function processed a request.')

    name = req.params.get('name')
    if not name:
        try:
            req_body = req.get_json()
        except ValueError:
            pass
        else:
            name = req_body.get('name')

    if name:
        return func.HttpResponse(f"Hello {name}!")
    else:
        return func.HttpResponse(
            "Please pass a name on the query string or in the request body",
            status_code=400
        )
```

在本地端執行函式：

```
$ func host start

[8/24/19 12:21:35 AM] Host initialized (299ms)
[8/24/19 12:21:35 AM] Host started (329ms)
[8/24/19 12:21:35 AM] Job host started
[8/24/19 12:21:35 AM]  INFO: Starting Azure Functions Python Worker.
[8/24/19 12:21:35 AM]  INFO: Worker ID: e49c429d-9486-4167-9165-9ecd1757a2b5,
Request ID: 2842271e-a8fe-4643-ab1a-f52381098ae6, Host Address: 127.0.0.1:53952
Hosting environment: Production
```

```
Content root path: python-simple-http-endpoint
Now listening on: http://0.0.0.0:7071
Application started. Press Ctrl+C to shut down.
[8/24/19 12:21:35 AM] INFO: Successfully opened gRPC channel to 127.0.0.1:53952

Http Functions:

  currentTime: [GET,POST] http://localhost:7071/api/currentTime
```

從另一個終端機進行測試：

```
$ curl http://127.0.0.1:7071/api/currentTime\?name\=joe
Hello joe!%
```

修改在 *currentTime/init.py* 的 HTTP handler，以便在它的回應中包含目前的時間：

```
import datetime

def main(req: func.HttpRequest) -> func.HttpResponse:
    logging.info('Python HTTP trigger function processed a request.')

    name = req.params.get('name')
    if not name:
        try:
            req_body = req.get_json()
        except ValueError:
            pass
        else:
            name = req_body.get('name')

    current_time = datetime.datetime.now().time()
    if name:
        return func.HttpResponse(f"Hello {name},
        the current time is {current_time}!")
    else:
        return func.HttpResponse(
            "Please pass a name on the query string or in the request body",
            status_code=400
        )
```

使用 curl 測試新的函式：

```
$ curl http://127.0.0.1:7071/api/currentTime\?name\=joe
Hello joe, the current time is 17:26:54.256060!%
```

使用 pip 安裝 Azure CLI：

```
$ pip install azure.cli
```

使用 az CLI 工具進入互動模式，並且建立 Azure Resource Group、Storage Account、和 Function App。此模式會讓你在具有自動完成、指令描述和範例的互動 shell 裡。請注意，如果你想要繼續操作這個範例，你會需要指定不同且獨特的 functionapp 名稱。你或許也需要指定一個不同且支援免費試用帳號的 Azure 區域（如 eastus）：

```
$ az interactive
az>> login
az>> az group create --name myResourceGroup --location westus2
az>> az storage account create --name griggheorghiustorage --location westus2 \
--resource-group myResourceGroup --sku Standard_LRS
az>> az functionapp create --resource-group myResourceGroup --os-type Linux \
--consumption-plan-location westus2 --runtime python \
--name pyazure-devops4all \
--storage-account griggheorghiustorage
az>> exit
```

使用 func 工具部署 functionapp 專案到 Azure：

```
$ func azure functionapp publish pyazure-devops4all --build remote
Getting site publishing info...
Creating archive for current directory...
Perform remote build for functions project (--build remote).
Uploading 2.12 KB

OUTPUT OMITTED

Running post deployment command(s)...
Deployment successful.
App container will begin restart within 10 seconds.
Remote build succeeded!
Syncing triggers...
Functions in pyazure-devops4all:
    currentTime - [httpTrigger]
        Invoke url:
        https://pyazure-devops4all.azurewebsites.net/api/
        currenttime?code=b0rN93O04cGPcGFKyX7n9HgITTPnHZiGCmjJN/SRsPX7taM7axJbbw==
```

使用 curl 存取服務，以便測試完成部署到 Azure 的函式：

```
$ curl "https://pyazure-devops4all.azurewebsites.net/api/currenttime\
?code\=b0rN93O04cGPcGFKyX7n9HgITTPnHZiGCmjJN/SRsPX7taM7axJbbw\=\=\&name\=joe"
Hello joe, the current time is 01:20:32.036097!%
```

移除任何你不再需要的雲端資源永遠是好的想法。在這個範例中，你可以執行：

```
$ az group delete --name myResourceGroup
```

部署 Python 函式到自我託管的 FaaS 平台

如同在本章稍早提到，許多 FaaS 平台運行在 Kubernetes 集群上。這種方式的優點之一就是部署的函式仍舊運行在 Kubernetes 上的容器裡，所以你可以繼續使用原來的 Kubernetes 工具，尤其是當談及可觀察性（監控、日誌、和追蹤）。另一個優點是潛在的成本節省。透過運行於已存在的 Kubernetes 集群內的容器來執行無伺服器函式，可以使用集群內原本的容量，而不用再因為部署至第三方的 FaaS 平台，支付每一次函式呼叫的費用。

在本節，我們想要使用其中之一的平台：OpenFaaS（*https://www.openfaas.com*）。一些運行在 Kubernetes 上類似的 Faas 平台如下：

- Kubeless（*https://kubeless.io*）

- Fn Project（*https://fnproject.io*）（支持 Oracle FaaS 產品上 Oracle Functions 的基礎技術）

- Fission（*https://fission.io*）

- Apache OpenWhisk（*https://openwhisk.apache.org*）

部署 Python Function 到 OpenFaaS

本次範例我們使用一個來自 Rancher 的「輕量化 Kubernetes」版本，叫做 k3s。我們使用 k3s 替代 minikube 來展現在 Kubernetes 生態系統裡有眾多可取得的工具。

從執行 k3sup 工具開始（*https://oreil.ly/qK0xJ*），在 Ubuntu EC2 實體上佈建一個 k3s Kubernetes 集群。

下載並安裝 k3sup：

```
$ curl -sLS https://get.k3sup.dev | sh
$ sudo cp k3sup-darwin /usr/local/bin/k3sup
```

驗證透過 SSH 連接到遠端 EC2 實體的能力：

```
$ ssh ubuntu@35.167.68.86 date
Sat Aug 24 21:38:57 UTC 2019
```

透過 k3sup 安裝 k3s：

```
$ k3sup install --ip 35.167.68.86 --user ubuntu
OUTPUT OMITTED
Saving file to: kubeconfig
```

檢視 *kubeconfig* 檔案：

```
$ cat kubeconfig
apiVersion: v1
clusters:
- cluster:
    certificate-authority-data: BASE64_FIELD
    server: https://35.167.68.86:6443
  name: default
contexts:
- context:
    cluster: default
    user: default
  name: default
current-context: default
kind: Config
preferences: {}
users:
- name: default
  user:
    password: OBFUSCATED
    username: admin
```

設定環境變數 KUBECONFIG，使得它指向本地端的 *kubeconfig* 檔案，並且測試 kubectl 是否能操控遠端的 k3s 集群：

```
$ export KUBECONFIG=./kubeconfig

$ kubectl cluster-info
Kubernetes master is running at https://35.167.68.86:6443
CoreDNS is running at
https://35.167.68.86:6443/api/v1/namespaces/kube-system/
services/kube-dns:dns/proxy

To further debug and diagnose cluster problems, use
'kubectl cluster-info dump'.

$ kubectl get nodes
NAME            STATUS    ROLES    AGE    VERSION
ip-10-0-0-185   Ready     master   10m    v1.14.6-k3s.1
```

下一步便是安裝 OpenFaas 無伺服器平台到 k3s Kubernetes 集群。

在本地的 macOS 安裝 faas-cli：

```
$ brew install faas-cli
```

建立 RBAC 權限給 Tiller，它是 Helm 的伺服器元件：

```
$ kubectl -n kube-system create sa tiller \
  && kubectl create clusterrolebinding tiller \
  --clusterrole cluster-admin \
  --serviceaccount=kube-system:tiller
serviceaccount/tiller created
clusterrolebinding.rbac.authorization.k8s.io/tiller created
```

透過 helm init 來安裝 Tiller：

```
$ helm init --skip-refresh --upgrade --service-account tiller
```

下載、設定組態、並且安裝 OpenFaaS 的 Helm chart：

```
$ wget \
https://raw.githubusercontent.com/openfaas/faas-netes/master/namespaces.yml

$ cat namespaces.yml
apiVersion: v1
kind: Namespace
metadata:
  name: openfaas
  labels:
    role: openfaas-system
    access: openfaas-system
    istio-injection: enabled
---
apiVersion: v1
kind: Namespace
metadata:
  name: openfaas-fn
  labels:
    istio-injection: enabled
    role: openfaas-fn

$ kubectl apply -f namespaces.yml
namespace/openfaas created
namespace/openfaas-fn created

$ helm repo add openfaas https://openfaas.github.io/faas-netes/
"openfaas" has been added to your repositories
```

為 OpenFaaS 閘道器的基礎認證建立隨機的密碼：

```
$ PASSWORD=$(head -c 12 /dev/urandom | shasum| cut -d' ' -f1)

$ kubectl -n openfaas create secret generic basic-auth \
--from-literal=basic-auth-user=admin \
--from-literal=basic-auth-password="$PASSWORD"
secret/basic-auth created
```

藉由安裝 Helm chart 來部署 OpenFaas：

```
$ helm repo update \
 && helm upgrade openfaas --install openfaas/openfaas \
    --namespace openfaas  \
    --set basic_auth=true \
    --set serviceType=LoadBalancer \
    --set functionNamespace=openfaas-fn

OUTPUT OMITTED

NOTES:
To verify that openfaas has started, run:
kubectl --namespace=openfaas get deployments -l "release=openfaas,app=openfaas"
```

這邊使用到的 basic_auth 設定沒有採用 TLS，這樣的用法僅適用於實驗和學習之用。任何環境最後都應該被設置成採用安全的 TLS 連線來傳遞憑證。

確保服務運行在 openfaas 命名空間：

```
$ kubectl get service -nopenfaas
NAME                 TYPE           CLUSTER-IP      EXTERNAL-IP    PORT(S)
alertmanager         ClusterIP      10.43.193.61    <none>         9093/TCP
basic-auth-plugin    ClusterIP      10.43.83.12     <none>         8080/TCP
gateway              ClusterIP      10.43.7.46      <none>         8080/TCP
gateway-external     LoadBalancer   10.43.91.91     10.0.0.185     8080:31408/TCP
nats                 ClusterIP      10.43.33.153    <none>         4222/TCP
prometheus           ClusterIP      10.43.122.184   <none>         9090/TCP
```

轉發遠端實體的 8080 連接埠到本地端的 8080 連接埠：

```
$ kubectl port-forward -n openfaas svc/gateway 8080:8080 &
[1] 29183
Forwarding from 127.0.0.1:8080 -> 8080
```

前往在 *http://localhost:8080* 的 OpenFaaS 網頁介面，並且使用使用者帳號 admin 與密碼 $PASSWORD。

接著繼續建立 OpenFaaS。使用 `faas-cli` 工具，以便建立新的 OpenFaaS 函式叫做 hello-python：

```
$ faas-cli new --lang python hello-python
Folder: hello-python created.
Function created in folder: hello-python
Stack file written: hello-python.yml
```

檢視 hello-python 函式的組態檔案：

```
$ cat hello-python.yml
version: 1.0
provider:
  name: openfaas
  gateway: http://127.0.0.1:8080
functions:
  hello-python:
    lang: python
    handler: ./hello-python
    image: hello-python:latest
```

檢視自動被產生出來的 *hello-python* 資料夾：

```
$ ls -la hello-python
total 8
drwx------   4 ggheo  staff  128 Aug 24 15:16 .
drwxr-xr-x   8 ggheo  staff  256 Aug 24 15:16 ..
-rw-r--r--   1 ggheo  staff  123 Aug 24 15:16 handler.py
-rw-r--r--   1 ggheo  staff    0 Aug 24 15:16 requirements.txt

$ cat hello-python/handler.py
def handle(req):
    """handle a request to the function
    Args:
        req (str): request body
    """

    return req
```

編輯 *handler.py* 並且拿到 Serverless 平台的 simple-http-example 中會印出目前時間的程式碼：

```
$ cat hello-python/handler.py
import json
```

```
import datetime

def handle(req):
    """handle a request to the function
    Args:
        req (str): request body
    """

    current_time = datetime.datetime.now().time()
    body = {
        "message": "Received a {} at {}".format(req, str(current_time))
    }

    response = {
        "statusCode": 200,
        "body": body
    }
    return json.dumps(response, indent=4)
```

下一步是建置 OpenFaaS Python 函式。使用 `faas-cli build` 指令，這個指令會基於自動產生的 Dockerfile 建置 Docker 映像：

```
$ faas-cli build -f ./hello-python.yml
[0] > Building hello-python.
Clearing temporary build folder: ./build/hello-python/
Preparing ./hello-python/ ./build/hello-python//function
Building: hello-python:latest with python template. Please wait..
Sending build context to Docker daemon  8.192kB
Step 1/29 : FROM openfaas/classic-watchdog:0.15.4 as watchdog

DOCKER BUILD OUTPUT OMITTED

Successfully tagged hello-python:latest
Image: hello-python:latest built.
[0] < Building hello-python done.
[0] worker done.
```

確認 Docker 映像是否存在於本地端：

```
$ docker images | grep hello-python
hello-python                          latest
05b2c37407e1         29 seconds ago       75.5MB
```

為 Docker 映像打上標籤並且發佈到 Docker Hub 儲存庫，以便讓遠端的 Kubernetes 集群能夠使用：

```
$ docker tag hello-python:latest griggheo/hello-python:latest
```

編輯 *hello-python.yml* 並且進行以下修改：

```
image: griggheo/hello-python:latest
```

使用 `faas-cli push` 指令，將映像發佈到 Docker Hub：

```
$ faas-cli push -f ./hello-python.yml
[0] > Pushing hello-python [griggheo/hello-python:latest].
The push refers to repository [docker.io/griggheo/hello-python]
latest: digest:
sha256:27e1fbb7f68bb920a6ff8d3baf1fa3599ae92e0b3c607daac3f8e276aa7f3ae3
size: 4074
[0] < Pushing hello-python [griggheo/hello-python:latest] done.
[0] worker done.
```

接下來，部署 OpenFaas Python 函式到遠端的 k3s 集群。使用 `faas-cli deploy` 指令來部署函式：

```
$ faas-cli deploy -f ./hello-python.yml
Deploying: hello-python.
WARNING! Communication is not secure, please consider using HTTPS.
Letsencrypt.org offers free SSL/TLS certificates.
Handling connection for 8080

unauthorized access, run "faas-cli login"
to setup authentication for this server

Function 'hello-python' failed to deploy with status code: 401
```

使用 `faas-cli login` 指令來獲得認證憑證：

```
$ echo -n $PASSWORD | faas-cli login -g http://localhost:8080 \
-u admin --password-stdin
Calling the OpenFaaS server to validate the credentials...
Handling connection for 8080
WARNING! Communication is not secure, please consider using HTTPS.
Letsencrypt.org offers free SSL/TLS certificates.
credentials saved for admin http://localhost:8080
```

編輯 *hello-python.yml* 並且進行下列的修改；

```
gateway: http://localhost:8080
```

因為我們的處理函式會返回 JSON，新增這些內容到 *hello-python.yml*：

```
environment:
  content_type: application/json
```

hello-python.yml 的內容：

```
$ cat hello-python.yml
version: 1.0
provider:
  name: openfaas
  gateway: http://localhost:8080
functions:
  hello-python:
    lang: python
    handler: ./hello-python
    image: griggheo/hello-python:latest
    environment:
      content_type: application/json
```

再次執行 `faas-cli deploy` 指令：

```
$ faas-cli deploy -f ./hello-python.yml
Deploying: hello-python.
WARNING! Communication is not secure, please consider using HTTPS.
Letsencrypt.org offers free SSL/TLS certificates.
Handling connection for 8080
Handling connection for 8080

Deployed. 202 Accepted.
URL: http://localhost:8080/function/hello-python
```

如果有程式碼更動的需要，使用下面的指令來重新建置和部署函式。注意到 `faas-cli remove` 會刪除函式目前的版本：

```
$ faas-cli build -f ./hello-python.yml
$ faas-cli push -f ./hello-python.yml
$ faas-cli remove -f ./hello-python.yml
$ faas-cli deploy -f ./hello-python.yml
```

現在使用 curl 測試部署完成的函式：

```
$ curl localhost:8080/function/hello-python --data-binary 'hello'
Handling connection for 8080
{
    "body": {
        "message": "Received a hello at 22:55:05.225295"
    },
    "statusCode": 200
}
```

透過使用 `faas-cli` 直接呼叫函式，進行測試：

```
$ echo -n "hello" | faas-cli invoke hello-python
Handling connection for 8080
{
    "body": {
        "message": "Received a hello at 22:56:23.549509"
    },
    "statusCode": 200
}
```

下一個範例將會有更完整的功能。我們會介紹如何使用 AWS CDK 在 API Gateway 後面佈建數個 Lambda 函式，並且透過這些函式對 DynamoDB 表格中的 todo 項目進行建立 / 讀取 / 更新 / 刪除（CRUD）的 REST 存取。我們也會介紹如何使用部署於 AWS Fargate 的容器對我們的 REST API 進行負載測試，容器會對受測的 API 運行 Locust 負載測試工具。Fargate 容器也會使用 AWS CDK 進行佈建。

使用 AWS CDK 佈建 DynamoDB Table、Lambda Function 和 API Gateway Method

在第十章，我們簡短地提到 AWS CDK。AWS CDK 這個產品能讓你使用真正的程式碼（目前支援的語言是 TypeScript 和 Python）來定義想要的基礎設施狀態，而不是用 YAML 的定義檔案（如 Serverless 平台一般）。

使用 `npm` 在全域的範圍安裝 CDK CLI（依據你的作業系統，你或許需要使用 `sudo` 執行以下的指令）：

```
$ npm install cdk -g
```

為 CDK 應用程式建立資料夾：

```
$ mkdir cdk-lambda-dynamodb-fargate
$ cd cdk-lambda-dynamodb-fargate
```

使用 `cdk init` 建立一個 Python 應用程式的樣本：

```
$ cdk init app --language=python
Applying project template app for python
Executing Creating virtualenv...

# Welcome to your CDK Python project!
```

```
This is a blank project for Python development with CDK.
The `cdk.json` file tells the CDK Toolkit how to execute your app.
```

列出已建立的檔案：

```
$ ls -la
total 40
drwxr-xr-x   9 ggheo  staff   288 Sep  2 10:10 .
drwxr-xr-x  12 ggheo  staff   384 Sep  2 10:10 ..
drwxr-xr-x   6 ggheo  staff   192 Sep  2 10:10 .env
-rw-r--r--   1 ggheo  staff  1651 Sep  2 10:10 README.md
-rw-r--r--   1 ggheo  staff   252 Sep  2 10:10 app.py
-rw-r--r--   1 ggheo  staff    32 Sep  2 10:10 cdk.json
drwxr-xr-x   4 ggheo  staff   128 Sep  2 10:10 cdk_lambda_dynamodb_fargate
-rw-r--r--   1 ggheo  staff     5 Sep  2 10:10 requirements.txt
-rw-r--r--   1 ggheo  staff  1080 Sep  2 10:10 setup.py
```

檢視主要的檔案 *appy.py*。

```
$ cat app.py
#!/usr/bin/env python3

from aws_cdk import core

from cdk_lambda_dynamodb_fargate.cdk_lambda_dynamodb_fargate_stack \
import CdkLambdaDynamodbFargateStack

app = core.App()
CdkLambdaDynamodbFargateStack(app, "cdk-lambda-dynamodb-fargate")

app.synth()
```

一個 CDK 程式是由一個可以包含一個或多個**堆疊**（*stack*）的 *app* 組成。一個堆疊對應到一個 CloudFormation 的堆疊物件。

檢視用來定義 CDK 堆疊的模組：

```
$ cat cdk_lambda_dynamodb_fargate/cdk_lambda_dynamodb_fargate_stack.py
from aws_cdk import core

class CdkLambdaDynamodbFargateStack(core.Stack):

    def __init__(self, scope: core.Construct, id: str, **kwargs) -> None:
        super().__init__(scope, id, **kwargs)

        # The code that defines your stack goes here
```

我們會有兩個堆疊。一個是用來建立 DynamoDB/Lambda/API Gateway 資源，而另一個則是用來建立 Fargate 資源，將 *cdk_lambda_dynamodb_fargate/cdk_lambda_dynamodb_fargate_stack.py* 更名為 *cdk_lambda_dynamodb_fargate/cdk_lambda_dynamodb_stack.py*，將類別 CdkLambdaDynamodbFargateStack 更名為 CdkLambdaDynamodbStack。

也對 *app.py* 進行修改，以便參照到更動的模組與類別名稱：

```
from cdk_lambda_dynamodb_fargate.cdk_lambda_dynamodb_stack \
import CdkLambdaDynamodbStack

CdkLambdaDynamodbStack(app, "cdk-lambda-dynamodb")
```

啟動 virtualenv：

```
$ source .env/bin/activate
```

我們會拿短網址裡的 CDK 範例（*https://oreil.ly/q2dDF*）並且使用 Serverless 平台的 AWS Python REST API 範例（*https://oreil.ly/o_gxS*）的程式碼進行修改，以便打造一個 REST API 可以用於建立、條列、取得、更新和刪除 todo 項目。本範例會使用 DynamoDB 儲存資料。

查看 *examples/aws-python-rest-api-with-dynamodb* 裡的 *serverless.yml*，並使用 serverless 指令進行部署，來看看有哪些 AWS 資源被建立了：

```
$ pwd
~/code/examples/aws-python-rest-api-with-dynamodb

$ serverless deploy
Serverless: Stack update finished...
Service Information
service: serverless-rest-api-with-dynamodb
stage: dev
region: us-east-1
stack: serverless-rest-api-with-dynamodb-dev
resources: 34
api keys:
  None
endpoints:
POST - https://tbst34m2b7.execute-api.us-east-1.amazonaws.com/dev/todos
GET - https://tbst34m2b7.execute-api.us-east-1.amazonaws.com/dev/todos
GET - https://tbst34m2b7.execute-api.us-east-1.amazonaws.com/dev/todos/{id}
PUT - https://tbst34m2b7.execute-api.us-east-1.amazonaws.com/dev/todos/{id}
DELETE - https://tbst34m2b7.execute-api.us-east-1.amazonaws.com/dev/todos/{id}
functions:
  create: serverless-rest-api-with-dynamodb-dev-create
```

```
  list: serverless-rest-api-with-dynamodb-dev-list
  get: serverless-rest-api-with-dynamodb-dev-get
  update: serverless-rest-api-with-dynamodb-dev-update
  delete: serverless-rest-api-with-dynamodb-dev-delete
layers:
  None
Serverless: Run the "serverless" command to setup monitoring, troubleshooting and
            testing.
```

先前的指令建立了五個 Lambda 函式、一個 API Gateway、和一張 DynamoDB 表格。

在 CDK 目錄中,新增一個 DynamoDB 表格到我們正要建立的堆疊中:

```
$ pwd
~/code/devops/serverless/cdk-lambda-dynamodb-fargate

$ cat cdk_lambda_dynamodb_fargate/cdk_lambda_dynamodb_stack.py
from aws_cdk import core
from aws_cdk import aws_dynamodb

class CdkLambdaDynamodbStack(core.Stack):

    def __init__(self, scope: core.Construct, id: str, **kwargs) -> None:
        super().__init__(scope, id, **kwargs)

        # 定義用來存放待辦項目的表格
        table = aws_dynamodb.Table(self, "Table",
                                    partition_key=aws_dynamodb.Attribute(
                                      name="id",
                                      type=aws_dynamodb.AttributeType.STRING),
                                    read_capacity=10,
                                    write_capacity=5)
```

安裝需要的 Python 模組:

```
$ cat requirements.txt
-e .
aws-cdk.core
aws-cdk.aws-dynamodb

$ pip install -r requirements.txt
```

透過執行 cdk synth 檢視會被建立的 CloudFormation 堆疊:

```
$ export AWS_PROFILE=gheorghiu-net
$ cdk synth
```

傳入叫做 variable 的變數到 *app.py* 的 CdkLambdaDynamodbStack 建構子中，而該變數含有區域（region）的資訊：

```
app_env = {"region": "us-east-2"}
CdkLambdaDynamodbStack(app, "cdk-lambda-dynamodb", env=app_env)
```

再次執行 cdk synth：

```
$ cdk synth
Resources:
  TableCD117FA1:
    Type: AWS::DynamoDB::Table
    Properties:
      KeySchema:
        - AttributeName: id
          KeyType: HASH
      AttributeDefinitions:
        - AttributeName: id
          AttributeType: S
      ProvisionedThroughput:
        ReadCapacityUnits: 10
        WriteCapacityUnits: 5
    UpdateReplacePolicy: Retain
    DeletionPolicy: Retain
    Metadata:
      aws:cdk:path: cdk-lambda-dynamodb-fargate/Table/Resource
  CDKMetadata:
    Type: AWS::CDK::Metadata
    Properties:
      Modules: aws-cdk=1.6.1,
      @aws-cdk/aws-applicationautoscaling=1.6.1,
      @aws-cdk/aws-autoscaling-common=1.6.1,
      @aws-cdk/aws-cloudwatch=1.6.1,
      @aws-cdk/aws-dynamodb=1.6.1,
      @aws-cdk/aws-iam=1.6.1,
      @aws-cdk/core=1.6.1,
      @aws-cdk/cx-api=1.6.1,@aws-cdk/region-info=1.6.1,
      jsii-runtime=Python/3.7.4
```

透過 cdk deploy 部署 CDK 堆疊：

```
$ cdk deploy
cdk-lambda-dynamodb-fargate: deploying...
cdk-lambda-dynamodb-fargate: creating CloudFormation changeset...
 0/3 | 11:12:25 AM | CREATE_IN_PROGRESS   | AWS::DynamoDB::Table |
 Table (TableCD117FA1)
 0/3 | 11:12:25 AM | CREATE_IN_PROGRESS   | AWS::CDK::Metadata   |
 CDKMetadata
```

```
0/3 | 11:12:25 AM | CREATE_IN_PROGRESS    | AWS::DynamoDB::Table |
Table (TableCD117FA1) Resource creation Initiated
0/3 | 11:12:27 AM | CREATE_IN_PROGRESS    | AWS::CDK::Metadata   |
CDKMetadata Resource creation Initiated
1/3 | 11:12:27 AM | CREATE_COMPLETE       | AWS::CDK::Metadata   |
CDKMetadata
2/3 | 11:12:56 AM | CREATE_COMPLETE       | AWS::DynamoDB::Table |
Table (TableCD117FA1)
3/3 | 11:12:57 AM | CREATE_COMPLETE       | AWS::CloudFormation::Stack |
cdk-lambda-dynamodb-fargate

Stack ARN:
arn:aws:cloudformation:us-east-2:200562098309:stack/
cdk-lambda-dynamodb/3236a8b0-cdad-11e9-934b-0a7dfa8cb208
```

下一步是新增 Lambda 函式和 API Gateway 資源到堆疊中。

在 CDK 程式碼的資料夾中，建立 *lambda* 資料夾並且從 Serverless 平台的 AWS Python REST API 範例（*https://oreil.ly/mRSjn*）中複製 Python 模組到這個資料夾中：

```
$ pwd
~/code/devops/serverless/cdk-lambda-dynamodb-fargate

$ mkdir lambda
$ cp ~/code/examples/aws-python-rest-api-with-dynamodb/todos/* lambda
$ ls -la lambda
total 48
drwxr-xr-x   9 ggheo  staff   288 Sep  2 10:41 .
drwxr-xr-x  10 ggheo  staff   320 Sep  2 10:19 ..
-rw-r--r--   1 ggheo  staff     0 Sep  2 10:41 __init__.py
-rw-r--r--   1 ggheo  staff   822 Sep  2 10:41 create.py
-rw-r--r--   1 ggheo  staff   288 Sep  2 10:41 decimalencoder.py
-rw-r--r--   1 ggheo  staff   386 Sep  2 10:41 delete.py
-rw-r--r--   1 ggheo  staff   535 Sep  2 10:41 get.py
-rw-r--r--   1 ggheo  staff   434 Sep  2 10:41 list.py
-rw-r--r--   1 ggheo  staff  1240 Sep  2 10:41 update.py
```

新增需要的模組到 *requirements.txt*，並且使用 pip 進行安裝：

```
$ cat requirements.txt
-e .
aws-cdk.core
aws-cdk.aws-dynamodb
aws-cdk.aws-lambda
aws-cdk.aws-apigateway

$ pip install -r requirements.txt
```

在堆疊模組中，建立 Lambda 和 API Gateway 結構：

```
$ cat cdk_lambda_dynamodb_fargate/cdk_lambda_dynamodb_stack.py
from aws_cdk import core
from aws_cdk.core import App, Construct, Duration
from aws_cdk import aws_dynamodb, aws_lambda, aws_apigateway

class CdkLambdaDynamodbStack(core.Stack):

    def __init__(self, scope: core.Construct, id: str, **kwargs) -> None:
        super().__init__(scope, id, **kwargs)

        # 定義用來存放待辦項目的表格
        table = aws_dynamodb.Table(self, "Table",
            partition_key=aws_dynamodb.Attribute(
                name="id",
                type=aws_dynamodb.AttributeType.STRING),
            read_capacity=10,
            write_capacity=5)

        # 定義 Lambda 函式
        list_handler = aws_lambda.Function(self, "TodoListFunction",
            code=aws_lambda.Code.asset("./lambda"),
            handler="list.list",
            timeout=Duration.minutes(5),
            runtime=aws_lambda.Runtime.PYTHON_3_7)

        create_handler = aws_lambda.Function(self, "TodoCreateFunction",
            code=aws_lambda.Code.asset("./lambda"),
            handler="create.create",
            timeout=Duration.minutes(5),
            runtime=aws_lambda.Runtime.PYTHON_3_7)

        get_handler = aws_lambda.Function(self, "TodoGetFunction",
            code=aws_lambda.Code.asset("./lambda"),
            handler="get.get",
            timeout=Duration.minutes(5),
            runtime=aws_lambda.Runtime.PYTHON_3_7)

        update_handler = aws_lambda.Function(self, "TodoUpdateFunction",
            code=aws_lambda.Code.asset("./lambda"),
            handler="update.update",
            timeout=Duration.minutes(5),
            runtime=aws_lambda.Runtime.PYTHON_3_7)

        delete_handler = aws_lambda.Function(self, "TodoDeleteFunction",
            code=aws_lambda.Code.asset("./lambda"),
```

```
        handler="delete.delete",
        timeout=Duration.minutes(5),
        runtime=aws_lambda.Runtime.PYTHON_3_7)

# 透過環境變數將表格的名稱傳入每個 handler
# 並且允許每個 handler 有權限存取表格
handler_list = [
    list_handler,
    create_handler,
    get_handler,
    update_handler,
    delete_handler
]
for handler in handler_list:
    handler.add_environment('DYNAMODB_TABLE', table.table_name)
    table.grant_read_write_data(handler)

# 定義 API 端點
api = aws_apigateway.LambdaRestApi(self, "TodoApi",
    handler=list_handler,
    proxy=False)

# 定義 LambdaIntegration
list_lambda_integration = \
    aws_apigateway.LambdaIntegration(list_handler)
create_lambda_integration = \
    aws_apigateway.LambdaIntegration(create_handler)
get_lambda_integration = \
    aws_apigateway.LambdaIntegration(get_handler)
update_lambda_integration = \
    aws_apigateway.LambdaIntegration(update_handler)
delete_lambda_integration = \
    aws_apigateway.LambdaIntegration(delete_handler)

# 定義 REST API 操作，並且將每個操作關聯至 LambdaIntegration
api.root.add_method('ANY')

todos = api.root.add_resource('todos')
todos.add_method('GET', list_lambda_integration)
todos.add_method('POST', create_lambda_integration)

todo = todos.add_resource('{id}')
todo.add_method('GET', get_lambda_integration)
todo.add_method('PUT', update_lambda_integration)
todo.add_method('DELETE', delete_lambda_integration)
```

我們剛檢視過的程式碼有幾個功能值得注意一下：

- 我們能夠在每個 handler 物件上使用 add_envrionment 方法，以便傳入 Lambda 函式的 Python 程式碼所使用的環境變數 DYNAMODB_TABLE，並且將它設為 table.table_name。DynamoDB 表格的名稱在建構時是無法得知的，所以 CDK 會使用 token，並在部署這個堆疊時把這個 token 設為正確的表格名稱（參見 Tokens（*https://oreil.ly/XfdEU*）的說明文件，以獲得更詳細的資訊）。

- 當我們遍歷列表中所有的 Lambda handler 時，充分地使用了一個簡單的程式語言結構——for 迴圈。雖然這看起來似乎相當自然，但仍然值得一提，因為迴圈和變數傳遞正是那些基於 YAML 的基礎設施即程式碼工具（如 Terraform）不易實現的功能。

- 我們定義了 HTTP 方法（GET、POST、PUT、DELETE），並將它關聯到 API Gateway 的不同接口以及正確的 Lambda 函式上。

使用 cdk deploy 部署這個堆疊：

```
$ cdk deploy
cdk-lambda-dynamodb-fargate failed: Error:
This stack uses assets, so the toolkit stack must be deployed
to the environment
(Run "cdk bootstrap aws://unknown-account/us-east-2")
```

執行 cdk bootstrap 進行修復：

```
$ cdk bootstrap
Bootstrapping environment aws://ACCOUNTID/us-east-2...
CDKToolkit: creating CloudFormation changeset...
Environment aws://ACCOUNTID/us-east-2 bootstrapped.
```

再部署一次 CDK 堆疊：

```
$ cdk deploy
OUTPUT OMITTED

Outputs:
cdk-lambda-dynamodb.TodoApiEndpointC1E16B6C =
https://k6ygy4xw24.execute-api.us-east-2.amazonaws.com/prod/

Stack ARN:
arn:aws:cloudformation:us-east-2:ACCOUNTID:stack/cdk-lambda-dynamodb/
15a66bb0-cdba-11e9-aef9-0ab95d3a5528
```

下一步是使用 curl 測試 REST API。

首先，建立新的 todo 項目：

```
$ curl -X \
POST https://k6ygy4xw24.execute-api.us-east-2.amazonaws.com/prod/todos \
--data '{ "text": "Learn CDK" }'
{"id": "19d55d5a-cdb4-11e9-9a8f-9ed29c44196e", "text": "Learn CDK",
"checked": false,
"createdAt": "1567450902.262834",
"updatedAt": "1567450902.262834"}%
```

建立第二個 todo 項目：

```
$ curl -X \
POST https://k6ygy4xw24.execute-api.us-east-2.amazonaws.com/prod/todos \
--data '{ "text": "Learn CDK with Python" }'
{"id": "58a992c6-cdb4-11e9-9a8f-9ed29c44196e", "text": "Learn CDK with Python",
"checked": false,
"createdAt": "1567451007.680936",
"updatedAt": "1567451007.680936"}%
```

嘗試透過指定剛才建立的項目 ID，取得細節：

```
$ curl \
https://k6ygy4xw24.execute-api.us-east-2.amazonaws.com/
prod/todos/58a992c6-cdb4-11e9-9a8f-9ed29c44196e
{"message": "Internal server error"}%
```

藉由檢視 Lambda 函式 TodoGetFunction 的 CloudWatch 日誌，進行研究：

```
[ERROR] Runtime.ImportModuleError:
Unable to import module 'get': No module named 'todos'
```

對錯誤進行修復，更改 *lambda/get.py* 下述的內容：

```
from todos import decimalencoder
```

成為：

```
import decimalencoder
```

使用 cdk deploy 再部署一次堆疊。

使用 curl 再次試著取得 todo 項目的細節：

```
$ curl \
https://k6ygy4xw24.execute-api.us-east-2.amazonaws.com/
prod/todos/58a992c6-cdb4-11e9-9a8f-9ed29c44196e
{"checked": false, "createdAt": "1567451007.680936",
```

```
"text": "Learn CDK with Python",
"id": "58a992c6-cdb4-11e9-9a8f-9ed29c44196e",
"updatedAt": "1567451007.680936"}
```

對 *lambda* 資料夾內所有需要 decimalencoder 的模組進行 import decimalencoder 的修改，並且使用 cdk deploy 再次部署。

列出所有的 todos，並且利用 jq 工具格式化輸出結果：

```
$ curl \
https://k6ygy4xw24.execute-api.us-east-2.amazonaws.com/prod/todos | jq
[
  {
    "checked": false,
    "createdAt": "1567450902.262834",
    "text": "Learn CDK",
    "id": "19d55d5a-cdb4-11e9-9a8f-9ed29c44196e",
    "updatedAt": "1567450902.262834"
  },
  {
    "checked": false,
    "createdAt": "1567451007.680936",
    "text": "Learn CDK with Python",
    "id": "58a992c6-cdb4-11e9-9a8f-9ed29c44196e",
    "updatedAt": "1567451007.680936"
  }
]
```

刪除一個 todo，並且確認列表中不再含有已刪除的項目：

```
$ curl -X DELETE \
https://k6ygy4xw24.execute-api.us-east-2.amazonaws.com/prod/todos/
19d55d5a-cdb4-11e9-9a8f-9ed29c44196e

$ curl https://k6ygy4xw24.execute-api.us-east-2.amazonaws.com/prod/todos | jq
[
  {
    "checked": false,
    "createdAt": "1567451007.680936",
    "text": "Learn CDK with Python",
    "id": "58a992c6-cdb4-11e9-9a8f-9ed29c44196e",
    "updatedAt": "1567451007.680936"
  }
]
```

現在，使用 curl 測試更新已存在的 todo：

```
$ curl -X \
PUT https://k6ygy4xw24.execute-api.us-east-2.amazonaws.com/prod/todos/
58a992c6-cdb4-11e9-9a8f-9ed29c44196e \
--data '{ "text": "Learn CDK with Python by reading the PyForDevOps book" }'
{"message": "Internal server error"}%
```

檢視關於這個產生以下訊息端點的 Lambda 函式的 CloudWatch 日誌：

```
[ERROR] Exception: Couldn't update the todo item.
Traceback (most recent call last):
  File "/var/task/update.py", line 15, in update
    raise Exception("Couldn't update the todo item.")
```

依照下述的內容，修改 *lambda/update.py* 裡面的確效測試：

```python
data = json.loads(event['body'])
if 'text' not in data:
    logging.error("Validation Failed")
    raise Exception("Couldn't update the todo item.")
```

將 checked 也設為 True，因為我們已經確認了試圖更新的項目：

```python
ExpressionAttributeValues={
        ':text': data['text'],
        ':checked': True,
        ':updatedAt': timestamp,
    },
```

使用 cdk deploy_ 重新部署堆疊。

使用 curl 測試更新 todo 項目：

```
$ curl -X \
PUT https://k6ygy4xw24.execute-api.us-east-2.amazonaws.com/prod/todos/
58a992c6-cdb4-11e9-9a8f-9ed29c44196e \
--data '{ "text": "Learn CDK with Python by reading the PyForDevOps book"}'
{"checked": true, "createdAt": "1567451007.680936",
"text": "Learn CDK with Python by reading the PyForDevOps book",
"id": "58a992c6-cdb4-11e9-9a8f-9ed29c44196e", "updatedAt": 1567453288764}%
```

為了驗證更新，列出 todo 項目：

```
$ curl https://k6ygy4xw24.execute-api.us-east-2.amazonaws.com/prod/todos | jq
[
  {
    "checked": true,
    "createdAt": "1567451007.680936",
```

```
    "text": "Learn CDK with Python by reading the PyForDevOps book",
    "id": "58a992c6-cdb4-11e9-9a8f-9ed29c44196e",
    "updatedAt": 1567453288764
  }
]
```

下一步是佈建 AWS Fargate 容器，這些容器會針對我們剛才部署的 REST API 進行負載測試。每個容器都會採用同一個 Docker 映像，而這些映像會使用 Taurus 測試框架（*https://gettaurus.org*）來執行 Molotov 負載測試工具。在第五章時，我們介紹過 Molotov 這個基於 Python 而且簡單又非常實用的負載測試工具。

我們從建立 Dockerfile 開始，這個檔案會存放在 *loadtest* 資料夾中，並且用來運行 Taurus 和 Molotov：

```
$ mkdir loadtest; cd loadtest
$ cat Dockerfile
FROM blazemeter/taurus

COPY scripts /scripts
COPY taurus.yaml /bzt-configs/

WORKDIR /bzt-configs
ENTRYPOINT ["sh", "-c", "bzt -l /tmp/artifacts/bzt.log /bzt-configs/taurus.yaml"]
```

這個 Dockerfile 會使用 *taurus.yaml* 組態檔案來執行 Taurus bzt 指令：

```
$ cat taurus.yaml
execution:
- executor: molotov
  concurrency: 10  # Molotov 的 worker 數量
  iterations: 5  # 測試能被重複執行的限制次數
  ramp-up: 30s
  hold-for: 5m
  scenario:
    script: /scripts/loadtest.py  # 必須為有效的 Molotov 測試腳本檔案
```

在這個組態檔案中，concurrency 設為 10，這意味著我們會模擬同時有 10 位使用者或是虛擬使用者（virutal user, VU）。executor 設為 molotov，而且會使用存放在 *scripts* 資料夾中的 *loadtest.py* 腳本執行測試。下列就是這個測試腳本，它是一個 Python 模組：

```
$ cat scripts/loadtest.py
import os
import json
import random
import molotov
from molotov import global_setup, scenario
```

```python
@global_setup()
def init_test(args):
    BASE_URL=os.getenv('BASE_URL', '')
    molotov.set_var('base_url', BASE_URL)


@scenario(weight=50)
async def _test_list_todos(session):
    base_url= molotov.get_var('base_url')
    async with session.get(base_url + '/todos') as resp:
        assert resp.status == 200, resp.status


@scenario(weight=30)
async def _test_create_todo(session):
    base_url= molotov.get_var('base_url')
    todo_data = json.dumps({'text':
      'Created new todo during Taurus/molotov load test'})
    async with session.post(base_url + '/todos',
      data=todo_data) as resp:
        assert resp.status == 200


@scenario(weight=10)
async def _test_update_todo(session):
    base_url= molotov.get_var('base_url')
    # 列出所有待辦事項
    async with session.get(base_url + '/todos') as resp:
        res = await resp.json()
        assert resp.status == 200, resp.status
        # 使用 PUT 請求隨機更新一個待辦項目
        todo_id = random.choice(res)['id']
        todo_data = json.dumps({'text':
          'Updated existing todo during Taurus/molotov load test'})
        async with session.put(base_url + '/todos/' + todo_id,
          data=todo_data) as resp:
            assert resp.status == 200


@scenario(weight=10)
async def _test_delete_todo(session):
    base_url= molotov.get_var('base_url')
    # 列出所有待辦事項
    async with session.get(base_url + '/todos') as resp:
        res = await resp.json()
        assert resp.status == 200, resp.status
        # 使用 DELETE 請求，隨機刪除一個待辦項目
        todo_id = random.choice(res)['id']
        async with session.delete(base_url + '/todos/' + todo_id) as resp:
            assert resp.status == 200
```

這個腳本有四個函式被裝飾為 scenarios，供 Molotov 執行。它們會對 CRUD REST API 的不同端點進行測試。權重值（weight）是代表在測試的總時長裡，每個 scenario 會被呼叫的大概的時間佔比。舉個例子來說，這個範例裡的 _test_list_todos 大概會有 50% 的時間被呼叫、_test_create_tod 大概會運行 30% 的時間、而 _test_update_todo 和 _test_delete_todo 各自會運行大概 10% 的時間。

建置本地端的 Docker 映像：

```
$ docker build -t cdk-loadtest .
```

在本地端建立 artifacts 資料夾：

```
$ mkdir artifacts
```

運行本地端的 Docker 映像，並且將 artifacts 目錄掛載到 Docker 容器內的 /tmp/artifacts：

```
$ docker run --rm -d \
--env BASE_URL=https://k6ygy4xw24.execute-api.us-east-2.amazonaws.com/prod \
-v `pwd`/artifacts:/tmp/artifacts cdk-loadtest
```

透過檢視 artifacts/molotov.out 檔案對 Molotov 腳本進行除錯。

可以使用 docker logs CONTAINER_ID 或檢視 artifacts/bzt.log 來查看 Taurus 的結果。

透過檢視 Docker logs 來取得結果：

```
$ docker logs -f a228f8f9a2bc
19:26:26 INFO: Taurus CLI Tool v1.13.8
19:26:26 INFO: Starting with configs: ['/bzt-configs/taurus.yaml']
19:26:26 INFO: Configuring...
19:26:26 INFO: Artifacts dir: /tmp/artifacts
19:26:26 INFO: Preparing...
19:26:27 INFO: Starting...
19:26:27 INFO: Waiting for results...
19:26:32 INFO: Changed data analysis delay to 3s
19:26:32 INFO: Current: 0 vu  1 succ  0 fail  0.546 avg rt  /
Cumulative: 0.546 avg rt, 0% failures
19:26:39 INFO: Current: 1 vu  1 succ  0 fail  1.357 avg rt  /
Cumulative: 0.904 avg rt, 0% failures
ETC
19:41:00 WARNING: Please wait for graceful shutdown...
19:41:00 INFO: Shutting down...
19:41:00 INFO: Post-processing...
19:41:03 INFO: Test duration: 0:14:33
19:41:03 INFO: Samples count: 1857, 0.00% failures
19:41:03 INFO: Average times: total 6.465, latency 0.000, connect 0.000
```

```
19:41:03 INFO: Percentiles:
+----------------+----------------+
| Percentile, % | Resp. Time, s |
+----------------+----------------+
|            0.0 |           0.13 |
|           50.0 |           1.66 |
|           90.0 |         14.384 |
|           95.0 |          26.88 |
|           99.0 |         27.168 |
|           99.9 |         27.584 |
|          100.0 |         27.792 |
+----------------+----------------+
```

為 Lambda 持續時間（圖 13-1）與 DynamoDB 已佈建和已消耗的讀取及寫入容量單位（圖 13-2）建立 CloudWatch 儀表板。

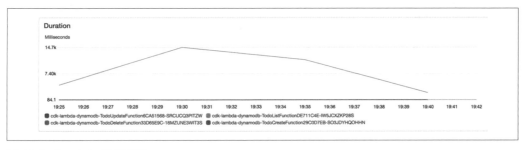

圖 13-1　Lambda 持續時間

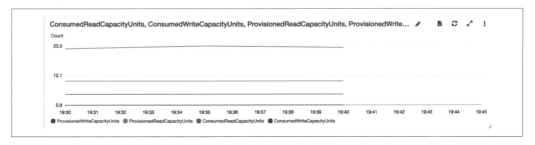

圖 13-2　DynamoDB 已佈建和已消耗的讀取及寫入容量單位

DynamoDB 指標顯示出我們的 DynamoDB 已佈建的讀取容量單位不足。這會導致延遲，尤其是對條列函式來說更是如此，因為它從 DynamoDB 表格取回所有的 todo 項目，因此對於讀取的操作相當吃重。當我們建立 DynamoDB 表格時，我們將 DynamoDB 的已佈建讀取容量單位設為 10，而 CloudWatch 圖表顯示它的用量來到 25。

在 *cdk_lambda_dynamodb_fargate/cdk_lambda_dynamodb_stack.py* 裡，將 DynamoDB 的類型從 PROVISIONED 變為 PAY_PER_REQUEST：

```
table = aws_dynamodb.Table(self, "Table",
    partition_key=aws_dynamodb.Attribute(
        name="id",
        type=aws_dynamodb.AttributeType.STRING),
    billing_mode = aws_dynamodb.BillingMode.PAY_PER_REQUEST)
```

執行 cdk deploy，並且再跑一次本地端的 Docker 負載測試容器。

這次的結果看起來好多了：

```
+----------------+----------------+
| Percentile, %  | Resp. Time, s  |
+----------------+----------------+
|            0.0 |          0.136 |
|           50.0 |          0.505 |
|           90.0 |          1.296 |
|           95.0 |          1.444 |
|           99.0 |          1.806 |
|           99.9 |          2.226 |
|          100.0 |           2.86 |
+----------------+----------------+
```

Lambda 持續時間（圖 13-3）和 DynamoDB 已消耗的讀取及寫入容量單位（圖 13-4）的圖表結果也看起來好多了。

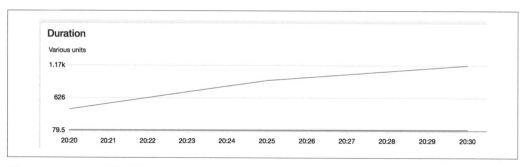

圖 13-3　Lambda 持續時間

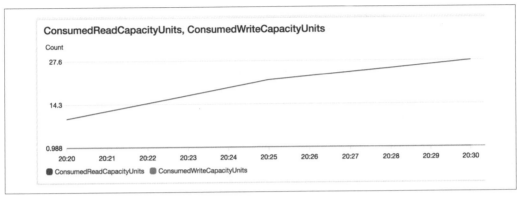

圖 13-4　DynamoDB 已消耗的讀取及寫入容量單位

請注意，DynamoDB 已消耗的讀取容量單位是按照 DynamoDB 的需求自動地被配置，而且垂直擴充以便應付來自 Lambda 函式增加的讀取請求。造成最多讀取請求的函式是條列函式，此函式是在 Molotov 的 *loadtest.py* 腳本內的條列、更新、刪除測試場景中，透過 session.get(base_url + /todos) 進行呼叫。

接下來，我們會新增一個 Fargate CDK 堆疊，並且使用這個堆疊基於之前建立的 Docker 映像，運行容器：

```
$ cat cdk_lambda_dynamodb_fargate/cdk_fargate_stack.py
from aws_cdk import core
from aws_cdk import aws_ecs, aws_ec2

class FargateStack(core.Stack):
    def __init__(self, scope: core.Construct, id: str, **kwargs) -> None:
        super().__init__(scope, id, **kwargs)

        vpc = aws_ec2.Vpc(
            self, "MyVpc",
            cidr= "10.0.0.0/16",
            max_azs=3
        )
        # 在已經請求建立的 VPC 上運行 ECS 集群
        cluster = aws_ecs.Cluster(self, 'cluster', vpc=vpc)

        # 基於單一的容器定義我們的任務
        # 容器的映像檔將會基於本地端的實作資料夾，被構建及發佈
        task_definition = aws_ecs.FargateTaskDefinition(self, 'LoadTestTask')
        task_definition.add_container('TaurusLoadTest',
            image=aws_ecs.ContainerImage.from_asset("loadtest"),
            environment={'BASE_URL':
```

```
                    "https://k6ygy4xw24.execute-api.us-east-2.amazonaws.com/prod/"})

        # 定義我們的 fargate 服務。
        # TPS 決定了我們想要有多少個實體運行於任務中。
        aws_ecs.FargateService(self, 'service',
            cluster=cluster,
            task_definition=task_definition,
            desired_count=1)
```

關於 FargateStack 類別的程式碼，有一些事情需要說明：

- 使用 CDK aws_ec2.Vpc 結構，建立了一個新的 VPC。

- 在這個新的 VPC 裡，建立了一個 ECS 集群。

- 基於資料夾 *loadtest* 內的 Dockerfile，建立了 Fargate 任務；CDK 相當聰明地基於這個 Dockerfile 建置了 Docker 映像，並將它推送到 ECR Docker 儲存庫。

- 被建立的 ECS 服務使用這個推送到 ECR 的映像來運行 Fargate 容器；desired_count 參數用來指定有多少個容器想要被運行。

在 *app.py* 內呼叫 FargateStack 建構子：

```
$ cat app.py
#!/usr/bin/env python3

from aws_cdk import core

from cdk_lambda_dynamodb_fargate.cdk_lambda_dynamodb_stack \
import CdkLambdaDynamodbStack
from cdk_lambda_dynamodb_fargate.cdk_fargate_stack import FargateStack

app = core.App()
app_env = {
    "region": "us-east-2",
}

CdkLambdaDynamodbStack(app, "cdk-lambda-dynamodb", env=app_env)
FargateStack(app, "cdk-fargate", env=app_env)

app.synth()
```

部署 cdk-fargate 堆疊：

```
$ cdk deploy cdk-fargate
```

前往 AWS 控制台，檢視 ECS 集群與正在運行中的 Fargate 容器（圖 13-5）。

圖 13-5　ECS 集群與運行中的 Fargate 容器

查看 CloudWatch 儀表板中的 Lambda 持續時間（圖 13-6）和 DynamoDB 已消耗的讀取及寫入容量單位（圖 13-7），延遲的狀況看起來不錯。

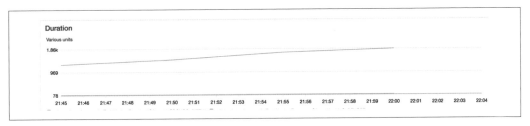

圖 13-6　Lambda 持續時間

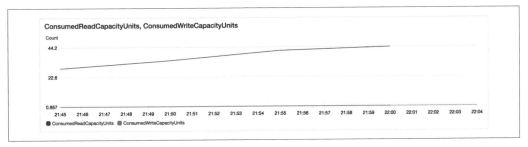

圖 13-7　DynamoDB 已消耗的讀取與寫入容量單位

在 *cdk_lambda_dynamodb_fargate/cdk_fargate_stack.py* 中，增加 Fargate 容器的數量為 5：

```
aws_ecs.FargateService(self, 'service',
    cluster=cluster,
    task_definition=task_definition,
    desired_count=5)
```

重新部署 `cdk-fargate` 堆疊：

```
$ cdk deploy cdk-fargate
```

查看 CloudWatch 儀表板的 Lambda 持續時間（圖 13-8）和 DynamoDB 已消耗的讀取及寫入容量單位（圖 13-9）。

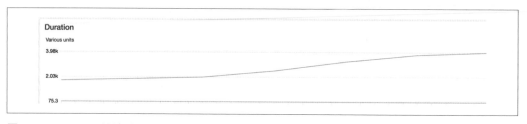

圖 13-8　Lambda 持續時間

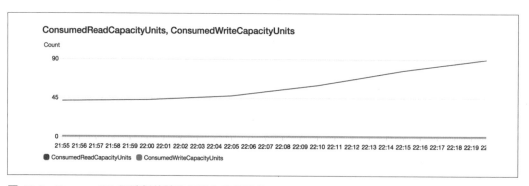

圖 13-9　DynamoDB 已消耗的讀取及寫入容量單位

DynamoDB 讀取容量單位和 Lambda 持續時間指標都如預期般的增加，因為我們現在模擬了 5×10 = 50 個同時操作的使用者。

為了模擬更多的使用者，我們可以增加在 *taurus.yaml* 中的 `concurrency` 的值、和 Fargate 容器的 `desired_count` 的值。藉由這兩個值，我們可以很容易地在我們的 REST API 端點增加負載。

刪除 CDK 堆疊：

```
$ cdk destroy cdk-fargate
$ cdk destroy cdk-lambda-dynamodb
```

值得提到的是，所部署的無伺服器架構（API Gateway + 五個 Lambda 函式 + DynamoDB 表格）已經相當適用於我們的 CRUD REST API 應用程式。我們也遵循了最佳實踐和使用 AWS CDK 和 Python 定義了全部的基礎設施。

練習

- 使用 Google 的 CaaS 平台：Cloud Run（*https://cloud.google.com/run*）運行一個簡單的 HTTP 連接端點。

- 在其他我們提及過基於 Kubernetes 的 FaaS 平台（Kubeless（*https://kubeless.io*）、Fn Project（*https://fnproject.io*）、和 Fission（*https://ssion.io*））上，運行一個簡單的 HTTP 連接端點。

- 在一個足以作為正式運行之用的 Kubernetes 集群（如 Amazon EKS、Google GKE、或 Azure AKS）安裝、並且設定 Apache OpenWhisk（*https://openwhisk.apache.org*）。

- 遷移 AWS REST API 範例到 GCP 和 Azure。GCP 提供了 Cloud Endpoints（*https://cloud.google.com/endpoints*）來管理多個 API。同樣地，Azure 提供了 API Management（*https://oreil.ly/tmDh7*）。

## 第十四章

MLOps 和機器學習工程

在 2020 年,最熱門的職稱之一就是機器學習工程師,其他熱門的職稱包括了資料工程師、資料科學家、和機器學習科學家。儘管你可以成為一位 DevOps 專家,但 DevOps 是一種行為,而且它的原則可以被應用到任何軟體專案(包括了機器學習)。來看看一些 DevOps 的核心最佳實踐:持續整合、持續交付、微服務、基礎設施即程式碼、監控與日誌收集、和溝通與協作。這些實踐有哪些是不能應用到機器學習的呢?

軟體工程專案越複雜,你就越需要 DevOps 原則,而且機器學習就是複雜的。有比進行機器學習預測的 API 更好的微服務範例嗎?在本章,讓我們深入研究使用 DevOps 心態,以專業且可重複的方式進行機器學習。

什麼是機器學習?

機器學習是一種使用演算法自動地從資料中學習的方法。有四種主要類型:監督式學習、半監督式學習、非監督式學習、和強化學習。

監督式學習

在監督式學習中,已經知道資料的正確解釋,並且也已經做好對應的標籤。舉個例子來說,如果你想要從體重預測身高,你可以蒐集人們的身高和體重作為資料樣本。身高為目標,而體重則是特徵。

來看一下監督式學習的範例：

- 原始資料集（*https://oreil.ly/jzWmI*）

- 25,000 筆 18 歲兒童的身高和體重綜合紀錄

取得資料

In[0]:

```
import pandas as pd
```

In[7]:

```
df = pd.read_csv(
  "https://raw.githubusercontent.com/noahgift/\
  regression-concepts/master/\
  height-weight-25k.csv")
df.head()
```

Out[7]:

	Index	Height-Inches	Weight-Pounds
0	1	65.78331	112.9925
1	2	71.51521	136.4873
2	3	69.39874	153.0269
3	4	68.21660	142.3354
4	5	67.78781	144.2971

EDA

來觀察一下資料，並且看看有什麼發現。

散佈圖。在這個範例中，會使用一個受到歡迎的函式庫（seaborn）來對資料集進行視覺化。如果你需要安裝它，總是可以在你的 notebook 中使用 !pip install seaborn。你也可以在本節中使用 !pip install <套件名稱> 安裝其他的函式庫。如果你使用的是 Colab notebook，那麼這些函式庫已經安裝就緒了。請查看圖 14-1 有關身高 / 體重的回歸圖。

In[0]:

```
import seaborn as sns
import numpy as np
```

In[9]:

```
sns.lmplot("Height-Inches", "Weight-Pounds", data=df)
```

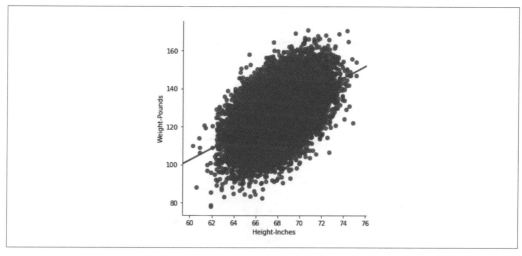

圖 14-1　身高 / 體重回歸圖

描述性統計（Descriptive Statistics）

接下來，產生一些描述性的統計資訊。

In[10]:

```
df.describe()
```

Out[10]:

	Index	Height-Inches	Weight-Pounds
count	25000.000000	25000.000000	25000.000000
mean	12500.500000	67.993114	127.079421
std	7217.022701	1.901679	11.660898
min	1.000000	60.278360	78.014760
25%	6250.750000	66.704397	119.308675
50%	12500.500000	67.995700	127.157750
75%	18750.250000	69.272958	134.892850
max	25000.000000	75.152800	170.924000

核密度分佈（Kernel Density Distribution）

密度圖（圖14-2）的分佈顯示了兩個變數之間的關聯程度。

In[11]:
```
sns.jointplot("Height-Inches", "Weight-Pounds", data=df, kind="kde")
```

Out[11]:

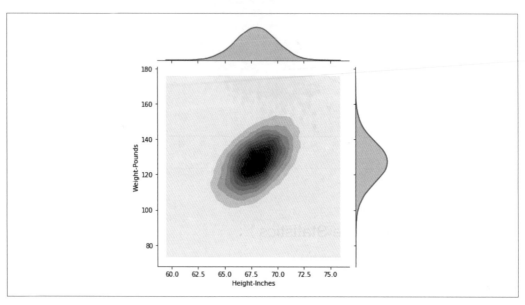

圖 14-2　密度圖

塑模

現在來複習一下塑模。機器學習的塑模指的就是演算法基於資料進行學習的過程，總體上的想法就是使用過去的資料來預測未來的資料。

Sklearn 回歸模型

首先，資料的特徵與預測目標已經從資料中被擷取出來，然後將資料集分成訓練資料集和測試資料集。保留下來的測試集可以用來測試訓練完畢的模型精確度。

In[0]:
```
from sklearn.model_selection import train_test_split
```

擷取並檢視特徵資料與目標資料。明確地提取目標資料和特徵資料，然後將它們重新形塑成一個單元是個很好的想法。之後，你會想要檢查資料存放的樣式，以確保它們的維度適合使用 sklearn 進行機器學習。

In[0]:

```
y = df['Weight-Pounds'].values # 預測目標
y = y.reshape(-1, 1)
X = df['Height-Inches'].values # 特徵
X = X.reshape(-1, 1)
```

In[14]:

```
y.shape
```

Out[14]:

```
(25000, 1)
```

分割資料。資料將使用 80% / 20% 的方式進行分割。

In[15]:

```
X_train, X_test, y_train, y_test = train_test_split(X, y, test_size=0.2)
print(X_train.shape, y_train.shape)
print(X_test.shape, y_test.shape)
```

Out[15]:

```
(20000, 1) (20000, 1)
(5000, 1) (5000, 1)
```

訓練模型。現在使用 sklearn 的 LinearRegression 演算法訓練模型。

In[0]:

```
from sklearn.linear_model import LinearRegression
lm = LinearRegression()
model = lm.fit(X_train, y_train)
y_predicted = lm.predict(X_test)
```

印出線性回歸模型的精確度。現在，訓練完畢的模型可以顯示出用於預測新資料的準確度。準確度可以透過計算 RMSE，或是測試資料與預測值之間的方均根誤差求得。

In[18]:

```
from sklearn.metrics import mean_squared_error
from math import sqrt
```

```
# RMSE 均方根誤差（Root Mean Squared Error）
rms = sqrt(mean_squared_error(y_predicted, y_test))
rms
```

Out[18]:

```
10.282608230082417
```

繪製預測的身高與實際的身高的圖表。現在，繪出預測的身高和實際的身高（圖 14-3）的圖表，以便顯示模型執行預測的表現狀況。

In[19]:

```
import matplotlib.pyplot as plt
_, ax = plt.subplots()

ax.scatter(x = range(0, y_test.size), y=y_test, c = 'blue', label = 'Actual',
  alpha = 0.5)
ax.scatter(x = range(0, y_predicted.size), y=y_predicted, c = 'red',
  label = 'Predicted', alpha = 0.5)

plt.title('Actual Height vs Predicted Height')
plt.xlabel('Weight')
plt.ylabel('Height')
plt.legend()
plt.show()
```

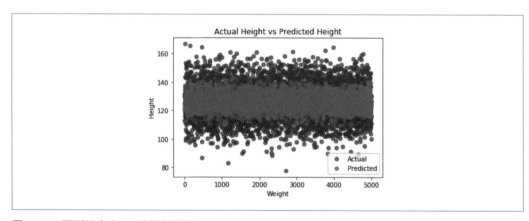

圖 14-3　預測的身高 vs. 實際的身高

這是一個非常簡單但卻很有用的範例，可以展示出建立機器學習模型的實際工作流程。

Python 機器學習生態系統

我們來很快地看一下 Python 的機器學習生態系統（圖 14-4）。

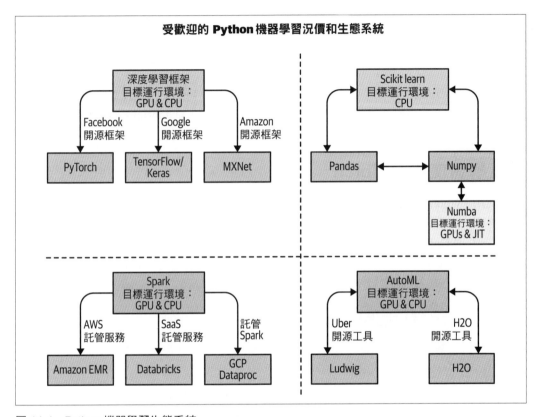

圖 14-4　Python 機器學習生態系統

實際上有四個主要的領域：深度學習、sklearn、AutoML、和 Spark。在深度學習的
領域，最受歡迎的框架按順序是：TensorFlow/Keras、PyTorch 和 MXNet。Google 是
TensorFlow 的擁護者、Facebook 是 PyTorch 的擁護者、而 MXNet 擁護者則是 Amazon。
你會看到 Amazon SageMaker 多次提到 MXNet。重要的是要注意，這些深度學習框架主
要是基於 GPU 來運算，其性能要比在 CPU 上運算的效能提高了 50 倍。

在相同的專案中，經常能看見 sklearn 的生態系統包含了 Pandas 和 Numpy。sklearn 並沒有特意需要透過 GPU 來進行運算。然而，有一個叫做 Numba 的專案，它主要針對在 GPU 上的運算進行強化（包括 NVIDIA 和 AMD）。

在 AutoML 領域有兩個領頭羊，分別是 Uber 與 Ludwig 和 H20 與 H20 AutoML。這兩種解決方案都能為開發機器學習模型省下許多時間，而且也能夠潛在地優化現有的機器學習模型。

最後還有一個生態系統是建立於 Hadoop 之上的 Spark。Spark 可以在 GPU 和 CPU 環境下運算，而且可透過許多不同的平台（如 Amazon EMR、Databricks、GCP Dataproc 等更多其他的平台）來使用它。

深度學習使用 PyTorch

現在使用 Python 的機器學習的生態系統已經明確。我們來試著將簡單的線性回歸的範例遷移到 PyTorch，並且在 CUDA GPU 上進行運算。一個簡單使用 NVIDIA GPU 的方法就是使用 Colab notebook。Colab notebook 是由 Google 託管，而且與 Jupyter 相容的 notebook，它能夠讓使用者自由地使用 GPU 和張量處理器（tensor processing unit, TPU）。你可以在 GPU 環境中執行這個範例的程式碼（*https://oreil.ly/kQhKO*）。

使用 Pytorch 進行回歸運算

首先，將資料轉換成 float32。

In[0]:

```
# 訓練資料集
x_train = np.array(X_train, dtype=np.float32)
x_train = x_train.reshape(-1, 1)
y_train = np.array(y_train, dtype=np.float32)
y_train = y_train.reshape(-1, 1)

# 測試資料集
x_test = np.array(X_test, dtype=np.float32)
x_test = x_test.reshape(-1, 1)
y_test = np.array(y_test, dtype=np.float32)
y_test = y_test.reshape(-1, 1)
```

請注意，如果你沒有使用 Colab notebook，則可能必須安裝 PyTorch。此外，如果你使用 Colab notebook，你會有一顆 NVDIA GPU，可以用來執行這個程式碼；如果沒有使用 Colab，你會需要在一個有 GPU 的平台上執行這個範例。

In[0]:

```python
import torch
from torch.autograd import Variable

class linearRegression(torch.nn.Module):
    def __init__(self, inputSize, outputSize):
        super(linearRegression, self).__init__()
        self.linear = torch.nn.Linear(inputSize, outputSize)

    def forward(self, x):
        out = self.linear(x)
        return out
```

現在建立一個啟用 CUDA 的模型（假設你正在 Colab 上、或是在有 NVDIA GPU 的機器上進行操作）。

In[0]:

```python
inputDim = 1          # 基於 x 變數
outputDim = 1         # 基於 y 變數
learningRate = 0.0001
epochs = 1000

model = linearRegression(inputDim, outputDim)
model.cuda()
```

Out[0]:

```
linearRegression(
  (linear): Linear(in_features=1, out_features=1, bias=True)
)
```

設定隨機梯度下降與損失函數。

In[0]:

```python
criterion = torch.nn.MSELoss()
optimizer = torch.optim.SGD(model.parameters(), lr=learningRate)
```

開始訓練模型。

In[0]:

```
for epoch in range(epochs):
    inputs = Variable(torch.from_numpy(x_train).cuda())
    labels = Variable(torch.from_numpy(y_train).cuda())
    optimizer.zero_grad()
    outputs = model(inputs)
    loss = criterion(outputs, labels)
    print(loss)
    # 基於參數計算梯度
    loss.backward()
    # 更新各參數
    optimizer.step()
    print('epoch {}, loss {}'.format(epoch, loss.item()))
```

縮減超過 1,000 回合的輸出,來節省顯示空間。

Out[0]:

```
tensor(29221.6543, device='cuda:0', grad_fn=<MseLossBackward>)
epoch 0, loss 29221.654296875
tensor(266.7252, device='cuda:0', grad_fn=<MseLossBackward>)
epoch 1, loss 266.72515869140625
tensor(106.6842, device='cuda:0', grad_fn=<MseLossBackward>)
epoch 2, loss 106.6842269897461
....output suppressed....
epoch 998, loss 105.7930908203125
tensor(105.7931, device='cuda:0', grad_fn=<MseLossBackward>)
epoch 999, loss 105.7930908203125
```

繪製預測的身高與實際的身高。現在就來把預測的身高和實際的身高繪製成圖表,如同在簡單模型裡所進行的工作一樣。

In[0]:

```
with torch.no_grad():
    predicted = model(Variable(torch.from_numpy(x_test).cuda())).cpu().\
      data.numpy()
    print(predicted)

plt.clf()
plt.plot(x_test, y_test, 'go', label='Actual Height', alpha=0.5)
plt.plot(x_test, predicted, '--', label='Predicted Height', alpha=0.5)
plt.legend(loc='best')
plt.show()
```

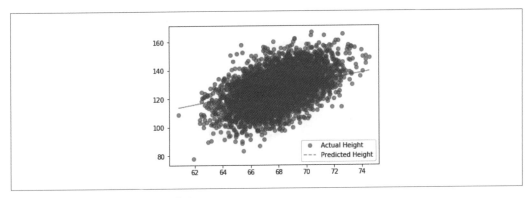

圖 14-5　預測的身高 vs. 實際的身高

印出 RMSE。最後印出 RMSE 並且進行比較。

In[0]:

```
# RMSE 均方根誤差（Root Mean Squared Error）
rms = sqrt(mean_squared_error(x_test, predicted))
rms
```

Out[0]:

```
59.19054613663507
```

進行深度學習的確需要有更多的實作，但這些概念與在 sklearn 模型實作時的概念相同。這邊最重要的要點是 GPU 正在成為生產流水線中不可或缺的一部分。即使你本身不進行深度學習，對於建構基於 GPU 的機器學習模型的流程有基本的認識仍然是有所助益的。

雲端機器學習平台

正在變得無所不在的機器學習的其中一個面向是以雲為基礎的機器學習平台。Google 提供了 GCP AI 平台（圖 14-6）。

圖 14-6　GCP AI 平台

從資料準備到資料標記，GCP 平台有許多高級的自動化元件。AWS 平台提供了 Amazon SageMaker（圖 14-7）。

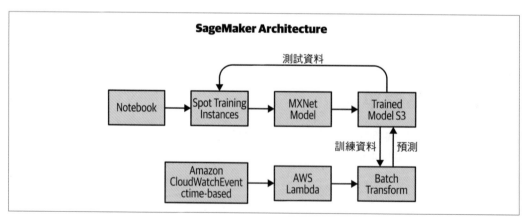

圖 14-7　Amazon Sagemaker

SageMaker 也有許多高級的元件，包括了在競價型實體上訓練與彈性預測端點（elastic prediction endpoint）。

機器學習成熟度模型

當前最大的挑戰之一就是想要擁抱機器學習的公司對於所需的變革意識。機器學習成熟度模型圖（圖 14-8）顯示了一些機會與挑戰。

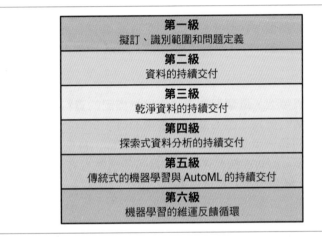

第一級
擬訂、識別範圍和問題定義

第二級
資料的持續交付

第三級
乾淨資料的持續交付

第四級
探索式資料分析的持續交付

第五級
傳統式的機器學習與 AutoML 的持續交付

第六級
機器學習的維運反饋循環

圖 14-8　機器學習成熟度模型

機器學習重要術語

現在就來定義一些關鍵的機器學習術語，這些對於貫通本章剩餘的內容將有所幫助：

機器學習

基於訓練資料樣本建立數學模型的方式。

模型

機器學習應用裡的產品。一個簡單的範例就是一條線性方程式，換句話說，一條能用來預測 X 和 Y 之間關係的直線。

特徵

> 一個特徵就是試算表裡的一欄，它可以被用來當作建立機器學習模型的一個訊號。一個好的範例就是一個 NBA 球隊每場比賽的得分。

目標變數

> 目標變數就是試算表中的某個試圖進行預測的特定欄。一個好的範例就是在一個季度裡，一個 NBA 球隊贏球的次數。

監督式機器學習

> 這是機器學習的一個類型，它會基於已知的正確歷史資料來預測未來。一個好的範例就是透過使用每場比賽的得分作為特徵來預測 NBA 球隊在一個季度贏球的次數。

非監督式機器學習

> 這是機器學習的一個類型，這類型的方法使用無標記的資料。它透過使用如分群那樣的工具來找尋隱藏的樣式，而不是預測未來的值，這些分群的結果可能會被用來作為標籤。一個好的範例就是建立 NBA 球員的分群，每個群裡的球員有相似的得分、籃板數、阻攻數、和助攻數。其中一個群可能稱為「高個子的頂尖球員」，而令一個群組可能稱為「得分最多的控球後衛」。

深度學習

> 這是機器學習的一個類型，它使用人工神經網路，可以用於監督式與非監督式機器學習。深度學習最受歡迎的框架就是 Google 的 TensorFlow。

Scikit-learn

> Python 最受歡迎的機器學習框架之一。

Pandas

> 用於進行資料處理與分析的最受歡迎函式庫之一，與 scikit-learn 和 Numpy 的適配性很好。

Numpy

> 這是進行基礎的科學運算主要的 Python 函式庫。它支援超高維的陣列並且提供許多高階的數學函數，被廣泛地用於 scikit-learn、Pandas、和 TensorFlow。

第一級：擬訂、識別範圍和問題定義

來看看第一層。當在一間公司裡實作機器學習的時候，最重要的事情就是考慮需要被解決的問題是什麼、以及問題要怎樣定義。機器學習專案的關鍵失敗原因之一就是組織並未先思考需要被解決的問題是什麼。

一個很好的比喻就是為舊金山的一間連鎖餐廳打造一個行動應用程式。一個天真的作法就是立即開始實作原生的 iOS 應用程式與原生的 Android 應用程式（使用兩個開發團隊）。一個典型行動應用程式的團隊可能是由三個全職的開發工程師對一支應用程式。所以這代表著需要雇用六個開發工程師，而且每一位工程師大概花費 20 萬美元。目前專案的運行速度（run rate）為一年 120 萬美元。這個行動應用程式每一年會產生大於120 萬美元的收入嗎？如果沒有，有沒有一個較簡單的替代方案？或許使用公司裡現有的網站開發工程師針對行動設備優化網站應用程式是一個更好的選擇。

又或者與一間專門從事食物外送的公司合作，並且把這個任務完全外包？這個方案的優缺點是什麼呢？這種模式的思考流程可以也應該被應用到機器學習和資料科學的構想過程中。舉個例子來說，你的公司需要雇用六個博士等級的機器學習研究員，並且一年花費 50 萬美元嗎？替代方案是什麼？稍稍進行問題的界定與定義對於機器學習有很大的幫助，而且可以確保較高的成功機會。

第二級：資料的持續交付

文明的基礎之一就是自來水。早在公元前 312 年，羅馬的渠道就運送水到數哩之遠，為擁擠的城市提供水源。自來水為大城市的延續提供了必要的基礎設施。據聯合國兒童基金會（UNICEF）估計，2018 年全球婦女和女童每天花費 2 億小時在取水上。這樣的機會成本是極大的；較少的時間進行學習、照顧小孩、工作、或是放鬆。

有一個受歡迎的說法是「軟體正在征服全世界」。因此，必然會得出一個結論那就是所有的軟體公司（將來是每個公司）都必須有機器學習和人工智慧的策略。該策略的一部分是更嚴肅地思考資料的持續交付。就像自來水，「自來」的資料會為你每天節省許多時間。一個可能的解決方案是資料湖的概念，如圖 14-9 所示。

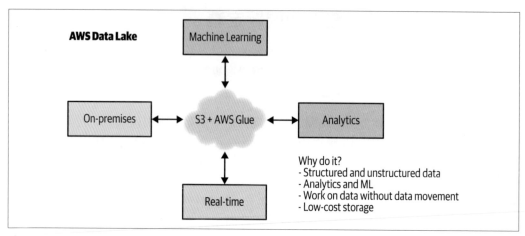

圖 14-9　AWS data lake

乍看之下，資料湖可能看起來像是一個問題的解決方案，或者是過於簡單而毫無用處。我們來看看一些可以透過它解決的問題：

- 你可以在不需要移動它的情況下處理資料。

- 儲存資料是便宜的。

- 創建能夠進行資料壓縮的生命週期準則是相當直接的。

- 創建能夠提供資料安全和數據軌跡的生命週期準則是相當直接的。

- 業務系統與資料處理是解綁的。

- 它幾乎有無限且具有彈性的儲存空間和硬碟 I/O。

這種架構的替代方案經常是特別的混亂，就像是走四個小時的路到一口井，而只是取回一些水。在資料湖架構中，安全性也是一個重要的因子，就像是供水的安全性一樣。藉由資料儲存的集中化架構和交付，避免和監控資料的洩漏變得更加直接。以下是一些可能有助於避免未來的資料洩漏的想法：

- 處於靜止狀態的資料是否有加密？如果有，誰保有金鑰？解密的事件是否有進行日誌的紀錄與稽查？

- 當你的資料從你的網路移出時，是否有日誌的紀錄與稽查？舉例來說，對於你的完整客戶資料庫而言，什麼時候將它移出你的網路是個好主意呢？為什麼這個資料庫的資料不被監控與稽查呢？

- 你有週期性的資料安全性稽查嗎？為什麼不這樣做？

- 你正儲存著可識別個人的資訊嗎（PII）？為什麼？

- 對於重要正式環境事件你有進行監控。你有對於資料安全的事件進行監控嗎？為什麼不這樣做？

為什麼我們曾經讓資料流出內部的網路呢？如果我們把重要的資料設計如同定住的方釘子一般，在沒有像發射核彈那樣的執行代碼的情況下，就無法被傳輸到主機網路之外呢？讓移動資料到外部成為不可能，的確看似一個可行的方式來避免資料洩漏。如果外部的網路只能傳輸「圓釘子」的封包呢？此外，對於提供這類型安全資料湖的雲來說，這可能是一個將你的組織「鎖住」的功能。

第三級：乾淨資料的持續交付

希望您能接受資料持續交付的想法，以及它對公司進行機器學習的計劃成功的重要性。對於資料持續交付一個重大的改善就是乾淨資料的持續交付。為什麼要處理一團亂的資料所帶來的麻煩呢？

我想到了最近一個在密西根州弗林特市的水汙染問題。大約在 2014 年，弗林特改變水源從休倫湖和底特律河到弗林特河。政府沒有使用腐蝕抑製劑，使得老化的管道中的鉛洩漏到供水系統中。此次水源更換導致了退伍軍人病爆發，導致 12 人死亡，另外有 87 人罹病，因此，如果我們未對水的品質進行把關和妥善處理，即便是更替水源都可能導致嚴重的後果。

最早的資料科學成功案例之一是關於 1849 年到 1854 年的水汙染。John Snow 能使用資料視覺化來識別霍亂案例的集群（圖 14-10），發現了爆發的原因。汙水直接被泵入飲用水供應中！

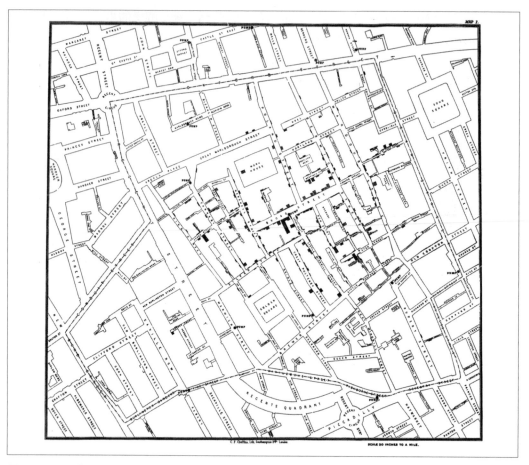

圖 14-10　霍亂病例的集群

思考下列的觀察：

- 為什麼資料不是自動地被清理乾淨？

- 你能夠視覺化資料管線內有「汙水」的部分嗎？

- 你的公司花多少的時間在那些 100% 可以自動化清理的資料上？

第四級：探索式資料分析的持續交付

如果你看過的資料科學只是 Kaggle 專案，那麼似乎資料科學的整個重點就是產生最準確的預測。資料科學和機器學習不僅僅只是用來進行預測，資料科學是一門多學科的領域，而且有幾種方法可以研究它。有一個觀點是專注在因果關係。是什麼基本的特徵驅動著模型？你可以解釋模型是如何得到它所產生的預測嗎？有數個 Python 函式庫在這方面能提供幫助： ELI5、SHAP、和 LIME。它們都是用來協助解釋模型實際上是如何運作的。

只專注於預測的觀點並不在意是如何從問題得到答案，更多的關注是在於預測有多準確。在雲原生、大數據的世界，這個作法有其優點。某些機器學習問題在處理大量數據時效果很好，例如使用深度學習進行圖像識別。有越多的資料和越強的計算力，你的預測精確度就越好。

這就是你在正式環境所建立的嗎？為什麼不是？如果你正在打造機器學習模型，而且它們沒有被使用，那麼你為什麼要打造這些機器學習模型呢？

有什麼是你不知道的？你透過觀察資料，學習到什麼？資料科學家經常對於過程感興趣多過於產出的結果。如果你只專注著預測，那麼你或許完全錯過了從另一個角度看待資料的機會。

第五級：傳統式的機器學習與 AutoML 的持續交付

自動化的戰爭與人類的歷史一樣悠久。路德運動是英國紡織工人的秘密組織，他們在1811 到 1816 年間以抗議的形式摧毀了紡織機器。最終，抗議者被槍殺，叛亂的力量被法律和軍事力量壓制，進步之路不斷地向前。

如果您看一下人類的歷史，自動化的工具仍持續地被發展著，而被自動化的任務都是曾經透過人類手動完成的。在技術性失業中，低技能工人流離失所，高技能工人則獲得加薪。一個典型的例子就是系統管理員與 DevOps 專家。是的！一些系統管理員失業了，舉例而言，專注於繁瑣工作（如更換資料中心硬碟）的員工和當前新穎且收入高的職缺（如雲端架構師）。

看到機器學習和資料科學的工作職缺訊息，其年薪在三十萬到一百萬美元之間並不是件稀奇的事。此外，這些工作經常包括著許多元素，這些元素本質上就是業務規則：調整超參數、移除空值、和分配工作到集群中。自動化定律（基於經驗得出的想法）說：「如果你談論著某些東西應該被自動化，那麼這些東西終究會被自動化」。關於 AutoML 的話題很多，因此不可避免的是機器學習中很多的步驟將會被自動化。

這意味著（就像其他自動化的例子一樣）工作的本質將會發生改變。有些工作變得更需要技能（想像一個一天可以訓練數以千計的機器學習模型的人），而有些工作會變為自動化，因為機器做得比人更好（這些工作可能與調整 JSON 資料結構中的值，換言之，調整超參數）。

第六級：機器學習的維運反饋循環

為什麼要開發一個行動應用程式？大概是要讓行動裝置上的使用者使用你的應用程式。那機器學習呢？機器學習的重點（尤其是和資料科學或統計學相比），是建立模型並且進行預測。如果模型沒有被投入使用，那麼它在做什麼？

此外，將模型投入正式環境中是一個可以學到更多東西的機會。當模型被放到可以獲取新資料的環境時，模型是否可以準確地進行預測？模型是否對使用者產生預期的影響？（換句話說，增加購買或是停留在網站上更久？）這些有價值的觀察唯有在模型實際被使用在正式環境時才能得知。

另一個重點是擴充性和重複性。一個真正技術成熟的組織可以隨需部署軟體（包括機器學習模型），對於機器學習模型來說，DevOps 的最佳實踐也是必要的：持續部署、微服務、監控、和檢測。

將更多這種技術成熟度注入你的組織的一種簡單方法，就是應用如同你選擇雲端運算而不是實體的資料中心一樣的邏輯。租用它人的專業知識，並且善用經濟規模。

使用 Kubernetes 和 Docker 部署 Sklearn Flask

來看一下使用 Docker 和 Kubernetes 對基於 sklearn 的機器學習模型的實際部署過程。

以下是一個 Dockerfile。注意，這個映像是一個 Flask 應用程式，用來託管 sklearn 應用程式。請注意，你可能會想安裝 Hadolint，它能夠檢查 Dockerfile 的語法：*https://github.com/hadolint/hadolint*。

```
FROM python:3.7.3-stretch

# 當前的工作目錄
WORKDIR /app

# 將原始程式碼複製到工作目錄
COPY . app.py /app/
```

```
# 基於 requirements.txt 安裝需要的套件
# hadolint ignore=DL3013
RUN pip install --upgrade pip &&\
    pip install --trusted-host pypi.python.org -r requirements.txt

# 暴露連接埠 80
EXPOSE 80

# Run app.py at container launch
CMD ["python", "app.py"]
```

這是 Makefile，它是應用程式執行時的核心要點：

```
setup:
  python3 -m venv ~/.python-devops

install:
  pip install --upgrade pip &&\
    pip install -r requirements.txt

test:
  #python -m pytest -vv --cov=myrepolib tests/*.py
  #python -m pytest --nbval notebook.ipynb

lint:
  hadolint Dockerfile
  pylint --disable=R,C,W1203 app.py

all: install lint test
```

這是 *requirements.txt*：

```
Flask==1.0.2
pandas==0.24.2
scikit-learn==0.20.3
```

這是 *app.py*：

```
from flask import Flask, request, jsonify
from flask.logging import create_logger
import logging

import pandas as pd
from sklearn.externals import joblib
from sklearn.preprocessing import StandardScaler

app = Flask(__name__)
LOG = create_logger(app)
```

```python
LOG.setLevel(logging.INFO)

def scale(payload):
    """ 縮放資料 """

    LOG.info(f"Scaling Payload: {payload}")
    scaler = StandardScaler().fit(payload)
    scaled_adhoc_predict = scaler.transform(payload)
    return scaled_adhoc_predict

@app.route("/")
def home():
    html = "<h3>Sklearn Prediction Home</h3>"
    return html.format(format)

# TO DO:  Log out the prediction value
@app.route("/predict", methods=['POST'])
def predict():
    """ 執行基於 sklearn 建置的模型，進行預測

    輸入資料的範例：
            {
        "CHAS":{
          "0":0
        },
        "RM":{
          "0":6.575
        },
        "TAX":{
          "0":296.0
        },
        "PTRATIO":{
          "0":15.3
        },
        "B":{
          "0":396.9
        },
        "LSTAT":{
          "0":4.98
        }

    輸出結果的範例：
    { "prediction": [ 20.35373177134412 ] }

    """

    json_payload = request.json
```

```python
        LOG.info(f"JSON payload: {json_payload}")
        inference_payload = pd.DataFrame(json_payload)
        LOG.info(f"inference payload DataFrame: {inference_payload}")
        scaled_payload = scale(inference_payload)
        prediction = list(clf.predict(scaled_payload))
        return jsonify({'prediction': prediction})

if __name__ == "__main__":
    clf = joblib.load("boston_housing_prediction.joblib")
    app.run(host='0.0.0.0', port=80, debug=True)
```

這是 *run_docker.sh*：

```bash
#!/usr/bin/env bash

# 構建映像檔
docker build --tag=flasksklearn .

# 列出 docker 映像
docker image ls

# 執行 flask 應用程式
docker run -p 8000:80 flasksklearn
```

這是 *run_kubernetes.sh*：

```bash
#!/usr/bin/env bash

dockerpath="noahgift/flasksklearn"

# 使用 kubernetes 運行 Docker Hub 裡的映像檔
kubectl run flaskskearlndemo\
    --generator=run-pod/v1\
    --image=$dockerpath\
    --port=80 --labels app=flaskskearlndemo

# 列出 Kubernetes pod
kubectl get pods

# 將容器的連接埠導至主機端的連接埠
kubectl port-forward flaskskearlndemo 8000:80

#!/usr/bin/env bash
# 對映像打上標籤並且上傳至 Docker Hub

# 假設建置完成
#docker build --tag=flasksklearn .
```

```
dockerpath="noahgift/flasksklearn"

# 認證 & 打上標籤
echo "Docker ID and Image: $dockerpath"
docker login &&\
    docker image tag flasksklearn $dockerpath

# 發佈映像
docker image push $dockerpath
```

使用 Jupyter 與 Sklearn 逐步建立模型

你或許正在思索模型如何被建立，然後「pickled」出來。你可以到 *https://oreil.ly/_pHz-* 查看完整的 notebook。

首先，匯入一些關於機器學習的函式庫：

```
import numpy
from numpy import arange
from matplotlib import pyplot
import seaborn as sns
import pandas as pd
from pandas import read_csv
from pandas import set_option
from sklearn.preprocessing import StandardScaler
from sklearn.model_selection import train_test_split
from sklearn.model_selection import KFold
from sklearn.model_selection import cross_val_score
from sklearn.model_selection import GridSearchCV
from sklearn.linear_model import LinearRegression
from sklearn.linear_model import Lasso
from sklearn.linear_model import ElasticNet
from sklearn.tree import DecisionTreeRegressor
from sklearn.neighbors import KNeighborsRegressor
from sklearn.svm import SVR
from sklearn.pipeline import Pipeline
from sklearn.ensemble import RandomForestRegressor
from sklearn.ensemble import GradientBoostingRegressor
from sklearn.ensemble import ExtraTreesRegressor
from sklearn.ensemble import AdaBoostRegressor
from sklearn.metrics import mean_squared_error
```

In[0]:

```
boston_housing = "https://raw.githubusercontent.com/\
noahgift/boston_housing_pickle/master/housing.csv"
names = ['CRIM', 'ZN', 'INDUS', 'CHAS',
'NOX', 'RM', 'AGE', 'DIS', 'RAD', 'TAX',
 'PTRATIO', 'B', 'LSTAT', 'MEDV']
df = read_csv(boston_housing,
  delim_whitespace=True, names=names)
```

In[0]:

```
df.head()
```

Out[0]:

	CRIM	ZN	INDUS	CHAS	NOX	RM	AGE
0	0.00632	18.0	2.31	0	0.538	6.575	65.2
1	0.02731	0.0	7.07	0	0.469	6.421	78.9
2	0.02729	0.0	7.07	0	0.469	7.185	61.1
3	0.03237	0.0	2.18	0	0.458	6.998	45.8
4	0.06905	0.0	2.18	0	0.458	7.147	54.2

	DIS	RAD	TAX	PTRATIO	B	LSTAT	MEDV
0	4.0900	1	296.0	15.3	396.90	4.98	24.0
1	4.9671	2	242.0	17.8	396.90	9.14	21.6
2	4.9671	2	242.0	17.8	392.83	4.03	34.7
3	6.0622	3	222.0	18.7	394.63	2.94	33.4
4	6.0622	3	222.0	18.7	396.90	5.33	36.2

EDA

這些是模型的特徵：

CHAS

查爾斯河的虛擬變數（如果邊界是河流，則為 1；否則為 0）

RM

每個住宅的平均房間數量

TAX

每 $10,000 的全值財產稅率

PTRATIO

> 各城鎮的師生比例

Bk

> 各城鎮的黑人比例

LSTAT

> % 區域中被認為是低收入階層的比率

MEDV

> 自住房產的價值中位數（以 1000 美元為單位）

In[0]:

```
prices = df['MEDV']
df = df.drop(['CRIM','ZN','INDUS','NOX','AGE','DIS','RAD'], axis = 1)
features = df.drop('MEDV', axis = 1)
df.head()
```

Out[0]:

	CHAS	RM	TAX	PTRATIO	B	LSTAT	MEDV
0	0	6.575	296.0	15.3	396.90	4.98	24.0
1	0	6.421	242.0	17.8	396.90	9.14	21.6
2	0	7.185	242.0	17.8	392.83	4.03	34.7
3	0	6.998	222.0	18.7	394.63	2.94	33.4
4	0	7.147	222.0	18.7	396.90	5.33	36.2

建模

這是 notebook 中進行建立模型的地方。一個有用的策略就是為 notebook 建立四個主要部分：

- 載入資料

- EDA

- 建模

- 結論

在本小節中，將資料從 DataFrame 中擷取出來並傳入 sklearn 的 train_test_split 模組，該模組會進行繁重的資料分割任務，並且把資料分成訓練資料集和驗證資料集。

分割資料

In[0]:

```
# 分出驗證資料集
array = df.values
X = array[:,0:6]
Y = array[:,6]
validation_size = 0.20
seed = 7
X_train, X_validation, Y_train, Y_validation = train_test_split(X, Y,
  test_size=validation_size, random_state=seed)
```

In[0]:

```
for sample in list(X_validation)[0:2]:
    print(f"X_validation {sample}")
```

Out[0]:

```
X_validation [   1.      6.395 666.     20.2   391.34   13.27 ]
X_validation [   0.      5.895 224.     20.2   394.81   10.56 ]
```

調整縮放後的 GBM

這個模型使用了幾種進階技巧，你可以在許多成功的 Kaggle 專案中引用它們，這些技巧包括了 GridSearch，這個方法可以幫忙找到最佳的超參數。另外也要注意到的是資料會被縮放，大多數的機器學習演算法都需要進行某些類型的資料縮放，以便產生更好的預測。

In[0]:

```
# 基於均方根誤差，進行參數配置和評估指標的測試
num_folds = 10
seed = 7
RMS = 'neg_mean_squared_error'
scaler = StandardScaler().fit(X_train)
rescaledX = scaler.transform(X_train)
param_grid = dict(n_estimators=numpy.array([50,100,150,200,250,300,350,400]))
model = GradientBoostingRegressor(random_state=seed)
kfold = KFold(n_splits=num_folds, random_state=seed)
grid = GridSearchCV(estimator=model, param_grid=param_grid, scoring=RMS, cv=kfold)
grid_result = grid.fit(rescaledX, Y_train)
```

```
print("Best: %f using %s" % (grid_result.best_score_, grid_result.best_params_))
means = grid_result.cv_results_['mean_test_score']
stds = grid_result.cv_results_['std_test_score']
params = grid_result.cv_results_['params']
for mean, stdev, param in zip(means, stds, params):
    print("%f (%f) with: %r" % (mean, stdev, param))
```

Out[0]:

```
Best: -11.830068 using {'n_estimators': 200}
-12.479635 (6.348297) with: {'n_estimators': 50}
-12.102737 (6.441597) with: {'n_estimators': 100}
-11.843649 (6.631569) with: {'n_estimators': 150}
-11.830068 (6.559724) with: {'n_estimators': 200}
-11.879805 (6.512414) with: {'n_estimators': 250}
-11.895362 (6.487726) with: {'n_estimators': 300}
-12.008611 (6.468623) with: {'n_estimators': 350}
-12.053759 (6.453899) with: {'n_estimators': 400}

/usr/local/lib/python3.6/dist-packages/sklearn/model_selection/_search.py:841:
DeprecationWarning:
DeprecationWarning)
```

訓練模型

最後一個步驟就是使用 GradientBoostingRegressor 來訓練模型,並使用測試集資料來檢查誤差。資料會被縮放後傳入模型中,並使用「方均根誤差」來評估精確度。

In[0]:

```
# 準備模型
scaler = StandardScaler().fit(X_train)
rescaledX = scaler.transform(X_train)
model = GradientBoostingRegressor(random_state=seed, n_estimators=400)
model.fit(rescaledX, Y_train)
# 轉換驗證資料集
rescaledValidationX = scaler.transform(X_validation)
predictions = model.predict(rescaledValidationX)
print("Mean Squared Error: \n")
print(mean_squared_error(Y_validation, predictions))
```

Out[0]:

Mean Squared Error:

26.326748591395717

評估模型

機器學習最棘手的工作之一就是評估模型。這個範例會介紹你如何新增預測值和原始的房屋價值到相同的 DataFrame。可以使用那個 DataFrame 進行相減後得到預測與原始值的差值。

In[0]:

```
predictions=predictions.astype(int)
evaluate = pd.DataFrame({
        "Org House Price": Y_validation,
        "Pred House Price": predictions
    })
evaluate["difference"] = evaluate["Org House Price"]-evaluate["Pred House Price"]
evaluate.head()
```

差值顯示如下：

Out[0]:

	Org house price	Pred house price	Difference
0	21.7	21	0.7
1	18.5	19	-0.5
2	22.2	20	2.2
3	20.4	19	1.4
4	8.8	9	-0.2

使用 Pandas 的 describe 方法是查看資料的分佈的最好方式。

In[0]:

```
evaluate.describe()
```

Out[0]:

	Org house price	Pred house price	Difference
count	102.000000	102.000000	102.000000
mean	22.573529	22.117647	0.455882
std	9.033622	8.758921	5.154438
min	6.300000	8.000000	-34.100000
25%	17.350000	17.000000	-0.800000
50%	21.800000	20.500000	0.600000
75%	24.800000	25.000000	2.200000
max	50.000000	56.000000	22.000000

adhoc_predict

我們來測試這個預測模型，看看在 unpickling 後的工作流程是什麼。為機器學習模型開發一個網路服務 API 的時候，在 notebook 中對 API 會執行到的程式碼進行測試是有幫助的。在實際的 notebook 內進行除錯和建立函式，比在一個網路服務應用程式內掙扎於建立正確的函式要簡單得多。

In[0]:

```
actual_sample = df.head(1)
actual_sample
```

Out[0]:

	CHAS	RM	TAX	PTRATIO	B	LSTAT	MEDV
0	0	6.575	296.0	15.3	396.9	4.98	24.0

In[0]:

```
adhoc_predict = actual_sample[["CHAS", "RM", "TAX", "PTRATIO", "B", "LSTAT"]]
adhoc_predict.head()
```

Out[0]:

	CHAS	RM	TAX	PTRATIO	B	LSTAT
0	0	6.575	296.0	15.3	396.9	4.98

JSON 工作流程

這是 notebook 中有助於針對 Flask 應用程式進行除錯的內容。就如先前提到的,在機器學習專案內,開發 API 程式碼是較為直接的。確保這些實作有效,然後再移動這些程式碼到一個腳本內。另一種替代方案是在一個沒有提供如同 Jupyter 一樣互動功能工具的軟體專案中,試著實作出正確的程式碼語法。

In[0]:

```
json_payload = adhoc_predict.to_json()
json_payload
```

Out[0]:

```
{"CHAS":{"0":0},"RM":
{"0":6.575},"TAX":
{"0":296.0},"PTRATIO":
{"0":15.3},"B":{"0":396.9},"LSTAT":
{"0":4.98}}
```

縮放輸入值

資料必須進行縮放後,才能執行預測。這個流程需要在 notebook 內進行處理,而不是費勁地將它們實作於網路應用程式裡,因為那將會使得除錯變得更加困難。本節的程式碼將為機器學習預測流水線提供解決方案,它能被運用到建立 Flask 應用程式的函式上。

In[0]:

```
scaler = StandardScaler().fit(adhoc_predict)
scaled_adhoc_predict = scaler.transform(adhoc_predict)
scaled_adhoc_predict
```

Out[0]:

```
array([[0., 0., 0., 0., 0., 0.]])
```

In[0]:

```
list(model.predict(scaled_adhoc_predict))
```

Out[0]:

```
[20.35373177134412]
```

pickling sklearn

接著來把模型匯出。

In[0]:

```python
from sklearn.externals import joblib
```

In[0]:

```python
joblib.dump(model, 'boston_housing_prediction.joblib')
```

Out[0]:

```
['boston_housing_prediction.joblib']
```

In[0]:

```python
!ls -l
```

Out[0]:

```
total 672
-rw-r--r-- 1 root root 681425 May  5 00:35 boston_housing_prediction.joblib
drwxr-xr-x 1 root root   4096 Apr 29 16:32 sample_data
```

匯入模型並且進行預測

In[0]:

```python
clf = joblib.load('boston_housing_prediction.joblib')
```

基於匯入的模型進行 adhoc_predict

In[0]:

```python
actual_sample2 = df.head(5)
actual_sample2
```

Out[0]:

	CHAS	RM	TAX	PTRATIO	B	LSTAT	MEDV
0	0	6.575	296.0	15.3	396.90	4.98	24.0
1	0	6.421	242.0	17.8	396.90	9.14	21.6
2	0	7.185	242.0	17.8	392.83	4.03	34.7
3	0	6.998	222.0	18.7	394.63	2.94	33.4
4	0	7.147	222.0	18.7	396.90	5.33	36.2

In[0]:

```
adhoc_predict2 = actual_sample[["CHAS", "RM", "TAX", "PTRATIO", "B", "LSTAT"]]
adhoc_predict2.head()
```

Out[0]:

	CHAS	RM	TAX	PTRATIO	B	LSTAT
0	0	6.575	296.0	15.3	396.9	4.98

縮放輸入值

In[0]:

```
scaler = StandardScaler().fit(adhoc_predict2)
scaled_adhoc_predict2 = scaler.transform(adhoc_predict2)
scaled_adhoc_predict2
```

Out[0]:

```
array([[0., 0., 0., 0., 0., 0.]])
```

In[0]:

```
# 使用匯入的模型
list(clf.predict(scaled_adhoc_predict2))
```

Out[0]:

```
[20.35373177134412]
```

最後，被匯出的模型再次被匯入，並且基於真實的資料集進行測試。

練習

- scikit-learn 和 PyTorch 的一些重要差異是什麼？

- 什麼是 AutoML？為什麼你會使用它？

- 修改 scikit-learn 模型，來使用身高預測體重。

- 在 Google Colab 執行 PyTorch 範例，並且切換 CPU 與 GPU 環境。如果有效能上的差異，請進行解釋。

- 什麼是 EDA？它為什麼在資料科學專案中如此重要？

問題式案例研究

- 請前往 Kaggle 網站，下載一個受歡迎以 Python 實作的 notebook，並且基於本章所使用的範例作為參考，把它轉成一個容器化的 Flask 應用程式來提供預測。最後，將它部署到如 Amazon EKS 的託管 Kubernetes 服務上。

學習評估

- 解釋不同類型的機器學習框架和生態系統。

- 執行一個使用 scikit-learn 和 PyTorch 實作的機器學習模型，並且進行除錯。

- 容器化一個使用 Flask 提供服務的 scikit-learn 模型。

- 了解機器學習成熟度模型。

## 第十五章

資料工程

資料科學或許是 21 世紀最性感的工作，這個領域正快速地演進成為各式各樣的工作職稱。對於全部的任務範疇來說，資料科學家的描述太過粗糙。截至 2020 年，有兩個工作可以維持既有薪資水準甚或更高：資料工程師和機器學習工程師。

更令人驚訝的是，需要大量的資料工程師角色來支撐傳統資料科學家的工作。一位資料科學家大約需要三到五位資料工程師。

那麼到底要怎樣看待這樣的情況呢？讓我們從另一個角度來觀察這件事，假設我們正在撰寫新聞的頭條，並且想要寫一些吸睛的事情。我可以說「CEO 是有錢人最性感的工作」。CEO 是數量極少的工作，就像 NBA 只有極少的球星，或是只有極少的專業演員能夠透過演出賴以維生。對於每個 CEO 來說，需要多少人努力地工作來成就一位 CEO 的工作，所以這樣的敘述就像是「水是濕的」一樣，毫無內容且沒有意義。

這敘述不是說你不能以資料科學家維生，這更多是對於這個敘述背後所代表的邏輯的一種批判。在資料領域，所需的技能範圍相當大，包含了 DevOps 到機器學習到溝通。資料科學家這個術語太過於模糊。它是一份工作還是一種行為呢？與 DevOps 這個詞很像！DevOps 是一份工作還是一種行為呢？

看著職缺和薪資的資訊，可明顯發現就業市場對於資料工程師和機器學習工程師的實際角色有需求，這是因為那些角色執行著可被識別的任務。一位資料工程師可以在雲端建立一條流水線，用來收集批次和串流資料，並且建立可以存取這些資料和對這些任務進行排程的 API。這份工作不是一個困難的任務。它可能有用，也可能沒有用。

同樣地，一個機器學習工程師建立機器學習模型，並利用一種可維護的方式將模型部署出去，這份工作也不是個困難的任務。雖然一位工程師可以從事資料工程或者是機器學習工程，但卻仍然表現出像資料科學和 DevOps 的行為。眼前是投入資料領域的令人興奮的時刻，因為有許多機會打造複雜且穩固的資料流水線，然後利用這個流水線為複雜而又強悍的預測系統提供資料。有句話說「永遠不嫌太富有，或嫌太瘦」，同樣地，以資料來說，永遠不嫌學會太多有關 DevOps 或資料科學的技能。我們來深入看一些 DevOps 風味的資料工程概念吧！

小資料

工具集是一種令人興奮的概念。如果你打電話找水管工人到你家，他們會帶著能夠幫助他們比你自己動手修理還快完成任務的工具。如果你雇用木工為你的家建造東西，他們也會帶著一組獨特的工具，這工具能幫助他們比你更快速地完成任務。對於專家來說，工具是必須的，對 DevOps 來說也沒有例外。

本節會有資料工程工具的介紹，這些工具包含了處理小資料的任務，如讀寫檔案、使用 pickle、使用 JSON、和讀寫 YAML 檔案。對於要成為能處理任何任務並且將它轉化成腳本的自動化愛好者而言，專精於這些格式是至關重要的。處理大數據任務的工具也會在本章稍後被介紹，它所使用的工具顯然地與小資料有所不同。

那麼大數據是什麼？而小資料又是什麼呢？一個很簡單的區分方式就是筆電測試。它能夠在你的筆電上進行處理嗎？如果不行，那它就是大數據。一個很好的例子就是 Pandas。Pandas 需要較資料集大五到十倍的記憶體空間，如果你有一個 2 GB 的檔案，而且你正在使用 Pandas，你的筆電很可能就無法處理了。

處理小型資料檔案

如果只用一個特徵來定義 Python，那肯定就是對語言在使用上的效率毫不懈怠地追求。一個典型的 Python 程式設計師只想寫剛好的程式碼來完成任務，但會在程式碼變得無法閱讀或是簡潔時停止下來。此外，一個典型的 Python 程式設計師不會想要重複撰寫一些具有定式的程式碼。這樣的氛圍使得有用的樣式能夠持續地演進。

一個很活躍的例子就是使用 with 語句來讀寫檔案。with 語句的功用等同於那些用來釋放已經處理完畢的檔案資源的程式碼，而這些程式碼往往相當固定而乏味。with 語句也被使用在 Python 語言的其他面向上，以便讓瑣碎的任務較不惱人。

寫檔

這個範例展示了使用 with 語句進行寫檔的操作,而這些檔案的資源會相依於程式執行的區塊,當執行完畢離開區塊後便自動地被釋放。這樣的語法能避免當檔案意外地未被關閉時,立即產生的臭蟲:

```
with open("containers.txt", "w") as file_to_write:
    file_to_write.write("Pod/n")
    file_to_write.write("Service/n")
    file_to_write.write("Volume/n")
    file_to_write.write("Namespace/n")
```

讀取出來的檔案內容如下:

```
cat containers.txt

Pod
Service
Volume
Namespace
```

讀檔

with 的用途同樣也適用於讀取檔案。請注意,readlines() 會利用斷行符號來回傳一個惰性求值的迭代器:

```
with open("containers.txt") as file_to_read:
    lines = file_to_read.readlines()
    print(lines)
```

程式執行的輸出內容:

```
['Pod\n', 'Service\n', 'Volume\n', 'Namespace\n']
```

實務上,這意味著你可以藉由使用生成器的語法來處理大型的日誌檔案,而不用擔心會消耗電腦的所有記憶體。

用於逐行讀取與處理流水線的生成器

以下的程式碼是一個生成器函數，用於開啟檔案並且傳回生成器：

```
def process_file_lazily():
    """Uses generator to lazily process file"""

    with open("containers.txt") as file_to_read:
        for line in file_to_read.readlines():
            yield line
```

接著，這個生成器被用來建立進行逐行處理的流水線。在這個範例裡，取回的每一行都被轉換為小寫的字串。這裡可以將許多其他動作鏈接在一起，因為它只使用了一次處理單行內容的記憶體，這是非常有效率的：

```
# 創建生成器物件
pipeline = process_file_lazily()
# 將內容轉換為小寫字型
lowercase = (line.lower() for line in pipeline)
# 印出第一行內容
print(next(lowercase))
```

這是這個流水線的輸出內容：

```
pod
```

實務上，這意味著再大的檔案也能處理，因為如果程式碼能夠在滿足條件後便離開，就代表即便檔案很大也能夠被處理。舉例來說，或許你需要從大小以 TB 等級在計算的日誌資料中找尋一個客戶的 ID。借助使用生成器的流水線可以搜尋這個客戶 ID，然後在首次發現它的時候便從執行離開。在大數據的世界裡，這已不再是一個理論上的問題。

使用 YAML

YAML 正逐漸成為一個 DevOps 相關組態檔案的新興標準，它是一種具有可讀性的資料序列化格式，也是 JSON 的超集合。它代表「YAML 不是標記式語言（YAML Ain't Markup Language」的縮寫。你常常會在建置系統（如 AWS CodePipeline（*https://oreil.ly/WZnIl*）、CircleCI（*https://oreil.ly/0r8cK*））、或 PaaS 的產品（如 Google App Engine（*https://oreil.ly/ny_TD*））看到。

YAML 如此被廣泛使用有一個理由。那就是需要一種組態設定語言，以便在與高度自動化的系統進行交互時能夠快速迭代。不管是程式設計師和非程式設計師都能夠很直覺地了解如何編輯這些檔案。以下是範例：

```python
import yaml

kubernetes_components = {
    "Pod": "Basic building block of Kubernetes.",
    "Service": "An abstraction for dealing with Pods.",
    "Volume": "A directory accessible to containers in a Pod.",
    "Namespaces": "A way to divide cluster resources between users."
}

with open("kubernetes_info.yaml", "w") as yaml_to_write:
    yaml.safe_dump(kubernetes_components, yaml_to_write, default_flow_style=False)
```

存入硬碟的檔案內容：

```
cat kubernetes_info.yaml

Namespaces: A way to divide cluster resources between users.
Pod: Basic building block of Kubernetes.
Service: An abstraction for dealing with Pods.
Volume: A directory accessible to containers in a Pod.
```

重點是讓序列化 Python 資料結構成為一個易於編輯和循序讀取的格式，使其變得更簡單。將檔案讀回程式裡，也只需兩行程式碼。

```python
import yaml

with open("kubernetes_info.yaml", "rb") as yaml_to_read:
    result = yaml.safe_load(yaml_to_read)
```

讀入的檔案可以被完美地傾印出來：

```python
import pprint
pp = pprint.PrettyPrinter(indent=4)
pp.pprint(result)
{   'Namespaces': 'A way to divide cluster resources between users.',
    'Pod': 'Basic building block of Kubernetes.',
    'Service': 'An abstraction for dealing with Pods.',
    'Volume': 'A directory accessible to containers in a Pod.'}
```

大數據

資料正以快於電腦處理能力的成長速度增長著，讓事情更加有趣的是摩爾定律，該定律描述電腦的速度和能力，將以每兩年成長一倍的預期速度發展，然而根據柏克萊加州大學的 Dr. David Patterson 的研究，這個定律在 2015 年左右開始不再有效，CPU 的速度現在每年僅以 3% 的速度成長。

使用新方法來處理大數據是必要的，新方法包括特殊應用積體電路（ASIC，如 GPU）、張量處理器（TPU）、和由雲端供應商所提供的 AI 資料平台。以晶片等級來說，這意味著 GPU 相較於 CPU 對於複雜的 IT 處理流程而言，是一個理想的解決方案。GPU 經常與某一類的系統搭在一起，而這種系統具備著分散式儲存機制，且同時能允許分散式運算和分散式硬碟 I/O。一個極佳的範例就是 Apache Spark、Amazon SageMaker、或 Google AI 平台。它們全都能利用 ASICs（GPU、TPU、和更多其他特殊用途的處理器），外加分散式儲存與其管理系統。另一個例子就是使用更為低階的 Amazon 競價型實體搭配彈性檔案系統（EFS）掛載點，來運行深度學習 AMI。

對 DevOps 專家而言，這代表幾件事。首先，它意味著要有效地發佈軟體到這些系統時，需要額外注意一些事情。舉例來說，要部署的平台有正確的 GPU 驅動嗎？你是透過容器部署嗎？這個系統會使用分散式 GPU 處理嗎？資料來源主要是批次的、還是串流？對於確保正確的架構，最好是預先考慮這些問題。

一個問題是當面對如 AI、大數據、雲、或資料科學家這些流行詞時，它們對於不同人有不同的意涵。以資料科學家為例，在一間公司裡，它可能指的是誰為銷售團隊產生商業智慧的儀表板，而在另一家公司，它可能意指那些研發自駕車軟體的人。大數據有同樣的問題；隨著遇到不同的人，它可以代表許多東西。這裡有一個定義需要討論——你需要在你的筆電上，使用不同於正式環境的軟體套件來處理資料嗎？

Pandas 套件是「小資料」工具的一個很好的例子。根據 Pandas 套件作者的說法，它的花費可以是使用的資料檔案大小的五倍到十倍記憶體用量。實務上來說，如果你的筆電是 16 GB，而且你打開的檔案大小是 2 GB，那麼它現在是個大數據的問題，因為你的筆電沒有足夠的記憶體（20 GB）處理它。取而代之之的是，你可能會重新思考如何處理這些資料。或許你能打開一個樣本資料，或先將資料截短來處理問題。

這裡有一個恰到好處的問題範例和一個暫時的解決方案。這樣說吧！你正在支援資料科學家解決 Pandas 記憶體用罄的錯誤，因為他們正在使用的檔案太大了。Kaggle 上正好有一個這樣的資料集就是 "Open Food Facts"（*https://oreil.ly/w-tmA*），資料集解壓縮後的大小超過 1 GB。這個問題恰恰觸碰到了使用 Pandas 難以處理的資料問題。你可以做的一件事是使用 Unix 指令 shuf 來產生一個隨機採樣過的樣本：

```
time shuf -n 100000 en.openfoodfacts.org.products.tsv\
   > 10k.sample.en.openfoodfacts.org.products.tsv
   1.89s user 0.80s system 97% cpu 2.748 total
```

在大概兩秒內，檔案會被裁減至可處理的大小。簡單地使用資料的開頭或者是結尾的部分是一種推薦的處理方式，因為資料是被隨機選擇的。此問題在資料科學的處理過程中至關重要。此外，你也可以檢視這些檔案中數筆的資料，看看什麼先要處理：

```
wc -l en.openfoodfacts.org.products.tsv
  356002 en.openfoodfacts.org.products.tsv
```

來源檔案大約 350,000 行，所以抓取 100,000 隨機的行數，大概是原始資料三分之一的資料。透過檢視轉換後的檔案可以確認任務能夠被妥善地處理。它顯示 272 MB，大約是原始 1 GB 檔案的三分之一：

```
du -sh 10k.sample.en.openfoodfacts.org.products.tsv
272M    10k.sample.en.openfoodfacts.org.products.tsv
```

這樣的檔案大小更能夠被 Pandas 所處理，而且這個流程也能被轉換成自動的流程，也就是為大數據建立隨機抽樣的樣本檔案。這類型的流程只是許多大數據所需的特殊處理流程之一。

另一個大數據的定義是「資料集的大小超過一般資料庫軟體在獲取、儲存、和分析的能力」，由麥肯錫在 2011 年所提出。在若是能稍微修改成不僅限於資料庫軟體工具，那麼這個定義也是合理的。當一個運行於筆電上的工具（如 Pandas、Python、MySQL、深度學習 / 機器學習、Bash、以及更多其他的工具），由於資料的大小和速度（變動率）而無法執行平常能進行的任務時，就可以視為大數據問題。大數據問題需要一些專門的工具，在下節將深入探討這個需求。

大數據的工具、元件與平台

另一個討論大數據的方式是將它分解為工具和平台。圖 15-1 展示了典型的大數據架構的生命週期。

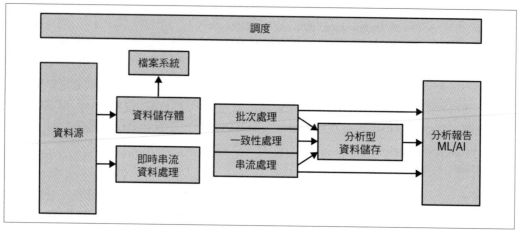

圖 15-1　大數據架構

現在就來討論一些關鍵的元件。

資料源

一些比較熟悉的大數據資料源包括了社交網路和電子商務。當人們越往線上社交互動和電子商務靠攏，它就會引發資料的爆炸。此外，行動技術（如平板、電話、和可以錄製影音的筆電）也指數式地創造著資料源。

其他的資料來源包括了物聯網，它囊括了傳感器、輕量型晶片、和裝置。全部的一切都引發了無法停止的資料擴散，而這些資料需要被存放在某處。關於資料源的工具，包括了物聯網的主從式系統（如 AWS IoT Greengrass）到物件儲存體系統（如 Amazon S3 或 Google 雲端儲存體）。

檔案系統

檔案系統在電腦世界裡扮演了極為重要的角色，雖然它們的實作持續地演進，但論及大數據處理，唯一的問題就是要有足夠的硬碟 I/O 來支應分散式操作。

處理這個問題的一個現代化工具就是 Hadoop 分散式檔案系統（HDFS）。它透過將許多主機形成集群，並且匯集它們的 CPU、硬碟 I/O 和儲存體。實務上，這樣的特色使得 HDFS 成為處理大數據的基礎科技。它能為分散式計算的任務，移動大量資料或檔案系統的內容。Spark 是可以支援批次資料或者是串流資料的機器學習工具，而 Haddop 則是支撐著 Spark 的重要工具。

檔案系統的其他類型包括了物件儲存檔案系統，如 Amazon S3 檔案系統和 Google Cloud Platform 儲存體。它們讓大型的檔案能夠以分散式的方式儲存，並且具有高可用性，或更精確地說，99.999999999% 的可靠度。針對這些檔案系統工具都有提供 Python API 或是命令列工具，這些 API 在第十章中已有詳細介紹。

最後，要注意的另一種類型的檔案系統是傳統的網路檔案系統（或是說 NFS），以託管雲服務的方式提供。這個工具的好例子就是 Amazon Elastic File System（Amazon EFS）。對 DevOps 專家來說，一個高度可用且靈活的 NFS 文件系統可以成為功能極其豐富的工具，尤其是與容器技術結合的時候。圖 15-2 顯示了在容器中掛載 EFS 的範例。

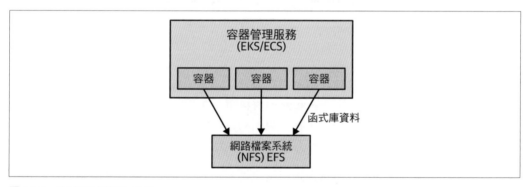

圖 15-2 在容器中掛載 EFS

一個強而有力的自動化工作流程是透過建置系統（如 AWS CodePipeline、或 Google Cloud Build），用程式化的方式建立 Docker 容器映像。然後，建立好的容器映像再儲存至雲端容器儲存庫（如 AWS ECR）。最後，一個如 Kubernetes 的容器管理系統實體化掛載著 NFS 的容器。這個流程讓不可變的容器映像能夠被快速地產生出來，並且存取集中化的程式碼函式庫與資料。這類型的工作流程對於正在找尋最適的機器學習維運的組織來說，是理想的作法。

資料儲存體

資料最終需要被儲存在某處,這創造了一些令人興奮的機會和挑戰。一個新興的趨勢是利用資料湖的概念。為什麼你需要在意資料湖呢?資料湖允許資料在其存放的位置直接進行處理。結果是,許多資料湖需要無限的儲存和提供無限的運算能力(換句話說,在雲端)。對於資料湖來說,Amazon S3 是一個常見的選擇。

以這種方式建置的資料湖也可以被機器學習的流水線使用,因為這個流水線或許是依賴於資料湖內的資料和已經完成訓練的模型。訓練完成的模型可以透過 A/B 測試來確保最新的模型能夠為預測(推論)系統帶來正面的效益,如圖 15-3。

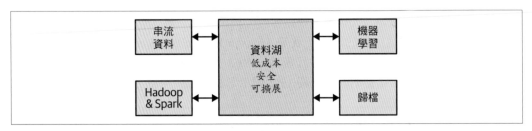

圖 15-3 資料湖

傳統的軟體開發工程師對於其他類型的儲存體非常熟悉,這些儲存系統包含了關聯式資料庫、如 Elasticsearch 的搜尋引擎、和圖形資料庫。在大數據架構中,每一類的儲存系統或許都扮演著各自的特定的角色。在小規模的系統中,關聯式資料庫或許可以是個百搭的選擇,但在大數據架構中,對於不適合的儲存方案的容忍度卻很小。

對於不適配的儲存方案例子就是透過啟用全文搜索功能,來使用關聯式資料庫作為搜尋引擎,而不是使用專用的解決方案(如 Elasticsearch)。Elasticsearch 被設計作為一個可擴展的搜尋解決方案。Amazon 的 CTO——Wener Vogel,為這件事給出了一個很好的說法——單一尺寸的資料庫無法適用於每個人。圖 15-4 說明了這個問題,每種類別的資料庫有一個特定的用途。

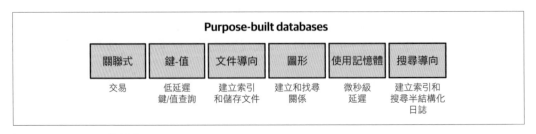

圖 15-4 Amazon 資料庫

選擇正確的儲存解決方案（包括了使用資料庫組合），對於任何資料架構來說是重要的技能，以便確保系統能夠以最佳的效率運行。在設計一個全自動化且有效率的系統時，維護應該是個需要考慮的議題。如果一個特定的技術選擇正被濫用（比方說，使用關聯式資料庫來打造高可用訊息佇列），那麼維護成本可能會暴增，進而導致需要建立更多的自動化工具。所以另一個需要考慮的因子就是需要多少的自動化工具來維護一個解決方案。

即時串流資料處理

即時串流資料是一個處理上特別棘手的資料類別。串流本質上增加了處理資料的複雜度，且串流資料可能需要被繞送到系統中另一專門處理串流資料的部分。一個以雲為基礎的串流資料處理解決方案就是 Amazon Kinesis Data Firehose。參見圖 15-5。

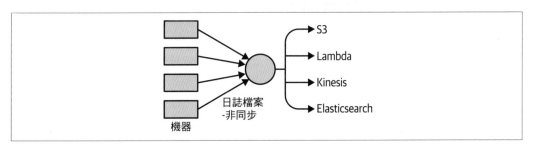

圖 15-5　Kinesis 日誌檔案

以下是用來完成這類任務的程式碼範例。注意到 Python asyncio 模組可以允許高同步的單執行緒網路操作。節點可以送出這類的操作到一個待辦工作群中，而這些工作可以是指標數據或者是錯誤日誌：

```python
import asyncio

def send_async_firehose_events(count=100):
    """非同步寄送事件到 firehost"""

    start = time.time()
    client = firehose_client()
    extra_msg = {"aws_service": "firehose"}
    loop = asyncio.get_event_loop()
    tasks = []
    LOG.info(f"sending aysnc events TOTAL {count}",extra=extra_msg)
    num = 0
    for _ in range(count):
```

```
        tasks.append(asyncio.ensure_future(put_record(gen_uuid_events(),
                                                       client)))
        LOG.info(f"sending aysnc events: COUNT {num}/{count}")
        num +=1
    loop.run_until_complete(asyncio.wait(tasks))
    loop.close()
    end = time.time()
    LOG.info("Total time: {}".format(end - start))
```

Kinesis Data Firehose 的運作原理是接收被擷取的資料,並且持續繞送到多個目的地:
Amazon S3、Amazon Redshift、Amazon Elasticsearch Service、或一些第三方服務(如
Splunk)。Kinesis 的開源替代方案就是使用 Apache Kafka。Apache Kafka 有相似的原理
可以作為一個 pub/sub 架構。

案例研究:自建資料流水線

在 2000 年初期,也是 Noah 在一間新創公司擔任 CTO 和總經理的早期,慢慢浮出一個
問題,那就是如何建立公司第一條機器學習流水線和資料流水線。一個 Jenkins 資料流
水線構成的大概想法如圖 15-6。

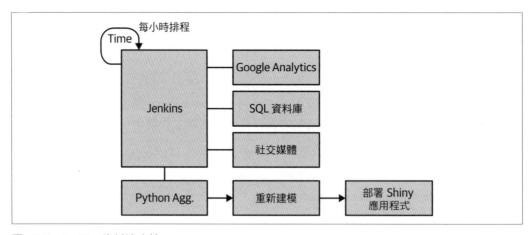

圖 15-6　Jenkins 資料流水線

資料流水線的輸入可以是任何進行商務分析和機器學習預測所需要的資料來源。舉幾個例子來說，這些來源包含了一個關聯式資料庫、Google Analytics、和一些社交媒體指標數據。這些蒐集工作每小時都會運行並且產生 CSV 檔案，這些檔案也可以被內部的 Apache 網路服務取得。這個解決方案是一個值得令人注意且直接的流程。

這些工作就是 Jekins job，它們都是透過 Python 腳本運行。如果某些被需要的事情改變了，對應的腳本就應該直接地被修改。這個系統的一個額外的優勢在於除錯的任務相當直接，如果一個工作執行失敗，這個工作就會顯示失敗，以及可以很直接地去看看工作輸出的結果並且了解發生什麼事。

流水線的最後一個階段就是建立機器學習預測和分析儀表板，而這個儀表板是基於 R-based Shiny 應用程式。這個方式的簡單性是這類架構最重要的影響因素，另外，它也會利用既有的 DevOps 技能。

無伺服器資料工程

另一個新興樣式就是無伺服器資料工程。圖 15-7 是一個用來說明無伺服器資料流水線的高階架構圖。

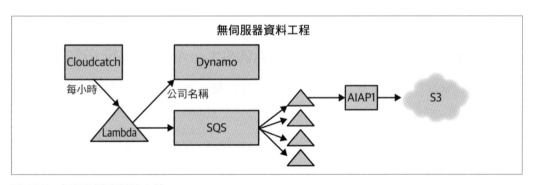

圖 15-7　無伺服器資料流水線

下一步，來看看一個受事件觸發的 lambda。

使用 CloudWatch 事件觸發 AWS Lambda

你可以建立一個 CloudWatch 計時器，藉由 Amazon Lambda 控制台來呼叫 lambda，並且設置一個觸發器，如圖 15-8。

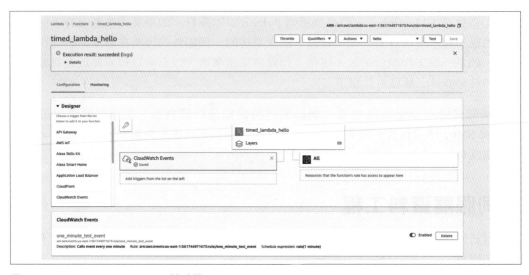

圖 15-8　CloudWatch Lambda 計時器

使用 Amazon CloudWatch 為 AWS Lambda 進行日誌收集

使用 CloudWatch 日誌收集是 Lambda 開發的重要步驟。圖 15-9 是一個 CloudWatch 事件日誌的範例。

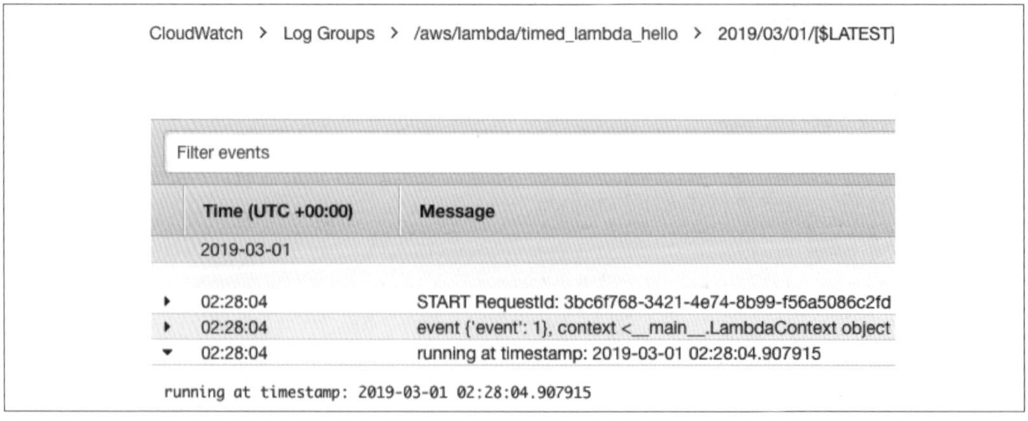

圖 15-9　CloudWatch 事件日誌

使用 AWS Lambda 遷移資料到 Amazon Simple Queue 服務

接著，你想要在 AWS Cloue9 中進行本地測試。

1. 使用無伺服器精靈建立一個 Lambda。

2. cd 到 lambda 並且安裝套件，並且為其中一個套件進行升級。

```
pip3 install boto3 --target ../
pip3 install python-json-logger --target ../
```

下一步，你可以在本地端進行測試並且進行部署：

```
'''
Dynamo to SQS
'''

import boto3
import json
import sys
import os

DYNAMODB = boto3.resource('dynamodb')
TABLE = "fang"
QUEUE = "producer"
SQS = boto3.client("sqs")

# 設定日誌收集
import logging
from pythonjsonlogger import jsonlogger

LOG = logging.getLogger()
LOG.setLevel(logging.INFO)
logHandler = logging.StreamHandler()
formatter = jsonlogger.JsonFormatter()
logHandler.setFormatter(formatter)
LOG.addHandler(logHandler)

def scan_table(table):
    ''' 掃描表格並且回傳結果 '''

    LOG.info(f"Scanning Table {table}")
    producer_table = DYNAMODB.Table(table)
    response = producer_table.scan()
    items = response['Items']
```

```
        LOG.info(f"Found {len(items)} Items")
        return items

    def send_sqs_msg(msg, queue_name, delay=0):
        ''' 送出 SQS 訊息

        預期一個 SQS queue_name 和以字典為格式的 msg
        回傳一個回應的字典
        '''

        queue_url = SQS.get_queue_url(QueueName=queue_name)["QueueUrl"]
        queue_send_log_msg = "Send message to queue url: %s, with body: %s" %\
            (queue_url, msg)
        LOG.info(queue_send_log_msg)
        json_msg = json.dumps(msg)
        response = SQS.send_message(
            QueueUrl=queue_url,
            MessageBody=json_msg,
            DelaySeconds=delay)
        queue_send_log_msg_resp = "Message Response: %s for queue url: %s" %\
            (response, queue_url)
        LOG.info(queue_send_log_msg_resp)
        return response

    def send_emissions(table, queue_name):
        ''' 送出 Emissions'''

        items = scan_table(table=table)
        for item in items:
            LOG.info(f"Sending item {item} to queue: {queue_name}")
            response = send_sqs_msg(item, queue_name=queue_name)
            LOG.debug(response)

    def lambda_handler(event, context):
        '''
        Lambda 端點
        '''

        extra_logging = {"table": TABLE, "queue": QUEUE}
        LOG.info(f"event {event}, context {context}", extra=extra_logging)
        send_emissions(table=TABLE, queue_name=QUEUE)

    ```
```
```

這個程式碼用途為：

1. 從 Amazon DynamoDB 抓取公司名稱。

2. 把名稱放到 Amazon SQS。

為了進行測試，你可以在 Cloud9 進行本地端測試（圖 15-10）。

圖 15-10　使用 Cloud9 進行本地測試

下一步你可以在 SQS 對訊息進行驗證，如圖 15-11。

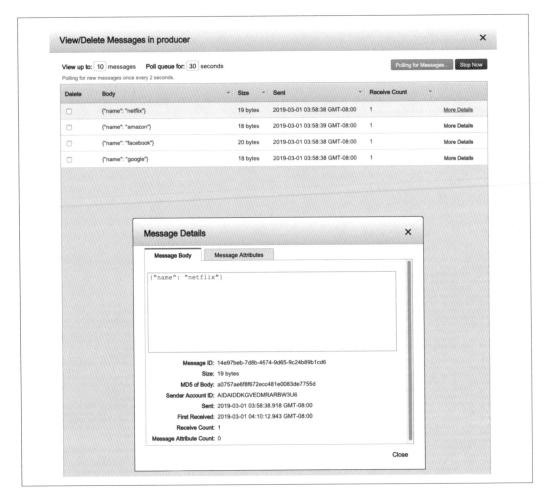

圖 15-11　在 SQS 進行驗證

別忘記設定正確的 IAM 角色！你需要指定一個 IAM 角色給 lambda，這個角色准許寫入訊息到 SQS，如圖 15-12。

圖 15-12　權限錯誤

連接 CloudWatch 事件觸發器

最後一個步驟是啟動 CloudWatch 觸發器並且進行下列的動作：啟用定時執行的產生器，並且驗證訊息流到 SQS，如圖 15-13。

圖 15-13　對計時器進行組態設定

你現在可以從 SQS 佇列中看到訊息（圖 15-14）。

圖 15-14　SQS 佇列

建立事件驅動的 Lambda

先將 lambda 產生器放一邊，下一步是建立一個事件驅動的 lambda，它會根據 SQS 內的每個訊息非同步地觸發（訊息消費者）。此 Lambda 函式可以對每一個 SQS 訊息送出回應（圖 15-15）。

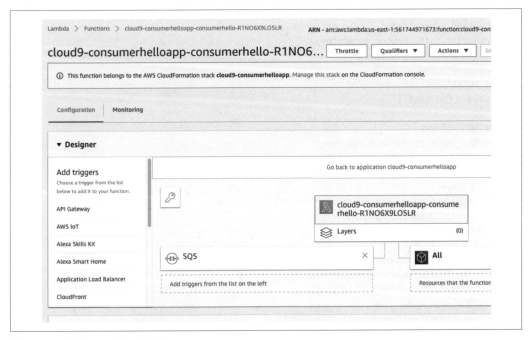

圖 15-15　基於 SQS 事件發動

從 AWS Lambda 讀取 Amazon SQS 事件

最後剩下的任務就是實作程式碼消化來自 SQS 的訊息，使用我們的 API 處理它們，並且將結果寫入 S3：

```
import json

import boto3
import botocore
#import pandas as pd
import pandas as pd
import wikipedia
import boto3
from io import StringIO
```

```python
# 設定日誌
import logging
from pythonjsonlogger import jsonlogger

LOG = logging.getLogger()
LOG.setLevel(logging.DEBUG)
logHandler = logging.StreamHandler()
formatter = jsonlogger.JsonFormatter()
logHandler.setFormatter(formatter)
LOG.addHandler(logHandler)

#S3 BUCKET
REGION = "us-east-1"

### SQS 工具 ###
def sqs_queue_resource(queue_name):
    """ 傳回 SQS queue resource 連接

    使用範例：
    In [2]: queue = sqs_queue_resource("dev-job-24910")
    In [4]: queue.attributes
    Out[4]:
    {'ApproximateNumberOfMessages': '0',
     'ApproximateNumberOfMessagesDelayed': '0',
     'ApproximateNumberOfMessagesNotVisible': '0',
     'CreatedTimestamp': '1476240132',
     'DelaySeconds': '0',
     'LastModifiedTimestamp': '1476240132',
     'MaximumMessageSize': '262144',
     'MessageRetentionPeriod': '345600',
     'QueueArn': 'arn:aws:sqs:us-west-2:414930948375:dev-job-24910',
     'ReceiveMessageWaitTimeSeconds': '0',
     'VisibilityTimeout': '120'}

    """

    sqs_resource = boto3.resource('sqs', region_name=REGION)
    log_sqs_resource_msg =\
      "Creating SQS resource conn with qname: [%s] in region: [%s]" %\
    (queue_name, REGION)
    LOG.info(log_sqs_resource_msg)
    queue = sqs_resource.get_queue_by_name(QueueName=queue_name)
    return queue

def sqs_connection():
    """ 建立一個 SQS 連線，預設連接到全域變數 REGION 所指的區域 """
```

```python
    sqs_client = boto3.client("sqs", region_name=REGION)
    log_sqs_client_msg = "Creating SQS connection in Region: [%s]" % REGION
    LOG.info(log_sqs_client_msg)
    return sqs_client

def sqs_approximate_count(queue_name):
    """ 傳回一個佇列中剩餘訊息的大概 """

    queue = sqs_queue_resource(queue_name)
    attr = queue.attributes
    num_message = int(attr['ApproximateNumberOfMessages'])
    num_message_not_visible = int(attr['ApproximateNumberOfMessagesNotVisible'])
    queue_value = sum([num_message, num_message_not_visible])
    sum_msg = """'ApproximateNumberOfMessages' and\
    'ApproximateNumberOfMessagesNotVisible' =\
      *** [%s] *** for QUEUE NAME: [%s]""" %\
        (queue_value, queue_name)
    LOG.info(sum_msg)
    return queue_value

def delete_sqs_msg(queue_name, receipt_handle):

    sqs_client = sqs_connection()
    try:
        queue_url = sqs_client.get_queue_url(QueueName=queue_name)["QueueUrl"]
        delete_log_msg = "Deleting msg with ReceiptHandle %s" % receipt_handle
        LOG.info(delete_log_msg)
        response = sqs_client.delete_message(QueueUrl=queue_url,
          ReceiptHandle=receipt_handle)
    except botocore.exceptions.ClientError as error:
        exception_msg =\
          "FAILURE TO DELETE SQS MSG: Queue Name [%s] with error: [%s]" %\
            (queue_name, error)
        LOG.exception(exception_msg)
        return None

    delete_log_msg_resp = "Response from delete from queue: %s" % response
    LOG.info(delete_log_msg_resp)
    return response

def names_to_wikipedia(names):

    wikipedia_snippit = []
    for name in names:
        wikipedia_snippit.append(wikipedia.summary(name, sentences=1))
    df = pd.DataFrame(
```

```
        {
            'names':names,
            'wikipedia_snippit': wikipedia_snippit
        }
    )
    return df

def create_sentiment(row):
    """ 使用 AWS Comprehend 基於 DataFrame 中的資料進行情感分析 """

    LOG.info(f"Processing {row}")
    comprehend = boto3.client(service_name='comprehend')
    payload = comprehend.detect_sentiment(Text=row, LanguageCode='en')
    LOG.debug(f"Found Sentiment: {payload}")
    sentiment = payload['Sentiment']
    return sentiment

def apply_sentiment(df, column="wikipedia_snippit"):
    """ 使用 Pandas apply 來建立情感分析 """

    df['Sentiment'] = df[column].apply(create_sentiment)
    return df

### S3 ###

def write_s3(df, bucket):
    """ 寫入 S3 Bucket"""

    csv_buffer = StringIO()
    df.to_csv(csv_buffer)
    s3_resource = boto3.resource('s3')
    res = s3_resource.Object(bucket, 'fang_sentiment.csv').\
        put(Body=csv_buffer.getvalue())
    LOG.info(f"result of write to bucket: {bucket} with:\n {res}")

def lambda_handler(event, context):
    """Lambda 端點 """

    LOG.info(f"SURVEYJOB LAMBDA, event {event}, context {context}")
    receipt_handle  = event['Records'][0]['receiptHandle'] # sqs 信息
    #'eventSourceARN': 'arn:aws:sqs:us-east-1:561744971673:producer'
    event_source_arn = event['Records'][0]['eventSourceARN']

    names = [] # 將從佇列中取得

    # 處理佇列
    for record in event['Records']:
```

```
    body = json.loads(record['body'])
    company_name = body['name']

    #取得資料進行處理
    names.append(company_name)

    extra_logging = {"body": body, "company_name":company_name}
    LOG.info(f"SQS CONSUMER LAMBDA, splitting arn: {event_source_arn}",
        extra=extra_logging)
    qname = event_source_arn.split(":")[-1]
    extra_logging["queue"] = qname
    LOG.info(f"Attempting Delete SQS {receipt_handle} {qname}",
        extra=extra_logging)
    res = delete_sqs_msg(queue_name=qname, receipt_handle=receipt_handle)
    LOG.info(f"Deleted SQS receipt_handle {receipt_handle} with res {res}",
        extra=extra_logging)

#使用 wikipedia 片段來建立 Panadas dataframe
LOG.info(f"Creating dataframe with values: {names}")
df = names_to_wikipedia(names)

#執行情感分析
df = apply_sentiment(df)
LOG.info(f"Sentiment from FANG companies: {df.to_dict()}")

#將結果寫入 S3
write_s3(df=df, bucket="fangsentiment")
```

你可以發現一個下載檔案的簡單方式就是使用 AWS CLI：

```
noah:/tmp $ aws s3 cp --recursive s3://fangsentiment/ .
download: s3://fangsentiment/netflix_sentiment.csv to ./netflix_sentiment.csv
download: s3://fangsentiment/google_sentiment.csv to ./google_sentiment.csv
download: s3://fangsentiment/facebook_sentiment.csv to ./facebook_sentiment.csv
```

OK，我們完成了些什麼呢？圖 15-16 秀出了我們的無伺服器 AI 資料工程流水線。

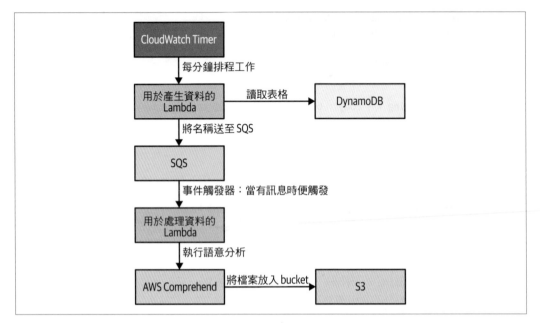

圖 15-16　無伺服器 AI 資料工程流水線

結論

資料工程是一個持續演進的工作職稱，強而有力的 DevOps 技能為它帶來極大的助益。
微服務、持續交付、基礎設施即程式碼、和監控與日誌收集都是 DevOps 的最佳實踐，
在這個領域上扮演極為重要的角色。藉由善用雲原生技術能夠使得原先困難的問題得以
解決，而簡單的問題則變得更加毫無負擔。

有一些能幫助你持續精進資料工程的建議，那就是學習無伺服器技術。不用在意雲是什
麼，學就對了！這種環境就是未來，而且以資料工程來說，特別適合投資這個趨勢。

練習

- 解釋什麼是大數據，以及它的關鍵特徵是什麼。

- 使用 Python 的小資料工具解決常見的問題。

- 解釋什麼是資料湖，以及如何使用它。

- 對於不同類型的專用數據庫，解釋不同的使用案例。

- 使用 Python 建立無伺服器資料工程流水線。

問題式案例研究

- 使用本章所示的相同架構圖，建立一個端到端的無伺服器資料工程流水線，且這個流水線會使用 Scrapy、Beautiful Soup、或一個相似的函式庫抓取一個網站，並且送出圖片檔案到 Amazon Rekognition 來進行分析。將 Rekognition API 呼叫的結果儲存到 Amazon DynamoDB。以一天一次的計時器來規劃運行這個工作。

## 第十六章

DevOps 戰爭故事與訪談

作者：*Noah*

正當我要結束在加州理工州立大學的最後一年，我必須花上一整個暑假學習有機化學好讓我能準時畢業。不幸的是，整個暑假我都沒有任何的經濟支援，所以我必須要租一間房子並且找份全職的工作。我可以在圖書館找到一份兼職的工作來獲得最低薪資，但那對我而言仍然不夠。我翻遍了徵才廣告，而躍於眼前的只有一份適合的工作，那就是在一個大型的西部鄉村俱樂部裡擔任保鑣。

面試的時候，面試我的經理大約六呎高，並且有著將近三百磅的肌肉和一雙大的黑眼睛。他告訴我上週有一大群人毆打了所有的保鑣，也包括了他本人。眼前有兩個面試者，一位是田徑隊的鉛球選手，另一位則是我。為了能夠協助他做出決定，他問了我一個問題——如果發生類似的爭吵事件，我會中途逃跑嗎？我告訴他我不會從那樣的狀況下逃跑，因此我獲得了工作。

就在不久之後，我了解到自己對於評估自身的勇氣和能力稍嫌天真了些。一些身形龐大的摔角選手和足球員會定時來鬧事，他們嚇壞了所有人。在某次的音樂會，他們叫了支援，因為他們預期會有些麻煩發生。有一位新進的保鑣同事，他理著龐克頭而且頭上刺著中文字。數年後，我在電視上看到他贏得了 UFC 重量級冠軍，並且總算把他的名字（Chuck Liddel）和臉給對上了。有一天我試著中止一場紛爭，那時有一個 250 磅的足球選手正猛烈地攻擊著受害者的臉，「保鑣真是一個危險的工作」這個事實血淋淋地在我眼前呈現。我想要拉開他，卻被拋到數呎之外，就像毫不費力地將枕頭一拳從房間的一角打飛到另一角一般。在那瞬間，我了解了我不是無敵的，而且我的武術技能根本不存在。我永遠不會忘記那個教訓。

描述這份過度自信的一個方式就是達克效應（Dunning-Kruger effect）。達克效應是一種認知誤差，人們錯誤地高估自己認為的能力。實際上，你可以從每年的 StackOverflow 調查中發現這個現象。在 2019 年，70% 的開發者認為自己的能力高於水平，然而只有 10% 的人認為自己低於水平。這個調查的重點是什麼呢？不要相信人類的認知！應該要相信的是自動化。相較於正確完成的自動化所帶來鐵一般的效率，「相信我」、「我是老闆」、「我已經從事這件事長達 X 年了」，和其他這類的信心論述根本就是毫無根據。DevOps 的宗旨就是自動化勝過階層。

本章透過真實的人物和真實的案例研究，來探索 DevOps 的最佳實踐，並且將本書所有關於自動化的描述連結在一起。最佳的實踐有：

- 持續整合
- 持續交付
- 微服務
- 基礎設施即程式碼
- 監控與日誌收集
- 溝通與協作

電影製片廠無法製造電影

因為拍攝電影阿凡達（Avatar），在紐西蘭住了一年後，我處在一個非常平靜的狀態。我住在一個叫做 Miramar 的北愛爾蘭小鎮裡，在那有一個驚為天人的美麗半島。我每天都會步出家門到海灘上，開始每天 14 公里的跑步。最終，合約結束了，而我必須有一份新的工作。我接受了在 Bay Area 一家大型電影製片廠的工作，該製片廠僱用了數百名員工，工作地點就位於佔地十萬平方英尺的工廠內。有數百萬美元投資在這家公司，並且它似乎是一個不錯的工作環境。我在週末飛抵該處（工作的前一天）。

我工作的第一天相當地讓人驚訝。它讓我立即地脫離了彷彿在天堂的想法。整個工作室完全癱瘓了，數以百計的員工因為集中式軟體系統（資產管理系統）停止運作而無法工作。由於恐慌和絕望，我被帶進了一間祕密的作戰室，並且向我解釋問題的嚴重程度。我告訴我自己那些可以隨意在沙灘上奔跑的平靜日子已經結束了。我踏入了一個戰場。哎呀！

當我對這場危機有更多的了解後，很明顯地，這場慢火已經燃燒許久。經常性的事故和嚴重的技術問題已經成為日常。下面是問題的列表：

- 各自開發系統的程式碼，並且沒有任何程式碼審查。

- 沒有版本控管。

- 沒有建置系統。

- 沒有測試。

- 許多超過千行的函式。

- 很難找到負責專案的關鍵人員。

- 維運事故具有很高的成本，因為那些高薪的人員無法工作。

- 製片公司鼓勵不計後果的軟體開發，因為它們「不是軟體公司」。

- 遠端的辦公區域存在著迷樣的連線問題。

- 沒有真的監控。

- 許多部門允許對問題採取隨意的解決方案和修補。

解決這組標準問題的唯一方式是開始動手，並且逐次地將一件又一件對的事做好。一個小組因此誕生，並且著力於如何徹底解決問題。第一個用來解決這挑戰的步驟之一就是建立持續整合和自動負載測試。令人難以置信的是，這樣簡單的動作能帶來顯著且可理解的收益。

 最新而且令人感到興趣的問題之一是，我們解決了在監控系統中浮出水面的問題。在系統效能變得穩定、和軟體工程的最佳實踐被採用之後，我們發現了一個驚人的錯誤。我們讓系統每天執行一次資產提交作為基本健康檢查，幾天之後，我們開始每天經歷嚴重的效能問題。當我們查看資料庫主機的 CPU 峰值，我們聯想到那個基本健康檢查。更進一步查看後，相當明顯的是用於提交的程式碼（一個自建 ORM，或物件關聯映射表）正以指數的方式產生 SQL 查詢。大多數的工作流程都只涉及兩個或三個的資產版本，而我們的健康檢查監控已經發現了一個嚴重的缺陷。這是自動化健康檢查的另一個理由。

當我執行負載測試時，發現了很多的問題。一個立即發現的問題是在經歷少量的同步請求後，MySQL 資料庫就當掉了。我們發現所使用的 MySQL 版本有嚴重的問題。更新到最新版本後便顯著地提升了效能。隨著解決了效能問題和建立自動化測試來檢查是否正讓問題變得更少，我們快速地解決了問題。

接著，我們開始對程式碼進行版本管理，建立一個以分支為基礎的部署策略，每次提交除了進行程式碼審查外，也執行語法檢查和測試。這樣的動作也能顯著地改善發現效能問題的能力並且發佈著高品質的解決方案。在產業危機中，自動化和卓越的標準是你可以使用的兩種必要方法。

我們必須解決的最後一個問題就是，我們遠端的製片工作室有著嚴重的可靠性問題。在遠端辦公區工作的人員非常確信這些問題是因為我們所提供的 API 有著效能上的問題。這個危機十分緊急，以致於公司的最高主管要我和另一位同事飛往當地進行問題排除。當我們到了那邊，我們打電話給中央辦公室的同仁並且請他們檢視來自遠端辦公區 IP 範圍的請求。當我們啟動他們的應用程式，卻沒發現任何的網路流量。

我們檢查了遠端辦公區的網路基礎設施，確認我們可以從用戶端主機發送請求到中央辦公室。依據直覺判斷，我們決定使用專用的診斷軟體檢查 Windows 主機上的效能和網路效能，然後啟動數以千計的網路連接，並且觀察 2 到 3 秒。更進一步挖掘問題，我們發現 Windows 作業系統會暫時性地關閉全部的網路功能。如果在很短的時間裡有太多網路連線產生，作業系統會嘗試保護自己。客戶端程式嘗試在 for 迴圈內啟動數以千計的網路連接，然後最終觸發了自己關閉網路功能。我們檢視了程式碼並且限制只能建立一條網路連線，突然之間，所有的事情都恢復正常了。

緊接著，我們的對客戶端程式碼執行了 Python 的語法檢查，發現將近三分之一的系統無法執行。關鍵的問題不在於效能問題，而是缺乏軟體工程和 DevOps 最佳實踐。對工作流程進行些許簡單修改（如持續整合、監控和自動負載測試），就能夠在一週之內將這個問題清除。

遊戲製造公司無法交付遊戲

當我第一次加入一個知名的遊戲公司，他們正歷經著轉型的變化。他們現有的產品一開始就非常的創新，但我加入的時候，他們決定需要投資新的產品。公司目前的文化非常圍繞著資料中心維運的思考模式，每一步驟都進行著實質的變更管理。建立了許多為了滿足維持正常運行時間需求所延伸出來的工具，工具本身的開發是成功了，但遊戲正瀕臨死亡，新人員、新部門、和新產品的引入導致了不可避免且持續的衝突與危機。

即使我那時正在開發舊的產品，但危機初期的嚴重程度我卻很早就知道了。當我和走向另一個會議的新產品團隊錯身而過時，我聽見一個有趣的對談。在敏捷的日常站會中，一位正在開發新旗艦產品的西班牙籍工程師說道「這沒用…」時，引起了我的注意。單這樣一句話就相當讓人震驚，但更讓人震驚的是我聽到的回應「Luigi，那是**技術討論**；這不是用來討論那些事的論壇」。

我知道當時確實有問題。後來，那個專案的許多人都離職了，而我接手了一個逾期了一年的專案，且必須用別種語言重新開發。其中之一的關鍵發現是這位「煤礦坑中的金絲雀」工程師是完全正確的。沒有事情是有用的！我在那個專案的第一天檢查了筆電上所有程式碼，並且試著執行網路應用程式。在 Chrome 中更新數次後，我的電腦完全被鎖住了。啊～又來了！

在更進一步挖掘這個專案後，我明白了一些重要的問題。第一個必須被解決的核心技術危機就是有一個近似於盲目崇拜的敏捷流程，而這個流程非常善於開始和結束工作任務，但基於此實作出來的功能卻無法運作。我首先進行的事情之一就是將那位核心工程師隔離於專案管理流程之外，並且我們為這個核心解決方案設計了一個改善措施，而不會造成額外的「敏捷」成本。接著，當核心引擎的問題被解決後，我們建立了自動部署與客製化的負載測試流程。

因為這個專案是這間公司的首要任務，所以我們調整了其他一些團隊中專門為核心產品建立客製化的負載測試和監測的成員的工作序。這個提議也遇到了一些阻力，因為這代表著這些成員所屬團隊的產品經理會面臨進度停擺。這是專案中十分重要的一點，因為它強迫管理團隊決定是否讓這個新產品成為公司的最高要務。

最後一個啟動這個產品必須跨越的障礙，是建立一個持續交付的系統。平均來說，要花一週的時間來進行小的變更（如修改 HTML）。對於擁有成千上萬付費客戶的 C++ 遊戲而言，部署流程運行得相當不錯，但並不適用於現在的網路應用程式。傳統的遊戲運行在一個傳統的資料中心裡，它與建立一個以網路為基礎的雲端遊戲的理想做法完全不同。

雲端運算還暴露了一件事情就是缺乏自動化。雲端運算的本質需要一個較高程度的 DevOps 技能與自動化，如果需要人工來進行伺服主機擴增或者是縮減，事情就不會有彈性。持續部署意味著軟體能夠連續地通過流水線的每一步驟，並且最終能夠交付到某個可以快速進行部署的環境中。參與維持一週部署流程並且使用許多手動步驟的「發佈經理」是完全背離 DevOps 的作法。

需耗費 60 秒啟動的 Python 腳本

為全球最大的電影製片廠之一工作，並且用著世界上最大的超級電腦是最能夠觀察到在大規模運行下會發生些什麼事情的好方法。使用開源軟體的重要問題之一就是它可能是在筆電上建置的，而這會與大公司的需求大相逕庭。開發者試圖為一個特定的問題提供解決方案。一方面來說，這個解決方案是優雅的，但另一方面來說，它也創造了問題。

在這間電影製片廠浮現其中之一使用 Python 的問題，因為他們必須在集中化的檔案主機處理 PB 等級的資料。Python 腳本是這間公司的主流，而且已經四處可見它們的蹤影。不幸地是，它們需要花費大約 60 秒的時間啟動。我們這群工程師的一些人聚集起來想要解決這個問題，並且使用我們最愛的工具之一——strace：

```
root@f1bfc615a58e:/app# strace -c -e stat64,open python -c 'import click'
% time     seconds  usecs/call     calls    errors syscall
------ ----------- ----------- --------- --------- ----------------
  0.00    0.000000           0        97         4 open
------ ----------- ----------- --------- --------- ----------------
100.00    0.000000                    97         4 total
```

Python 2 模組查找是 O(nlong) 或是說「超線性時間（Super Linear time）」。在你的路徑下的資料夾數目至少會以線性比率增加啟動腳本的時間，這類型的效能下降對於製片廠來說變成了一個真正的問題，因為啟動製片廠的 Python 腳本，往往會引發十萬次以上的檔案系統的調用。這個流程不僅緩慢，而且漸進式摧毀著檔案系統的效能。最終，這個問題開始完全摧毀了價值數百萬美元的集中式檔案主機。

這個解決方案是由使用 strace 深度檢視（換句話說，使用對的工具），並且也侵入 Python 來停止透過路徑匯入的查找任務。雖然 Python 的較新版本透過緩存查找結果已經解決了這個問題，但是學習能夠讓你對效能進行深度解析的工具是值得的。最後一點是在持續整合流程中，始終運行概況分析來捕捉這類型的效能問題。

製片廠的其他兩種情況是關於差勁的 UX 設計和糟糕的架構設計。有一天，一個動畫師來到主要的工程師工作區，並且尋求解決已經設置完成的 Filemaker Pro 資料庫問題的建議。用來保存動畫部門照片的 Filemaker Pro 資料庫不斷地被刪除。當我要求查看資料庫時，有兩個靠在一起的按鈕。一個是中型大小的綠色按鈕，代表著「儲存輸入」，而另一個按鈕則是大紅按鈕，代表著「刪除資料庫」。

在一個完全不同的公司，我們注意到一個特殊的 IP 位址朝著正式環境的 MySQL 一直傳送大量的負載。當我們找到開發者時，他們似乎有些猶豫與我們交談。我們詢問他們部門是否正在做著些什麼特別的事嗎？他們說有使用 PyQt GUI 執行自動化的任務。當我們觀察那個 GUI 時，有幾個正常大小的按鈕，然後接著一個大按鈕，上面標示著「GO」。我們問到那個「GO」按鈕的用途，工程師害怕地說，每個人都知道不能按那個按鈕。我建立一條 SSH 連接到我們的資料庫，並且在那台 MySQL 主機上執行 top。接著，不顧反對地按下那個按鈕。這樣的測試已經足夠確認了一件事，資料庫立即耗掉 100% CPU 使用率，並且持續了數分鐘。

使用緩存與智能監測撲滅問題

在運動社交網路任職 CTO，我們正經歷了一個關聯式資料庫的效能問題。我們使用由 Amazon RDS（Amazon 託管的資料庫服務）所提供最大版本的 SQL Server，並且開始面臨它在垂直擴展的限制問題。更糟的是，我們無法輕易地轉而利用水平擴展，因為建置時並未整合專用於讀取的從（slave）主機到 RDS。

有許多種解決這樣危機的方式。一種解決的方式是涉及重新實作鍵（key）查詢，但我們正遭逢如此大的流量和工程師短缺的問題，因此必須得發揮點創意來解決危機。公司內 DevOps 中心的其中一位工程師想到了一個關鍵的解決方案，方案的內容如下：

- 透過一個可以追蹤 SQL 呼叫所花費時間和將那些請求映射到路由的 APM，增加更多的監測。

- 增加 Nginx 作為那些只讀的路由請求的緩衝。

- 在專用的環境對這個解決方案進行負載測試。

這個工程師幫助我們脫離了險境，並且他實作了一個對我們的應用程式修改最少的解決方案。這個解決方案大大地提高了我們的效能，並且讓我們最終能夠將服務擴展至數以百萬計的每月用戶，使得我們成為世界上最棒的運動場所之一。DevOps 原則的重要性不只展現在那些抽象的意義上；它們能夠（比喻）讓你免於在技術債務日益積累的海洋中滅頂。

因為自動化而失去工作

在我二十多歲的時候，我得到了在世界頂級製片廠工作的機會，並且對於可以使用自己在影片、製片、程式、和 IT 的技能組合感到興奮。這也是一份工會的工作，這是我在科技業工作前未曾有過的經驗。在工會工作的好處在於它有令人難以置信的福利與薪水，但稍後我便發現有些關於自動化的壞處。

在工作數個月後，我發現眾多任務中的其中之一相當的愚蠢。我會在週六繞著製片場散步（為了加班費）、放置一片光碟到高端的編輯系統「進行維護」。總體來說前提是好的；每週進行一次預置性保養，可以將這些昂貴的機器在週間時的下線時間，降到最低。但這個做法是有待商榷的。為什麼要手動地進行這些事情，如果可以自動化它呢？畢竟，它是一台電腦。

在第二個週六的「維護工作」，我展開了一個秘密計畫來自動化我的工作。因為它是一個工會的工作，所以我必須小心一點，並且保持隱密直到我驗證它是有用的。如果我要求准許進行這樣的工作，你大概可以當作沒這件事了。首先，我撰寫了一系列的步驟，對於自動化這個任務，這些步驟是必要的：

1. 將 OS X 機器連接到公司的 LDAP 主機。這個步驟會讓多個使用者和我能夠掛載 NFS 家目錄。

2. 對這個編輯系統進行逆向工程，以便讓多個使用者可以存取這個軟體。為了侵入系統讓不同的使用者可以使用相同的機器，我將多個列表的權限改為群組權限。

3. 在要安裝的狀態下，建立軟體的映像。

4. 寫一個腳本到「NetBoot」，換句話說，從一個連接網路的作業系統將機器開機，然後將機器的映像重置。

當解決後，我就能夠走到任何機器、重新啟動它、並且長按「N」鍵。接著它就會完全地重置軟體的映像（並且仍然保持著使用者資料，因為這些資料都在網路上）。花費大約 3.5 到 5 分鐘的時間重新安裝整個機器，速度如此地快是因為系統本身速度快而且進行的是儲存塊層別的複製。

在我第一次執行測試時，我能夠在 30 分鐘內完成我的「維護」，並且藉由長按「N」將它們重啟。此外，我接著告訴電影編輯們可以藉由重置這些機器和長按「N」來恢復它們的機器，並且大大地消除了支援電話。呀呼！我的工作和整個部門的工作變得更加容易管理。這種自動化在工會制企業裡並不完全是好的。

很快地，一位年長的工會員工突如其來地將我拉進一個與我的主管所開的會議裡。他對於我所做的一切並不開心。會議就在他指著我並且對著我大叫「你會寫腳本寫到把自己弄失業了，孩子！」的狀態下結束，而且主管的上司也為此不開心。他過往曾耗費數月的時間遊說管理層，並且取得維護團隊的保證，然後我寫了一個腳本，這個腳本消除了大多數部門裡的工作。他也為此對我大吼大叫。

消息被傳開了，並且每個人都愛這個新的自動化流程，包括明星和製片編輯。我並未因為這個結果而被開除，但在稍後關於我所做的一切被傳開後，我真的寫程式寫到讓自己失業了。我被 Sony Imageworks 重新雇用，並且正式被雇來撰寫那些讓我被開除的事情。這也是一份有趣的工作，我因此可以在午餐時與亞當山德勒和他的劇組成員一起打籃球。所以，沒錯！你可以寫程式寫到讓自己失業，並且得到一個更好且更正確的工作！

DevOps 反模式

讓我們深入研究一些不應該做的例子。從錯誤中學習常常要比從完美中學習要容易得多了。本節將深入探討一些嚇人的故事和應該避免的反模式。

無自動化建置的反模式

毫無疑問地，有多少深陷麻煩的專案或公司沒有建置主機。對於軟體公司來說，這個事實或許是最重要的警示。如果你的軟體並不是由建置主機所產生的，那麼大概也可以想見應該不會有其他的自動化機制。這問題就像煤礦坑中的金絲雀一樣。建置主機是必不可缺的基礎組成，它能夠確保可靠地交付軟體。通常在發生危機時，我第一件會做的事就是立即建立一台建置主機。單純地使用 Python 語法檢查工具檢查程式碼，便能讓事情迅速地變好。

與這議題相關的是「幾乎能用的建置主機」。讓人驚訝的是一些具有相同問題的組織，雖有 DevOps 的人員，但他們卻說「這是建置工程師的事，不是我的工作」。這樣不屑一顧的態度，就像「這不是我的工作。這裡是 DevOps 團隊」的態度對於團隊來說不啻是一種毒瘤。如果你正在軟體公司工作，每個有關自動化的工作都是你的工作，沒有比自動化更重要或更具美德的任務了。坦白說，表示自動化工作不是你的工作是相當荒謬的事，會這樣說的人真應該感到羞愧。

毫無章法

你有對你的運行中程式碼留下執行日誌嗎？如果沒有，為什麼沒有呢？難道，開車也不需要頭燈嗎？應用程式的可視性是另一個問題，而這個問題卻相當容易解決。對於正式運行的軟體而言，技術上是可能導致過多的日誌，但更多時候，出了問題的專案是連日誌都沒有。對於分散式系統來說，日誌收集是重要的。不管工程師技術有多高超，不管問題多簡單，也不管維運團隊有多好，你都需要日誌收集。如果你沒有為你的應用程式實作日誌機制，在你的專案完成之時，就可以宣告它不治了。

跟持續成功一樣困難的協同合作

在 DevOps 團隊中工作的難處之一，就是共同創辦人與技術長之間、共同創辦人與執行長之間、和其他團隊成員之間的地位狀態差異。這樣的衝突導致了協同合作的困難，而難以獲得：更可靠的基礎設施、更好的觀測儀表、適當的備份方案、測試和 QA、和任何用來妥善解決持續危害穩定性的方案。

另一個侵蝕整合條件、並導致協調合作崩潰的常見組織動態是「團體裡的高低地位狀態的差別」，因為地位較高的團體可能對於地位較低的團體所做出的貢獻不屑一顧。舉例來說，Metiu 展示了在軟體生產力上，地位較高的程式設計師拒絕閱讀地位較低的程式設計師為了紀錄工作進度，所提供的提示和註解。因為當責需要確認彼此的責任，狀態上的差異變成了彼此確認的障礙，進而限制了責任的發展[1]。

在有明顯的地位狀態差異存在時，團體內的成員或許會無法信任彼此。所以當在這種情況下且各自獨立工作時，地位較低的一方幾乎不會提出什麼問題並且也較無回饋，這是因為害怕冒犯其他人，而小心提防著。這樣的情況導致知識分享的缺乏，並且限制了團體內的共識。

1　Anca Metiu，"Owning the Code: Status Closure in Distributed Groups"，**組織科學**（7 月 -8 月，2006）。

在組織行為裡，有一種概念稱為「閉合」。閉合被定義為獨佔事務的行為或者是按照地位狀態的機會分配。根據 Metiu 的看法，處在典型的高地位狀態的軟體工程師會使用以下的方法來實踐閉合：

- 缺乏互動

- 利用地理上的距離或者是鄰近程度（如果是在辦公室的話）

- 不採用它人的成果

- 批評

- 轉移程式碼所有權

如果在公司內部發現這樣的互動狀況，我相信經常發生的情況就是管理階層在參與其他同仁所進行的專案時，所建立的閉合狀況。舉例來說，即使技術長要求一位 DevOps 工程師去實作一個監測的功能，但技術長仍可能在稍後拒絕採用這個成果，這樣的拒絕採納，便會使得 DevOps 工程師不再處於如技術長這樣的成員相同的高地位狀態。依據 Metiu 對軟體開發團隊的研究，這樣的行為就是教科書上所說的「閉合」狀況[2]。

這種行為是解決工程組織中普遍存在的問題時，要克服的最重大挑戰之一。當高地位狀態的個人「擁有」一個元件時，按過往經驗，通常只有幾個「低地位狀態」的成員加入，並且負擔共同責任時，功能才會發揮正常作用。這些專案包含了使用者介面、日誌收集、資料中心遷移、基礎設施、還有更多其他主題。無可否認地，這是一個複雜的問題，而且造成的因素也並非只有一個，但有一個未知卻很重要的因素──權重。

如果一個組織裡的領導者的地位「優於」其他人時，你將永遠無法落實真正的 DevOps 原則。你會面對的就只是高薪者的意見（Highest Paid Person's Opinon, HIPO）原則。然而，DevOps 實質上可以拯救生命與你的公司。HIPO 是兇猛的動物，牠能殺死所有在牠們行徑路線上的所有東西。

沒有團隊合作

幾乎所有的武術道館都會讓學員幫忙擦地板。有許多顯然的理由該去做這件事。它展現了對指導者的尊重，並且教會學生自律。然而，還有些更微妙的理由。

2　Anca Metiu，"Owning the Code: Status Closure in Distributed Groups," 組織科學（7月-8月，2006）。

這裡其實牽涉了一個賽局理論的問題。暴露於葡萄球菌的感染會導致嚴重的健康問題。如果你被指派為自己訓練時的體育館擦拭地板，仔細想想你要如何回應。大家會觀察你把地板打掃得多乾淨，而且如果你做得好，他們就會跟著做得一樣好，因為他們尊敬你。如果你認為這是「低下」的任務而敷衍了事，會導致兩個問題。第一個問題是由於你沒有將體育館打掃乾淨而造成別人生病，第二個問題是你會「影響」他人的心態，結果就是他們也不會將地板打掃乾淨。你的行為會在現在與未來引發著下個行為。

所以或許你「贏」了，你不需要好好地擦地板，但實際上你卻「輸」了，因為你成為了助長不乾淨環境的一份子，而這會對生命造成危害。這個故事的寓意是什麼呢？如果你定期地在一個武術道場訓練而且被要求擦地板，請確保你可以完美而且帶著愉悅的笑容完成清潔的工作。你的健康就建基在上面。

讓我們看看軟體公司裡的相同情況。許多重要任務與這樣情節是相同的：增加適當的日誌、為你的專案建立持續部署的機制、對專案進行負載測試、檢查程式碼的語法、或者進行程式碼審查。如果你表現的態度不佳、或者不完成這些任務，你的公司或許會面臨威脅生命的疾病，就像感染葡萄球菌。如何進行這些任務以及完成任務兩者同樣重要，你正在傳遞怎樣的訊息給你的同事呢？

Larson 和 LaFasto[3] 撰寫了一本關於團隊合作的出色著作，涵蓋了團隊的全面性科學研究。他們確定了八種特徵，解釋了有效率團隊的發展原因和方式：

- 明確且逐步提升的目標

- 結果導向的結構

- 有能力的團隊成員

- 一致的承諾

- 合作的氛圍

- 卓越的標準

- 外部支持與認可

- 具原則性的領導

現在就來看看這些特徵在組織中是如何呈現的，或者是如何反其道而行的。

---

3   Larson, C. E., & LaFasto, F. M. J. (1989). *Sage series in interpersonal communication, Vol. 10. Teamwork: What must go right/what can go wrong*. Thousand Oaks, CA, US: Sage Publications, Inc.

明確且逐步提升的目標

如果你的組織沒有明確且逐步提升的目標，你就麻煩了，這代表著完全的停滯！身為一位工程師，我想要有一個創造卓越且可靠有效軟體的目標。雖然我在遭逢麻煩的公司裡常被告知許多目標：追逐偉大目標、搬到資料中心，讓 Amazon 玩完、把公司賣給「X」或「Y」。

結果導向的結構

你的組織是一個只問結果的工作環境（results-only work experience, R.O.W.E）嗎？如果用於公司的許多工具和流程並不能直接歸因於結果，那麼使用它們的理由將是令人質疑的：Skype、電子郵件、超長的會議、工作到「很晚」。最終，沒有對公司帶來任何助益。更加地專注在結果，而不是「看到人在工作場合的時間」、或是「快速回覆 Skype 上的訊息」、或是電子郵件，可能會成為組織裡一個突破性的變化。什麼是「假敏捷」？你的組織正追求著盲目的敏捷嗎？這個流程是否什麼也沒達成，但卻將開發者耗在那些用來談論所謂的燃盡圖、故事點、和其他許多運用在流程上的流行詞會議上，最後花光了時間？

有能力的團隊成員

不用特別為這個特徵多作什麼說明，因為組織需要稱職的成員來獲得成功。有能力並不是意味著如「菁英」教育或「leet code」一般，而是表示有想要以團隊的一員完成某個任務的能力和念頭。

一致的承諾

你的團隊中有自利的人嗎？他們只是追逐著自己的利益嗎？他們在最後一刻才將變更推入資料庫，便離開辦公室且沒做任何測試，單純只是因為當時已經 4:35 了嗎？他們需要趕上公車（而不擔心他們毀了正式環境）。這種的行為就像是個腫瘤，它會比任何什麼都來得快地摧毀你的團隊。高效率團隊不能有這種自利的人：他們會讓一切都付諸流水。

合作的氛圍

任務中的衝突程度上是否適當？每個人不能只是一味的同意彼此，因為這樣將無法發現任何錯誤。同時，你也不能放任彼此大吼大叫。必須要有一個充滿尊重的環境，在這環境下，大家會保持開放和期待別人的回饋。如果大家的意見在各自的方向上距離太遠，那麼你就完蛋了！達成這樣的平衡，說比做更容易。

雇用流程是另一個例子。許多公司抱怨他們無法雇用到人、找到多元人才、和獲得好的雇用候選者。其實真正的問題在於它們的雇用流程「太笨拙了」：

1. 首先，公司鼓勵好的求職者前來面試。

2. 下一步，耗費著求職者進行沒用的測試。

3. 接著，惡整他們，讓他們經歷一輪比隨便評估都要來得差勁的面試活動。

4. 然後，完全不跟求職者有任何聯繫並給予他們任何回饋。

5. 當公司沒有好的雇用流程時，他會撒謊表示他們還在面試其他的求職者。

6. 最後，公司會在社交媒體上哭喊著找到多元或者任何適合的人才有多難。

你無法任用到適當的人才是因為流程真的太爛了！待人以尊重，自然別人也會以尊重待你。基於這樣互動產生的聯繫便能展現出留住許多優秀員工的能力，而這些員工都曾經在被錯誤優化的僱用流程上遭遇過不必要的忽視。

卓越的標準

這個步驟對於許多組織來說是一個重大挑戰。大多數的 IT 專家都非常努力地工作，雖然辛苦，卻可以提高他們在技術與卓越的水平。這件事的另一種說法是需要更高程度的自律，對於撰寫軟體、測試、和部署必須要有更高的標準。在部署新技術之前，需要採取更嚴格的措施來閱讀有關新技術的文件。

一個例子是軟體生命週期。在每一個階段，追求更高的標準是必要的。在開始工作之前，撰寫技術的概述和建立設計圖。重要的是永遠不要發佈尚未經過適當 DevOps 生命週期的程式碼。

以基礎設施來說，在許多步驟上需要遵循最佳實踐，無論是 zookeeper 組態設定、EC2 儲存體的組態設定、或者是 Mongo 資料庫、又或者是無伺服器服務。在技術堆疊中的每一個元件都需要被重新審視並且查看是否符合最佳實踐。大多數的時候，都有相關的文件描述如何適當地進行組態設定，但這些文件往往不會被閱讀！儘管這些文件對於技術上有明顯的改善，但保守假設在許多公司大概有超過 50% 的技術堆疊仍然有著不恰當的組態設定。

請注意，我正在為處於「長時間、夜晚與週末假期」的工作與遵循卓越標準和高度紀律的工作兩者之間做出明確的區別。在軟體行業中，有太多的夜晚和週末需要工作，和缺乏紀律性的情況。和僅是告訴某人要花更多時間、更努力地工作相比，低估缺乏標準與控制的重要性是更嚴重的錯誤。

最後，當要為許多公司建議策略的方向時，需要有更高的標準來收集大量的數據。提出「遷移到新的資料中心」或「追逐遠大目標」的策略，卻缺乏任何真正的量化分析的狀況，只是指出在管理的許多層面上缺乏紀律和流程，僅透過管理團隊成員時常陳述的事實作為意見，而沒有任何數據的支撐，這樣是遠遠不足的。管理需要高標準，公司中的每個人無論何時都可以看到使用數據（而不是意見、階級、鬥爭或對佣金的渴望）來進行決策。

外部支持與認可

從過往的經驗中，對於 DevOps 專家來說，外部支持與認可存在一些真實的問題。一個顯而易見的例子就是待命（on call）。在科技領域，很多事情已經獲得大大地改善。但即使到今天，許多專門處理系統告警的人如何努力地工作，以及待命過程中是如何地面臨挑戰，這些貢獻都未能被認可。

在許多組織裡，努力工作並沒有獲得明顯的回報，如自願待命。關於這樣的情況，倒是有個先例。因為你足夠狡猾能夠擺脫較低階的工作，所以能夠透過逃避職務來獲得升遷。我曾經與一位工作者共事，他說答應待命是「不聰明的」（按他的話說），所以當他還是工程師時，他拒絕待命，逃避他的職務，然後獲得了晉升。當領導者沒有落實團隊內工作的承諾和表現出低於平均水準的誠信，那麼期待團隊有非凡的貢獻將是相當困難的。

缺乏外部支持的另一個例子是，一個部門將艱難的任務丟到另一個部門身上。他們常常會說「這是 DevOps，這不是我的工作」。我曾經看過銷售工程師團隊建立了許多不同的環境：資料中心、機架式主機空間、AWS 環境。銷售團隊持續地安排人員為此待命，即使這些人員從未參與這些環境的建構。當銷售工程師需要面對這個待命的議題時，他會說他是銷售人員，這「不是他的工作」。待命的工程人員沒有存取過他所設置的機器。這些機器被錯誤的設置且不時地發出告警。這裡要傳遞的明確訊息是「不要當傻子」，並且身陷於待命之中，「聰明」人縮小他的責任範圍，並且將這些責任委派給那些地位較低的「傻子」。

還有一個缺乏外部支持的例子，就是我所工作過的公司意外地將客戶資料全刪掉了。銷售工程師一開始就錯誤地設置機器，使得機器沒有足夠的空間支持客戶期待的資料保留週期。雖然持續地清理資料是在 DevOps 這個「傻子」的手上。

一天當中會有數次需要進行危險的 Unix 指令來維護機器，而這些操作往往發生在深夜。不讓人訝異地，DevOps 團隊的某個成員不小心打錯指令，刪除了客戶的資料。銷售工程師非常生氣，他拒絕讓客戶知道，而試圖強迫 DevOps 工程師打電話給客戶並且道歉。公司有著脆弱的外部支持，而且管理層允許個人處在如此委屈的情形下，這是有問題的。這個行為傳遞著一個明確的訊息，那就是管理層沒有針對困難的問題進行處理（如解決不成熟、或沒有紀律的行為），反而只是將它轉移到 DevOps。

具原則性的領導

在我曾經工作過的公司裡，有一些關於具原則性的領導的好例子，以及一些不幸的案例。Larson 和 LaFasto 提及一個轉型領袖，「透過持續地為自己定位來建立信任」——確保領導者的行為體現了理想和願景落實的過程。舉例來說，一位 CTO 透過為一個危機待命多月，來展現對每個人的支持與聲援。這種行為就是個具體的例子—通過不要求他人做自己也不會做的事情。當一個人願意犧牲並且處於不便，責任感便會因此產生，進而擴散到周遭的人和團隊。

具有原則性的領導另一個很好的例子就是一位產品經理和前端的團隊。她「要求」前端團隊使用 ticket 系統並且按照範例，主動地處理並且剔除工作佇列上的項目。最終，UX 工程師學會了使用這個方法，並且了解這個方法對計劃的重要性。她可能只是說「大家一起使用這個系統」，而不只是自己默默地使用著。這樣的情況帶來了一個真正的成功，而這個成功可以被量化評估。這個量化評估就是 ticket 的完成速率，這個速率正是產品經理時時監控著、並且希望改善的指標。

另一方面，新創公司 CEO 所提倡的實踐當中，有一些卻是沒有原則性的。有些人會時常寄信告訴大家要晚點下班，然而自己卻在下午 4:00 就回家了。團隊會注意到這樣的行為，而這樣的行為所導致的一些影響將會永遠存在。這種行為的另一種稱呼方式就是「不真誠的領導（inauthentic leadership）」。

我曾經看過 DevOps 團隊被騷擾並且受到相當程度的傷害，騷擾源自於批判這個團隊工作不夠努力、或者是沒有能力。如果這樣的評論來自一個常常早走而且拒絕擔負一些較具挑戰性任務的人，帶來的傷害尤其大。騷擾是相當可怕的，尤其是當它來自一位可以名正言順地過著爽日子、而且還能威脅他人的人時，這樣的騷擾更讓人難以承受。

Larson 和 LaFasto 也提到，任何團隊若在下列三類的自我評分低時，那這樣的團隊將不會持久：

- 明確且逐步提升的目標

- 有能力的團隊成員

- 卓越的標準

訪談

Glenn Solomon

你有什麼簡短的智慧箴言可以提供給 *Python* 和 *DevOps* 從業人員？

所有公司都將變成軟體公司。將會有四到五家公司成為這波成長的基石。DevOps 是這個演進中一個重要的關鍵。改變的速度很重要，將會創造出新的和不同的工作。

個人網站

https://goinglongblog.com

公司網站

https://www.ggvc.com

公開聯絡資訊

https://www.linkedin.com/in/glennsolomon

Andrew Nguyen

你在哪裡工作？在那裡做什麼？

我是舊金山大學的健康資訊科學專案總監和健康專業系主任。我的研究興趣涉及應用機器／深度學習於醫療照護數據，尤其關注非結構化的資料。這包括使用 NLP 處理文字內容、以及對感測器資料進行訊號處理和分析，這兩者都受益於深度學習的進步。

我也是 qlaro, Inc. 的創始人兼 CTO，這是一家數位健康新創公司，致力於使用機器學習和 NLP 來使癌症患者從診斷到復原的過程中更有自主性。我們幫助患者確定下一步需要做什麼、以及如何向醫生和護理團隊提出問題，以尋求最好的協助。

你最喜歡的雲是什麼？為什麼？

當我開始探索雲服務時（主要從 IaaS 的角度）是使用 AWS，我最近開始使用 GCP。我當時之所以做出轉換，純粹是為了要節省執行 HIPAA 相容解決方案的成本。從那時起，因為經常使用所帶來的方便性，導致我一直採用 GCP 作為解決方案，但如果可能的話，我會盡可能使用可跨平台的工具來最小化其影響。

從機器學習的角度來看，我更像是不可知論者且樂於使用 AWS 或 GCP，這取決於機器學習專案的具體情況。例如，在我的下一個專案（將涉及收集、儲存和處理大量數據）中，鑑於要能在各種運行程式（包括 Google Dataflow）上，輕鬆開發和運行 Apache Beam，我正計劃使用 GCP。

你何時開始使用 *Python*？

大約 15 年前，當 Django 首次發佈時，我就開始使用 Python 作為網路服務的開發語言。從那時起，我一直將它當作通用的程式設計／腳本語言，以及資料科學語言。

你最喜歡 *Python* 哪一點？

我最喜歡的是它是一種普遍存在的、可解釋的、物件導向的語言。它幾乎可在任何系統上運行，並且提供著 OOP 所帶來的威力，以及可解釋腳本語言的簡單性。

你最不喜歡 *Python* 哪一點？

空格。我了解 Python 之所以使用空格的原因。但是，當試著要判斷一個函式的範圍，而它又超過螢幕能顯示的情況時，這真的很惱人。

軟體產業在十年後將是什麼樣子？

我想我們將看到越來越多的人，在不用寫太多程式碼的情況下就能從事「軟體開發」。類似於 Word 和 Google Docs 不用手動進行文字處理即可讓每個人輕鬆形成文件的方式，我認為人們將能夠編寫小功能或使用 GUI 來處理簡單的業務邏輯。從某種意義上說，隨著 AWS Lambda 和 Google Cloud Functions 之類的工具成為常態，我們將看到越來越多立即可用的功能，而這些功能不需要正式電腦科學訓練即可有效使用。

你會缺乏怎樣的技術？

我將缺少 MLaaS（機器學習即服務）公司，即純粹專注於機器學習演算法的公司。正如我們不會看到提供類似於 AutoML 或 SageMaker 能讓大多數公司擁有自主 ML 能力的文字處理服務、工具、和平台的公司。雖然我們無法使用此類工具解決所有 ML 問題，但可能可解決其中的 80％至 90％。因此，仍然會有一些公司創建新的

ML 方法或將 ML 作為其提供的服務，但是我們將看到主要雲供應商之間的大規模整合（與我們今天看到無止盡的「從事機器學習」公司相比）。

你會推薦對 *Python DevOps* 感興趣的人去學習的最重要技能是什麼？

學習其概念，而不僅僅是工具。新的典範將來來去去；但是每種典範，我們都會看到數十種的競爭工具和程式庫。如果你僅學習特定的工具或程式庫，那麼當新的典範突然出現並取代舊有典範時，你將很快就落後。

你會推薦某人去學習的最重要技能是什麼？

學習如何去學習。弄清楚如何學習，以及如何快快地學習。如同摩爾定律（我們看到每一代處理器的速度都比前一代翻了一倍），我們也將看到 DevOps 工具正在加速增長。有些建構於現有方法之上，而另一些則試圖取代它們。無論如何，你都需要了解自己的學習方法，以便你可以快速而有效地了解持續增長的工具，然後迅速決定是否值得探究。

告訴讀者關於你做過的一些很酷的事。

我喜歡健行、背包旅行，通常是在野外。在閒暇時間，我是當地警局搜救隊的志工，平常協助尋找在森林中失蹤的人，也會參於救助如加州營溪大火那樣的災難。

Gabriella Roman

你的名字是？目前的職業是什麼？

你好！我的名字叫 Gabriella Roman，我目前是波士頓大學電腦科學系的大學生。

你在哪裡工作？在那裡做什麼？

我是 Red Hat, Inc. 的一名實習生，我在其中的 Ceph 團隊工作。我主要從事 ceph-medic，這是一種檢查 Ceph 叢集的 Python 工具，其可以修復舊檢查中的錯誤或解決新檢查中的問題。我還與 DocUBetter 團隊一起更新 Ceph 的文件。

你最喜歡的雲是什麼？為什麼？

雖然我只真正使用過 Google Cloud Storage，但我無法說明為什麼它是我最喜歡的。我只是碰巧嘗試它，也沒有太多理由不喜歡它，在過去的十年中我一直是它的忠實使用者。我喜歡它的簡單介面，且身為一個不喜歡處於數位雜亂（digital clutter）的人，15 GB 的限制不會對我產生困擾。

你何時開始使用 *Python*？

我在大二下學期參加的電腦科學入門課程中首次學習了 Python。

你最喜歡 *Python* 哪一點？

它的可讀性。Python 的語法是最簡單的程式設計語言之一，因此對初學者來說是一個很不錯的選擇。

你最不喜歡 *Python* 哪一點？

我還沒有足夠的其他程式設計語言經驗以進行比較。

軟體產業在十年後將是什麼樣子？

幾乎不可能知道未來會變成什麼樣子，尤其是在一個不斷變化的領域。我只能說我希望軟體產業繼續朝著正向的方向發展，且軟體不被非法使用。

你會推薦對 *Python* 感興趣的人去學習的最重要技能是什麼？

練習好的程式碼風格，尤其是與團隊合作時，這有助於避免很多不必要的麻煩。作為 Python 新手，我發現在閱讀組織有序且具有詳細說明的程式碼時，特別有幫助。

你會推薦某人去學習的最重要技能是什麼？

願意學習新事物！這不是一種技能，比較是一種心態。我們一直不斷在學習（即使我們沒預料到），因此請保持開放的心態，並允許他人與你分享他的知識！

告訴讀者關於你做過的一些很酷的事。

我真的很享受電玩！我最喜歡的一些遊戲是「最後生還者」、「虛空騎士」和「英雄聯盟」。

專業網站

https://www.linkedin.com/in/gabriellasroman

Rigoberto Roche

你在哪裡工作？在那裡做什麼？

我在 NASA 的 Glenn 研究中心工作，擔任機器學習和智慧演算法團隊的首席工程師。我的工作是開發決策演算法，以控制太空通訊和導航的各個部分。

你最喜歡的雲是什麼？為什麼？

Amazon Web Services，因為它是我在工作過程中最常使用的雲平台。

你何時開始使用 *Python*？

2014 年。

你最喜歡 *Python* 哪一點？

易於閱讀的程式碼和開發時間短。

你最不喜歡 *Python* 哪一點？

空格分界。

軟體產業在十年後將是什麼樣子？

很難說。似乎有雲計算和分散式程式設計的趨勢，這將驅使開發人員成為一切工作的獨立承包方。這將變成一種零工經濟，而不是大型商業產業。最大的轉變將是：使用自動程式碼設計工具將創意開發與語法學習任務分開。這可以打開大門給更多有創造力的專業人員，以開發新事物和新系統。

你會缺乏怎樣的技術？

Uber 和 Lyft。任何可以運用狹義 AI 去自動化的人力勞動：駕駛、倉儲、律師助理工作。可以用深度學習去解決的問題。

你會推薦對 *Python DevOps* 感興趣的人去學習的最重要技能是什麼？

快速學習的能力，基準是「你能在一個月或更短的時間內變成別人的威脅嗎？」。另一個則是透過親手實作並且了解理論之外更多的實務知識，獲得「像物理學家一樣」去理解和從基本原理建構的能力。

你會推薦某人去學習的最重要技能是什麼？

腦力訓練（記憶殿堂）、番茄工作法（pomodoro technique）和用於內容吸收的間隔回想自我測試。

告訴讀者關於你做過的一些很酷的事。

我喜歡像 Rickson Gracie 風格的巴西柔術，和以色列近身格鬥術這樣的格鬥訓練系統。在這世上，我所熱衷的是去建立一個真正會思考的機器。

個人網站

去 google 我的名字即可。

個人部落格

還沒有。

公司網站

www.nasa.gov（*https://www.nasa.gov*）

公開聯絡資訊

rigo.j.roche@gmail.com

Jonathan LaCour

你在哪裡工作？在那裡做什麼？

我是 Mission 的 CTO，這是一家專注於 AWS 的雲端顧問和管理服務供應商。在 Mission，我領導服務產品的創建和定義，並帶領平台團隊，該團隊致力於運用自動化來提高效率和品質。

你最喜歡的雲是什麼？為什麼？

同時作為公有雲服務的消費者和建構者，我與公有雲的淵源很深。這樣的經驗讓我了解到 AWS 提供了最深、最廣和最廣泛的公有雲。由於 AWS 是明顯的市場領導者，因此他們也擁有最大的開源工具、框架、和專案的社群。

你何時開始使用 *Python*？

我第一次開始用 Python 進行程式設計，是在 1996 年末 Python 1.4 發行的時候。當時我還在讀高中，但在課餘時間為一家醫療照護公司寫程式。Python 立刻讓我有「歸屬感」，從那時起，它就一直是我的首選語言。

你最喜歡 *Python* 哪一點？

Python 是一種非常容易上手的語言，它很容易消失在背景，使開發人員可以專注於解決問題，而不用跟不必要的複雜性搏鬥。結論就是 Python 非常有趣！

你最不喜歡 *Python* 哪一點？

Python 應用程式的部署和發佈比我想的更加困難。如果使用如 Go 之類的語言，應用程式可以建在易於發佈的可攜式二進制檔中，但 Python 在這方面則需要花費較多精力。

軟體產業在十年後將是什麼樣子？

過去十年是關於公有雲服務的崛起，重點是基礎設施作為代碼和基礎設施自動化。我相信未來 10 年將是無伺服器架構和託管服務的興起。應用程序將不再圍繞「伺服器」的概念構建，而是圍繞服務和功能構建。許多服務將從伺服器過渡到容器編排平台（例如 Kubernetes），而其他服務將直接跳到無伺服器架構上。

你會缺乏怎樣的技術？

區塊鏈。儘管這是一項有趣的技術，但其適用範圍的過度膨脹程度令人震驚，這個領域充滿了叫賣的小販和宣稱區塊鏈可以解決所有問題的江湖騙子。

你會推薦對 *Python DevOps* 感興趣的人去學習的最重要技能是什麼？

自從 1996 年我第一次使用 Python 以來，我發現學習最重要的驅動力是好奇心和實現自動化的動力。Python 是令人難以置信的自動化工具，好奇心強的人可以不斷找到新方法來自動化從業務系統到家庭的一切。我鼓勵任何開始使用 Python 的人透過解決 Python 的實際問題尋找機會來「解解自己的技術癢」。

你會推薦某人去學習的最重要技能是什麼？

同理心。技術者經常擁抱新科技，卻沒有考量對人類和對彼此的影響。對我而言，同理心是個人的核心價值，它幫助我成為一名更好的技術者、管理者、領導者和人。

告訴讀者關於你做過的一些很酷的事。

最近三年來，我一直在整理並且復原自己的個人網站，把我從 2002 年開始寫的內容恢復。現在，我的網站是我個人記憶、照片、寫作等的儲存區。

個人網站

https://cleverdevil.io

個人部落格

https://cleverdevil.io

公司網站

https://www.missioncloud.com

公開聯絡資訊

https://cleverdevil.io

Ville Tuulos

你在哪裡工作？在那裡做什麼？

我在 Netflix 工作，並且領導機器學習基礎設施團隊。我們的工作是提供平台給資料科學家們，讓他們能夠迅速地建立端到端的 ML 工作流的雛型，並且將它們有信心地部署到正式環境。

你最喜歡的雲是什麼？為什麼？

我是 AWS 的狂熱使用者。我從 2006 年 EC2 beta 版本時便開始使用 AWS。AWS 不停地在技術和作為一項事業兩方面，讓我印象深刻。它們的核心基礎設施（如 S3）在擴展和執行上都有極佳的表現，而且它們十分穩健。從一個生意的觀點來看，他們做對了兩件事。他們擁抱開源技術，這使得在許多情況下，它們的工具更容易被採用，而且他們相當在意顧客的反饋。

你何時開始使用 *Python*？

我大約在 2001 年開始使用 Python。我記得在我開始使用 Python 沒多久後，就對生成器和生成器表達式的釋出感到非常興奮。

你最喜歡 *Python* 哪一點？

一般來說，我熱衷於程式設計語言。不只是因為技術，還因為它是人類溝通的一種媒介，也是一種文化。Python 是極為平衡的語言。從許多方面來看，它是一個簡單而且易於使用的語言，但同時又有足夠的表現能力可以處理複雜的應用程式。它不是一個高效能的語言，但在多數的例子裡，尤其當談到 I/O 的情況下，它已經有足夠的效能。許多其他的語言都針對某種特定的情況進行了優化，但只有少數語言如 Python 一樣具有全面性。

此外，CPython 的實作是直接根植在 C 語言，而且要比 JVM、V8 和 Go 的執行環境來得簡單，這也讓它容易在需要的時候，進行除錯和擴充。

你最不喜歡 *Python* 哪一點？

從作為全面性且通用的語言的另一個面向上來看，那就是 Python 對於任特定的使用情節來說，都不是一個優化的程式語言。當我在處理任何效能偏重的問題時，我想念 C。當我正在建立任何需要同步處理的問題時，我想念 Erlang。而當竄改演算法時，我想念 OCaml 的型態推論。矛盾的是，當使用任何這些提及的語言時，我想念通用性、實用性、和 Python 社群。

軟體產業在十年後將是什麼樣子？

如果你觀察過去 50 年計算領域，這個趨勢是相當明確的。軟體正在征服世界，而且軟體產業持續地在技術堆疊中往上提升。和過去相比，專注在硬體、作業系統、和低階程式語言的人變少了，撰寫軟體的人越來越多，即使他們在技術堆疊中較低層別的知識和經驗較不充足，也沒關係。我認為這個趨勢為迄今為止 Python 的成功，有著巨大的貢獻。我預測我們將會在未來看到越來越多以人為中心的解決方案（如 Python），所以我們能為持續增加的軟體製造人才賦予能力。

你會缺乏怎樣的技術？

我傾向缺少那些假設上技術成分多過於人的技術。歷史上滿佈著技術上卓越、但卻未能滿足使用者真實需求的科技。採取這樣的立場並不容易，因為工程的直覺會自然而然認為技術上的優雅解決方案本就應該贏得勝利。

你會推薦對 Python DevOps 感興趣的人去學習的最重要技能是什麼？

我會特別建議任何專注於 Python、DevOps 的人要學一些有關函式程式設計，不需要過於硬核，只需要有關冪等性、函式合成、和不可變性的好處的觀念。我認為函式的觀念對於大規模的 DevOps 是非常有用的：如何去思索不可變的基礎設施、打包…等。

你會推薦某人去學習的最重要技能是什麼？

學習如何去分辨怎樣的問題是值得解決的是重要的技能。我觀察到許多軟體專案對某個問題投入了大量的資源去解決，但最終都證明了那個問題一點也不重要。我發現 Python 就是一個好的磨練這種技能的方法，因為它能夠讓你快速地建立具有完整功能的雛形，而那可以幫助你發現什麼是重要的。

告訴讀者關於你做過的一些很酷的事。

我和朋友一起入侵了一款在紐約進行的城市遊戲，玩家使用他們的手機拍攝的照片都會立即放映到時代廣場的巨型廣告看板上，這個遊戲（包含手機端的程式）的新奇之處是它採用了 Python 進行實作。更酷的是這個遊戲發生在 2006 年，在那個比 iPhone 還早的那個智慧型手機侏儸紀時代。

個人網站

https://www.linkedin.com/in/villetuulos

公司網站

https://research.netflix.com

公開聯絡資訊

@vtuulos on Twitter

Joseph Reis

你在哪裡工作？在那裡做什麼？

我是 Ternary Data 的共同創辦人。我主要負責銷售、行銷、和產品開發。

你最喜歡的雲是什麼？為什麼？

很難在 AWS 和 Google Cloud 兩者之間抉擇。我發現 AWS 對於應用程式開發較好，但 Google 在資料和 ML/AI 上有優越的表現。

你何時開始使用 *Python*？

2009 年。

你最喜歡 *Python* 哪一點？

（通常）只有一種處理事情的方法，便可以減少需要為手邊的問題找到最佳解方法時，所產生的精神上負擔。那就是只用 Python，並且持續使用。

你最不喜歡 *Python* 哪一點？

GIL 是我最不喜歡的東西。幸運的是，世界正朝著為 GIL 找出解決方法的方向前進。

軟體產業在十年後將是什麼樣子？

可能與現在非常相似，但是最佳的實踐與新工具的迭代週期變得更快。舊的東西又變得新潮起來，而新的東西又變得舊了。唯一不會改變的是人。

你會缺乏怎樣的技術？

短期內我看壞 AI，但在未來的數十年中，我看好 AI。太多關於 AI 的炒作暴露出在短期內幻滅的風險。

你會推薦對 *Python DevOps* 感興趣的人去學習的最重要技能是什麼？

盡可能地自動化所有的事情。Python 是一個很好的語言，可以簡化你的生活和你公司的流程。善用這樣強大的能力是毋庸置疑的。

你會推薦某人去學習的最重要技能是什麼？

學習擁有一個成長心態。保持靈活、適應性強、並且能夠學習新的事物將使你具有持續的競爭力。隨著技術（乃至於整個世界）的飛快變化，將有無窮的機會可以學習⋯主要是因為你必須如此 :)。

告訴讀者關於你做過的一些很酷的事。

我曾經是攀岩迷、俱樂部 DJ、和冒險家。現在我是一個有工作的攀岩者，我仍然是 DJ，並且我會盡可能地冒險。所以，與過去沒有太大的變化，但是探索和做危險事情的渴望仍持續著。

個人網站和部落格

https://josephreis.com

公司網站

https://ternarydata.com

公開聯絡資訊

josephreis@gmail.com

Teijo Holzer

你在哪裡工作？在那裡做什麼？

我曾經在位於紐西蘭的 Weta Digital 擔任資深軟體工程師長達十二年之久，主要負責軟體開發（主要是 Python 和 C++），但也偶爾會負責系統工程師和 DevOps 的任務。

你最喜歡的雲是什麼？為什麼？

絕對是 AWS。

它們所提供的主要功能之一是對持續整合和交付的支援。在軟體工程裡，你想要盡可能地將許多平凡的任務自動化，使得你能夠專注在新穎軟體開發過程中最有趣的部分。你通常不想要去思考的事情是建置程式碼、執行既有的自動測試、發佈和部署新的版本、重啟服務等，所以你想要依賴如 Ansible、Puppet、Jenkins 等工具在某些特定的條件下，自動化地執行這些任務（舉例來說，當你合併一個新的功能分支到主幹上時）。

另一個大加分是可取得的線上論壇支援（如 Stack Overflow 等）。身為在雲端平台市場上目前的市場領導者，自然會產生龐大的使用者問題和相關的解決方式。

你何時開始使用 Python？

我 15 年前開始使用 Python，並且擁有超過 12 年的專業 Python 經驗。

你最喜歡 Python 哪一點？

不需要重新格式化你的程式碼。選擇使用空格表示語法／語意，這意味著其他人的 Python 程式碼立即具有很高的可讀性。我也喜歡 Python 的授權，這導致 Python 被大量採用成為許多第三方商業應用程式的腳本語言。

你最不喜歡 Python 哪一點？

很難以可靠且有效率的方式執行高度同步的任務。在 Python 中，仍然很難在複雜的環境中實現高效率和可靠的執行緒與多進程。

軟體產業在十年後將是什麼樣子？

我認為將基於現有基礎設施和內部工具，在具有競爭力的時效內，更加地著重於整合和交付以顧客為中心的解決方案。沒有必要持續地重新發明輪子，因此系統工程和 DevOps 技能將會在軟體產業中變得更為重要。你要能夠在需要的時候快速地擴展。

你會缺乏怎樣的技術？

任何系統都存在單點失效的問題。建立一個穩健的系統需要你認知到所有系統最終都會失效，所以你需要在每個層面上去處理失效的問題。首先在你的程式碼裡不要使用斷言語句，一律提供高可用、多主資料庫。當有許多使用者 24/7 地依賴於你的系統時，建立容錯系統尤其重要，即使是 AWS 也只提供了 99.95% 的正常運行時間。

你會推薦對 Python DevOps 感興趣的人去學習的最重要技能是什麼？

快速的自動化。每當你發現一次又一次地重複著相同的任務，或者你發現自己一再等待某個長時間運行的任務完成，問問你自己：我要如何自動化並且提高那些任務的執行速度？對於有效的 DevOps 工作來說，耗時較短的處理時間是重要的。

你會推薦某人去學習的最重要技能是什麼？

快速的自動化，如上述所論。

告訴讀者關於你做過的一些很酷的事。

我喜歡在 Python 大會中演講。尋找我最近有關 Python 在 Kiwi PyCon X 中的演講 Threading and Qt。

近期演講

https://python.nz/kiwipycon.talk.teijoholzer

公司網站

http://www.wetafx.co.nz

Matt Harrison

你在哪裡工作？在那裡做什麼？

我在自己創立的 MetaSnake 裡工作，它提供有關 Python 和資料科學的企業培訓和顧問服務。我花了一半的時間在教工程師們如何提高 Python 的效率或如何進行資料科學，另一半的時間則是諮詢和幫助公司善用這些科技。

你最喜歡的雲是什麼？為什麼？

我過去同時使用 Google 和 AWS。它們（和其他提供商）對於 Python 提供絕佳的支援，而這正是我所喜愛的地方。我沒有特別的喜好，但我很高興有多個雲端提供商，因為我相信競爭會帶來更好的產品。

你何時開始使用 *Python*？

我在 2000 年開始使用 Python，那時我正在一家小的新創公司實作搜尋。一位同事和我需要建立小的雛型。我推薦使用 Perl，他想要使用 TCL。Python 是一個折衷的方案，因為我們兩個都不願意使用對方的偏好技術。從那刻起，我相信我們兩個都忘記了以前用過什麼，並且在那之後一直使用 Python。

你最喜歡 *Python* 哪一點？

Python 非常適合我的思考模式。它可以很容易地從簡單的地方著手開始打造一個 MVP，然後將它產品化。我真的很享受使用 notebook 的環境（如 Jupyter 和 Colab），它們使資料分析真正具有互動性。

你最不喜歡 *Python* 哪一點？

類別的內建文件字串（就像串列和字典）需要一些清理。它們對於新手來說太難理解。

軟體產業在十年後將是什麼樣子？

我沒有水晶球。對我來說，十年前和現在的主要差異就是善用雲端。否則，我仍然使用著許多相同的工具。我預期在下一個十年程式設計是非常相似的，仍然會發生差一錯誤（off-by-one error）、CSS 依然艱深，或許部署可能會稍微簡單些。

你會缺乏怎樣的技術？

我想像用於資料分析的私有工具將會像恐龍那樣滅亡。它們可能會透過開源來拯救自己，但這太微不足道且太遲了。

你會推薦對 *Python DevOps* 感興趣的人去學習的最重要技能是什麼？

我認為好奇心和有意願去學習是非常重要的，尤其是因為許多工具的變化相當迅速。似乎總有新的產品或者是新的軟體。

你會推薦某人去學習的最重要技能是什麼？

我有兩個推薦。一，學習如何進行學習。人們以不同的方式進行學習，找到適合你的方式。

另一個技能並不是關於技術，是學習如何建立網路。這不一定是骯髒的詞彙，對於技術人員來說是非常有用的。我大多數的工作都是來自於網路，這會為你帶來巨大的好處。

告訴讀者關於你做過的一些很酷的事。

我喜歡到戶外。可能進行跑步、極限健行、或者是滑雪。

個人網站 / 部落格

https://hairysun.com

公司網站

https://www.metasnake.com

公開聯絡資訊

matt@metasnake.com

Michael Foord

你在哪裡工作？在那裡做什麼？

我最後的兩份工作是關於 DevOps 的工具，這導致我對於這個主題有些不情願的心態。不情願的原因是我一直對 DevOps 運動抱持著懷疑的態度，我認為那大多是因為經理人希望開發者也擔負著系統管理員的工作。我發現我真正關心的 DevOps 部分是系統性的思考模式，以及將這樣的思考模式融入開發流程中。

我在 Canonical 公司工作三年，主要從事開發 Juju（一段使用 Go 且令人感興趣的探索旅程），然後在 Red Hat 一年，為 Ansible Tower 打造一個自動化測試系統。從那之後，我開始自雇，提供培訓、團隊指導、和合約勞務的服務，包括我現在正在進行的 AI 專案。

在業餘的時間裡，我擔任 Python 核心開發團隊的一員，致力於 Python 的發展。

你最喜歡的雲是什麼？為什麼？

我將把這個問題先擱置一邊。所有的雲我都喜歡，或者是說我沒有很在意我正在使用哪一個雲。

Juju 模型採用與後端無關的方式描述你的系統。它提供一個模型語言來描述你的服務和服務之間的關係，這些服務接著可能會被部署到任何的雲之上。

這樣可以讓你從 AWS 或 Azure 開始開發你的服務，當因為成本和資料安全因素，將它遷移到一個私有雲上（如 Kubernetes 或 OpenStack）時，不需要改變你的工具。

因為我喜歡控制我主要依賴的工具，所以我偏好使用如 OpenStack 之類的工具，而不是公有雲。我也是 Canonical 的 MaaS（Metal As A Service）的愛用者，它是一家裸機提供商。就像用果仁餡餅開啟美好的一天一樣，你可以直接使用它，也可以將其用作通過私有雲管理硬體的基礎。我撰寫了 Juju 程式碼以便連接到 MaaS 2 API，而這讓我對它印象深刻。

相較於 Docker（近來就像是個異端），我比較會是一個 LXC/LXD 或者 KVM 虛擬化的愛好者，所以 Kubernetes 或 OpenShift 不是我的首選工具。

對於商用的專案，我有時候會建議使用 VMware 雲端解決方案，僅僅只是因為找得到運行這些系統的管理員。

你何時開始使用 *Python*？

我大約是在 2002 年時開始使用 Python 進行程式設計，來作為嗜好。我非常喜歡它，於是我在 2006 年開始了全職的程式設計。我很幸運地找到了一份在倫敦金融技術新創的工作，我在那裡真正地學到了軟體工程的技巧。

你最喜歡 *Python* 哪一點？

就是實用主義。Python 是極為務實的，這使得它對於實際的任務相當地有用。這樣的概念延伸到物件系統，這個系統也努力地使得理論能夠與實際的狀況對應。

這也就是為什麼我喜歡教 Python。以大部分的內容來說，理論就像實際一樣，使得你在教導理論的同時，就是在教導實際使用方式。

你最不喜歡 *Python* 哪一點？

Python 是個老語言，如果你匯入了標準的函式庫，那將會是相當大的負擔。Python 有一些小問題，如描述器協議缺乏對稱性，這意味著你不能為一個類別的描述器轉寫一個 setter 方法。但這基本上都是次要的。

對我而言最大的（也是大多數人會同意的）缺點，就是缺乏真正的無限制執行緒。在多核的世界裡，這點變得越來越重要，而 Python 社群多年來都不願承認這件事。幸虧我們現在看到了核心開發團隊正踩著實際的步伐要來解決它們。子編譯器支援多個 PEP，並且可以主動地運行。也有人正看著 [可能] 如何為垃圾回收機制移除參照計數，這會使得無限制執行緒變得更加容易。實際上，大多數相關的實作都已經在 Larry Hastings 的 Gilectomy 實驗中完成，但目前仍被參照計數所阻礙著。

軟體產業在十年後將是什麼樣子？

我認為我們正處於 AI 淘金熱的初期。那將會產生數以千計短命且無用的產品，但也完全地改變了產業。AI 會是大多數大型系統的標準組件。

此外，DevOps 正為我們提供一個方式來思考系統開發、部署、與維護。我們已經看見它在微服務和多種語言環境中產生效果。我認為我們將會看到新一個世代的 DevOps 工具崛起，這些工具使得系統思考更為親民且普遍、系統更容易被建置、和大型系統更容易被維護。這些都將成為「已被解決的問題」，而前沿領域將擴展至那些尚未被描述的新挑戰。

你會缺乏怎樣的技術？

噢！一個很挑戰的問題。我要說一下當代的 DevOps 工具。

DevOps 的天才正撰寫著部署的精隨和組態設定的知識，例如 Ansible 的 playbook，和 Juju 的 Charms。

理想的 DevOps 工具不只是能讓你用無關後端服務的方式來描述並且編排系統，也會結合監控和對系統狀態的了解。這個工具會使得部署、測試、重新組態設定、擴展、和自癒力變成直接且標準的功能。

或許我們會需要一個雲端的 App Store。我認為很多人試著想要打造它。

你會推薦對 *Python DevOps* 感興趣的人去學習的最重要技能是什麼？

我傾向做中學，所以很討厭被告知要學些什麼。我曾經就是為了學習新技能，而從事某些工作。當我在 Canonical 開始工作，那是因為我想要學會網路服務開發。

所以實際的經驗勝過學習。話雖如此，虛擬機器和容器都可能成為系統設計與部署的基本單位。能夠輕易帶著走的容器都十分強大。

善用網路是很難的，卻是重要而且非常有價值的技能。透過軟體定義網路，將它們與容器結合，從而實現了一個強而有效的組合。

你會推薦某人去學習的最重要技能是什麼？

你永遠無法擁有足夠的知識，所以最重要的技能是能夠學習並且改變。如果你能改變，你就永遠不會陷入泥濘而無法動彈。被卡住是世界上最糟糕的事了。

告訴讀者關於你做過的一些很酷的事。

我從劍橋大學退學、我曾經無家可歸、我住在一個社區裡常達數年之久、我賣了 10 年的磚塊，我告訴自己應該學會程式設計。現在我是 Python 核心開發團隊的成員，而且有幸能夠旅遊到世界各地，談論和教導 Python。

個人網站 / 部落格

http://www.voidspace.org.uk

公開聯絡資訊

michael@voidspace.org.uk

建議

「所有模型都是錯的…但有些是有用的」無疑地適用於有關 DevOps 的建議。我的分析中有一些要素絕對是錯誤的，但其中有些會是有用的。我個人的偏見肯定會表現在我的分析裡。儘管我的分析中有些潛在的錯誤，而且可能非常地偏差，但是大多數公司的管理層顯然需要解決一些緊急問題。以下是一些優先級高的問題：

1. 地位狀態差異已經導致當責的問題，軟體穩定度是一個極常見例子。工程經理（尤其是新創公司的創辦人）特別需要認知到非正式地位狀態所產生的閉合是如何影響軟體品質並進行修復。

2. 在許多組織裡，有著從事無意義活動的（發射銀色子彈與修復破窗）文化。

3. 在許多組織裡，有無效或無意義的卓越標準，並且普遍缺乏工程上的紀律。

4. 從文化上來說，資料沒有被用來進行決策。而是以高薪者的意見（HIPO）、地位狀態、鬥爭、直覺、甚至是透過擲骰子的結果來當作決策的理由。

5. 高階管理層不願真正理解「機會成本」所代表的意思，而且因為缺乏真正的理解導致固化的階層。

6. 正如資深資料科學家 Jeremy Howard 在 Kaggle 上所說的，需要增加對於菁英管理的專注，而不是在"誇大其辭與胡說八道"上。

正確的事情可以在數月內就到位：ticket 系統、程式碼審查、測試、計畫、規劃日期、還有更多。公司內的高階管理層可以同意進行這些正確的事情，但他們的動作必須與他們的言談一致。高階管理層經常專注於從高威力的獵象槍中發射的銀色子彈，而不是專注於執行、一致性和當責。不幸地是，他們常常錯過想射擊的每一頭大象。高階管理團隊應該要有智慧地從這些錯誤中學習，並且避免圍繞在這些錯誤的負面文化。

練習

- 對於一個有能的團隊，什麼是必要的組成？

- 身為一個團隊的成員，描述三個你可以改善的領域。

- 身為一個團隊的成員，描述三個你擅長的領域。

- 在未來，對於所有公司來說，什麼是正確的？

- 為什麼 DevOps 需要外部支持和認可？

挑戰

- 基於 Larson 和 LaFast 的團隊合作框架，建立一個你目前團隊的詳細分析。

- 讓團隊中的每個人都填寫匿名索引卡，該索引卡對你的每個小組成員都有三個積極的事情和三個有價值的反饋項目（一定要有負面與正面的問題）。進到一個房間，讓每個人閱讀來自團隊成員的索引卡（是的，這確實有用，而且可以為團隊中的個人帶來改變生命的體驗）。

頂級專案

現在來到了本書的最後，有一個可以讓你打造的頂級專案，證明你精通了所有涵蓋的概念：

- 使用本書所探索的想法，建立一個 scikit-learn、PyTorch、或者是 TensorFlow 應用程式，該程式透過 Flask 提供預測服務。當完成所有的任務時，部署這個專案到一個主要的雲端供應商上：

    — 端點和服務健康檢查的監控

    — 持續交付到多種環境

    — 將日誌收集到以雲為基礎的服務上，如 Amazon CloudWatch

    — 對效能進行負載測試並且建立擴展計畫

索引

※ 提醒您：由於翻譯書排版的關係，部分索引名詞的對應頁碼會和實際頁碼有一頁之差。

E

關於作者

Noah Gift 於杜克大學的 MIDS、西北大學的資料科學研究所、加州大學柏克萊分校資料科學研究所、和加州大學戴維斯分校管理研究所，擔任商業分析（MSBA）碩士學程的講師。專業度上，Noah 具有近 20 年的 Python 程式經驗，是 Python 軟體基金會的成員。他曾在多家公司工作，職位包括 CTO、總經理、顧問 CTO 和雲架構師。目前，他正為新創公司和其他公司提供有關機器學習和雲架構的輔導，並作為 Pragmatic AI Labs（*https://paiml.com*）的創始人提供各公司 CTO 的顧問服務。

他已經出版了一百多個技術出版品，其中包括兩本書，內容涉及雲端機器學習、DevOps 等主題，出版品則涉及 O'Reilly、Pearson、DataCamp 和 Udacity。他也是一位通過認證的 AWS 解決方案架構師。Noah 擁有加州大學戴維斯分校的 MBA 學位；加州州立大學洛杉磯分校的電腦資訊系統碩士學位；及加州州立理工大學的營養科學學士學位。你可以用以下方式更了解 Noah：追蹤他的 Github（*https://github.com/noahgift*）、造訪他的個人網站（*https://noahgift.com*）、或在 LinkedIn（*https://www.linkedin.com/in/noahgift*）上與他聯繫。

Kennedy Behrman 是一位資深顧問，專長為初期新創公司設計和執行雲端解決方案架構。他擁有賓州大學的學士和碩士學位，期間取得電腦資訊科技碩士學位、並從事電腦圖學和遊戲程式的研究計畫。

他在資料工程、資料科學、AWS 解決方案和工程管理方面擁有豐富的經驗，並曾擔任許多 Python 和與資料科學相關出版品的技術編輯。作為一名資料科學家，他曾幫助一家新創公司開發私有的成長型駭客機器學習演算法，進而使該平台呈指數增長。之後，他僱用並管理支持該技術的資料科學團隊。除了這些經驗外，他活躍於 Python 語言領域近 15 年，曾對使用者興趣小組進行演講、撰寫文章並擔任許多出版物的技術編輯。

Alfredo Deza 是一位熱情的軟體工程師、狂熱的開源開發人員、Vim 插件的作者、攝影師和前奧運會運動員。他曾在全球各地進行多次開源軟體、個人發展和職業體育相關講座。他曾重建了公司的基礎設施、設計共用儲存、並更換了複雜的建構系統，一直在找尋高效、適應力強的環境。懷著對測試和文件的堅定信念，無論身在何處，他都持續推動穩健的開發實踐。

身為渴望求知的開發人員，Alfredo 常會出現在當地團體的演講場合，提供有關 Python、檔案系統和存儲、系統管理以及職業體育的分享。

Grig Gheorghiu 擁有超過 25 年的產業經驗,擔任過各種角色,例如程序設計師、測試工程師、研究實驗室經理、系統／網路／安全／雲端架構師,和 DevOps 技術主管。在過去的 20 年中,Grig 一直在為大型面向消費者的電子商務網站(像是 Evite 和 NastyGal)建構基礎設施,也領導技術營運和工程團隊。Grig 在羅馬尼亞的布加勒斯特大學取得資訊科學學士學位,並在洛杉磯的南加州大學取得資訊科學碩士學位。

Grig 撰寫有關程式設計、雲端運算、系統管理、資料分析、以及自動化測試工具和技術的文章在 Medium 上(*https://medium.com/@griggheo*),並且喜歡深信他曾拿得的幸運餅籤詩是對的:他擁有機敏的心思、創意的思維,而且具有原創性。

出版記事

本書封面上的動物是地毯莫瑞蟒(學名:*Morelia spilota*),這是一種沒有毒、用絞纏方式掠食的蛇,分布於澳洲以及鄰近的所羅門群島和新幾內亞。是澳洲大陸上分布最廣的蟒蛇之一,從東北的昆士蘭省的熱帶雨林到西南的潟湖林地都可以發現牠們的蹤跡。不難發現地毯莫瑞蟒在花圃穿越、盤在閣樓的椽上、甚至作為家庭寵物。

大多數地毯莫瑞蟒都是橄欖綠色的,帶有深色邊的奶油色斑點。特別的是,其中的叢林地毯莫瑞蟒(學名:*Morelia spilota cheynei*)具有亮黃色和黑色的表皮,使其成為熱門寵物蛇種。成蛇的平均體長為 6.6 英尺,據報導有些成蛇可達 13 英尺。

地毯莫瑞蟒是夜行性獵者,使用排列於嘴邊兩側的熱能感測頰窩渦器來探測鳥類、蜥蜴和小型哺乳動物的體溫。白天,牠們會把自己纏在樹上,或者尋找空曠處曬太陽。雌蛇特別會在早晨曬太陽,並在返回巢穴時將熱能轉移到其卵上。此外,牠們也會收縮肌肉,以產生熱量供給每個夏天所產下的 10 ～ 47 個卵。

雖然地毯莫瑞蟒在物種瀕危的等級為無危(LC,Least Concern),但 O'Reilly 書籍封面上的許多動物都面臨瀕臨絕種的危機,牠們都是這個世界重要的一份子。

封面插圖由 Jose Marzan 所設計,其乃基於 Georges Cuvier 的《*Animal Kingdom*》一書中的黑白版畫而成。

Python for DevOps｜學習精準有效的自動化

作　　　者：Grig Gheorghiu, Noah Gift, Kennedy Behrman, Alfredo Deza
譯　　　者：盧建成
企劃編輯：蔡彤孟
文字編輯：王雅雯
設計裝幀：陶相騰
發 行 人：廖文良

發 行 所：碁峰資訊股份有限公司
地　　址：台北市南港區三重路 66 號 7 樓之 6
電　　話：(02)2788-2408
傳　　真：(02)8192-4433
網　　站：www.gotop.com.tw
書　　號：A629
版　　次：2020 年 10 月初版
建議售價：NT$780

國家圖書館出版品預行編目資料

Python for DevOps：學習精準有效的自動化 / Grig Gheorghiu
　等原著；盧建成譯. -- 初版. -- 臺北市：碁峰資訊, 2020.10
　　面；　　公分
　譯自：Python for DevOps: learn ruthlessly effective automation
　ISBN 978-986-502-607-3(平裝)
　1.Python(電腦程式語言)　2.軟體研發　3.電腦程式設計
312.32P97　　　　　　　　　　　　　　　　　109012805

讀者服務

● 感謝您購買碁峰圖書，如果您對本書的內容或表達上有不清楚的地方或其他建議，請至碁峰網站：「聯絡我們」\「圖書問題」留下您所購買之書籍及問題。（請註明購買書籍之書號及書名，以及問題頁數，以便能儘快為您處理）

http://www.gotop.com.tw

● 售後服務僅限書籍本身內容，若是軟、硬體問題，請您直接與軟體廠商聯絡。

● 若於購買書籍後發現有破損、缺頁、裝訂錯誤之問題，請直接將書寄回更換，並註明您的姓名、連絡電話及地址，將有專人與您連絡補寄商品。